新自动化——从信息化到智能化

单片机原理及接口技术

主　编　祝超群

参　编　刘仲民　王　君　杨　彬

机　械　工　业　出　版　社

本书着重介绍计算机控制系统的组成、单片微型计算机的结构、软件和硬件系统、基本控制算法及在工业控制中的应用技术。全书共9章，主要内容以单片机控制系统为例，介绍计算机控制系统的结构、组成和控制算法；分别讲述MCS-51系列单片机的结构及工作原理、指令系统及程序设计（包括C51程序设计）、中断系统、定时/计数器及串行口、系统扩展技术、过程输入/输出通道、数字控制器设计和单片机应用系统设计与开发等内容。

本书可作为计算机控制系统技术人员的参考书，也可作为高等院校自动化、电气工程及其自动化、机器人工程、电子科学与技术、计算机科学与技术和机电一体化等专业的单片机原理或计算机控制技术课程教材。

图书在版编目（CIP）数据

单片机原理及接口技术 / 祝超群主编 . —北京：机械工业出版社，2024.3
（新自动化：从信息化到智能化）
ISBN 978-7-111-75422-0

Ⅰ . ①单…　Ⅱ . ①祝…　Ⅲ . ①单片微型计算机 – 基础理论 – 高等学校 – 教材 ②单片微型计算机 – 接口技术 – 高等学校 – 教材　Ⅳ . ① TP368.1

中国国家版本馆 CIP 数据核字（2024）第 059051 号

机械工业出版社（北京市百万庄大街 22 号　邮政编码 100037）
策划编辑：罗　莉　　　责任编辑：罗　莉　翟天睿
责任校对：贾海霞　刘雅娜　　封面设计：鞠　杨
责任印制：常天培
固安县铭成印刷有限公司印刷
2024 年 7 月第 1 版第 1 次印刷
184mm×260mm・21.5 印张・520 千字
标准书号：ISBN 978-7-111-75422-0
定价：89.00 元

电话服务　　　　　　　　网络服务
客服电话：010-88361066　机　工　官　网：www.cmpbook.com
　　　　　010-88379833　机　工　官　博：weibo.com/cmp1952
　　　　　010-68326294　金　　书　　网：www.golden-book.com
封底无防伪标均为盗版　　机工教育服务网：www.cmpedu.com

前言

自《单片机原理及控制技术》出版以来，受到了广大读者的普遍好评，也得到了选用该书作为教材的高等院校师生们的一致肯定。为了使书中内容能够跟上新技术发展形势及满足课程教学需要，编者对其进行了全面的审校，进一步补充和完善了书中的工程案例，并更名为《单片机原理及接口技术》，以此奉献给广大读者。

本书基于 MCS-51 系列单片机进行计算机控制技术的讲解，结合目前应用较为广泛的 C51 程序设计以及 KEIL C51 编译器，在汇编程序设计的基础上，增加单片机 C51 语言应用程序设计。注重实例引导，使读者快速、轻松地进入 C51 语言编程的环境。

全书共分为 9 章：第 1 章简要介绍计算机控制系统的组成、分类及目前市场上常用的 51 系列单片机；第 2 章介绍 MCS-51 单片机的结构和时序；第 3 章主要介绍单片机的寻址方式、指令系统以及汇编语言程序设计；第 4 章介绍 C51 高级语言程序设计，从 C51 程序结构到如何高效地写出 C51 程序做了详尽的介绍；第 5 章对 MCS-51 单片机定时器、中断系统及串行口进行系统的介绍；第 6 章针对单片机系统中的人机交互与系统扩展技术进行较为全面的介绍；第 7 章介绍计算机控制系统设计中的过程通道；第 8 章介绍计算机控制系统中常用的数字控制器设计原理及设计方法；第 9 章介绍单片机应用系统的设计与开发过程，作为前几章学习后的综合应用，供读者设计时参考。

本书是编者多年从事“单片机原理及应用”“计算机控制技术”课程教学

和科研的经验总结，书中很多例题、习题都是精心挑选具有典型功能的程序或选自不同项目的部分应用程序，实用性较强。本书在内容安排上由浅入深、由易到难、重点突出、通俗易懂。在单片机原理的基础上，列举了较多的应用实例，突出易学实用的特点。每章后都有相关的习题，帮助学生和参考人员理解消化本书上所讲授的理论知识。

全书由祝超群、刘仲民、王君和杨彬共同完成。其中第 1、2、5 章由祝超群编写，第 3、4、9 章由刘仲民编写，第 6 章由王君、杨彬编写，第 7、8 章和附录由王君编写。最后，全书由祝超群统稿完成。在本书的编写过程中，我们得到了许多同行的指导和支持，借鉴了许多相关图书编者的宝贵经验，在此谨向直接或间接帮助过本书出版的所有人表示诚挚的感谢。

由于编者水平有限，书中难免存在不妥之处，敬请广大读者批评指正。

编　者

2024 年 5 月

目录

第 1 章 绪论

自 20 世纪 70 年代推出单片机以来，随着计算机技术的发展以及在控制系统中的应用，单片机以其体积小、可靠性高、控制功能强、开发较为容易等特点，在智能仪表、机电一体化、实时控制、家用电器、分布式多机系统等各个领域都得到了广泛的应用。它的出现及发展使计算机技术从通用型数值计算领域进入智能化控制领域。从此，计算机技术在两个重要领域，即通用计算机领域和嵌入式计算机领域都得到极其重要的发展。

单片微型计算机（Single Chip Microcomputer）简称单片机，因为它主要用于控制系统中，所以又称为微控制器或嵌入式控制器。单片机是把组成微型计算机的各功能部件，即中央处理器（CPU）、随机存取存储器（RAM）、只读存储器（ROM）、I/O 接口电路、定时 / 计数器以及串行通信接口等部件制作在一块芯片中，构成一个完整的微型计算机，其内部结构如图 1-1 所示。本章将主要介绍计算机控制系统的基本概念、组成和分类，并对常用的 51 内核单片机做简要的介绍。

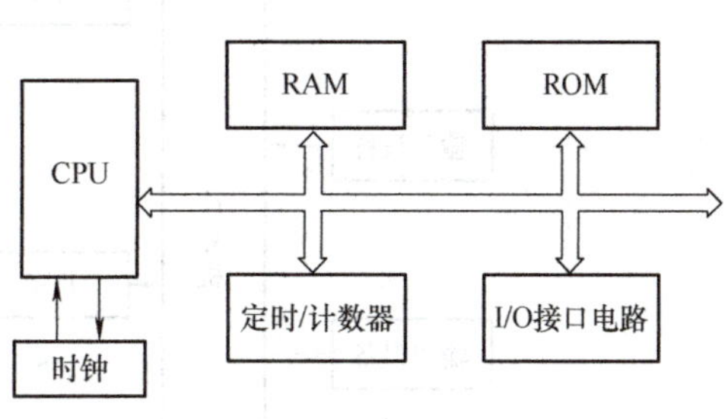

图 1-1 单片机内部结构框图

1.1 计算机控制系统的组成

常见的工业控制系统根据信号传送的通路结构可以分成两大类，即开环控制系统和闭环控制系统。其中，闭环控制系统的结构如图 1-2 所示。这种控制结构有助于提高控制质量和控制精度，是一种重要的并被广泛应用的控制方式。计算机控制系统主要指的就是用闭环控制方式组成的系统。

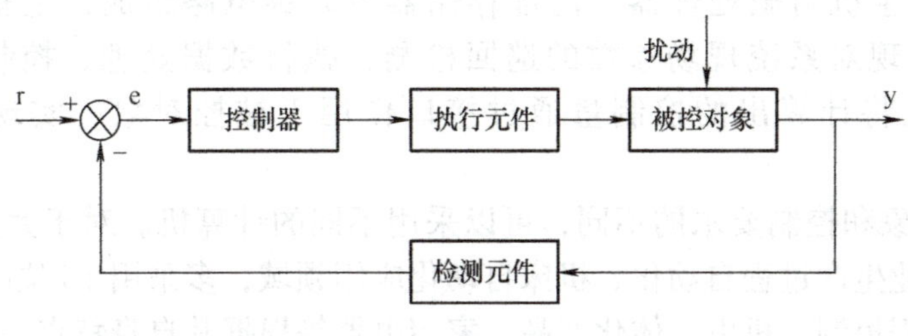

图 1-2 闭环控制系统结构框图

在闭环控制系统中，由检测元件对被控对象的现场参数，如温度、湿度等进行测量，然后将检测值与系统的给定值进行比较，得到一个偏差。将这个偏差输入控制器后，按照某种控制算法进行控制运算，得到一个输出控制量，最后由执行器将控制操作量作用于被控对象，以消除偏差，使被控量与期望值趋于一致。

闭环控制系统中由计算机作为控制器，就组成了一个典型的计算机控制系统。计算机主要完成现场参数输入、比较运算和控制量计算及控制输出。一个完整的计算机控制系统主要由微型计算机、接口电路、外部通用设备和工业生产对象组成，其典型结构如图 1-3 所示。被控对象的现场参数经传感器和变送器转换成统一的标准信号，再经多路开关分时送到 A–D 转换器转换成数字量送入计算机，这就是模拟量输入通道。计算机对输入的数据进行处理和计算，然后经模拟量输出通道输出，输出的数字量通过 D–A 转换器转换成模拟量，经过相应的执行机构实现对被控对象的控制。下面简要介绍计算机控制系统的硬件结构和软件功能。

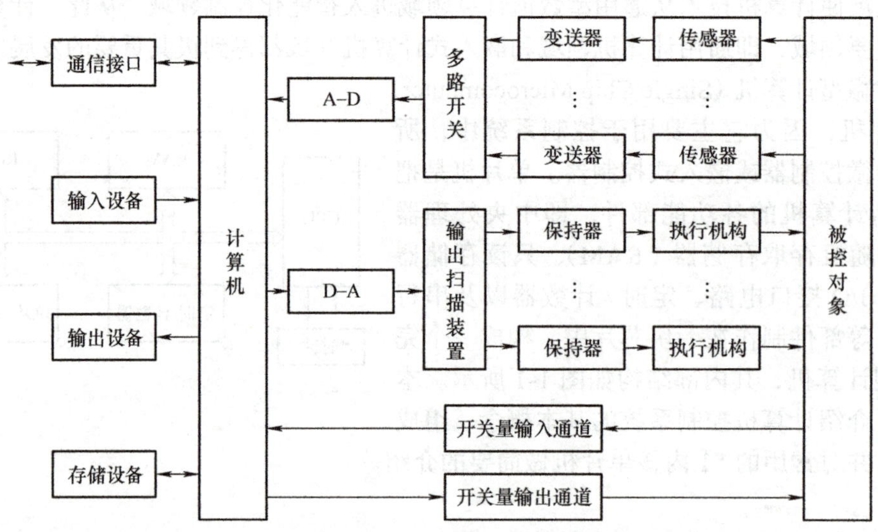

图 1-3　计算机控制系统的结构

1.1.1 计算机控制系统的硬件

硬件部分主要是由微型计算机主机、接口电路以及通用外部设备组成的。

1. 微型计算机主机

微型计算机主机由微处理器、内部存储器及时钟电路组成，是整个控制系统的核心。它可以实现对系统现场参数的巡回检测，执行数据处理、控制量计算以及报警处理等，并且将计算出的控制量通过接口作用于被控对象，实现对现场参数的控制。

根据控制对象和控制要求的不同，可以采用不同的计算机。对于大型和集中型的过程控制，比如企业生产过程自动化、机床自动化应用领域，多采用 16 位或 32 位主机；对于一般的工业过程控制、机电一体化产品、家用电器等根据其自身特点一般采用 4 位机或 8 位机。

2. 接口电路

I/O 接口与输入 / 输出通道是计算机与被控对象进行信息交换的桥梁，计算机数据输入和控制输出都是通过 I/O 接口与输入 / 输出通道来完成的，通常由以下几个部分组成。

（1）模拟量输入通道　用来将被控对象的现场模拟量参数转化为计算机能够识别的数字信号，并且将这些数字信号读取到计算机。首先由检测元件将现场信号的瞬时值转换成电信号，然后再由变送器将电信号转变成统一的标准信号（4 ～ 20mA 或 0 ～ 5V），这些标准的电流或电压信号经过多路模拟开关和 A–D 转换器之后转换为数字信号，再送入计算机。

（2）模拟量输出通道　由计算机的控制算法计算出控制输出后，必须将数字控制信号转换成执行机构所需要的模拟量，这个工作就是由模拟量输出通道来完成的。对计算机而言，控制输出是离散信号，而执行机构要求的是连续的模拟信号，所以控制量输出首先经 D–A 转换器转换为模拟量，然后利用采样保持器加以保持后才可以控制执行机构动作。执行机构有的采用电动、气动、液压传动控制，也有的采用电机以及可控硅器件等进行控制，主要作用是控制被控对象的现场参数。

（3）开关量输入通道　用来将工业现场各种电气设备的运行状态（起动或停止），继电器及限位开关的通、断状态作为现场参数输入计算机。

（4）开关量输出通道　开关量输出通道是利用离散的二进制信息实现控制功能的，主要用于控制生产现场继电器的闭合和断开，电机的起动、停止等动作。

由上可知，过程通道由各种硬件设备组成。它们主要完成信息的转换和传送功能，配合相应的输入、输出控制程序，使主机和被控对象能够进行信息交换，从而实现计算机对生产机械和工业过程的控制。

3. 通用外部设备

外部设备主要用来存储系统工作的历史数据和进行人机交互。常见的外部设备有打印机、CRT 和 LCD 显示终端、键盘、指纹识别机、磁带机、磁盘驱动器、光盘驱动器、扫描仪等。这些外部设备可以对生产的过程数据进行存储，以实现对数据的历史追溯。同时还可以显示控制系统的工作状态和数据，使操作人员及时了解生产、加工过程的状态，进行必要的人为干预，输入各种数据，发出各种操作命令。

1.1.2　计算机控制系统的软件

软件是指完成各种功能的计算机程序的总和。它们是计算机系统的神经中枢，整个系统的动作都是在软件指挥下进行协调工作的。对计算机控制系统来说，软件主要分成两大类，即系统软件和应用软件，具体分类如图 1-4 所示。

系统软件一般由厂家提供，专门用来使用和管理计算机。系统软件主要包括操作系统、编译程序、监控程序以及故障诊断程序等。其中操作系统是计算机控制系统信息的指挥者和协调者，具有数据处理、硬件管理等功能；监控程序则是最初级的操作系统，对于小规模的计算机应用系统，若监控程序规模不大，则可由工程人员自行编制。

应用软件一般指由用户根据需要自己编制的控制程序、控制算法程序以及一些服务程序，如 A–D 和 D–A 转换程序、数字滤波程序、标度变换程序、键盘处理程序、显示程序、过程控制程序等。有关应用程序的设计方法将在以后的章节加以详细叙述。

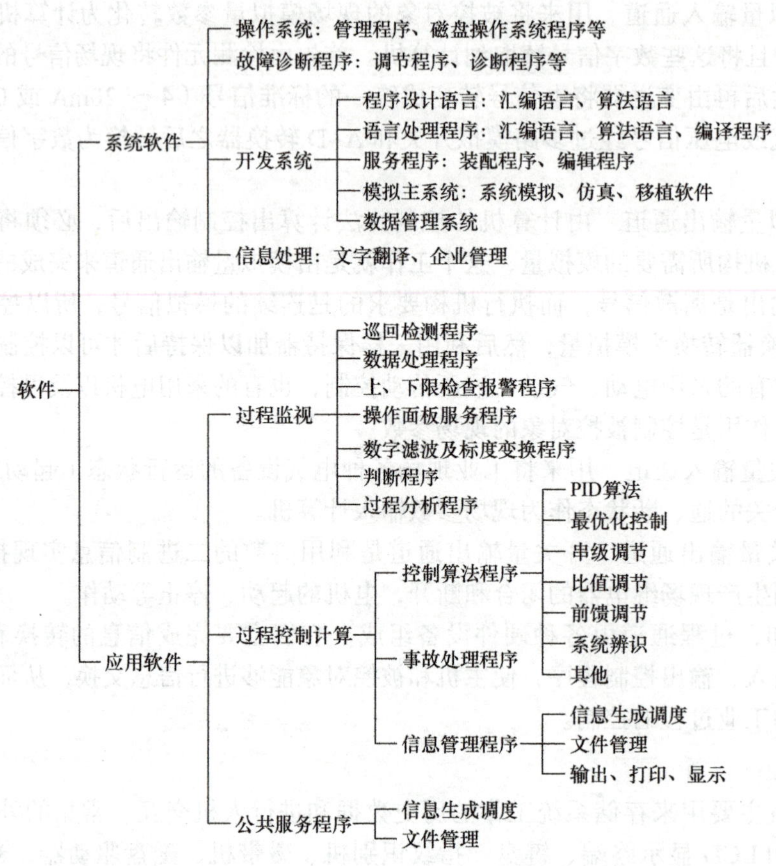

图 1-4　计算机软件分类

1.2　计算机控制系统的分类

计算机控制系统与其所控制的生产对象密切相关，下面将根据计算机参与控制的方式和特点，介绍计算机控制系统的类型。

1.2.1　操作指导控制系统

操作指导控制系统（Operation Indicate System，OIS）也称为数据采集系统。在此类系统中，计算机的输出不直接控制生产对象，仅用来对生产对象的现场参数进行检测输入，对数据进行加工处理，显示现场工况，经过控制算法计算输出一个参考的控制量。现场的操作人员根据计算机的输出信息改变调节器的值，或根据显示值来执行相应的操作，其组成框图如图 1-5 所示。

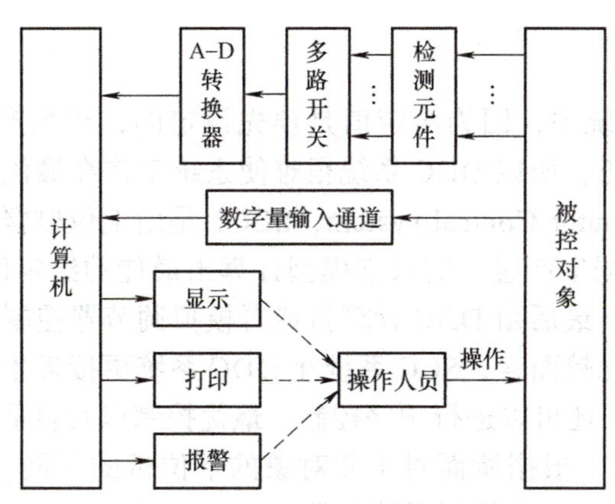

图 1-5　操作指导控制系统的工作原理

该系统属于开环控制结构，其主要特点是结构简单，控制灵活，而且可靠性较高，尤其适用于被控对象数学模型不明确或者调试新的控制程序等场合。它的缺点是仍需要人工参与操作，控制速度受到限制，工作效率不高，而且不能同时对几个控制回路进行操作。

1.2.2　直接数字控制系统

直接数字控制系统（Direct Digital Control system，DDC）就是利用一台计算机对一个或多个被控对象的现场参数进行检测，将检测输入和预先给定的设定值进行比较，按照程序设定的控制算法进行运算，然后输出控制命令到执行机构对生产过程进行控制，使被控参数按照工艺要求的规律变化，其结构框图如图 1-6 所示。

因为计算机的工作速度快，所以用一台计算机可以代替多台模拟调节器，这大大降低了控制的成本。此外，借助计算机的强大计算能力，可以实现各种比较复杂的控制算法，如串级控制、前馈控制、模糊控制、自适应控制、最优控制等。直接数字控制系统已成为计算机应用于工业生产过程控制的一种典型控制系统。

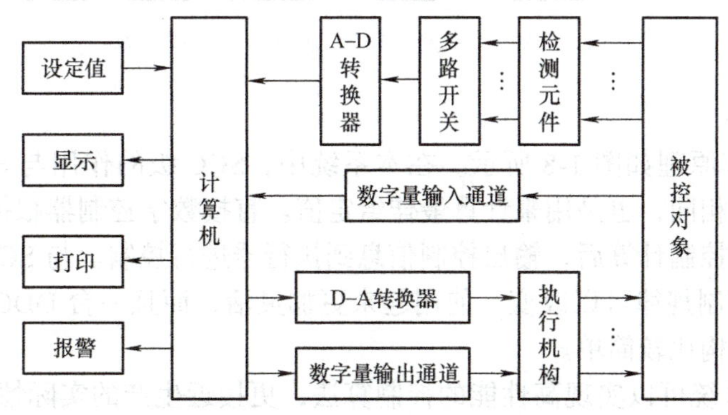

图 1-6　直接数字控制系统的工作原理

1.2.3 计算机监督控制系统

在直接数字控制系统中，因为给定值是预先设定的，当生产过程工艺发生变化时，这个预设值不能及时修正，所以 DDC 系统很难使系统工作在最优状态。计算机监督控制系统（Supervisory Computer Control system，SCC）是由上位监督计算机收集控制对象参数和实时操作命令，根据生产过程的数学模型计算出最佳的给定值，并将它传送给 DDC 计算机或者模拟调节器，最后由 DDC 计算机或者模拟调节器控制生产过程，从而使生产过程处于最优工况。相比较而言，SCC 系统比 DDC 系统更接近生产变化的实际情况，它既可以进行给定值控制，还可以进行顺序控制、最优控制以及自适应控制，是操作指导和 DDC 系统的综合与发展。根据所面对工业对象的下位机的不同，可以将 SCC 系统分为 SCC+ 模拟调节器和 SCC+DDC 控制系统两类。

1. SCC+ 模拟调节器控制系统

该系统的工作原理如图 1-7 所示。在本系统中，上位 SCC 计算机中预先建立生产过程的数学模型，根据生产过程的被测参数和管理命令进行计算后，输出给定值到模拟调节器，直接对生产过程施加连续的调节作用，使被控参数完全按照工艺要求的规律变化，确保生产工况处于最优状态。在实际应用过程中，单台 SCC 计算机可以同时实现对多个模拟调节器的控制，形成一个两级控制系统。这种系统结构特别适合老企业的技术改造，既保留了原有的模拟调节器，又实现了最佳给定值控制。

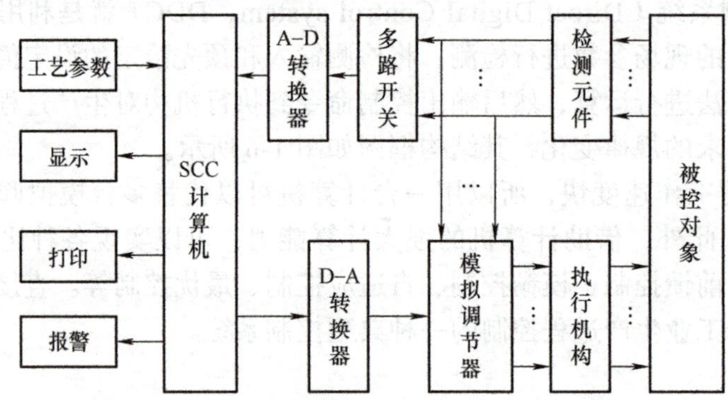

图 1-7 SCC+ 模拟调节器控制系统的工作原理

2. SCC+DDC 控制系统

该系统的工作原理如图 1-8 所示。在本系统中，SCC 级的作用与 SCC+ 模拟调节器控制系统中的作用相同，也是用来计算最佳给定值。直接数字控制器根据给定值和测量值比较的结果，经过控制计算后，输出控制信息到执行器进行控制。与 SCC+ 模拟调节器控制系统相比，其控制规律可以改变，使用起来更加灵活，而且一台 DDC 计算机可以控制多个回路，系统结构比较简单。

总之，SCC 系统可以实现高性能的控制算法，更接近生产的实际情况。当某台 DDC 计算机出现故障时，SCC 级可以直接代替该 DDC 计算机进行实时控制操作，从而大大提高了整个系统的可靠性。但是由于生产过程的复杂性，其数学模型的建立是比较复杂的，所以此系统实现起来也比较困难。

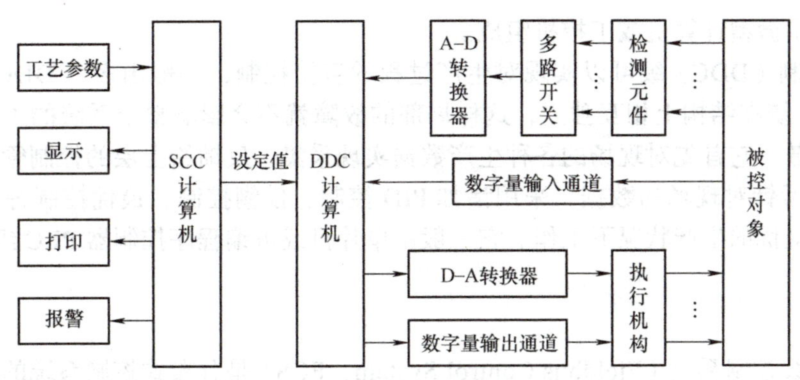

图 1-8 SCC+DDC 控制系统的工作原理

1.2.4 分布式控制系统

分布式控制系统（Distributed Control System，DCS）也称为集散控制系统。对于传统的计算机控制系统，由于考虑到控制成本的原因，往往采用单台计算机集中控制，实现复杂的控制结构以及控制算法，既完成生产中各个环节的控制功能，又完成生产的管理任务。这种集中控制的结构导致系统的危险性高度集中，控制的可靠性下降，一旦这台计算机出现故障，将会使整个控制系统失效。随着计算机成本的不断降低，可采用多台微型计算机代替价格昂贵的中小型计算机，由多台微型计算机分别承担部分控制任务，组成分布式控制系统。这种控制结构具有可靠性高、功能强大以及设计灵活的特点。分布式控制系统常采用三级的控制结构，其工作原理如图 1-9 所示。

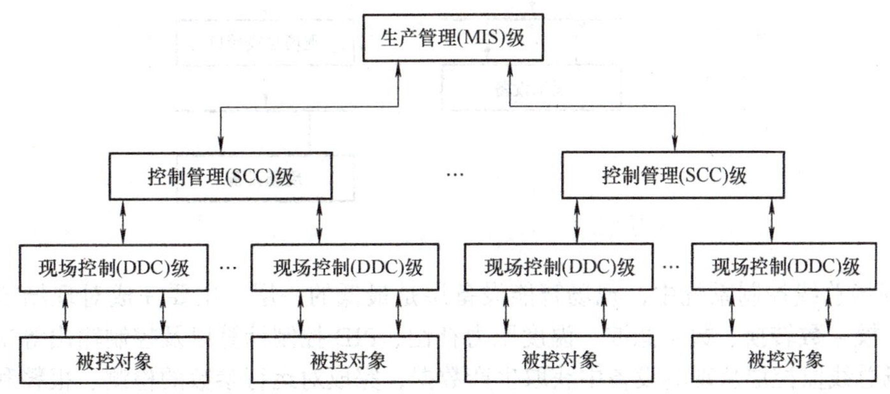

图 1-9 分布式控制系统的工作原理

生产管理（MIS）级是整个系统控制和管理的中枢，它根据生产任务和市场的情况，制定企业的长期发展规划、生产计划、销售计划，安排本企业的人员、工资以及生产资源的调配，根据企业的运行状况编制全面反映整个系统工作情况的报表，实现全企业的调度。它一般采用高档微型计算机、工作站或中小型计算机组成。

控制管理（SCC）级的任务是对生产过程进行监视与控制，根据生产管理级的技术要求，确定现场控制级的最优给定量，实现最优化的控制。同时它还可以实现对整个系统的运行情况进行监督，提供充分的系统信息，使操作人员可以根据现场的情况进行控制干预。它主要由微型计算机或工控机组成。

现场控制（DDC）级可以实现对生产过程的直接控制，一般由多个 DDC 系统组成。各个 DDC 系统在结构上相互独立，这样局部的故障就不会影响整个系统的工作，使得控制的风险分散。它首先对现场的各种生产数据实现采集，反馈给上层的控制管理级作为参考数据，然后针对现场的数据，采用诸如 PID 控制、模糊控制、最优控制等控制算法使生产过程在最优的生产状况下工作。它一般由单片机或可编程序控制器 PLC 组成。

1.2.5 现场总线控制系统

现场总线控制系统（Fieldbus Control System，FCS）是分布式控制系统的更新换代产品，也是工业生产过程自动化领域的新兴技术。现场总线从本质之上来说，是一种数字通信协议，是连接智能现场设备和自动化系统的数字式、全分散、双向传输、多分支结构的通信网络。现场总线控制系统则是基于现场总线技术，将控制功能完全下放到底层网络控制节点，实现对现场仪表和控制站的控制操作，各控制节点互联形成网络控制系统，以实现现场设备之间、现场设备与外界信息之间的信息交换，并能够进行统一操作、管理的控制系统。现场总线控制系统工作原理如图 1-10 所示。

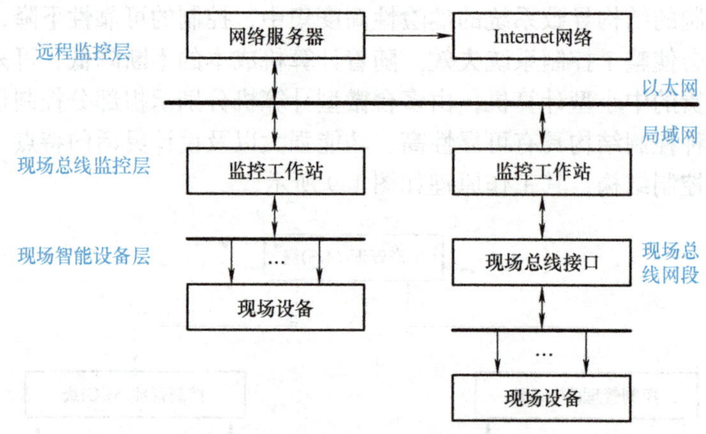

图 1-10 现场总线控制系统的工作原理

在现场总线控制系统中，现场智能设备层是最低的一层，主要完成对现场数据信号的采集、模－数转换、数字滤波、温度压力补偿、PID 控制计算以及控制输出等功能。中间的现场总线监控层从现场设备中获取生产数据，完成对运行参数的检测、报警和趋势分析，实现各种复杂的控制；本层还提供现场总线组态，供操作员实现工艺操作与监视，这部分功能一般由上位计算机完成。远程监控层负责实现远程用户对生产过程的实时监控，在具备一定的操作权限之后，还可以对生产过程进行远程在线控制，发出各种控制命令，以实现对生产过程的遥控。

现场总线控制系统是在分布式控制系统之后发展起来的更高一级的控制系统，具有广阔的应用前景，它取代分布式控制系统已成为工业控制发展的必然趋势。但是，目前要在复杂度很高的过程控制系统中应用现场总线控制方式还存在着一定的困难，随着现场总线技术的进一步发展和完善，这些问题将会逐渐得到解决。

1.3　常用的 51 系列单片机介绍

1974 年美国仙童（Fairchild）公司首先推出 8 位的单片机 F8，著名厂商 Intel 公司从该公司购买了单片机的技术专利并从事单片机的研发工作。20 世纪 80 年代中期以后，Intel 公司又以专利转让的形式把 8051 内核给了许多半导体生产厂家，如 Philips、Atmel、Motorola、Dallas、Siemens 等，这些厂家都以 8051 为基核推出各种型号的兼容单片机，这些单片机统称为 51 系列单片机。到今天为止单片机已有 60 多个系列，将近 600 多个机型。在众多的生产厂家中，Intel 公司的单片机在市场上占有主流地位，其中 MCS-51 系列产品又在我国占有主导地位。下面简单介绍一下常用的 51 系列单片机。

1.3.1　Intel 公司 MCS-51 系列单片机

虽然单片机的种类很多，但目前使用最为广泛的应属 MCS-51 系列单片机，因此本书将重点讲述 MCS-51 系列单片机，包括它的内部结构、硬件系统、软件设计及其应用。表 1-1 列出了 MCS-51 系列单片机常用的几种型号和主要性能。

表 1-1　MCS-51 系列单片机的型号和性能

<table>
<tr><th rowspan="2">子系列</th><th colspan="3">片内 ROM 型</th><th colspan="2">片内存储容量</th><th colspan="2">片外寻址范围</th><th colspan="3">I/O 特性</th><th rowspan="2">中断源</th></tr>
<tr><th>无</th><th>ROM</th><th>EPROM</th><th>ROM</th><th>RAM</th><th>ROM</th><th>RAM</th><th>定时 / 计数器</th><th>并行口</th><th>串行口</th></tr>
<tr><td rowspan="2">51</td><td>8031</td><td>8051</td><td>8751</td><td>4KB</td><td>128B</td><td>64KB</td><td>64KB</td><td>2 × 16 位</td><td>32</td><td>1</td><td>5</td></tr>
<tr><td>80C31</td><td>80C51</td><td>87C51</td><td>4KB</td><td>128B</td><td>64KB</td><td>64KB</td><td>2 × 16 位</td><td>32</td><td>1</td><td>5</td></tr>
<tr><td rowspan="2">52</td><td>8032</td><td>8052</td><td>8752</td><td>8KB</td><td>256B</td><td>64KB</td><td>64KB</td><td>3 × 16 位</td><td>32</td><td>1</td><td>6</td></tr>
<tr><td>80C32</td><td>80C52</td><td>87C52</td><td>8KB</td><td>256B</td><td>64KB</td><td>64KB</td><td>3 × 16 位</td><td>32</td><td>1</td><td>6</td></tr>
</table>

MCS-51 系列单片机可分为两大系列：51 子系列和 52 子系列。51 子系列是基本型，主要有 8031、8051、8751、80C31、80C51、87C51 六种机型，它们的内部工作原理、指令系统与芯片引脚完全兼容，差别仅在于片内有无 ROM 或者 EPROM；52 子系列是增强型，主要有 8032、8052、8752、80C32、80C52、87C52 六种机型，从表 1-1 中可以看出，52 子系列与 51 子系列的不同之处在于：片内程序存储器容量从 4KB 增加到 8KB（8032 和 80C32 无片内 ROM），片内数据存储器容量从 128B 增加到 256B，有 3 个 16 位定时 / 计数器，中断源从 5 个增加到了 6 个，其他的性能和 51 子系列相同。

MCS-51 系列单片机按片内不同的程序存储器的配置来分，又可以分为以下三种类型：第一种是片内无 ROM 型，如 8031、80C31、8032、80C32，这一类芯片由于片内没有程序存储器，因此在使用过程中可以根据实际的需要来扩展相应容量的存储器，这种单片机应用系统组成灵活、方便，缺点是外扩程序存储器造成系统电路复杂；第二种是片内带掩膜 ROM 型，如 8051、80C51、8052、80C52，此类单片机内部带有 4KB/8KB 的 ROM 存储器，存储器的内容一般由用户委托半导体厂家在制作芯片时固化，一旦完成就不能再做修改，这种单片机适合大批量的生产，成本较低，适用于某些场合使用的专用计算机；第三种是片内带 EPROM 型，如 8751、87C51、8752、87C52，片内程序存储器的内容可以通过专门的编程器写入，需要修改时可以擦除后重新写入，此类单片机常应用于单片机应用系统的开发与研制。

1.3.2 Atmel 公司 AT89 系列单片机

这一系列单片机是由 Atmel 公司开发的、具有 51 内核的单片机。它采用 Flash ROM 代替 ROM 作为程序存储器，具有价格便宜、编写程序容易、更新换代方便等优点。而且这一系列的单片机与 MCS-51 系列单片机引脚功能兼容，使用起来非常的方便，广泛应用于计算机外部设备、工业生产实时控制、仪器仪表、通信设备、家用电器、宇航设备等各个领域。表 1-2 列出了 AT89 系列单片机常用的几种型号和主要性能。

表 1-2　AT89 系列单片机的型号和性能

型号	片内存储容量		片外寻址范围		I/O 特性			中断源
	Flash	RAM	ROM	RAM	定时 / 计数器	并行口	串行口	
AT89C51	4KB	128B	64KB	64KB	2×16 位	32	1	5
AT89C52	8KB	256B	64KB	64KB	3×16 位	32	1	6
AT89LV51	4KB	128B	64KB	64KB	2×16 位	32	1	5
AT89LV52	8KB	256B	64KB	64KB	3×16 位	32	1	6
AT89C1051	1KB	64B	4KB	4KB	1×16 位	15		3
AT891051U	1KB	64B	4KB	4KB	2×16 位	15	1	5
AT89C2051	2KB	128B	4KB	4KB	2×16 位	15	1	5
AT89C4051	4KB	128B	4KB	4KB	2×16 位	15	1	5
AT89C55	20KB	256B	64KB	64KB	3×16 位	32	1	6
AT89S53	12KB	256B	64KB	64KB	3×16 位	32	1	7
AT89S8252	8KB	256B	64KB	64KB	3×16 位	32	1	7

采用了 Flash 程序存储器的 AT89 系列单片机，不仅具有一般 MCS-51 系列单片机的基本特性，而且还存在以下一些独特的优点：

1）芯片内部配备电擦写型程序存储器，在系统开发时可以重复进行编程，这大幅度降低了开发成本，缩短了系统开发的周期。

2）具有两种可选编程方式，既可以采用 12V 电压编程，也可以采用 V_{CC} 电压编程，其中 V_{CC} 为 2.7 ~ 6V。

3）和 MCS-51 系列单片机引脚分布相同，所以当用 AT89 系列单片机取代 MCS-51 系列单片机时，可以直接进行代换。

4）AT89 系列单片机采用静态时钟方式，工作频率范围为 0 ~ 24MHz，便于系统的功耗控制。

总之，AT89 系列单片机与 MCS-51 系列单片机具有兼容性，而且前者的性能价格比等指标更为优越，是目前取代传统的 MCS-51 系列单片机的主流单片机之一。

1.3.3　Philips 公司的 51 系列单片机

Philips 公司的 51 系列单片机是以 8051 内核为基础的、增强型的 51 系列单片机。在芯片内部增加了非易失性 Flash ROM 存储器作为程序存储器，同时还采用电擦除的 E^2PROM 作为数据存储器。此外，这个系列的单片机还增加了程序监视器（WDT）、脉冲宽度调制器（PWM）、模拟比较器、可编程计数器阵列 PCA、8 位 ADC、串行 I^2C 扩展总线等功能。表 1-3 列出了 Philips 公司的 51 系列单片机常用的几种型号和主要性能。

表 1-3　Philips 公司 51 系列单片机的型号和主要性能

型号	片内存储容量				片外寻址范围		I/O 特性			中断源
	ROM	OTP	Flash	RAM	ROM	RAM	定时/计数器	并行口	串行口	
P80C31				128B	64KB	64KB	3×16 位	32	1	6
P80C32				256B	64KB	64KB	3×16 位	32	1	6
P80C51	4KB			128B	64KB	64KB	3×16 位	32	1	6
P80C52	8KB			256B	64KB	64KB	3×16 位	32	1	6
P80C54	16KB			256B	64KB	64KB	3×16 位	15		6
P80C58	32KB			256B	64KB	64KB	3×16 位	15	1	6
P87C51		4KB		128B	64KB	64KB	3×16 位	15	1	6
P87C52		8KB		256B	64KB	64KB	3×16 位	15	1	6
P87C54		16KB		256B	64KB	64KB	3×16 位	32	1	6
P87C58		32KB		256B	64KB	64KB	3×16 位	32	1	6
P89C51			4KB	128B	64KB	64KB	3×16 位	32	1	6
P89C52			8KB	256B	64KB	64KB	3×16 位	32	1	6
P89C54			16KB	256B	64KB	64KB	3×16 位	32	1	6
P89C58			32KB	256B	64KB	64KB	3×16 位	32	1	6

Philips 公司的 51 系列单片机的主要特点是具有串行通信的 I^2C 总线。这种总线是主机系统所需的包括总线裁决和高低速设备同步等功能的高性能串行总线，可以通过 I^2C 总线对系统进行扩展，使单片机系统的结构更加简单，多机通信的实现更为容易。

1. 什么是单片微型计算机？它在结构上有什么特点？
2. 典型的计算机控制系统的硬件由哪几部分组成？各部分的作用分别是什么？
3. 计算机控制系统的软件有什么作用？说出各部分软件的功能。
4. 常见的计算机控制系统主要有哪些？试画出各自的结构图，并简要说明它们的特点。

第 2 章 MCS-51 单片机的结构和时序

MCS-51 单片机是美国 Intel 公司生产的 8 位高性能系列单片机，在我国的应用比较广泛。MCS-51 系列单片机可分为两大子系列，即 51 子系列和 52 子系列。51 子系列主要包括 HMOS 工艺制造的 8031、8051、8751 基本型产品和 CHMOS 工艺制造的 80C31、80C51 和 87C51 低功耗产品；52 子系列主要包括 HMOS 工艺制造的 8032、8052、8752 改进型产品和 CHMOS 工艺制造的 80C32、80C52 和 87C52 低功耗产品。MCS-51 单片机以 8051 作为代表机型，它们的引脚和指令系统完全兼容。本章以 8051 作为典型的例子，介绍 MCS-51 单片机的组成、内部结构、引脚功能、工作方式和时序，这对以后的学习是至关重要的。在本书的后续章节，若无特别说明，MCS-51 单片机指的是其 51 子系列单片机。

2.1 MCS-51 单片机的结构

2.1.1 MCS-51 单片机的组成

MCS-51 单片机内部的硬件结构大致相同，图 2-1 给出了 8051 单片机的组成框图。从图中可以看出单片机内部集成了 CPU、RAM、ROM，定时 / 计数器和 I/O 接口电路等各个功能部件，这些功能部件由内部总线连接在一起，从而构成单片微型计算机。

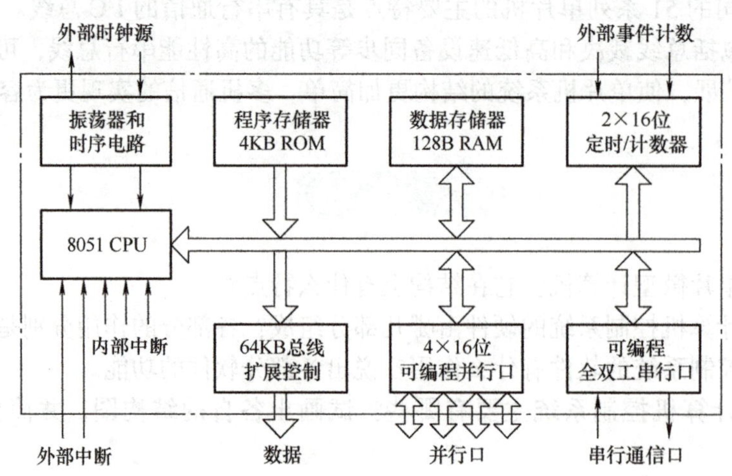

图 2-1 8051 单片机组成框图

MCS–51 单片机的硬件结构特点如下：

1）一个 8 位的中央处理器 CPU；

2）一个片内振荡器和时序电路；

3）4KB 的程序存储器（ROM 或 EPROM）；

4）128B 的数据存储器；

5）两个 16 位的定时 / 计数器；

6）一个可编程全双工串行口；

7）四个 8 位的可编程并行 I/O 口；

8）可以寻址 64KB 的程序存储器和 64KB 的外部数据存储器；

9）五个中断源，两个中断优先级的中断结构。

为了进一步阐述各部分的功能及其关系，图 2-2 给出了 MCS–51 单片机内部的更详细的逻辑框图。

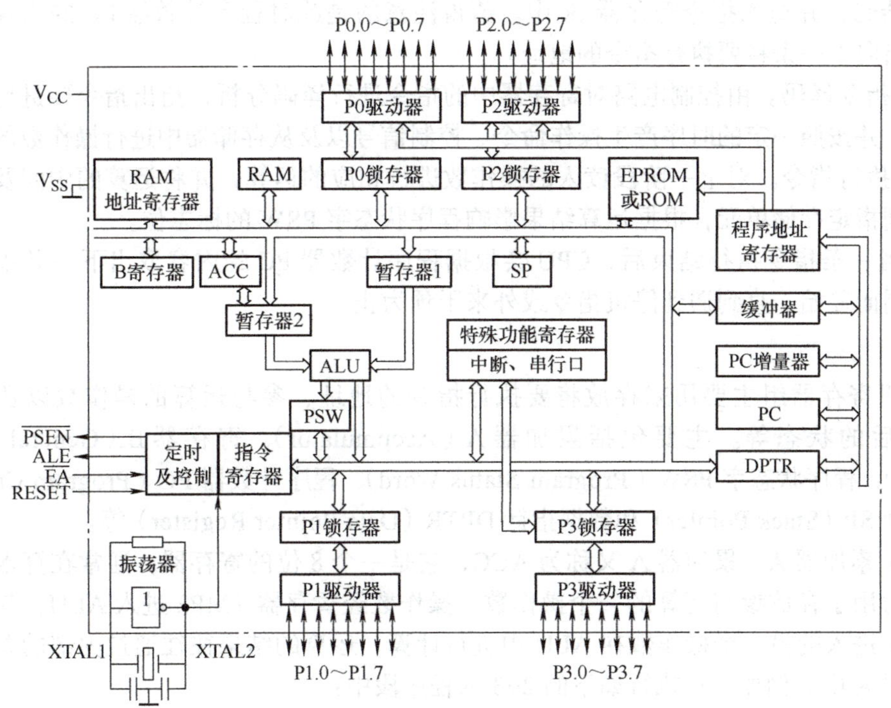

图 2-2　MCS–51 单片机内部结构框图

2.1.2　MCS–51 单片机 CPU 结构

CPU 是单片机的核心部件，主要由运算器（算术逻辑部件 ALU）、控制器（定时控制部件等）和专用寄存器组三部分电路组成，完成运算和控制操作。

1. 算术逻辑部件 ALU

从图 2-2 中可以看出，8051 的算术逻辑部件由一个加法器、两个 8 位的暂存器 TMP1 和 TMP2 以及一个专门用来处理位操作的布尔处理器（图中未画出）组成。

ALU的功能是实现数据的算术/逻辑运算、位变量处理和数据传送等操作。ALU是一个性能极强的运算器，它内部的加法器可以对8位的数据进行加、减、乘、除四则运算，同时布尔处理器还可以对直接寻址的位变量进行位处理，如置位、清零、取反、测试转移以及与、或、异或、非等逻辑运算。此外，ALU还具有数据传输、程序转移等功能。

2. 定时控制部件

定时控制是分析和执行指令的核心部件，主要包括定时控制逻辑、指令寄存器、指令译码器和振荡器OSC。它的主要功能是接收来自程序存储器的指令代码，送到指令寄存器进行暂存，然后通过定时和控制电路对指令进行译码，并在时序信号的作用下，在规定的时刻发出指令操作所需的各种控制信息和外部所需的各种控制信号，以完成指令的执行。

定时控制部件取指令、指令译码、执行指令的具体过程如下：

1）取指令。CPU根据程序计数器PC所指的地址，从程序存储器的相应地址取出指令的机器码，并送入指令寄存器IR中。值得注意的是此时程序计数器PC的内容会自动修改，指向下一条将要执行指令的地址。

2）指令译码。由控制电路对寄存器中的指令进行译码分析，指出指令要进行什么样的操作，并按照一定的时序产生操作命令、控制信号以及从存储器中进行操作数的读取。

3）执行指令。对上一阶段读入的操作数进行相应的运算，并将运算的中间及最终结果存放到指定存储单元，根据运算结果影响程序状态字PSW的标志位。

每当一条指令执行结束后，CPU会根据程序计数器PC的内容取出下一条指令继续执行，周而复始，直到遇到停机指令或外来干预为止。

3. 专用寄存器组

专用寄存器组主要用来存放将要执行指令的地址、参与运算的操作数以及指示指令执行后的状态等。主要包括累加器A（Accumulator）、寄存器B（General Purpose Register）、程序状态字PSW（Program Status Word）、程序计数器PC（Program Counter）、堆栈指针SP（Stack Pointer）和数据指针DPTR（Data Pointer Register）等。

（1）累加器A　累加器A又称为ACC，它是一个8位的寄存器。通常在算术逻辑部件工作时用于存放参与运算的一个操作数。操作数经暂存器TMP2进入ALU，与从暂存器TMP1进入的另一个操作数在ALU中进行计算，运算的结果往往通过内部的总线再送入累加器A中。例如，在执行如下的2+3的程序段中：

```
MOV A，#02H        ；A←2
ADD A，#03H        ；A←A+3
```

第一条指令是把被加数2先送入累加器A，为第二条加法指令的执行作准备。第二条指令执行的时候完成了2和3的相加，并把两数之和5存放在累加器A中。

（2）寄存器B　寄存器B是一个8位的寄存器，它一般用于乘、除运算。在运算之前寄存器B存放乘数或除数，运算完成后寄存器B存放乘积的高8位或商的余数部分。若不作乘、除运算，则可以作为通用寄存器使用，用来存放数据或地址。

（3）程序状态字PSW　程序状态字PSW是一个8位的标志寄存器，它用来存放指令执行后的相关状态，反映指令执行结果的某些特征。PSW的各个状态位通常是在指令的执行过程中自动形成的，但也可以由用户通过传送指令加以改变。PSW 寄存器的字节地址为 D0H，它的各个标志位格式如图 2-3 所示。

PSW_7	PSW_6	PSW_5	PSW_4	PSW_3	PSW_2	PSW_1	PSW_0
Cy	AC	F0	RS_1	RS_0	OV		P

图 2-3　PSW 寄存器的格式

1）进位标志位 Cy：PSW_7 是 PSW 中最常用的标志位，用于表示在加减运算的过程中累加器 A 最高位（即 A_7）有无进位或借位。当进行加（减）运算时，若累加器 A 的最高位有进位（或借位），Cy=1，否则 Cy=0。此外，移位操作也会影响 Cy 的值，在布尔处理器中用 Cy 作为位累加器。

2）辅助进位标志位 AC：PSW_6 用于表示加减运算中累加器 A 低 4 位有无向高 4 位进位或借位。若在相加（减）的过程中，数据的低 4 位（即 A3）向高 4 位（即 A4）有进位（或借位），则 AC=1，否则 AC=0。在 BCD 码运算的十进制调整中要用到该标志位。

3）用户标志位 F0：PSW_5 这个标志位的状态不是机器在执行指令的过程中自动形成的，而是由用户对其赋予一定的含义，通过软件置位或者清零。该标志位的状态一经设定，便由用户程序直接检测，以决定用户程序的流向。

4）工作寄存器组选择位 RS_1 和 RS_0：8051 在内部数据存储器的 00H ～ 1FH 地址内设置了四组 8 位的工作寄存器 R0 ～ R7。它们在 RAM 中的实际物理地址可以根据需要选定。PSW_3 和 PSW_4 可以由软件置位或清零，用于选择当前使用的四个工作寄存器组中的某一组，工作寄存器 R0 ～ R7 的物理地址和 RS_1、RS_0 之间的关系见表 2-1。

表 2-1　工作寄存器 R0 ～ R7 的物理地址和 RS_1、RS_0 之间的关系

RS_1　RS_0	寄存器组	R0 ～ R7 的物理地址
0　0	0	00H ～ 07H
0　1	1	08H ～ 0FH
1　0	2	10H ～ 17H
1　1	3	18H ～ 1FH

由 8051 或 8031 组成的单片机控制系统，在系统上电或复位后，PSW_3 和 PSW_4 初始为零状态，CPU 自动选中第 0 组的 R0 ～ R7 的 8 个单元为当前的工作寄存器，当然用户可以通过传送指令对 PSW 的 RS_0 和 RS_1 进行修改，用来切换当前的工作寄存器组。

5）溢出标志位 OV：PSW_2 用于指示运算过程中是否发生了溢出。这个标志位在指令执行过程中是自动形成的。在进行带符号数的加减运算时，当运算结果超出了 8 位二进制数所能表示的范围（–128 ～ +127）时，OV 自动置 1，表示产生了溢出，运算结果是错误的；否则 OV=0，表示没有产生溢出，运算结果正确。溢出产生的逻辑条件是：$OV=C_6 \oplus C_7$，其中 C_6 表示 D_6 向 D_7 的进位（借位），C_7 表示 D_7 向 Cy 的进位（借位），这被称为双高判别法。

此外，在执行乘、除法运算时也会影响到溢出标志位 OV。当执行乘法指令时，如乘积超过了 255，则 OV=1，乘积在寄存器 B 和累加器 A 中；若 OV=0，则表示乘积不超过

255，乘积只在累加器 A 中。在除法运算中，OV=1，表示除数为 0，除法不能进行；否则 OV=0。

6）PSW_1 是保留位，未用。

7）奇偶标志位 P：PSW_0 用于指示指令执行结束后累加器 A 中 1 的个数是奇数还是偶数。若 A 中 1 的个数是奇数，则 P=1；否则 P=0。此标志位对串行通信的数据传输具有重要意义，通过奇偶校验可以检验数据传输的可靠性。

（4）程序计数器 PC　程序计数器 PC 是一个二进制 16 位的程序地址寄存器，专门用来存放下一条将要执行指令的地址。在单片机上电或复位时，PC 自动装入 0000H，使程序从零单元开始执行。每当单片机完成一次取指令码的操作，PC 就自动进行加 1，为 CPU 取下一条指令做好准备。因为程序计数器 PC 由两个 8 位的计数器 PCH 和 PCL 组成，共 16 位，所以 MCS-51 单片机可以直接寻址 64KB 的程序存储区。PC 没有地址，是不可以直接寻址的，无法对它进行直接的读写操作，但可以通过转移、调用和返回指令改变其内容，实现程序的转移。

（5）堆栈指针 SP　在 MCS-51 单片机中，专门在片内 RAM 单元开辟出一个特定的存储区（07H ～ 7FH），用来暂时存放数据或返回地址，并按照“后进先出”的原则进行操作。设置堆栈的目的是为了方便处理中断，调用子程序和保护现场，通过堆栈保存断点和返回地址的操作速度很快。相应的堆栈示意图如图 2-4 所示。堆栈的一端是固定的，称为栈底；另一端是浮动的，称为栈顶，栈底位置是固定不变的，它决定了堆栈在 RAM 中的物理位置；栈顶地址始终在堆栈指针 SP 中，是可以改变的，它决定堆栈中是否存放有数据。因此，当堆栈中无数据时，栈顶地址和栈底地址是重合的。

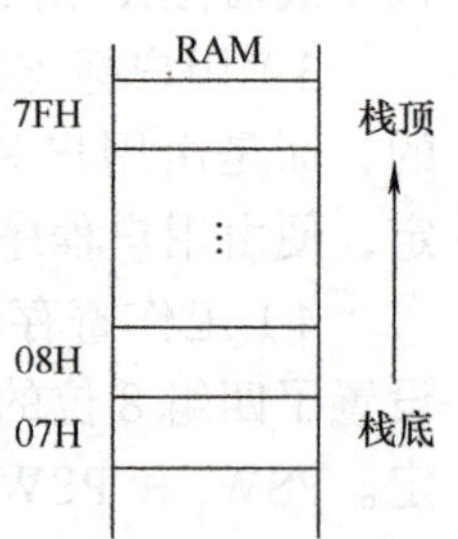

图 2-4　堆栈示意图

堆栈指针 SP 是一个 8 位的专用寄存器，它用来指示堆栈顶部在片内 RAM 中的位置。数据或地址要进栈时，SP 自动加 1，将数据或地址压入 SP 所指定的地址单元；出栈时，将 SP 所指示的地址单元中的数据弹出，然后 SP 自动减 1。在系统复位以后，堆栈指针 SP 自动初始化为 07H，所以第一个压入堆栈的数据存放到 08H 单元，但是由于 08H ～ 1FH 单元为工作寄存器区，在程序设计中一般不允许被占用，所以用户在编程时最好将 SP 的值改为 1FH 或更大的值，以免堆栈区与要使用的工作寄存器区相互冲突。

（6）数据指针 DPTR　数据指针寄存器 DPTR 是一个 16 位的地址寄存器，其高位字节寄存器用 DPH 表示，低位字节寄存器用 DPL 表示。它既可以作为 16 位的间接寄存器来使用，专门用来存放 16 位的地址指针，也可作为两个独立的 8 位寄存器 DPH 和 DPL 来使用。它的主要功能如下：

1）作为访问片外数据存储器 RAM 寻址用的地址寄存器。访问片外 RAM 的指令为

```
MOVX A，@DPTR  ；读数据
MOVX @DPTR，A  ；写数据
```

2）作为访问片外程序存储器 ROM 时的基址寄存器。

```
MOVC A，@A+DPTR
JMP  A，@A+DPTR
```

2.1.3　MCS-51 单片机存储器结构

MCS-51 单片机的存储器采用的是哈佛（Harvard）结构，即程序存储器和数据存储器相互独立，二者具有各自独立的寻址方式、寻址空间和控制信号。程序存储器用来存放程序和要保存的常数，数据存储器通常用来存放程序运行过程中所需要的常数或变量。

MCS-51 单片机存储器从物理结构上可以分为四个存储空间，即片内程序存储器（8031 无片内 ROM）、片外程序存储器、片内数据存储器和片外数据存储器；从用户使用的角度上，即逻辑上可以分为三种存储器地址空间，即片内、片外统一编址的 64KB 程序存储器地址空间，片内 256B 的数据存储器地址空间和片外 64KB 的数据存储器地址空间。MCS-51 单片机存储器结构如图 2-5 所示。

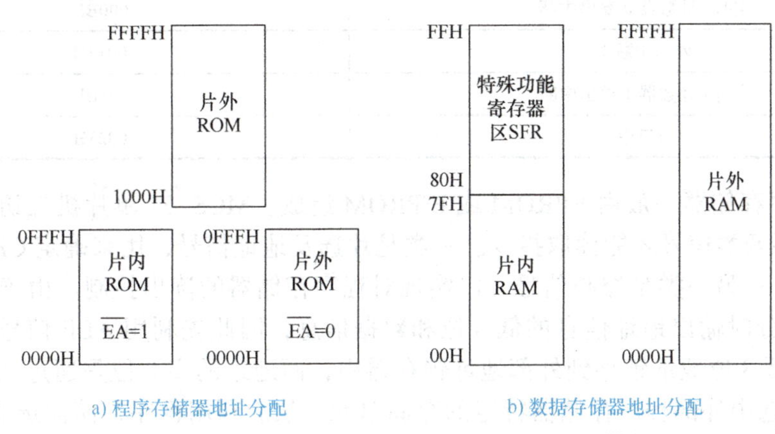

a) 程序存储器地址分配　　b) 数据存储器地址分配

图 2-5　MCS-51 单片机存储器结构图

1. 程序存储器

程序存储器用于存放用户程序、数据和表格等信息，它以 16 位的程序计数器 PC 作为地址指针，因此可直接寻址的地址空间为 64KB。在 MCS-51 系列单片机中，不同芯片的片内程序存储器的容量是不同的。8031 无内部程序存储器，在使用时程序存储器只能外扩，最大的扩展空间为 64KB；8051 和 8751 有 4KB 的片内 ROM/EPROM，片外可扩展 60KB 的程序存储器，但是片内和片外程序存储器统一编址，共享 64KB 的地址空间。当单片机的 $\overline{EA}$ 引脚接高电平时，如果程序计数器 PC 的值在 0000H ～ 0FFFH 的范围内，则单片机执行片内 ROM 的程序，如果程序计数器 PC 的值在 1000H ～ FFFFH 的范围内，则单片机自动读取片外 ROM 的程序来执行；当单片机的 $\overline{EA}$ 引脚接低电平时，单片机忽略片内的程序存储器，直接从外部程序存储器执行程序，此时外部程序存储器从 0000H 开始编址。因此，对于无片内 ROM 的 8031，必须使其 $\overline{EA}$ 引脚接地。

程序地址空间原则上在 64KB 范围内可由用户任意安排，但是某些特定的单元被保留用于特定程序的入口地址。这些入口地址在 MCS-51 单片机中是固定的，用户不能更改。相应的入口地址见表 2-2。

MCS-51 单片机在系统复位以后程序计数器 PC 地址为 0000H，所以系统从 0000H 开始取指令并执行程序，0000H ～ 0002H 这 3 个单元被保留，用于作为初始化的入口地址。这三个字节的单元一般存放一条无条件转移指令，将程序引导到主程序的入口地址。从 0003H ～ 002AH 单元被均匀地分成 5 段，用于作为 5 个中断服务程序的入口地址。每个中断源的入口地址之间仅仅相隔 8 个单元，没有足够的空间存放中断服务程序。因此在程序设计时，通常在这些中断入口地址处存放一条绝对转移指令，以转向对应的中断服务程序段执行。在中断入口地址之后是用户程序区，用户可以把程序存放在用户程序区的任何位置。

表 2-2　MCS-51 单片机特定程序的入口地址

操　作	入口地址
复位	0000H
外部中断 0	0003H
定时 / 计数器 0 溢出中断	000BH
外部中断 1	0013H
定时 / 计数器 1 溢出中断	001BH
串行口中断	0023H

外部程序存储器一般由 EPROM 或 E^2PROM 组成。MCS-51 单片机在访问片外程序存储器时需要两类信号才能读取指令。一类是片选及地址信号，用来确定 CPU 所访问的存储单元地址；另一类是控制信号，以实现对程序存储器的读出控制。由于 MCS-51 单片机的 P0 口分时输出地址信息的低 8 位和数据信息，因此先利用 ALE 信号的下降沿将 P0 口输出的低 8 位地址锁存到外部地址锁存器中，而地址的高 8 位是通过 P2 口输出的，这 16 位地址选中外部程序存储器特定的存储单元，然后利用程序存储器选通信号 $\overline{PSEN}$（与存储器的读出控制端 $\overline{OE}$ 相连）读出所选单元的内容，将其通过数据总线送入单片机。

2. 数据存储器

数据存储器在单片机中用于存放程序执行时所需的数据，主要由读写存储器 RAM 芯片构成。MCS-51 单片机的数据存储器在逻辑上分为片内和片外数据存储器，是两个独立的地址空间，在编址和访问方式上各不相同。

（1）外部数据存储器 RAM　MCS-51 单片机的外部数据存储器寻址空间为 64KB，地址范围为 0000H ～ FFFFH，CPU 采用 MOVX 指令对外部数据存储器进行访问，可用寄存器 R0、R1 和 DPTR 来间接寻址。MCS-51 单片机对片内数据存储器可以通过内部总线直接进行访问，而在使用片外数据存储器时必须外扩，单片机在扩展片外数据存储器时同样也需要提供两类连接信号，片选及地址信号连接与外部程序存储器相同，而控制信号由 $\overline{RD}$ 和 $\overline{WR}$ 提供。

当用 R0 和 R1 寻址时，由于 R0 和 R1 是 8 位的寄存器，其最大寻址范围为 256B；所以当用 16 位的 DPTR 作间址寄存器时，其最大寻址范围为 64KB。相应的访问指令有四条：

```
MOVX A，@Ri          ；读数据，i=0，1
MOVX A，@DPTR
MOVX @Ri，A          ；写数据，i=0，1
```

MOVX @DPTR, A

（2）内部数据存储器 RAM 从广义上讲，MCS-51 单片机内部数据存储器包含数据 RAM 和特殊功能寄存器（Special Function Register，SFR），最大可寻址 256B，地址范围为 00H ～ FFH。其地址分配如图 2-6 所示。从图 2-6 中可以看出，片内 RAM 是由工作寄存器区、位寻址区、数据缓冲区和特殊功能寄存器区组成。在不同的地址区域内，功能不完全相同，在学习时应特别加以注意。

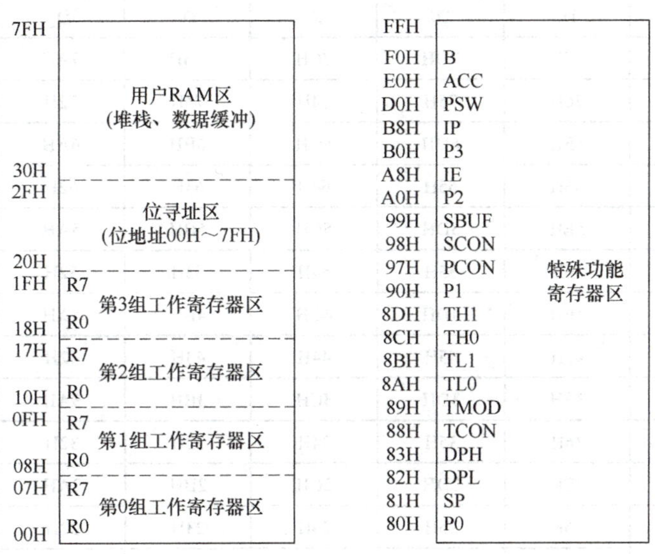

图 2-6 内部 RAM 地址空间

1）工作寄存器区。工作寄存器地址为 00H ～ 1FH，共有 32 个 RAM 单元，分成四组。每组占 8 个单元，分别用代号 R0 ～ R7 表示。工作寄存器和 RAM 地址的对应关系见表 2-3。可以通过对程序状态字 PSW 中的 RS_1 和 RS_0 的设定来选中某一组工作寄存器。若程序中不需要四个工作寄存器组，则剩下的工作寄存器所对应的 RAM 单元可以作为一般的数据缓冲区使用。

表 2-3 工作寄存器和 RAM 地址的对应关系

组	RS_1 RS_0	R0	R1	R2	R3	R4	R5	R6	R7
0	0 0	00H	01H	02H	03H	04H	05H	06H	07H
1	0 1	08H	09H	0AH	0BH	0CH	0DH	0EH	0FH
2	1 0	10H	11H	12H	13H	14H	15H	16H	17H
3	1 1	18H	19H	1AH	1BH	1CH	1DH	1EH	1FH

2）位寻址区。MCS-51 单片机有一个功能很强的布尔处理器，在开关决策、逻辑电路仿真和实时控制方面非常有效。MCS-51 单片机指令系统中有着丰富的位操作指令（在第 3 章中详细介绍），这些指令构成了布尔处理器的指令集。在片内 RAM 区和特殊功能寄存器区中共有 211 个可寻址位，其中片内 RAM 位寻址区的地址范围为 20H ～ 2FH，共 16 个字节单元 128 位，位地址范围为 00H ～ 7FH，相应的字节地址与位地址之间的关系

见表 2-4。其余的 83 个可寻址位分布在特殊功能寄存器区中。

片内 RAM 位寻址区的 16 个字节单元具有双重功能，它们既可以像普通的 RAM 单元一样作为一般的数据缓冲区使用，也可以对每一位进行位操作。在进行程序设计时，通常把各种程序状态标志位控制变量设在位寻址区。

表 2-4　位寻址区字节地址与位地址之间的关系

字节地址	位地址							
	D_7	D_6	D_5	D_4	D_3	D_2	D_1	D_0
2FH	7FH	7EH	7DH	7CH	7BH	7AH	79H	78H
2EH	77H	76H	75H	74H	73H	72H	71H	70H
2DH	6FH	6EH	6DH	6CH	6BH	6AH	69H	68H
2CH	67H	66H	65H	64H	63H	62H	61H	60H
2BH	5FH	5EH	5DH	5CH	5BH	5AH	59H	58H
2AH	57H	56H	55H	54H	53H	52H	51H	50H
29H	4FH	4EH	4DH	4CH	4BH	4AH	49H	48H
28H	47H	46H	45H	44H	43H	42H	41H	40H
27H	3FH	3EH	3DH	3CH	3BH	3AH	39H	38H
26H	37H	36H	35H	34H	33H	32H	31H	30H
25H	2FH	2EH	2DH	2CH	2BH	2AH	29H	28H
24H	27H	26H	25H	24H	23H	22H	21H	20H
23H	1FH	1EH	1DH	1CH	1BH	1AH	19H	18H
22H	17H	16H	15H	14H	13H	12H	11H	10H
21H	0FH	0EH	0DH	0CH	0BH	0AH	09H	08H
20H	07H	06H	05H	04H	03H	02H	01H	00H

3）数据缓冲区。片内 RAM 中数据缓冲区的地址范围为 30H ～ 7FH，共有 80 个字节单元，用于存放用户数据或作为堆栈区使用。

由于工作寄存器区、位寻址区、数据缓冲区采用统一编址的方式，使用同样的指令进行访问，因此这三个区的单元既有自己独特的功能，又可以统一调度使用。工作寄存器区和位寻址区中未使用的单元可作为数据缓冲区来用，使内部 RAM 单元得到了充分的利用。

4）特殊功能寄存器区。特殊功能寄存器 SFR 是指具有特殊用途的寄存器集合，MCS-51 单片机中的特殊功能寄存器是非常重要的，对于单片机应用者来说掌握了 SFR，也就基本掌握了 MCS-51 单片机。SFR 存在于单片机中，实质上是一些具有特殊功能的 RAM 单元，在地址范围 80H ～ FFH 之间离散分布。MCS-51 单片机共有 21 个特殊功能寄存器，用于控制、管理单片机内部算术逻辑部件、并行 I/O 口、串行 I/O 口、中断系统、定时 / 计数器等功能模块的工作。用户可以通过编程对它们进行设定，但不能移做他用。表 2-5 为特殊功能寄存器地址分配表，列出了这些特殊功能寄存器的名称、符号和字节地址。其中字节地址能被 8 整除的特殊功能寄存器（共 11 个 83 位，其中 5 位未定义）

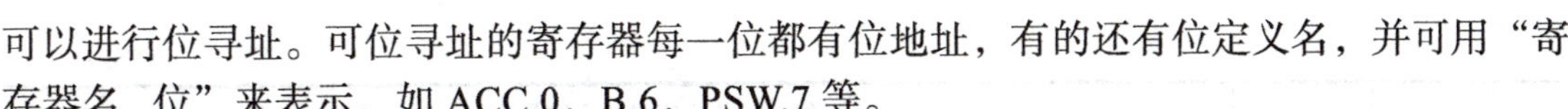

可以进行位寻址。可位寻址的寄存器每一位都有位地址，有的还有位定义名，并可用“寄存器名 . 位”来表示，如 ACC.0，B.6，PSW.7 等。

MCS–51 单片机的特殊功能寄存器离散地分布在 80H ～ FFH 范围内，没有被 SFR 占用的 RAM 单元（为新型单片机预留的）是没有定义的，若对其进行访问，则将得到一个不确定的随机数，因而是没有意义的。这 21 个特殊功能寄存器中有 6 个寄存器是属于 CPU 范围的，其余的 15 个寄存器是属于接口范围的。各功能部件所包含的 SFR 可归纳如下：

① CPU：累加器 ACC，寄存器 B，程序状态字 PSW，堆栈指针 SP，数据指针 DPTR（包括 DPH 和 DPL）；

② 并行口：并行 I/O 端口 0 ～ 3 的锁存器 P0、P1、P2、P3；

③ 串行口：串行数据缓冲器 SBUF，串行口控制寄存器 SCON，电源控制及波特率选择控制寄存器 PCON；

④ 定时 / 计数器：定时 / 计数器控制寄存器 TCON，定时 / 计数器方式选择寄存器 TMOD，定时 / 计数器 T0 和 T1（分别由两个 8 位寄存器 TL0 和 TH0，TL1 和 TH1 组成）；

⑤ 中断：中断允许控制寄存器 IE，中断优先级控制寄存器 IP；

需要指出的是 16 位的程序计数器 PC 总是指向下一条将要执行指令的地址。它在物理上是独立的，因而无地址，并且不计入 SFR 总数中。

表 2-5　MCS–51 单片机的特殊功能寄存器地址

SFR 名称	符号	位地址 / 位定义 / 位编号								字节地址
		D_7	D_6	D_5	D_4	D_3	D_2	D_1	D_0	
寄存器	B	F7H	F6H	F5H	F4H	F3H	F2H	F1H	F0H	F0H
累加器	ACC	E7H	E6H	E5H	E4H	E3H	E2H	E1H	E0H	E0H
		ACC.7	ACC.6	ACC.5	ACC.4	ACC.3	ACC.2	ACC.1	ACC.0	
程序状态字	PSW	D7H	D6H	D5H	D4H	D3H	D2H	D1H	D0H	D0H
		Cy	AC	F_0	RS_1	RS_0	OV		P	
		PSW.7	PSW.6	PSW.5	PSW.4	PSW.3	PSW.2	PSW.1	PSW.0	
中断优先级控制	IP	BFH	BEH	BDH	BCH	BBH	BAH	B9H	B8H	B8H
					PS	PT_1	PX_1	PT_0	PX_0	
I/O 端口 3	P3	B7H	B6H	B5H	B4H	B3H	B2H	B1H	B0H	B0H
		P3.7	P3.6	P3.5	P3.4	P3.3	P3.2	P3.1	P3.0	
中断允许控制	IE	AFH	AEH	ADH	ACH	ABH	AAH	A9H	A8H	A8H
		EA			ES	ET1	EX1	ET0	EX0	
I/O 端口 2	P2	A7H	A6H	A5H	A4H	A3H	A2H	A1H	A0H	A0H
		P2.7	P2.6	P2.5	P2.4	P2.3	P2.2	P2.1	P2.0	
串行数据缓冲器	SBUF									99H

（续）

SFR 名称	符号	位地址 / 位定义 / 位编号								字节地址
		D_7	D_6	D_5	D_4	D_3	D_2	D_1	D_0	
串行口控制	SCON	9FH	9EH	9DH	9CH	9BH	9AH	99H	98H	98H
		SM0	SM1	SM2	REN	TB8	RB8	TI	RI	
电源控制及波特率选择控制	PCON	SMOD				GF1	GF0	PD	IDL	97H
I/O 端口 1	P1	97H	96H	95H	94H	93H	92H	91H	90H	90H
		P1.7	P1.6	P1.5	P1.4	P1.3	P1.2	P1.1	P1.0	
定时 / 计数器 1（高字节）	TH1									8DH
定时 / 计数器 0（高字节）	TH0									8CH
定时 / 计数器 1（低字节）	TL1									8BH
定时 / 计数器 0（低字节）	TL0									8AH
定时 / 计数器方式选择	TMOD	GATE	C/T	M1	M0	GATE	C/T	M1	M0	89H
定时 / 计数器控制	TCON	8FH	8EH	8DH	8CH	8BH	8AH	89H	88H	88H
		TF1	TR1	TF0	TR0	IE1	IT1	IE0	IT0	
数据指针高字节	DPH									83H
数据指针低字节	DPL									82H
堆栈指针	SP									81H
I/O 端口 0	P0	87H	86H	85H	84H	83H	82H	81H	80H	80H
		P0.7	P0.6	P0.5	P0.4	P0.3	P0.2	P0.1	P0.0	

2.1.4 MCS-51 单片机并行 I/O 端口

MCS-51 单片机有四个 8 位的双向并行输入 / 输出接口，分别命名为 P0、P1、P2、P3。这四个端口既可以并行输入或输出 8 位数据，也可以按位使用，即每一位均能独立作输入或输出使用。它们在结构和特性上是基本相同的，各端口的每一位均由锁存器、逻辑控制电路、输出驱动器和输入缓冲器组成。同时，这些端口又各具特点，其中 P0 口为三态双向口，能带八个 TTL 电路，P1、P2、P3 口为准双向口（通过固定的上拉电阻而将引脚拉为高电平的端口结构，称为准双向口），负载能力为四个 TTL 电路。下面分别介绍各个端口的结构、原理及功能。

1. P0 口

P0 口是一个三态双向口，既可以作为通用的 I/O 接口，也可以作为地址数据分时复用口。P0 口的一位电路结构如图 2-7 所示。它由一个输出锁存器、两个输入三态缓冲器、一个输出驱动器和控制电路组成。P0 口就是由八个这样的电路组成的，锁存器起到输出锁存作用，八个锁存器构成了特殊功能寄存器 P0。1 号三态门用于读锁存器端口，2 号输入三态门是引脚输入缓冲器；场效应晶体管 T1 和 T2 组成了输出驱动器；与门、反向器以及模拟开关构成了输出控制电路。

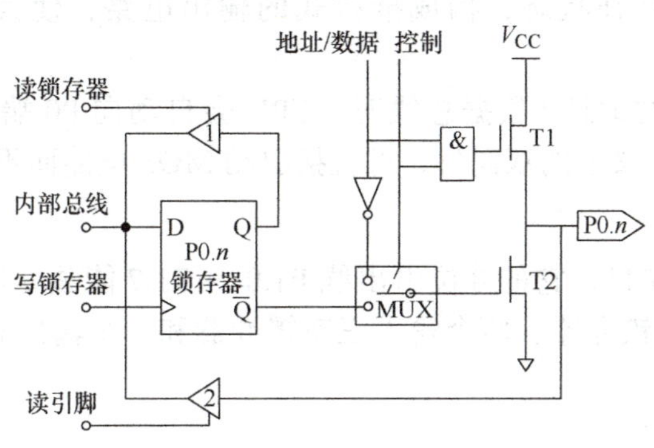

图 2-7　P0 口的位电路结构

（1）P0 口作为 I/O 口使用　当 CPU 访问片内存储器进行数据输入 / 输出时，对应的控制信号为低电平，多路开关 MUX 将输出锁存器的 $\overline{Q}$ 引脚与 T2 的栅极接通。对应的与门因控制信号输入为低电平而使 T1 截止，输出极漏极处于开路状态，此时 P0 口作为一般的 I/O 口使用。

当 P0 口作为输出口时，在 CPU“写锁存器”脉冲的作用下，内部总线上的信号锁存到输出锁存器，经锁存器 $\overline{Q}$ 引脚输出后，通过多路开关 MUX 再经输出极 T2 反向后送至 P0 端口。因为输出驱动极是开漏电路，若要驱动 NMOS 管或其他拉电流负载，则需要外接上拉电阻。

当 P0 口作为输入口时，有两个三态输入缓冲器用于读操作，因而有两种不同的读操作，分别由“读引脚”和“读锁存器”信号来控制。

“读引脚”是指 CPU 执行输入操作指令将端口引脚上的数据信息经 2 号三态门读至内部总线，一般都是以 I/O 端口为源操作数的指令，如 MOV A、P0 等。为了保证能够正确地读入引脚上的数据信息，在进行输入数据前，必须先向端口锁存器写入 1，使输出极的 T1 和 T2 均截止，引脚处于悬空状态，才可用作高阻抗输入，否则会因 T2 导通使端口始终被钳位在低电平，导致高电平无法正确读入。从这个意义上来讲，在进行数据输入输出时，P0 口是一个准双向口。

在 CPU 执行“读 – 修改 – 写”这类指令时，不直接读引脚上的数据，而是读锁存器 Q 引脚上的数据，这样做是为了避免可能错读引脚上的电平信号。例如，用一条口线去驱动一个晶体管基极，当口线输出为高电平时，晶体管导通并把引脚上的电平拉低。如果这时仍直接读引脚数据，就会把该数据错读为 0（实际上应为 1），若从锁存器 Q 端读入，则可得到正确的结果。

读锁存器指令一般是以 I/O 为目的操作数，这些指令均为“读 – 修改 – 写”指令，如 ANL、ORL、XRL 等指令。由“读锁存器”信号打开 1 号三态门，将锁存器的输出 Q

端的信息读入内部总线，进行处理后的数据再重新写入锁存器中。这样即使引脚电平发生变化，也不会出现上述可能的错误。

（2）P0 口作为分时复用的地址 / 数据总线　当从 P0 口输出地址 / 数据信息时，CPU 输出控制信号为高电平，与门输出处于打开状态。多路开关 MUX 接反向器的输出端，将 CPU 内部地址 / 数据总线与 T2 的栅极接通。从图 2-7 中可见，场效应晶体管 T1 和 T2 处于反向互补状态，构成推拉式的输出电路，使其驱动负载的能力大大增强。

P0 作为分时复用的地址 / 数据总线时，CPU 会自动向 P0 端口的锁存器写入 FFH，此时 P0 端口则是真正意义上的双向口，可直接驱动 MOS 电路而不必外接上拉电阻。

2. P1 口

P1 口是一个准双向口，它的 8 位引出线 P1.0 ～ P1.7 能独立用做输入或输出线。P1 口的每一位由一个输出锁存器、两个输入三态缓冲器和一个输出驱动器组成。P1 口的位电路结构如图 2-8 所示。

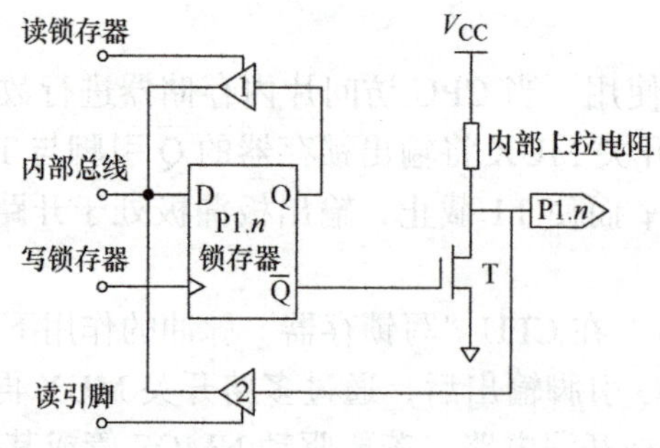

图 2-8　P1 口的位电路结构

当 P1 口作为输出口时，在 CPU “写锁存器” 脉冲的作用下，内部总线上的信号锁存到输出锁存器，经锁存器 $\overline{Q}$ 引脚输出后，通过输出场效应晶体管 T 反向后送至 P1 端口。P1 口在结构上和 P0 口不同，其输出驱动部分由场效应晶体管 T 和内部上拉电阻组成。当某位输出高电平时，可以向外部提供拉电流负载，而不必外接上拉电阻。

P1 口用作输入时，工作情况类似 P0 口。为了保证正确的读入数据。在执行读操作之前，先将端口锁存器置 1，使场效应晶体管 T 截止，然后再读端口的引脚信号。

3. P2 口

P2 口是一个准双向口，可以作为通用的 I/O 接口来输入 / 输出数据，也可以作为地址总线输出口，用来输出高 8 位地址 A15 ～ A8。P2 口的一位电路结构如图 2-9 所示。它由一个输出锁存器、两个输入三态缓冲器、一个输出驱动器和控制电路组成。

当 CPU 输出控制信号时，使多路开关 MUX 接通输出锁存器，将锁存器的 Q 端和反向器输入端相连，此时 P2 口作为通用 I/O 口，用于输入 / 输出数据，作用与 P1 口相同。当作为地址总线使用时，多路开关将地址线与输出驱动器相连，用于输出地址总线的高 8 位。

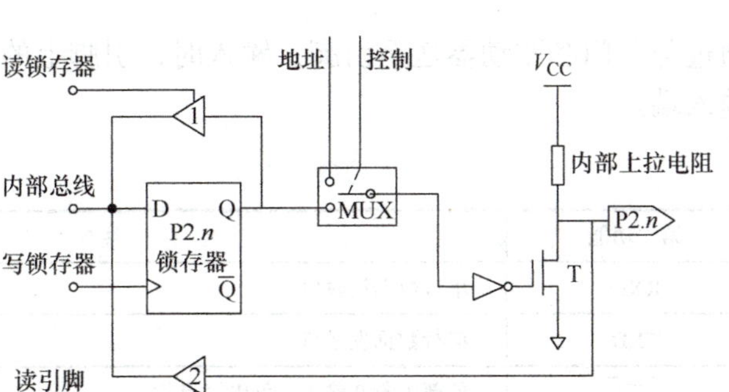

图 2-9　P2 口的位电路结构

当访问外部程序存储器时，程序计数器的高 8 位通过 P2 口输出 A15 ～ A8，因为 CPU 访问外部程序存储器是连续不断的，P2 口要连续输出地址信息，所以这时 P2 口无法再作通用 I/O 口。在访问外部数据存储器时，如果扩展的外部数据存储器 RAM 小于 256B，使用 R0 和 R1 作为间址寄存器，则只需 P0 口送出地址低 8 位，P2 口仍可作为通用 I/O 口；如果外部 RAM 大于 256B，使用 DPTR 作为间址寄存器，则高 8 位地址线需从 P2 口输出，此时 P2 口对应的锁存器仍保持原来端口的数据。在访问外部 RAM 结束后，P2 口锁存器的内部数据又会重现在端口上。这样，根据访问 RAM 的频繁程度，P2 口在一定限度内仍可以用作通用的 I/O 口。

4. P3 口

P3 口也是一个内部带有上拉电阻的 8 位准双向口，而且是一个双功能口。它既可以作为通用的 I/O 接口，也可以用作第二功能。P3 口的一位电路结构如图 2-10 所示。它的口线结构和 P1 口类似，但比 P1 口多了一个缓冲器和一个与非门，用于第二功能的输入和输出。

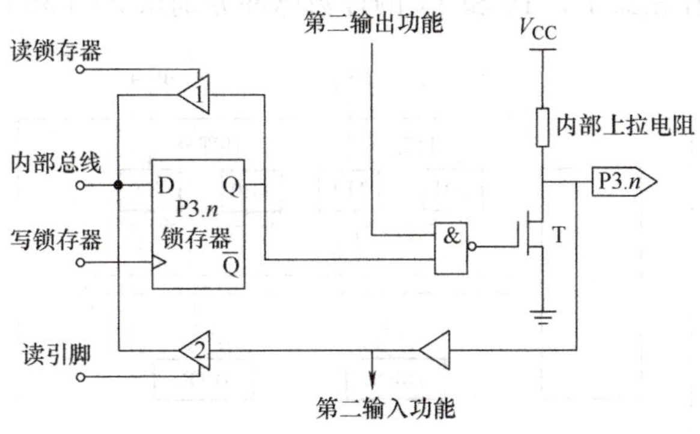

图 2-10　P3 口的位电路结构

当 P3 口作为通用的 I/O 口时，第二功能线保持高电平，与非门处于开通状态，锁存器的输出可通过与非门送至驱动器输出引脚；在进行数据输入时，仍必须预先对 P3 口置 1，使输出场效应晶体管 T 截止，引脚上的外部信号通过三态数据缓冲器送入内部总线。

在 P3 口作为第二功能使用时，八个引脚可以按位独立定义，各引脚功能详见表 2-6。此时锁存器输出必须为高电平，否则场效应管 T 将始终导通，使引脚电位被钳位在低电平，无法输入或输出第二功能信号。当 P3 口用于第二功能输出时，与非门处于开通状态，第二输出功能通过与非门和驱动器送至引脚；输入时，引脚上的第二功能信号经过缓冲器送至第二功能输入端。

表 2-6　P3 口第二功能表

引脚	第二功能	注释
P3.0	RXD	串行数据接收口
P3.1	TXD	串行数据发送口
P3.2	$\overline{INT0}$	外部中断 0 输入，低电平有效
P3.3	$\overline{INT1}$	外部中断 1 输入，低电平有效
P3.4	T0	计数器 0 外部输入
P3.5	T1	计数器 1 外部输入
P3.6	$\overline{WR}$	外部数据存储器写选通信号，低电平有效
P3.7	$\overline{RD}$	外部数据存储器读选通信号，低电平有效

2.1.5　MCS-51 单片机定时 / 计数器

MCS-51 单片机内部设置了两个 16 位的可编程定时 / 计数器 T0 和 T1。它们既可以工作在定时模式，也可以工作在计数模式，并且在每一种工作模式之下都有四种工作方式。MCS-51 单片机和 T0 及 T1 的关系如图 2-11 所示，定时 / 计数器 T0 由 TH0、TL0 构成，T1 由 TH1、TL1 构成。

特殊功能寄存器 TMOD 用于控制各定时 / 计数器的功能和工作模式；TCON 用于控制定时 / 计数器的启动和停止计数，同时包含定时 / 计数器的状态。在定时器工作模式下，T0 和 T1 的计数脉冲由单片机时钟脉冲经 12 分频后提供，定时时间和单片机时钟频率有关。在计数器工作模式下，T0 和 T1 的计数脉冲分别从 P3.4 和 P3.5 引脚输入。

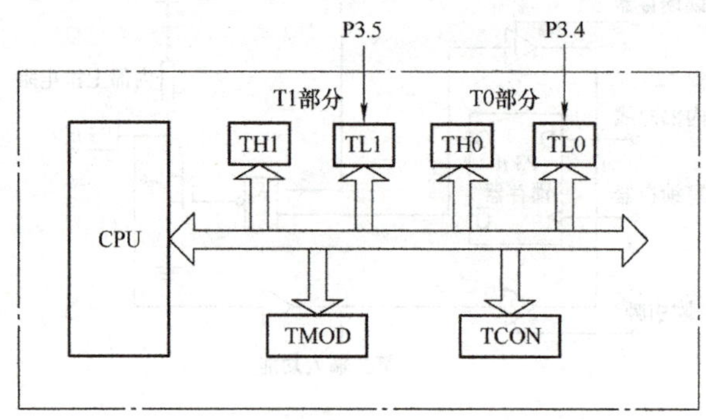

图 2-11　MCS-51 单片机定时 / 计数器

2.1.6　MCS-51 单片机中断系统

计算机的中断指的是 CPU 暂时停止现行程序的执行，转而执行中断服务子程序，并在服务完成后返回到断点处，继续执行原来的程序的过程。实现这种中断功能的硬件系统和软件系统统称为中断系统。由于中断工作方式可以大大提高 CPU 的工作效率，因此在

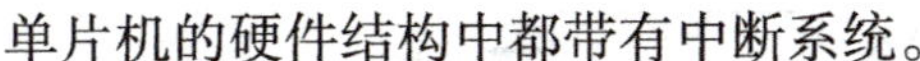

单片机的硬件结构中都带有中断系统。

MCS-51 单片机的中断系统有五个中断请求源，具有两个中断优先级，可实现两级中断服务子程序嵌套。用户可以通过软件允许和屏蔽所有中断源，也可以单独对每个中断源用软件进行允许和屏蔽设置；每个中断源的中断级别均可用软件来设置。这五个中断源有外部和内部之分：外部中断源有两个，通常是外部设备产生的中断请求信号，可以从 P3.2（$\overline{INT0}$）和 P3.3（$\overline{INT1}$）引脚输入，有低电平和负边沿两种中断触发方式；内部中断源有三个，两个定时 / 计数器 T0 和 T1 中断源以及串行口中断源。定时 / 计数器中断是在对应的计数工作单元内容由全 1 变成全 0 溢出时自动向中断系统提出的，串行口中断是在串行口完成一次数据的发送或接收时自动向中断系统提出的。

MCS-51 单片机的中断系统还包括特殊功能寄存器中的中断允许控制器 IE 和中断优先级控制器 IP。IE 用于控制五个中断源中哪些中断请求被允许，哪些中断请求被禁止；IP 用于提供两级优先权等级，控制五个中断源中哪个中断请求的优先级为高，哪个中断请求的优先级为低，高优先权的中断请求可以被 CPU 优先响应。用户可以通过指令设定这两个控制寄存器的状态，以实现对中断系统的管理。

2.1.7　MCS-51 单片机串行接口

MCS-51 单片机有一个可编程的全双工串行接口，具有 UART 的全部功能。该接口电路通过 P3.0（RXD）和 P3.1（TXD）可以同时进行数据的发送和接收，也可以作为一个同步移位寄存器使用。串行接口共有四种工作方式，可以由用户通过编程设定，使用非常方便。它除了用于数据通信以外，还可用于扩展单片机的并行 I/O 口，用作串 / 并转换，或用来驱动键盘和显示器。

MCS-51 单片机的串行接口还包括特殊功能寄存器中的串行口控制寄存器 SCON、电源控制寄存器 PCON 以及串行数据缓冲器 SBUF。SCON 用于设定串行口的工作方式和数据传送控制；PCON 用于确定数据的发送和接收的波特率；SBUF 在物理上对应着两个 8 位寄存器，一个用于存放要发送的数据，另一个用于存放接收到的数据，起着数据缓冲的作用，但是它们共同占用 99H 一个端口地址。

有关 MCS-51 单片机的定时 / 计数器、中断系统以及串行接口的内容将在第 5 章中再做较为详细的介绍。

2.2　MCS-51 单片机引脚功能及片外总线结构

2.2.1　MCS-51 单片机引脚功能

MCS-51 单片机的外形封装有两种方式，双列直插式封装和方形封装。8031、8051 和 8751 的 40 条引脚均采用双列直插式封装。图 2-12 给出了 MCS-51 单片机的引脚图和逻辑符号。在单片机的 40 条引脚中，有 2 条专用于主电源控制的引脚，2 条外接晶体振荡器的引脚，4 条控制和其他电源复用的引脚，32 条输入 / 输出引脚，下面将对这些引脚进行详细的介绍。

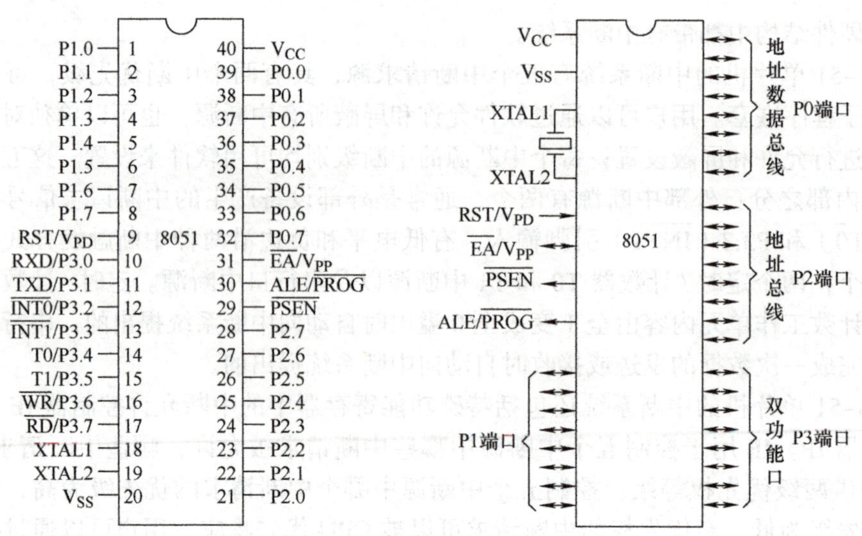

图 2-12　MCS-51 单片机引脚图及逻辑符号

1. 电源引脚 Vcc 和 Vss

1）V_{CC}（40 脚）：电源端，接 +5V 电源。

2）V_{SS}（20 脚）：接地端。

2. 外接晶体引脚 XTAL1 和 XTAL2

1）XTAL1（18 脚）：晶体振荡电路反相输入端。用来连接外部晶体和微调电容的一端。在单片机内部，它是一个反相放大器的输入端，这个放大器构成了片内振荡器。当采用外部时钟电路时，对于 HMOS 型单片机，此引脚接地；对于 CHMOS 型单片机，此引脚用于输入振荡器信号。

2）XTAL2（19 脚）：晶体振荡电路反相输出端。用来连接外部晶体和微调电容的另一端。在单片机内部，它是一个反相放大器的输出端，当采用外部时钟电路时，对于 HMOS 型单片机，此引脚用于输入振荡器信号；对于 CHMOS 型单片机，此引脚悬空。

3. 控制引脚 ALE、$\overline{\text{EA}}$、$\overline{\text{PSEN}}$ 和 RST

1）ALE/$\overline{\text{PROG}}$（30 脚）：地址锁存允许 / 编程脉冲输入端。正常工作时为 ALE 功能。在访问外部存储器时，用于提供将 P0 口输出的低 8 位地址信息锁存到锁存器的锁存信号，下降沿有效；在不访问外部存储器时，ALE 自动输出频率为 $f_{osc}/6$ 的周期性正脉冲，可用作外部时钟源或作为脉冲时钟源使用。

对于片内含有 EPROM 的机型（如 8751），该引脚还有第二功能，它可以在对内部 EPROM 编程 / 校验时输入编程负脉冲信号。

2）$\overline{\text{EA}}/V_{PP}$（31 脚）：允许访问片外存储器 / 编程电源端。用于控制 MCS-51 单片机使用片内 ROM 还是片外 ROM。若 EA 端保持高电平，则访问片内程序存储器，但在程序计数器 PC 的值超过片内程序存储器容量时，将自动转向执行片外程序存储器的程序；若 $\overline{\text{EA}}$ 保持低电平，则不管是否有内部程序存储器，只访问外部程序存储器。对常用的 8031 而言，无内部程序存储器，所以 $\overline{\text{EA}}$ 脚必须接地。

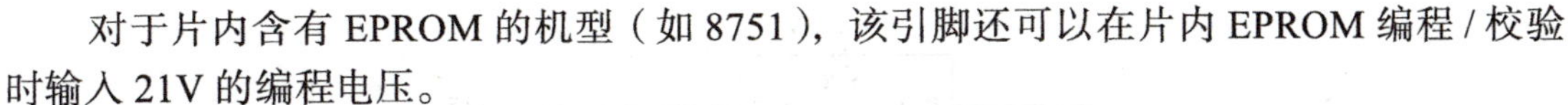

对于片内含有 EPROM 的机型（如 8751），该引脚还可以在片内 EPROM 编程 / 校验时输入 21V 的编程电压。

3）$\overline{\text{PSEN}}$（29 脚）：外部程序存储器读选通信号端。在执行访问片外 ROM 的指令 MOVC 或 CPU 到外部程序存储器读取指令码时，MCS-51 单片机自动在 $\overline{\text{PSEN}}$ 上产生一个负脉冲，用于对片外 ROM 的选通。其他情况下，$\overline{\text{PSEN}}$ 均为高电平封锁状态。

4）RST/V_{PD}（9 脚）：复位 / 备用电源输入端。MCS-51 单片机上电以后，当该引脚上出现持续两个机器周期的高电平时，就可以实现复位操作，使单片机恢复到初始状态。通常有上电复位和手动复位两种方式，这部分内容将在下一节中详细介绍。

RST/V_{PD} 的第二功能是作为备用电源的输入端。当主电源 V_{CC} 发生故障而降低到低电平的规定值时，此引脚所接的备用电源可自动投入，向内部 RAM 提供备用电源，以保持片内 RAM 的数据不丢失。

4. 输入 / 输出引脚 P0、P1、P2、P3

MCS-51 单片机共有四个并行 I/O 端口，每个端口都是 8 位的，用于传送数据 / 地址信息或其他控制信息。现对它们简要介绍如下：

1）P0.0 ~ P0.7（39 ~ 32 脚）：双向 8 位三态 I/O 口。在不扩展外部存储器时，作为通用的 I/O 口来输入 / 输出数据，输入的数据可以得到缓冲，输出的数据可以得到锁存。在扩展外部存储器时，用于作为分时提供低 8 位地址和 8 位数据的复用总线。对于片内含有 EPROM 的机型（如 8751），P0 口还可以对片内 EPROM 进行编程或读出校验，这时它用于传送编程机器码或读出校验码。

2）P1.0 ~ P1.7（1 ~ 8 脚）：8 位准双向 I/O 口。和 P0 口类似，一般作为通用的 I/O 口，用于传送用户的输入 / 输出数据。对于片内含有 EPROM 的机型（如 8751），P1 口在编程 / 校验时，用来输入片内 EPROM 的低 8 位地址。

3）P2.0 ~ P2.7（21 ~ 28 脚）：8 位准双向 I/O 口。一般作为通用的 I/O 口，用于传送用户的输入 / 输出数据。P2 口的第二功能是当 MCS-51 单片机扩展片外存储器时，与 P0 口配合，传送片外存储器的高 8 位地址，共同选中片外存储器单元。对于片内含有 EPROM 的机型（如 8751），P2 口在编程 / 校验时，用来输入片内 EPROM 的高 8 位地址。

4）P3.0 ~ P3.7（10 ~ 17 脚）：8 位准双向 I/O 口。一般作为通用的 I/O 口，用于传送用户的输入 / 输出数据。P3 口的第二功能作控制用，每个引脚的定义见表 2-6。

2.2.2　MCS-51 单片机片外总线结构

从上面的描述可知，当 MCS-51 单片机不外扩存储器（8031 必须外扩程序存储器）和 I/O 接口时，P0 ~ P3 口都可作为通用 I/O 口使用。如果系统扩展外部存储器，那么 P0 口只能用于分时传送低 8 位地址信息和 8 位数据信息，P2 口只能用于传送高 8 位地址信息，P3 口可根据需要选择某些位线作为第二功能使用。真正为用户使用的 I/O 线只有 P1 口以及部分作为第一功能使用的 P3 口。图 2-13 给出了 MCS-51 单片机按引脚功能分类的片外三总线结构图。

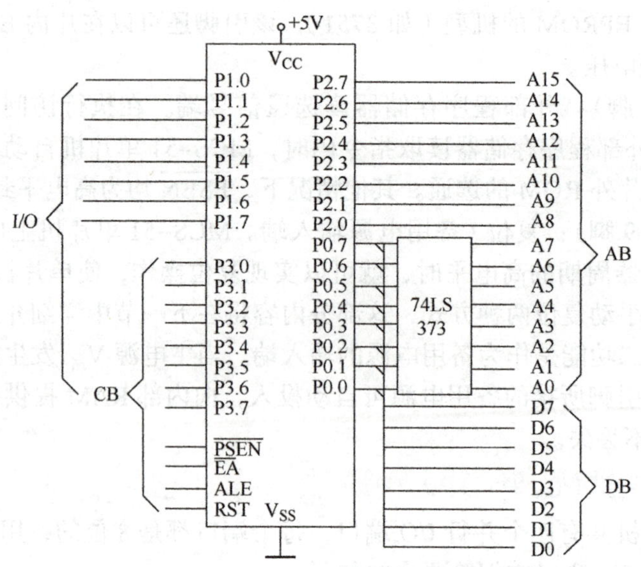

图 2-13　MCS-51 单片机片外三总线结构图

由图 2-13 可以看到 MCS-51 单片机的片外三总线结构，便于实现系统的扩展。

1）地址总线 AB：地址总线的宽度位数为 16 位。由 P0 口经地址锁存器提供低 8 位地址信息 A0 ~ A7，由 P2 口直接提供高 8 位地址信息 A8 ~ A15。所以 MCS-51 单片机对外直接寻址范围可达 64KB。

2）数据总线 DB：数据总线的宽度位数为 8 位，由 P0 口提供 D0 ~ D7。

3）控制总线 CB：由 P3 口的第二功能状态线和四个独立的控制线 ALE、$\overline{\text{EA}}$、$\overline{\text{PSEN}}$、RST 组成。

2.3　MCS-51 单片机的工作方式

单片机的工作方式是进行系统设计的基础，也是在单片机应用过程中必须熟悉的问题。MCS-51 单片机共有复位、程序执行、节电以及 EPROM 的编程和校验四种工作方式。本节主要介绍前三种工作方式。

2.3.1　复位工作方式

单片机开机时都需要复位，复位是单片机的初始化操作。它可以使 CPU 及其他功能部件处于一个确定的初始状态，并从这个状态开始工作。

1. 复位状态

MCS-51 单片机的复位信号从 RST 引脚输入，为了保证复位成功，RST 引脚必须保持足够时间的高电平，以使振荡器起振并持续两个机器周期以上的时间。当复位信号有效时，单片机处于复位状态，复位以后 MCS-51 单片机内部的寄存器的初始状态见表 2-7。

表 2-7　内部寄存器复位后的初始状态

寄存器	内容	寄存器	内容
PC	0000H	SBUF	XXH
ACC	00H	TMOD	00H
B	00H	TCON	00H
PSW	00H	TL0	00H
SP	07H	TH0	00H
DPTR	0000H	TL1	00H
P0 ~ P3	FFH	TH1	00H
IP	XX000000B	SCON	00H
IE	0X000000B	PCON	0XX00000B

在复位时，单片机的地址锁存信号 ALE 和外部程序存储器读选通信号 $\overline{PSEN}$ 端被自动设置为高电平，P0 ~ P3 口各引脚也均为高电平，处于输入状态。而内部 RAM 中的数据不受复位的影响，但在单片机接通电源时，RAM 内容不定。

2. 复位电路

MCS-51 单片机在开始工作时要求上电复位，程序运行出现故障时也需要进行复位操作，它通常采用上电自动复位和按键手动复位两种方式。

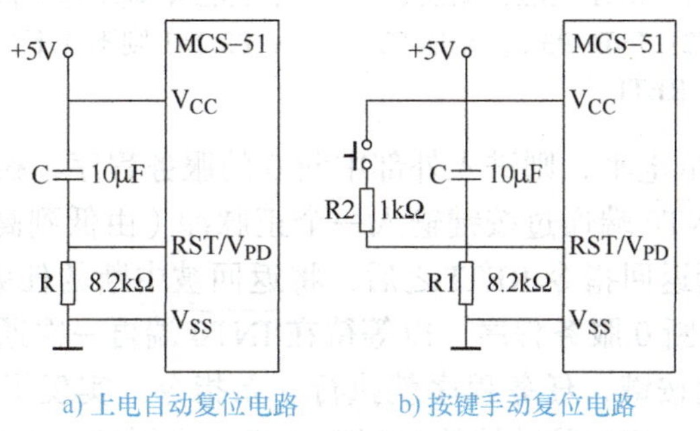

a) 上电自动复位电路　　b) 按键手动复位电路

图 2-14　MCS-51 单片机的复位电路

上电复位是指单片机一上电就自动进入复位状态。这种方式是通过外部复位电路的电容充电来实现的，其电路如图 2-14a 所示。在开始通电的瞬间，+5V 的电源、电阻 R 和电容 C 之间形成一个充电回路，在 RST 端出现正脉冲，从而使单片机实现复位。上电复位电路保持 RST 为高电平的时间，取决于电容的充电速率。同时应当注意，上电时 V_{CC} 的上升时间应小于几十毫秒。振荡器起振时间取决于振荡器频率，对于 10MHz 晶振，起振时间一般为 1ms；对于 1MHz 晶振，起振时间一般为 10ms。在上电时，如果器件不能正常的复位，那么片内 SFR，特别是程序计数器 PC 可能没有进入初始化状态，使 CPU 从不定的地址开始运行程序，从而影响程序的正确执行。

单片机系统除上电复位外，有时还要设置按键复位功能。在程序运行时，可通过复位按键控制 CPU 进入复位状态。按键手动复位的电路如图 2-14b 所示，该电路是在上电

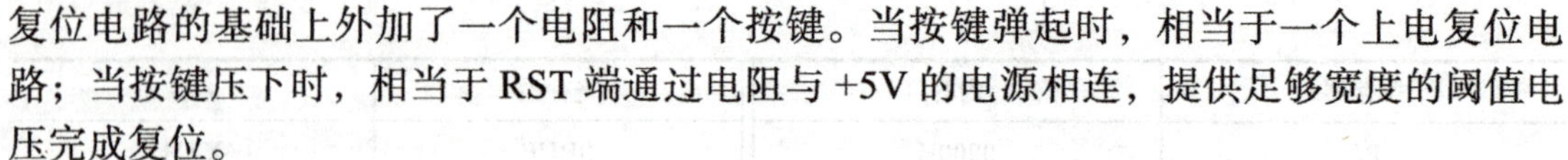

复位电路的基础上外加了一个电阻和一个按键。当按键弹起时，相当于一个上电复位电路；当按键压下时，相当于 RST 端通过电阻与 +5V 的电源相连，提供足够宽度的阈值电压完成复位。

2.3.2 程序执行方式

程序执行方式是单片机的基本工作方式，通常可分为单步执行和连续执行两种工作方式。

1. 单步执行方式

单步执行方式是指在特定的按键控制下，一条一条地执行用户程序指令的方式，常常用于用户程序的调试。每按下一次按键就执行一条指令，周而复始。根据中断系统设置，当一个中断请求服务正在进行时，另一个同级的中断请求不会得到响应；而且在执行 RETI 指令之后至少还要执行一条其他指令，这个中断请求才会得到响应。因此，一旦进入到某个中断服务程序之后，在中断返回并且再执行一条被中断程序的指令之前，该中断服务程序不能重入。利用这一个特点，可以实现单步操作。

这种程序执行方式是利用单片机的外部中断功能来实现的。例如，可将单步执行键和外部中断 0 联系起来，预先设定外部中断 0 为电平触发方式。并在其中断服务程序的末尾写上以下几条指令：

```
        ......
NEXT1：JNB  P3.2，NEXT1        ；P3.2=0 则不往下执行
NEXT2：JNB  P3.2，NEXT2        ；P3.2=1 则不往下执行
       RETI
```

若 $\overline{\text{INT0}}$ 通常保持低电平，则进入外部中断 0 的服务程序，执行上述指令时会停留在 JNB 处原地等待。当 $\overline{\text{INT0}}$ 端通过按键输入一个正脉冲（由低到高，再到低）时，程序就会往下执行，执行中断返回指令 RETI 之后，将返回被中断的任务程序，执行一条指令，又立刻再次进入外部中断 0 服务程序，以等待在 $\overline{\text{INT0}}$ 端再一次通过按键输入的下一个正脉冲。这样每按下一次按键，任务程序就执行一条指令，实现了单步执行的目的。需要注意的是，这个按键输入的正脉冲持续时间不小于三个周期，以确保 CPU 能采集到高电平值。

2. 连续执行方式

连续执行方式是所有的单片机都具有的一种工作方式，要执行的程序可以存放在内部或外部程序存储器中。由于 MCS-51 单片机复位以后程序计数器 PC 内容自动变为 0000H，因此单片机系统在复位以后，总是从 0000H 处开始执行程序，这就可以预先在该地址处存放一条转移指令，以便跳到 0000H ～ FFFFH 中的任何地方执行程序。

2.3.3 节电工作方式

节电方式是 CHMOS 型单片机特有的一种减少单片机功耗的工作方式，通常可以分为空闲（待机）方式和掉电（停机）方式。节电方式是由电源控制寄存器 PCON 中的 IDL 和 PD 两个控制位实现控制的，PCON 各个位的具体含义将在第 5 章作详细介绍。

1. 空闲方式

MCS-51 单片机进入空闲方式的方法非常简单，只需使用指令将 PCON 寄存器中的 IDL 控制位置位即可，即执行如下指令：

```
MOV  PCON, #01H          ; IDL ← 1
```

单片机便进入空闲方式。此时，CPU 停止工作，但振荡器仍然运行，而且时钟信号被送往除 CPU 以外的中断逻辑、串行口和定时 / 计数器。CPU 现场（即 SP、PC、PSW 和 ACC 等）、片内 RAM 和 SFR 中其他的寄存器内容均维持不变，ALE 和 $\overline{\text{PSEN}}$ 引脚变为高电平。总之，在进入空闲状态之后，CPU 停止工作，但是各功能部件保持了进入空闲状态之前的内容，而且功耗很少。

退出空闲方式的方法有两种，即中断和硬件复位。在空闲方式下，任何一个被允许的中断源向 CPU 发出中断请求，CPU 响应中断的同时，IDL 被硬件自动清零，单片机进入正常的工作状态；另外一种退出空闲方式的方法是硬件复位，即在单片机 RST 引脚上送一个有效的复位高电平，PCON 中的 IDL 被硬件自动清零，CPU 便可继续执行进入空闲方式之前的用户程序。

2. 掉电方式

MCS-51 单片机进入掉电方式的方法类似于空闲方式的进入，只需使用指令将 PCON 寄存器中的 PD 控制位置位，即执行如下指令：

```
MOV  PCON, #02H          ; PD ← 1
```

单片机便进入掉电方式。此时，振荡器停止振荡，片内所有功能部件停止工作，但是片内 RAM 和 SFR 中内容均维持不变，I/O 引脚状态和相关特殊功能寄存器内容对应，ALE 和 $\overline{\text{PSEN}}$ 引脚输出逻辑低电平。

在掉电方式期间，电源 V_{CC} 可以降至 2V，但应当注意，在进入掉电方式之前不能降低 V_{CC}。同样，在结束掉电方式之前，必须使 V_{CC} 恢复到正常操作电平。退出掉电方式的唯一方法是硬件复位，复位后特殊功能寄存器的内容重新被初始化，但是片内 RAM 的内容保持不变。在使用复位方式退出掉电方式时，片内振荡器开始工作，复位操作在 V_{CC} 恢复到正常操作电平时才能进行，且复位操作必须维持足够长的时间，以保证振荡器重新启动并达到稳定工作状态（一般小于 100ms）。

2.3.4　编程和校验方式

编程和校验方式主要针对的是片内具有 EPROM 的单片机，如 8751 这样片内带有 4KB EPROM 的芯片。编程是指利用特殊手段对单片机片内 EPROM 进行写入的过程，校验则是对刚刚写入的程序代码进行读出验证的过程。这部分内容不再作详细的介绍，感兴趣的读者可以查阅相关资料。

2.4　MCS-51 单片机的时序

单片机的时序就是 CPU 在执行指令时所需控制信号的时间顺序。CPU 实质上就是一个复杂的同步时序电路，这个时序电路是在时钟脉冲的推动下工作的。CPU 在顺序地读取指令、分析指令、执行指令的过程中，这一系列的操作顺序都需要精确的定时，所以单片机要有自己的时钟电路，以保证单片机按照一定节拍和时序工作。本节将介绍 MCS-51 单片机的时钟电路和一些基本的时序。

2.4.1 MCS-51 单片机时钟电路

MCS-51 单片机内部有一个用于构成振荡器的反相放大器，引脚 XTAL1 和 XTAL2 分别是该放大器的输入端和输出端。这个振荡电路和单片机内部的时钟电路一起构成了单片机的时钟电路。根据硬件电路的不同，连接方式可以分为内部时钟方式和外部时钟方式。

内部时钟方式是在引脚 XTAL1 和 XTAL2 上跨接一个石英晶体和电容构成一个自激振荡器，如图 2-15a 所示。晶体可以在 1.2 ~ 12MHz 之间选择，典型值为 6MHz 和 12MHz。电容 C1 和 C2 可以在 5 ~ 60pF 之间选择，这两个电容的大小对振荡频率有微小的影响，可起到频率微调的作用。MCS-51 单片机也可采用外部时钟方式，如图 2-15b 所示。XTAL2 引脚接外部振荡器，由它产生的外部时钟脉冲信号直接送至内部时钟电路，XTAL1 端接地。这种方式下一般要求外部时钟信号为频率低于 12MHz 的方波信号。

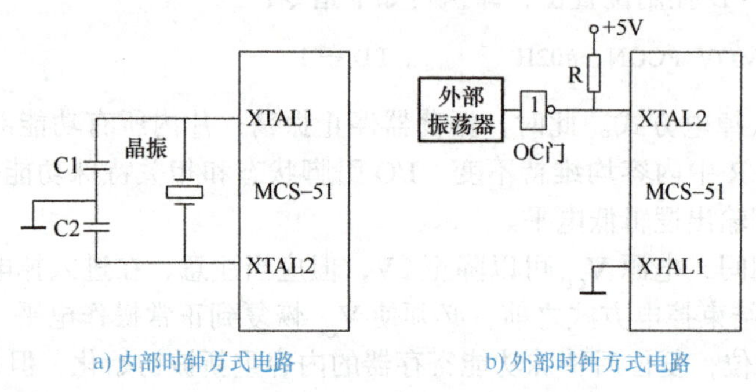

a) 内部时钟方式电路　　b) 外部时钟方式电路

图 2-15　MCS-51 单片机的时钟电路

2.4.2 CPU 时序的有关概念

一条指令可以分解为若干个基本的微操作，这些微操作所对应的脉冲信号在时间上有严格的先后次序，这些次序就是计算机的时序。时序是一个非常重要的概念，因为它严格规定了单片机内部以及外部各功能部件相互配合协调工作的时空关系。为了更好地理解单片机时序，下面简要介绍几个常用的概念。

1. 时钟周期

时钟周期又称为振荡周期，是指为单片机提供定时信号的振荡源的周期，它定义为晶振频率的倒数，是 CPU 时序中最小的时间单位。

2. 状态周期

一个状态周期等于两个时钟周期，也就是说它是对振荡频率进行二分频的振荡信号。一个状态周期被分为 P1 和 P2 两个节拍。在每个状态周期的前半周期，P1 信号有效，这时通常完成算术逻辑操作；在后半周期内，P2 信号有效，通常完成内部寄存器间的数据传送操作。

3. 机器周期

CPU 执行一条指令的过程可以划分为若干个阶段，每个阶段完成某一项基本操作，如取指令、读存储器、写存储器等。通常将完成一个基本操作所需的时间称为机器周期。MCS-51 单片机的一个机器周期是由六个状态周期（即 12 个时钟周期）组成的，它可以分为六个状态（S1 ～ S6），每个状态又可分为 P1 和 P2 两个节拍。因此，一个机器周期中的 12 个时钟周期可以表示为 S1P1、S1P2、S2P1、S2P2……S6P1、S6P2。当主频为 6MHz 时，一个机器周期为 2μs；当主频为 12MHz 时，一个机器周期为 1μs。

4. 指令周期

CPU 执行一条指令所需要的时间称为指令周期，它是时序中最大的时间单位。不同指令操作的复杂程度是不同的，因此执行时所需要的机器周期数也是不同的。通常，MCS-51 单片机的指令周期需要 1、2、4 个机器周期。指令的运算速度和指令所包含的机器周期数有关，机器周期数越少，指令执行速度越快。

2.4.3 MCS-51 单片机的取指令和执行时序

每一条指令的执行都包括取指令和执行指令两个阶段。在取指令阶段，CPU 从片内或片外程序存储器中读取指令的操作码和操作数，然后再执行这条指令。为了直观地展现 CPU 的取指 / 执行的时序，把执行一条指令时相应信号线上有关信息的变化按照时间序列以特定的波形表示出来，这就是时序图。图 2-16 列举了 MCS-51 单片机的几种典型指令的取指令和执行时序。

由于内部时钟信号无法从外部观察到，所以为了解 CPU 取指和执行指令的时序，用 XTAL2 振荡信号做参考。从图 2-16 中可以看出，在访问程序存储器的周期内，地址锁存信号 ALE 在每个机器周期中两次有效：一次在 S1P2 和 S2P1 期间，另一次在 S4P2 和 S5P1 期间。需要注意的是，在访问外部数据存储器的周期内，地址锁存信号 ALE 只有一次有效，出现在 S1P2 和 S2P1 期间。下面将简述几种主要的时序。

1. 单字节单周期指令

这类指令的指令码只有一个字节，机器从程序存储器取出指令码到完成指令的执行仅需一个机器周期，如图 2-16 所示。在 ALE 信号第一次有效的 S1P2 节拍，指令码被取出执行；在 ALE 信号第二次有效的 S4P2 节拍，仍然有读操作，但是读入的字节（即下一操作码）被丢弃，此时程序计数器 PC 并不加 1。

2. 双字节单周期指令

这类指令的指令码有两个字节，但指令的执行仅需一个机器周期，如图 2-16 所示。在 S1P2 节拍开始，指令码被取出执行，程序计数器 PC 加 1；在 ALE 信号第二次有效的 S4P2 节拍，读出指令的第二个字节；最后在 S6P2 节拍完成指令的执行。

3. 单字节双周期指令

这类指令的指令码只有一个字节，但指令的执行需要两个机器周期，如图 2-16 所示。在两个机器周期内进行四次读操作码的操作。由于是单字节指令，所以后三次读操作无效，在第二个机器周期的 S6P2 节拍完成指令的执行。值得注意的是，在执行 MOVX 指令访问外部 RAM 时，在第一个机器周期的 S5 状态送出外部 RAM 地址，随后读写数据。读写期间 ALE 端不输出有效信号，在第二个机器周期（外部 RAM 已被寻址和选通后），也不产生取指令操作。

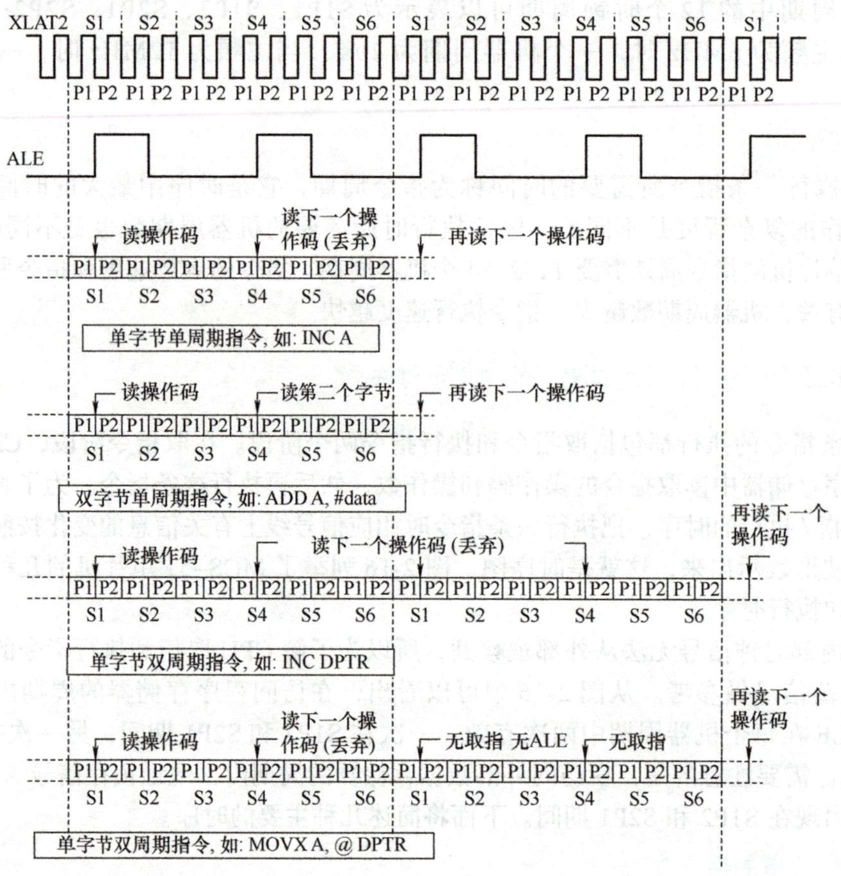

图 2-16　MCS-51 单片机的取指令和执行时序

2.4.4　MCS-51 单片机访问外部存储器的指令时序

MCS-51 单片机有两类可以访问外部存储器的指令。一类是读外部程序存储器指令，一类是读写外部数据存储器指令。这两类指令执行时除了涉及 ALE 引脚外，还与 $\overline{PSEN}$、P2、P0、$\overline{RD}$、$\overline{WR}$ 等信号有关。下面分别介绍 MCS-51 单片机访问外部存储器的指令时序。

1. 读外部 ROM 指令时序

在 MCS-51 单片机执行以下指令时：

```
MOVC  A，@A+DPTR                ; A←（A+DPTR）
```

累加器 A 中的偏移量和 DPTR 中的地址相加，然后将计算得到的 16 位地址作为外部 ROM 地址，从该地址单元读出信息送给累加器 A。因此，累加器 A 在指令执行前存放地址偏移量，指令执行后为外部 ROM 中的读出数据。指令执行产生的时序如图 2-17 所示。

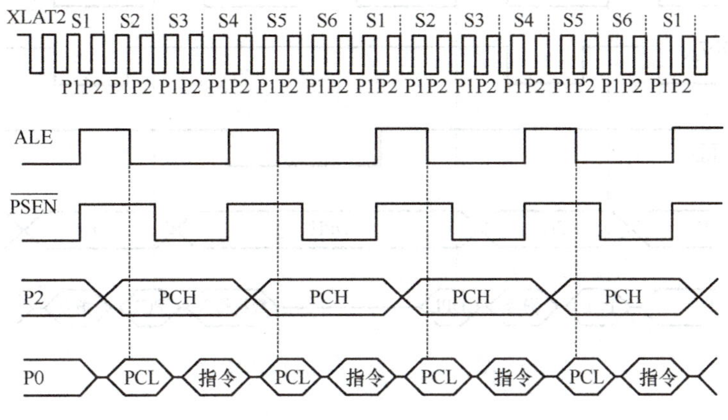

图 2-17　MCS-51 单片机读外部 ROM 指令时序

在外部 ROM 的读取期间，P2 口用于输出 ROM 的高 8 位地址信息 PCH。P0 口作为地址 / 数据复用的双向总线，首先输出 ROM 的低 8 位地址 PCL，通过 ALE 和外部锁存器锁存后，与 PCH 共同组成 16 地址以选中外部 ROM 某一单元。随后 P0 口变为输入方式，准备输入指令代码或数据。在每个机器周期内 $\overline{\text{PSEN}}$ 信号两次有效，用于将选中单元内容通过 P0 口读入 CPU。

2. 读外部 RAM 指令时序

MCS-51 单片机若扩展外部 RAM，则应将它的 $\overline{\text{RD}}$ 和 $\overline{\text{WR}}$ 引脚分别与 RAM 芯片的 $\overline{\text{OE}}$ 和 $\overline{\text{WE}}$ 引脚相连，以控制对 RAM 芯片的读写操作。假设 DPTR 中已存放要访问的外部 RAM 地址，当 CPU 执行以下指令时：

```
MOVX  A，@DPTR                  ; A ←（DPTR）
```

DPTR 所指的 RAM 单元内容就被读取到累加器 A 中。指令执行产生的时序如图 2-18 所示。

在执行指令的第一个机器周期内，P2 送出 ROM 的高 8 位地址，P0 口配合 P2 口输出 ROM 的低 8 位地址，进行取指令码的操作。在指令的机器码读入之后，P0 口再与 P2 口确定外部 RAM 的 16 位地址，通过 ALE 和外部锁存器锁存后，在指令的第二个机器周期内 $\overline{\text{RD}}$ 信号有效时将数据读入 CPU。

3. 写外部 RAM 指令时序

假设 DPTR 中已存放要访问的外部 RAM 地址，当 MCS-51 单片机执行以下指令：

```
MOVX  @DPTR，A                  ;（DPTR）← A
```

累加器 A 中存放的内容就被写入到 DPTR 所指定的 RAM 单元中。指令执行产生的时序如图 2-19 所示。

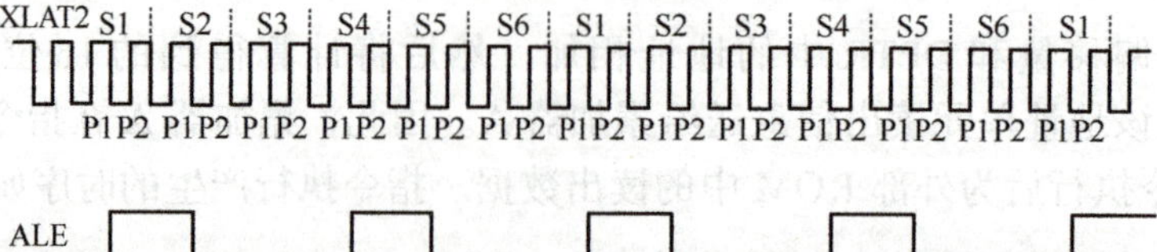

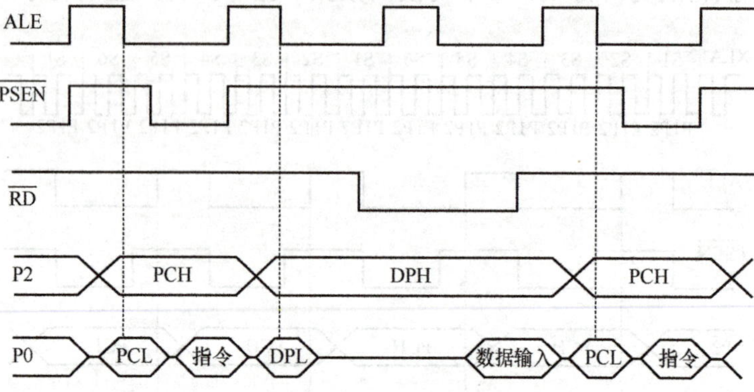

图 2-18　MCS-51 单片机读外部 RAM 指令时序

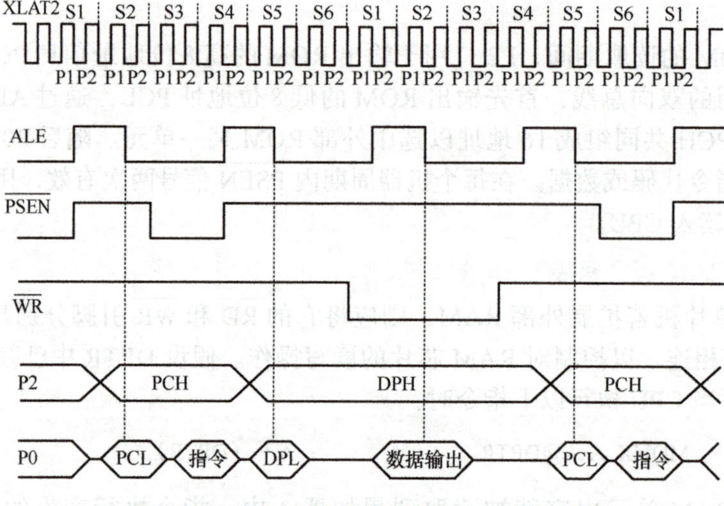

图 2-19　MCS-51 单片机写外部 RAM 指令时序

向外部 RAM 写入数据的过程和读出数据的过程基本类似，除了要求的读写信号不同之外，最主要的差别在于 P0 口上数据出现的时刻不同。在进行写 RAM 操作时，由于数据来自 CPU 内部，所以在 P0 口完成 RAM 的低 8 位地址输出后，CPU 立即将数据送到 P0 总线。而在进行读 RAM 操作时，由于数据的读出需要一定的时间，所以 P0 总线上在较长的浮空状态之后才有数据出现。

习　题

1. MCS-51 单片机由哪些功能部件组成？片内各个逻辑部件的主要功能是什么？
2. 程序状态字 PSW 中常用的标志位有哪些？它们的作用分别是什么？

3. 程序计数器 PC 与数据指针 DPTR 有何不同，各有哪些特点？

4. 什么是堆栈？在 MCS-51 单片机应用系统程序设计时，为什么要对堆栈指针 SP 重新赋值？如果 CPU 在操作中要使用两组工作寄存器，试问 SP 的初值应该如何设定？

5. MCS-51 单片机的存储器结构有何特点？存储器的空间如何划分？各地址空间的寻址范围是多少？

6. MCS-51 单片机片内 RAM 可分为几个区？各自的功能是什么？

7. MCS-51 单片机的四个工作寄存器组是通过哪些位进行选择的？开机复位后，CPU 使用的是哪组工作寄存器？若要使用两组工作寄存器，应完成哪些操作？

8. MCS-51 单片机设有四个并行 I/O 口，试简述各个并行 I/O 口的结构以及在使用时有哪些特点和分工。

9. MCS-51 单片机和片外存储器连接时，P0 口和 P2 口各用来传送什么信号？为什么 P0 口需要采用片外地址锁存器？

10. MCS-51 单片机的 ALE 引脚的作用是什么？当单片机不和外部存储器相连时，ALE 引脚上输出的脉冲频率是多少？有什么用途？

11. MCS-51 单片机的 RST 引脚的作用是什么？有哪两种复位方式？请画出电路形式并做简要的说明。

12. 什么是空闲方式？什么是节电方式？如何进入和退出这两种工作方式？

13. MCS-51 单片机的时钟周期、状态周期、机器周期和指令周期是如何定义的？当振荡频率为 12MHz 时，一个机器周期是多少微秒？执行一条最长的指令需多少微秒？

14. 根据图 2-17，简述读外部 ROM 指令的执行过程。

第 3 章 MCS-51 单片机指令系统及汇编程序设计

3.1 指令系统概述

指令是计算机能够识别和执行的指挥计算机进行操作的命令，由构成计算机的电子器件特性所决定。计算机只能识别二进制代码，以二进制代码来描述指令功能的语言称为机器语言。由于机器语言不便于被人们识别、记忆、理解和使用，因此给每条机器语言指令赋予助记符号来表示，这就形成了汇编语言。它与机器语言指令一一对应，也是由计算机的硬件特性所决定的。

计算机能够执行的各种指令的集合称为计算机的指令系统。不同的处理器有不同的指令系统，其中每一条指令都对应着处理器的一种基本操作，指令系统在很大程度上决定了处理器的能力和使用是否方便灵活。

指令一般有功能、时间和空间三种属性。功能属性是指每条指令都对应一个特定的操作功能；时间属性是指一条指令执行所需要的时间，一般用机器周期来表示；空间属性是指一条指令在程序存储器中所占用的字节数。

MCS-51 单片机指令系统具有指令短、功能强以及执行快等特点，共有 111 条指令。从功能上可分为数据传送、算术运算、逻辑运算和移位、位操作、控制转移等五大类；从空间属性上可分为单字节指令（49 条）、双字节指令（46 条）和最长的三字节指令（16 条）；从时间属性上可分为单机器周期指令（64 条）、双机器周期指令（45 条）和乘、除法（2 条）四机器周期的指令。可见，MCS-51 单片机指令系统在存储空间和执行时间方面具有较高的效率。

3.1.1 汇编指令格式

指令码的结构形式称为指令格式，MCS-51 单片机汇编语言指令格式由以下几个部分组成（带方括号项可以省略）：

［标号：］操作码 ［操作数］［；注释］

标号：为该指令的符号地址，符号后面必须紧跟冒号“：”。标号可以省略，通常用作转移指令或 CALL 指令的操作数，用来表示转移的目的地址。

操作码：是由助记符表示的字符串，它表示计算机执行该指令时将进行何种操作。程序汇编时汇编程序会将其翻译成机器语言。它是语句中的关键字，因此不可省略。

操作数：是指参加本指令运算的数据或数据所在的地址。根据指令要求可以有一个或多个操作数，甚至不需要操作数，多个操作数之间用逗号隔开，操作数与指令助记符之间用空格隔开。

注释：是用来说明一条指令或一段程序的功能，可以省略，注释前必须加上分号“;”。汇编程序对分号后面的内容不进行汇编。

3.1.2　指令描述符号介绍

MCS-51 单片机指令系统共有 111 条指令，可以实现 51 种基本操作，除操作码字段采用 42 种操作码助记符以外，还在源操作数和目的操作数中使用了一些符号，这些符号的含义介绍如下：

1）Rn：工作寄存器，即 R0 ～ R7（n=0 ～ 7）。

2）Ri：间址寄存器，即 R0，R1（i=0，1）。

3）DPTR：数据地址指针，可用作 16 位的间址寄存器。

4）direct：8 位内部数据存储器单元的地址，它可以是片内 RAM 的单元地址（00H ～ 7FH)，或特殊功能寄存器的地址（80H ～ FFH)。

5）#data：8 位立即数。

6）#data16：16 位立即数。

7）addr16：16 位目标地址，用于 LCALL 和 LJMP 指令中，地址范围是 64KB 程序存储器地址空间。

8）addr11：11 位目标地址，用于 ACALL 和 AJMP 指令，地址范围是下一条指令所在的 2KB 程序存储器地址空间。

9）rel：8 位带符号的偏移地址，用于 SJMP 和所有的条件转移指令。其范围是相对于下一条指令第一字节地址的 -128 ～ +127B。

10）bit：片内 RAM 或专用寄存器的直接寻址位。

11）A：累加器 ACC。

12）B：通用寄存器，用于 MUL 和 DIV 指令中。

13）Cy：进位标志位或布尔处理器中的累加器。

14）@：间接寄存器或基址寄存器的前缀，如 @Ri、@DPTR、@A+PC、@A+DPTR。

15）$：当前指令的地址。

16）/：位操作数的前缀，表示该位操作数取反。

17）(x)：x 中的内容。

18）((x))：由 x 寻址的单元中的内容。

19）←：箭头左边的内容被箭头右边的内容所代替。

3.2 寻址方式

所谓寻址就是寻找操作数的地址。MCS–51单片机中绝大多数指令都有一个或多个操作数。在执行指令时，CPU首先要根据地址寻找参加运算的操作数，然后才能对操作数进行操作，并将结果存入相应的存储单元或寄存器中。因此，单片机在执行指令时需要不断地寻找操作数并进行运算，如何寻址是非常关键的。MCS–51单片机操作数的存放范围非常广，可以在片内RAM/ROM或片外RAM/ROM的任何位置。为了适应操作数在所有地址范围内寻址，MCS–51单片机共有7种寻址方式，即立即寻址、寄存器寻址、直接寻址、寄存器间接寻址、变址寻址、相对寻址和位寻址。

3.2.1 立即寻址

立即寻址是指指令中直接给出操作数，不需要经过别的途径去寻找。汇编指令中，在一个数的前面加上符号“#”作为前缀，就表示该数为立即寻址。例如：

```
MOV A，#40H                ；将立即数40H送至A中
```

指令中40H就是立即寻址。

3.2.2 寄存器寻址

寄存器寻址是将指令所需操作数存储在累加器A、通用寄存器B、位累加器Cy、数据指针DPTR和某个工作寄存器R0～R7中。被寻址的寄存器中的内容就是操作数。例如：

```
INC R3                ；将R3中的内容加1传送至R3中
MOV A，R0             ；将R0中的内容传送至A中
```

需要说明的是，在汇编指令中累加器A作为寄存器寻址的操作数，在机器码中无需指明，它由操作码隐含。

3.2.3 直接寻址

指令中直接给出操作数所在的存储单元地址，以供读取或保存数据，该寻址方式称为直接寻址。MCS–51单片机用于直接寻址的存储空间可以是片内、片外数据存储器，也可以是程序存储器。

在这类寻址方式的指令中，直接地址通常采用direct（或addr11或addr16）表示。例如：

```
MOV A，direct
```

若用40H代替上述指令中的direct，则该指令变为：

```
MOV A，40H
```

执行该指令时把片内RAM地址为40H单元的内容送至A中，指令中的源操作数

40H 为操作数的地址，其示意图如图 3-1 所示。

52 子系列的片内 RAM 有 256 个单元，其中高 128 个单元与 SFR 的地址是重叠的。为了避免混乱，MCS-51 单片机规定：直接寻址的指令不能直接访问片内 RAM 的高 128 个单元（80H ～ FFH），若要访问这些单元只能用寄存器间接寻址方式，而访问 SFR 只能用直接寻址方式。另外，当直接寻址的地址为 SFR 中的某个时，可以使用 SFR 的地址，也可以直接使用名字来代替地址，如 MOV　A，80H，可以写成 MOV　A，P0，因为 P0 口的地址为 80H。

当在程序转移、调用指令中直接给出了程序存储器的地址时，若执行这些指令，则程序计数器 PC 的内容将更换为指令直接给出的地址，CPU 将访问所给地址为起始地址的存储空间。

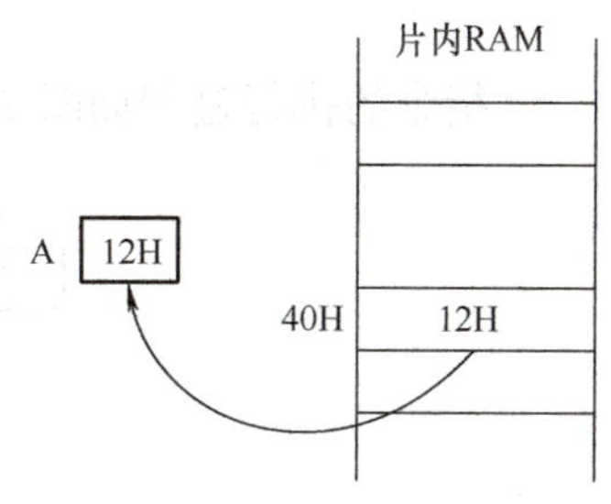

图 3-1　直接寻址示意图

3.2.4　寄存器间接寻址

寄存器间接寻址是将指令中指定寄存器的内容作为操作数的地址，再从此地址找到操作数的寻址方式。这里需要强调的是：寄存器中的内容不是操作数本身，而是操作数的地址，寄存器起地址指针的作用。在 MCS-51 单片机中，可作为寄存器间接寻址的寄存器有 R0、R1，堆栈指针 SP 和数据指针 DPTR。在指令助记符中，间接寻址用符号“@”来表示。

当访问片内 RAM 或片外 RAM 低 256B 空间时，可用 R0 或 R1 作为间址寄存器。当访问片外 RAM 64KB（0000H ～ FFFFH）空间时，可用 DPTR 作为间址寄存器。当执行 PUSH 或 POP 指令时，可用 SP 作为间址寄存器。例如：

```
MOV   @R0，A              ；将 A 中的内容送至 R0 作为地址所指的单元中
MOVX  A，@DPTR            ；将 DPTR 所指的片外 RAM 单元中的内容送至 A 中
```

寄存器间接寻址示意图如图 3-2 所示。

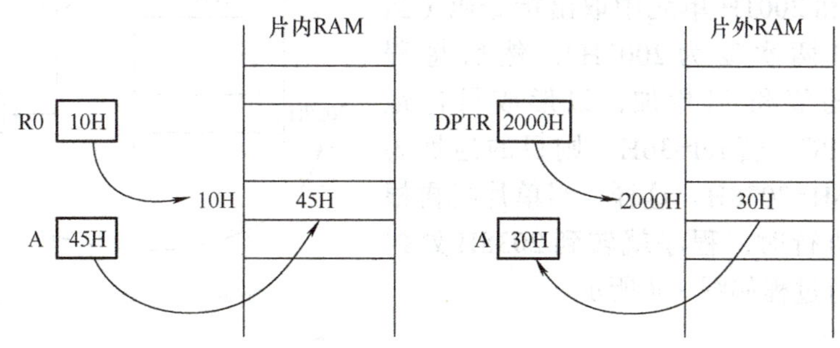

图 3-2　寄存器间接寻址示意图

3.2.5　变址寻址

将指令中指定的变址寄存器和基址寄存器的内容相加形成操作数地址，这种寻址方式称为变址寻址。在这种寻址方式中，累加器 A 作为变址寄存器，程序计数器 PC 或数据

指针 DPTR 作为基址寄存器。变址寻址常用于查表操作，例如：

```
MOV   DPTR，#2000H      ；DPTR←#2000H
MOV   A，#10H           ；A←#10H
MOVC  A，@A+DPTR        ；将A的内容和DPTR内容相加得到一个新地址，通过
                        ；该地址取得操作数送入A中
```

指令的执行过程如图 3-3 所示，执行后 A 的值为 64H。

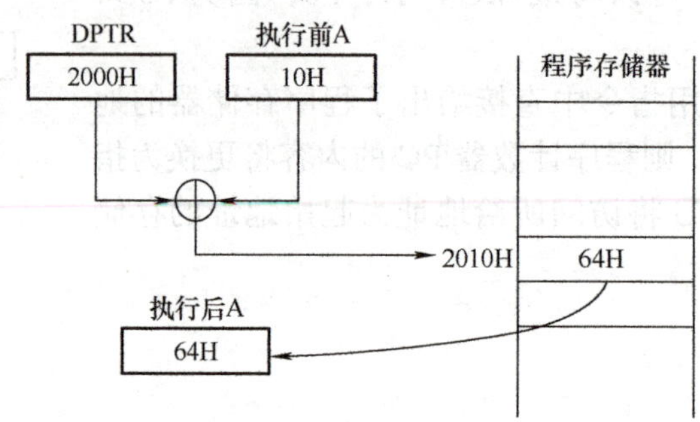

图 3-3　变址寻址执行过程示意图

3.2.6　相对寻址

将当前程序计数器 PC 值加上指令中给出的相对偏移量 rel 形成程序转移的目的地址，这种寻址方式称为相对寻址。相对偏移量是一个 8 位的带符号数，用补码表示，其范围为 –128 ～ +127。负数表示从当前地址向前转移，正数表示从当前地址向后转移。这种寻址方式一般用于访问程序存储器，常出现在跳转指令中。跳转的地址（目的地址）为：

目的地址 = 当前 PC 值 +rel= 指令存储地址 + 指令字节数 +rel

例如：SJMP　rel 是一条双字节转移指令。若该指令的存储地址为 2000H，则单片机执行时先从 2000H 和 2001H 单元中取出指令码（当前 PC 值被加 1 两次变为 2002H)，然后将程序计数器 PC 的值和 rel 相加，以形成目标地址，重新送回 PC。若 rel=36H，则目的地址为 2000H+02H+36H=2038H。这样，当单片机再根据 PC 取指令执行时，程序就转到 2038H 处执行。指令的执行过程如图 3-4 所示。

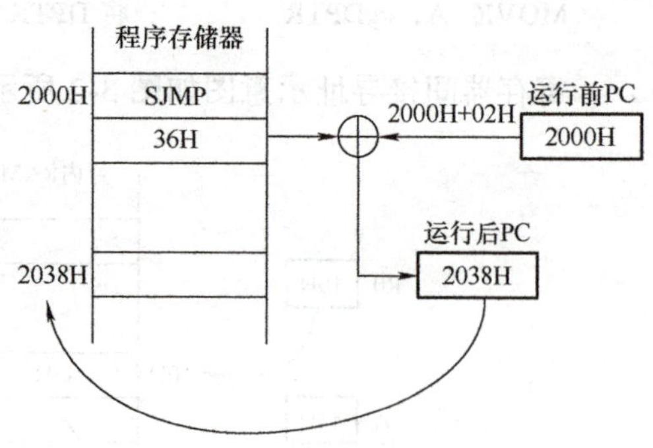

图 3-4　相对寻址执行过程示意图

3.2.7　位寻址

在计算机中，操作数不仅可以按字节为单位进行存取和操作，也可以按位为单位进行存取和操作。当把位作为操作数看待时，这个操作数的地址就称为位地址，对位地址寻址简称位寻址。

在 MCS–51 单片机中，位寻址区在片内 RAM 中的两个区域：一是片内 RAM 的位寻

址区，地址范围是 20H ～ 2FH，共 16 个字节单元，每一位都可以单独作为操作数，共有 128 位；二是特殊功能寄存器 SFR 区中字节地址能被 8 整除的特殊功能寄存器，共有 11 个。例如：

```
MOV 20H，C        ；将进位 Cy 的内容传送至 20H 地址所指示的位中
MOV C，2FH.7      ；C ← 2FH.7
```

其示意图如图 3-5 所示。

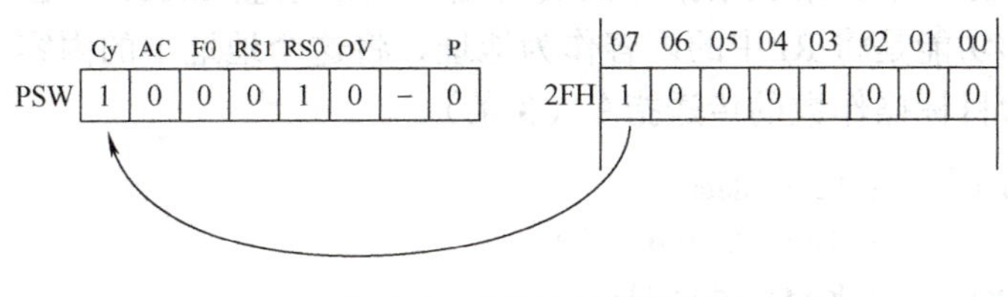

图 3-5　位寻址示意图

3.3　MCS-51 单片机指令系统

指令的集合或全体称为指令系统，计算机只能识别和执行由二进制数构成的机器语言。为了方便人们理解、记忆和使用，常用助记符来描述计算机的指令系统（即汇编语言指令）。

3.3.1　数据传送类指令

MCS-51 单片机指令系统中，数据传送指令共有 28 条，是运用最频繁的一类指令。数据传送操作可以在片内 RAM 和 SFR 内进行，也可以在累加器 A 和片外存储器之间进行，指令中必须指定传送数据的源地址和目标地址，以便执行指令时把源地址中的内容传送到目标地址中，但不改变源地址中的内容。在这类指令中，只有以累加器 A 为目标操作数时才会对奇偶标志位 P 有影响，其余指令执行时都不会影响任何标志位。

1. 内部数据传送指令（15 条）

这类指令的源操作数和目标操作数地址都在单片机的内部，可以是片内 RAM 的地址，也可以是 SFR 的地址。指令的格式如下：

MOV　[dest], [src]

其中，[dest] 是目标操作数，[src] 是源操作数。

指令功能是将源操作数的内容传送到目标操作数，源操作数的内容不变。这类指令一般不影响标志位。但当目标操作数为累加器 A 时，会影响奇偶标志。立即数不能为目标操作数。数据传送方向如图 3-6 所示。

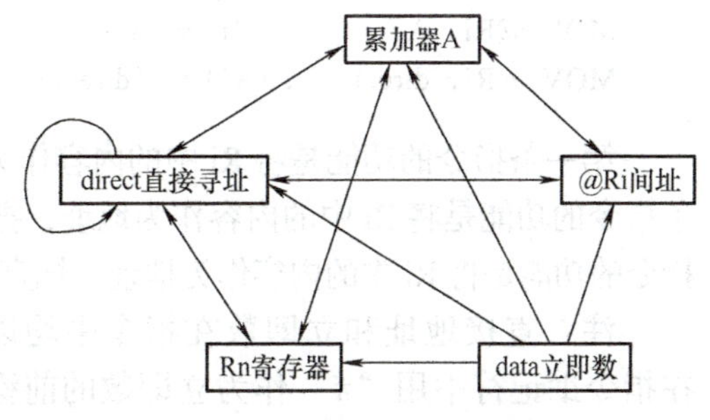

图 3-6　数据传送方向示意图

（1）以累加器 A 为目标操作数的传送指令（4 条）

```
MOV A，#data          ；A ← data
MOV A，Rn             ；A ← Rn（n=0 ~ 7）
MOV A，direct         ；A ←（direct）
MOV A，@Ri            ；A ←（Ri）（i=0，1）
```

第一条指令的功能是将立即数 data 送至累加器 A 中；第二条指令的功能是将寄存器 Rn 中的数据传送至 A 中；第三条指令的功能是将直接地址 direct 单元中的内容传送至 A 中；第四条指令的功能是将 Ri 中的内容作为地址，将这个地址中的内容送至累加器 A 中。

（2）以 Rn 为目标操作数的传送指令（3 条）

```
MOV Rn，#data         ；Rn ← data
MOV Rn，A             ；Rn ← A（n=0 ~ 7）
MOV Rn，direct        ；Rn ←（direct）
```

第一条指令的功能是将立即数 data 送至寄存器 Rn 中；第二条指令的功能是将累加器 A 中的内容传送至寄存器 Rn 中；第三条指令的功能是将直接地址 direct 单元中的内容传送至寄存器 Rn 中。

（3）以直接地址为目标操作数的传送指令（5 条）

```
MOV direct，#data     ；（direct）← data
MOV direct，A         ；（direct）← A
MOV direct，Rn        ；（direct）← Rn
MOV direct1，direct2  ；（direct1）←（direct2）
MOV direct，@Ri       ；（direct）←（Ri）
```

第一条指令的功能是将立即数 data 送至直接地址 direct 单元中；第二条指令的功能是将累加器 A 中的内容送至直接地址 direct 单元中；第三条指令的功能是将寄存器 Rn 中的内容送至直接地址 direct 单元中；第四条指令的功能是将直接地址 direct2 单元中的内容送至直接地址 direct1 单元中；第五条指令的功能是将 Ri 中的内容作为地址，把这个地址中的内容送至直接地址 direct 单元中。

（4）以寄存器间接地址为目标操作数的传送指令（3 条）

```
MOV @Ri，#data        ；（Ri）← data
MOV @Ri，A            ；（Ri）← A
MOV @Ri，direct       ；（Ri）←（direct）
```

第一条指令的功能是将 Ri 中的内容作为地址，把立即数 data 送至这个地址单元中；第二条指令的功能是将 Ri 中的内容作为地址，把累加器 A 中的内容送至这个地址单元中；第三条指令的功能是将 Ri 中的内容作为地址，把直接地址 direct 单元中的内容送至这个地址单元中。

注：直接地址和立即数在指令中均以数据形式出现，但两者含义不同，为了区分，在指令助记符中用“#”作为立即数的前缀。例如：

```
MOV A，12H            ；片内 RAM 的 12H 单元内容送入 A 中
MOV A，#20H           ；将立即数 20H 送入 A 中
MOV 12H，#34H         ；将立即数 34H 送入片内 RAM 的 12H 单元中
```

```
MOV 40H，30H        ；将片内 RAM 的 30H 单元的内容送入 40H 单元中
```

例 3-1　试编写程序将 20H 和 30H 单元中的内容进行交换。

解　20H 和 30H 中都有内容，要想将它们的内容相互交换，必须利用第三个存储单元对其中一个数进行缓冲，若选用累加器 A，则相应程序如下：

```
MOV    A，20H
MOV    20H，30H
MOV    30H，A
```

例 3-2　设片内 RAM 中（20H）=10H，当下列程序运行后，求各存储单元中的内容。

```
MOV    30H，#20H   ；(30H)←20H
MOV    R0，#30H    ；R0←30H
MOV    A，@R0      ；A←(R0)
MOV    R1，A       ；R1←A
MOV    40H，@R1    ；(40H)←(R1)
MOV    50H，20H    ；(50H)←(20H)
```

解　程序运行结果如下：

A=20H，R0=30H，R1=20H，（50H）=10H，（40H）=10H，（30H）=20H。

2. 外部数据传送指令（7 条）

（1）16 位数据传送指令（1 条）

在 MCS-51 单片机中，只有唯一的一条 16 位数据传送指令。

```
MOV DPTR，#data16         ；DPTR←data16
```

其功能是将 16 位立即数送入 DPTR 中，其中高 8 位送入 DPH 中，低 8 位送入 DPL 中。要注意的是该 16 位数据为外部存储单元 RAM/ROM 的地址，是专门配合外部数据传送指令使用的。

（2）外部 RAM 的字节传送指令（4 条）

该指令用于 CPU 与外部数据存储器之间的数据传送。对外部数据存储器的访问均采用间接寻址方式。

```
MOVX   A，@Ri          ；A←(Ri)
MOVX   @Ri，A          ；(Ri)←A
MOVX   A，@DPTR        ；A←(DPTR)
MOVX   @DATR，A        ；(DATR)←A
```

前两条指令用于访问外部 RAM 地址范围为 0000H ～ 00FFH 的低地址区，而后两条指令可以访问外部 RAM 的整个 64KB 存储区（0000H ～ FFFFH）。

外部 RAM 的字节传送指令都要经过累加器 A，而且在累加器 A 与片外 RAM 进行数据传送时，通过 P0 端口和 P2 端口进行传送地址，低 8 位地址由 P0 端口送出，高 8 位地址由 P2 端口送出，数据通过 P0 端口传送。

由于 MCS-51 单片机指令系统中没有专门的输入 / 输出指令，且片外扩展的 I/O 接口与片外 RAM 是统一编址的，所以上面 4 条指令也可以作为输入 / 输出指令。

例 3-3 试编写程序，将外部 RAM 的 80H 单元的内容 12H 传送到外部 RAM 2000H 单元中。

解 外部 RAM 的 80H 单元的内容不能直接传送到外部 RAM 2000H 单元中。要先将 80H 单元的内容读入累加器 A，再将 A 的内容传送到外部 RAM 2000H 单元中。相应程序如下：

```
MOV     DPTR，#2000H      ；DPTR ← 2000H
MOV     R0，#80H          ；R0 ← 80H
MOVX    A，@R0            ；A ←（R0），即 A=12H
MOVX    @DPTR，A          ；（DPTR）← A，即（2000H）= A
```

（3）外部 ROM 字节传送指令（2 条）

MCS-51 单片机指令系统提供了两条访问程序存储器的指令，也称为查表指令。

```
MOVC    A，@A+DPTR        ；A ←（A+DPTR）
MOVC    A，@A+PC          ；A ←（A+PC）
```

前一条指令采用 DPTR 作为基址寄存器，因此其寻址范围为整个程序存储器的 64KB 空间，表格可以放在程序存储器的任何位置。后一条指令是用 PC 作为基址寄存器，而指令中 PC 的地址是可以变化的，它随着指令在程序中的位置不同而不同。一旦位置确定，PC 中的内容也就被确定。

由于在进行查表时，PC 的当前值并不一定就是表的首地址，因此常常需要在这条指令前安排一条加法指令，以便将 PC 中的当前值修改为表的首地址。

例 3-4 假设在片外 ROM 的 2000H 开始的单元中存放了 0 ～ 9 的二次方值，要求根据累加器 A 中的值 0 ～ 9 来查找对应的二次方值。

解 若用 DPTR 作为基址寄存器，则可编程如下：

```
MOV         DPTR，#2000H      ；DPTR ←首地址
MOVC        A，@A+DPTR        ；A ←（A+DPTR）
```

这时，A+DPTR 的值就是所查二次方值存放的地址。

若用 PC 作为基址寄存器，则应在 MOVC 指令之前先用一条加法指令进行地址调整。

```
ADD         A，#data      ；data 的值要根据 MOVC 指令所在的地址进行调整
MOVC        A，@A+PC      ；A ←（A+DPTR）
```

若将查表程序定位在 1FF0H，则可以用下面的方法来确定 data 值。ADD 指令要占用两个字节，MOVC 指令要占用一个字节，则有

PC=PC+2+1=1FF0H+2+1=1FF3H

PC 当前值 +data= 二次方表首地址

data= 二次方表首地址 -PC 当前值 =2000H-1FF3H=0DH

因此，程序中的指令应为

```
ORG   1FF0H
ADD   A, #0DH             ; A ← 0DH
MOVC  A, @A+PC            ; A ← (A+PC)
SJMP  $
```

修正值 data 其实就是查表指令所在位置与表的首地址之间的存储单元个数，因为 A 是 8 位无符号数。因此，查表指令和所建立的表之间必须在同一页（页内地址为 00H ～ FFH）。

3. 堆栈操作指令（2 条）

堆栈操作指令是一种特殊的数据传送指令，这类指令有以下两条：

```
PUSH  direct              ; SP ← SP+1, (SP) ← (direct)
POP   direct              ; (direct) ← (SP), SP ← SP-1
```

PUSH 为压栈指令，是将 direct 地址单元的内容压入堆栈，具体操作是：先将堆栈指示器 SP 的内容加 1，指向堆栈顶的一个空单元，然后把 direct 中的内容送到该空单元中。

POP 为出栈指令，是将当前堆栈指针 SP 所指示的单元内容弹出堆栈，具体操作是：先将堆栈指示器 SP 所指栈顶单元中的内容弹到 direct 单元，然后将原栈顶地址减 1，使之指向新的栈顶地址。

MCS-51 单片机的堆栈规则是“先入后出”。由于上电或复位后，SP 的值为 07H，所以在使用堆栈时，SP 的初始值最好重新设定。一般 SP 的值可以设置在 30H 或 30H 以上的片内 RAM 单元，但应注意不要超出堆栈的深度，且还要避开工作寄存器区和位寻址区。

另外，由于堆栈操作只能以直接寻址方式来取操作数，所以不能用累加器 A 或工作寄存器 Rn 作为操作数。如果要将累加器 A 的内容压入堆栈，则可以应用指令 PUSH ACC，这里 ACC 表示累加器的直接地址 E0H。

例 3-5　设 SP=32H，A=10H，片内 RAM 的 30H ～ 32H 单元的内容分别为 10H、34H、12H，执行下列指令后 A、DPTR、SP 为多少？

```
PUSH    ACC
POP     DPH
POP     DPL
```

解

```
PUSH    ACC       ; SP ← SP+1, (SP) ← 10H
POP     DPH       ; (SP) = (33H) =10H → DPH; SP-1 → SP
POP     DPL       ; (SP) = (32H) =12H → DPL; SP-1 → SP, SP=31H
```

所以 A=10H，DPTR=1012H，SP=31H。

4. 数据交换指令（4 条）

数据交换指令共有 4 条，其中字节交换指令 3 条，半字节交换指令 1 条。

（1）字节交换指令（3 条）

```
XCH   A, Rn               ; A ←→ Rn
XCH   A, direct           ; A ←→ (direct)
XCH   A, @Ri              ; A ←→ (Ri)
```

该指令的功能是将累加器 A 与片内 RAM 单元的内容相互交换。

（2）半字节交换指令（1 条）

```
XCHD  A，@Ri                    ；A3 ～ 0 ⟷（Ri）3 ～ 0，高 4 位保持不变
```

该指令的功能是将累加器 A 中低 4 位和 Ri 所指的片内 RAM 单元中的低 4 位相互交换，高 4 位保持不变。

例 3-6 已知 20H 单元中有一个 0 ～ 9 之间的数，试编写程序，将其转换为相应的 ASCII 码。

解 已知 0 ～ 9 的 ASCII 码为 30H ～ 39H。进行比较后可以看到，0 ～ 9 和它们的 ASCII 码仅相差 30H，故可以利用半字节交换指令把 0 ～ 9 之间的数据配制成相应 ASCII 码。相应程序如下：

```
MOV     R0，#20H
MOV     A，#30H
XCHD    A，@R0
MOV     @R0，A
```

3.3.2 算术运算类指令

MCS-51 单片机的算术运算类指令共有 24 条，主要包括加、减、乘、除、加 1、减 1 及十进制调整指令。除加 1 和减 1 指令外，其余指令都影响标志位。

1. 加法指令（13 条）

（1）加法指令（4 条）

```
ADD A，#data        ；A ← A+data
ADD A，Rn           ；A ← A+Rn
ADD A，direct       ；A ← A+（direct）
ADD A，@Ri          ；A ← A+（Ri）
```

指令的功能是把源地址所指示的操作数和累加器 A 中的内容进行相加，相加结果再送回累加器 A 中。

参加运算的两个操作数必须是 8 位二进制数，操作结果也是一个 8 位二进制数，且会影响 PSW 中的所有位。操作数可以是带符号数也可以是不带符号数，但计算机总是按照带符号数运算法则进行运算，并产生 PSW 中的标志位。

例 3-7 执行如下指令后，A 和 PSW 中各标志位的状态。

```
MOV A，#78H
ADD A，#56H
```

解 运算过程如下：

```
     01111000（78H）
+）  01010110（56H）
     ————————————————
     11001110
```

运算结果：A=0CEH。

标志位：Cy=0，OV=D6CY $\oplus$ D7CY=1 $\oplus$ 0=1，AC=0，P=1。

（2）带进位加法指令（4 条）

```
ADDC A，#data        ；A ← A+data+Cy
ADDC A，Rn           ；A ← A+Rn+Cy
ADDC A，@Ri          ；A ← A+（Ri）+Cy
ADDC A，direct       ；A ← A+（direct）+Cy
```

这四条指令的功能是把源地址所指示的操作数和累加器 A 中的内容及进位标志位 Cy 进行相加，相加结果再送回累加器 A 中。运算结果对 PSW 中的所有位都有影响。

（3）加 1 指令（5 条）

```
INC A                ；A ← A+1
INC Rn               ；Rn ← Rn+1
INC direct           ；（direct）←（direct）+1
INC @Ri              ；（Ri）←（Ri）+1
INC DPTR             ；DPTR ← DPTR+1
```

前面四条指令是 8 位数加 1 指令，用于使源地址所规定的 RAM 单元中内容加 1 再送回该单元。除了第一条指令能对奇偶标志位 P 产生影响，其余三条指令执行时都不会对任何标志位产生影响。第五条指令的功能是对 DPTR 中内容加 1，它是 MCS-51 单片机唯一的一条 16 位算术运算指令。

例 3-8　已知 30H 和 40H 开始的内存单元中存放有两个 16 位无符号数 X1 和 X2，试编写程序，实现 X1+X2，并将结果存放在 30H 开始的内存单元中。设两个数之和不会超过 16 位（16 位数存放时低位在前，高位在后）。

分析：16 位数的加法问题可以采用 8 位数加法指令来实现，低 8 位和低 8 位相加，高 8 位和高 8 位及低 8 位相加过程中产生的进位 Cy 相加，并分别存于 30H 和 31H 单元中。相应程序如下：

```
      ORG     1000H
      MOV     R0，#30H     ；R0 ← X1 的首地址
      MOV     R1，#40H     ；R1 ← X2 的首地址
      MOV     A，@R0       ；A ← X1 的低 8 位
      ADD     A，@R1       ；A ← X1 的低 8 位 +X2 的低 8 位，并产生 Cy
      MOV     @R0，A       ；30H ←低 8 位的和
      INC     R0           ；修改地址指针 R0
      INC     R1           ；修改地址指针 R1
      MOV     A，@R0       ；A ← X1 的高 8 位
      ADDC    A，@R1       ；A ← X1 的低 8 位 +X2 的低 8 位 +Cy
      MOV     @R0，A       ；31H ←高 8 位的和
      SJMP    $            ；停机
      END
```

2. 减法指令（8 条）

（1）带借位减法指令（4 条）

```
SUBB A，#data          ; A ← A-data-Cy
SUBB A，Rn             ; A ← A-Rn-Cy
SUBB A，direct         ; A ← A-（direct）-Cy
SUBB A，@Ri            ; A ← A-（Ri）-Cy
```

这 4 条指令的功能是把累加器 A 中的内容减去源地址所指的操作数和指令执行之前的 Cy，所得结果再送回累加器 A 中。

参加运算的两个操作数必须是 8 位二进制数，操作结果也是一个 8 位二进制数，且对 PSW 中的所有位都有影响。操作数可以是带符号数也可以是不带符号数，但计算机总是按照带符号数运算法则进行运算，并产生 PSW 中的标志位。

MCS-51 单片机指令系统中没有不带 Cy 的减法指令，要计算不带 Cy 的运算时，只需将 Cy 清零即可。

（2）减 1 指令（4 条）

```
DEC A                  ; A ← A-1
DEC Rn                 ; Rn ← Rn-1
DEC direct             ; （direct）←（direct）-1
DEC @Ri                ; （Ri）←（Ri）-1
```

减 1 指令的功能是将指定单元的内容减 1 再送回该单元，这类指令不影响标志位。

例 3-9 两个 3 字节数相减。设被减数存放于 20H 起始的连续三个单元中（低位在前），减数存放于 30H 起始的连续三个单元中（低位在前），相减的结果仍存放于 20H 起始的单元中。

解

```
CLR     C          ; Cy 清零
MOV     R0，#20H   ; 被减数首地址
MOV     R1，#30H   ; 减数首地址
MOV     A，@R0     ; A ←被减数的低 8 位
SUBB    A，@R1     ; A ←被减数的低 8 位 - 减数的低 8 位 -Cy
MOV     @R0，A     ; 20H ←低 8 位的差
INC     R0         ; 修改地址指针 R0
INC     R1         ; 修改地址指针 R1
MOV     A，@R0     ; A ←被减数的中间 8 位
SUBB    A，@R1     ; A ←被减数的中间 8 位 - 减数的中间 8 位 -Cy
MOV     @R0，A     ; 21H ←中间 8 位的差
INC     R0         ; 修改地址指针 R0
INC     R1         ; 修改地址指针 R1
MOV     A，@R0     ; A ←被减数的高 8 位
SUBB    A，@R1     ; A ←被减数的高 8 位 - 减数的高 8 位 -Cy
MOV     @R0，A     ; 22H ←高 8 位的差
SJMP    $          ; 停机
```

针对多字节可以采用循环语句进行，可以看出程序中有部分语句为重复操作，故可简略如下：

```
       CLR    C
       MOV    R0，#20H
       MOV    R1，#30H
       MOV    R2，#03H
LOOP：MOV    A，@R0
       SUBB   A，@R1
       MOV    @R0，A
       INC    R0
       INC    R1
       DJNZ   R2，LOOP
       SJMP   $
```

3. BCD 码调整指令（1 条）

DA A

这条指令是在进行 BCD 码加法运算时，用来对 BCD 码的加法运算结果自动进行调整。将该指令跟在加法指令之后即可。

在计算机中，十进制数字 0 ～ 9 一般可用 BCD 码表示，它是以 4 位二进制编码的形式表示的。在运算过程中，计算机按二进制规则进行运算。但因为对于 4 位二进制数可有 16 种状态，从 0000B ～ 1111B，运算时逢 16 进一，而对于十进制数只有 10 种状态，从 0000B ～ 0101B，运算时逢 10 进一。所以，如果 BCD 码按二进制规则运算时，其结果就会出错，只有对其进行调整，才能使运算的结果恢复为十进制数。

若在加法过程中低 4 位向高 4 位有进位（即 AC=1）或累加器 A 的低 4 位大于 9，则累加器加 06H 进行调整，若在加法过程中最高位有进位（即 Cy=1）或累加器 A 的高 4 位大于 9，则累加器加 60H 进行调整，BCD 码调整指令只对进位 Cy 产生影响。

由于在计算机的 ALU 硬件中设有十进制调整电路，所以对 BCD 码加 06H、60H 或 66H 进行调整的操作过程是在计算机内部自动进行的，是执行 DA A 指令的结果。

例 3-10 执行下列指令后，累加器 A 的值是多少。

```
MOV  A，#48D
MOV  R0，#79D
ADD  A，R0
DA   A
```

解 第一步：A+R0 → A

```
     A=48D=01001000BCD
+）R0=79D=01111001BCD
―――――――――――――――――――
           11000001BCD
```

得到 Cy=0，AC=1。

第二步：因为 AC=1，所以加 06H 调整低 4 位。

```
    11000001BCD
+)  00000110BCD
    11000111BCD
```

第三步：因累加器 A 的高四位大于 9，所以加 60H 调整高 4 位。

```
    11000111BCD
+)  01100000BCD
    00100111BCD
```

运算结果：A=27D，Cy=1，相当于为 127D。

但对 BCD 码的减法没有调整指令，只有采用 BCD 码补码运算法则，将被减数减去减数变为被减数加上减数的十进制补码，然后对其和值进行 BCD 码调整来实现。

例 3-11 设片内 RAM 30H，31H 单元中分别存放着两位 BCD 码表示的被减数和减数，两数相减的差仍以 BCD 码的形式存放在 32H 单元中。可用以下程序实现：

```
CLR   C
MOV   A，#9AH      ；用 9AH 代替两位 BCD 码数的模 100
SUBB  A，31H       ；求减数的十进制补码
ADD   A，30H       ；作十进制补码加法
DA    A            ；进行 BCD 码调整
MOV   32H，A       ；将 BCD 码的差送存 32H 单元
```

4. 乘法和除法指令（2 条）

（1）乘法指令（1 条）

```
MUL AB              ；BA ← A × B
```

乘法指令的功能是将两个 8 位无符号数进行相乘操作。两个无符号数分别存放在 A 和 B 中，乘积为 16 位，低 8 位存于 A 中，高 8 位存于 B 中。该指令将对 Cy、OV 和 P 三个标志位产生影响。其中 Cy 总是为零；OV 标志位用来表示积的大小，若积大于 255（即 B ≠ 0），则 OV 置 1，否则 OV 清零；奇偶校验位仍然由累加器 A 中 1 的奇偶数确定。

例 3-12 设 A=38H，B=2AH，执行如下指令：

```
MUL AB
```

运算结果：B=09H，A=30H，OV=1，Cy=0。

（2）除法指令（1 条）

```
DIV AB              ；A ← A/B（商），B ← A/B（余数），Cy ← 0，OV ← 0
```

除法指令的功能是实现两个 8 位无符号数相除的操作。被除数放在累加器 A 中，除数放在 B 中，指令执行后，商的整数部分存放在累加器 A 中，余数保留在 B 中。该指令对标志位 Cy 和 P 的影响与乘法时相同。只有标志位 OV 不一样，当除数为 0 时，A 和 B 的内容为不确定值，此时 OV 置 1，说明除法溢出；其余情况下 OV 置 0。

乘法和除法指令是 MCS-51 单片机指令系统中执行时间最长的指令，需要 4 个机器周期。

例 3-13 设 A=48H，B=0AH，执行如下指令：

DIV AB

运算结果：A=07H，B=02H，Cy=OV=0。

例 3-14　试编程，将十进制数 241 转换为 3 位 BCD 码，分别存放在 30H 开始的内存单元中，其中百位数放在 30H，十位数、个位数放在 31H 中。

分析：先对要转换的二进制数除以 100，商的整数即为百位数，余数部分再除以 10，商的整数即十位数，余数为个位数，它们分别在 A、B 的低 4 位，通过 SWAP、ADD 组合成一个压缩的 BCD 数，使十位数放在 A7 ～ A4，个位放在 A3 ～ A0。相应程序如下：

```
MOV     A，#241      ；将十进制数作为被除数放在累加器 A 中
MOV     B，#100      ；除数 100 放在 B 中
DIV     AB           ；商的整数部分存放着累加器 A 中（即百位数)，余数在 B 中
MOV     30H，A       ；得到的百位数放在 30H
MOV     A，#10
XCH     A，B         ；A、B 互换
DIV     AB           ；商的整数部分存放着累加器 A 中（即十位数)，余数在 B 中（即个
                       位数）
SWAP    A            ；将十位数所对应的 BCD 码放在 A7 ～ A4
ADD     A，B         ；组合成压缩 BCD 码
MOV     31H，A       ；将十位、个位数存放在 31H 中
SJMP    $
```

3.3.3　逻辑运算及移位指令

逻辑运算和移位指令共 25 条，包括与、或、异或、清零、取反及移位等操作指令。常用来对数据进行逻辑处理，使之适合于传送、存储和输出打印等。这类指令执行时，除了以累加器 A 为目标操作数时会影响奇偶标志位，其余指令都不会影响 PSW 中的任何标志位。

1. 逻辑“与”运算指令（6 条）

```
ANL A，#data           ；A ← A ∧ data
ANL A，Rn              ；A ← A ∧ Rn
ANL A，@Ri             ；A ← A ∧ (Ri)
ANL A，direct          ；A ← A ∧ (direct)
ANL direct，A          ；(direct) ← (direct) ∧ A
ANL direct，#data      ；(direct) ← (direct) ∧ data
```

逻辑“与”运算指令共 6 条，前 4 条指令的功能是将累加器 A 的内容与源操作数所指出的内容进行按位“与”运算，结果送存累加器 A 中。指令执行后会影响奇偶标志位。后两条指令是将 direct 中的内容和源操作数所指的内容进行按位“与”运算，结果送入 direct 目标单元中。在实际编程中，逻辑“与”运算指令常用于使操作数某些位清零，而其余位保持不变。

例 3-15　将 A 中的压缩 BCD 码拆分为两个字节，将 A 中的低 4 位送到 P1 端口的低 4 位，A 中的高 4 位送到 P2 端口的低 4 位，P1、P2 端口的高 4 位清零。

解 根据题意，相应程序如下：

```
ORG    100H
MOV    B, A          ; A的内容暂存于B中
ANL    A, #0FH       ; 清高4位，保留低4位
MOV    P1, A         ; 低4位从P1端口输出
MOV    A, B          ; 取原数据
ANL    A, #F0H       ; 保留高4位，清零低4位
SWAP   A             ; 累加器A的高4位移至低4位
MOV    P2, A         ; 高4位从P2端口输出
SJMP   $
END
```

2. 逻辑“或”运算指令（6条）

```
ORL A, #data         ; A←A ∨ data
ORL A, @Ri           ; A←A ∨ (Ri)
ORL A, Rn            ; A←A ∨ Rn
ORL A, direct        ; A←A ∨ (direct)
ORL direct, A        ; (direct) ← (direct) ∨ A
ORL direct, #data    ; (direct) ← (direct) ∨ data
```

逻辑或指令也称为逻辑加指令，可以用于对累加器A或者RAM单元的内容，特别是对特殊功能寄存器的内容进行变换，使其中的某些位置位而其余位不变。

3. 逻辑“异或”运算指令（6条）

```
XRL A, #data         ; A←A ⊕ data
XRL A, @Ri           ; A←A ⊕ (Ri)
XRL A, Rn            ; A←A ⊕ n
XRL A, direct        ; A←A ⊕ (direct)
XRL direct, A        ; (direct) ← (direct) ⊕ A
XRL direct, #data    ; (direct) ← (direct) ⊕ data
```

可以用于对累加器A或者RAM单元的内容，特别是对特殊功能寄存器的内容进行变换，使其中的某些位取反而其余位不变。

例3-16 假设（A）=65H=01100101B，要求使A的高4位取反，低4位置1，并从P1端口输出。

解 根据题意，相应程序如下：

```
XRL   A, #0F0H    ; A的高4位取反，低4位保留，(A) = 10010101B=95H
ORL   A, #0FH     ; A的高4位不变，低4位置1，(A) = 10011111B=9FH
MOV   P1, A       ; 将变换后的结果从P1端口输出
```

4. 累加器清零和取反指令（2条）

MCS-51单片机中，专门安排了一条累加器清零和一条累加器取反指令，这两条指令都是单字节单周期指令。虽然采用数据传送指令或逻辑异或指令可以达到对累加器清零

和取反的目的，但它们都需要至少两个字节。

```
CLR  A                ; A←0
CPL  A                ; A←/A
```

其中，取反指令十分有用，常用于对某个存储单元中带符号数的求补。

5. 移位指令（4 条）

MCS–51 单片机中移位指令比较少，移位只能对累加器 A 进行，共有循环左移、循环右移、带进位的循环左移和带进位的循环右移四种。

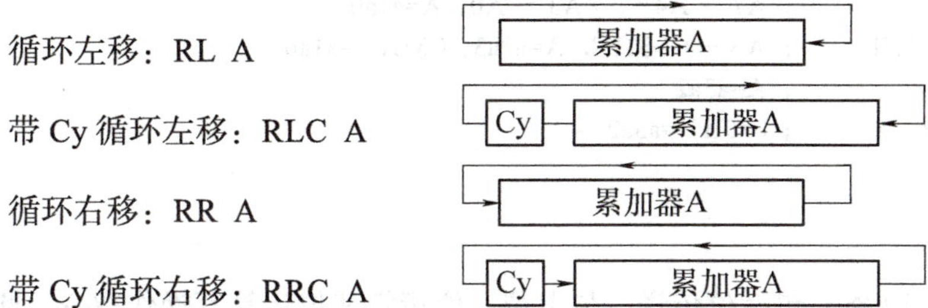

例 3-17　设（A）=6AH，且 Cy=1，执行下列指令后累加器 A 的值为何值？

执行指令 RL　A 后，（A）=D4H。

执行指令 RR　A 后，（A）=35H。

执行指令 RLC　A 后，（A）=D5H。

执行指令 RRC　A 后，（A）=B5H。

用移位指令还可以实现算术运算，左移一位相当于原内容乘以 2，右移一位相当于原内容除以 2，但这种运算关系只对某些数成立。

例 3-18　已知内存 RAM 20H、21H 单元中有一个 16 位数（低 8 位在 20H 中），试利用移位指令实现将该 16 位数乘以 2 并保存到 30H 和 31H 中（低 8 位在 30H 中）。设乘 2 后的数小于 65536。

分析：左移一位相当于原内容乘以 2，如图 3-7 所示，首先将 Cy 清零，将低 8 位带 Cy 循环左移 1 位，然后再对高 8 位带 Cy 循环左移 1 位即可。

相应程序如下：

21H	20H	←	0

图 3-7　16 位数移位示意图

```
ORG    0100H
CLR    C            ; Cy 清零
MOV    A, 20H       ; 取操作数低 8 位送累加器 A
RLC    A            ; 低 8 位带 Cy 循环左移 1 位
MOV    30H, A       ; 保存到 30H 单元中
MOV    A, 21H       ; 取操作数高 8 位送累加器 A
RLC    A            ; 高 8 位带 Cy 循环左移
MOV    31H, A       ; 保存到 31H 单元中
SJMP   $
END
```

6. 累加器 A 高 4 位和低 4 位互换（1 条）

```
SWAP   A            ; A3～0←→A7～4
```

该指令的功能是将累加器 A 高 4 位和低 4 位相互交换。

例 3-19 设片内 RAM 的 30H、31H 单元中连续存放有四个压缩型 BCD 码数据，试编制程序将这 4 个 BCD 码倒序排列。

解 一个压缩型 BCD 码占有 4 位二进制数，两个字节单元中共有四个 BCD 码数据。要倒序就必须将两个字节单元中的高 4 位与低 4 位互相交换。再将两个字节单元的内容互相交换即可。相应程序如下：

```
MOV     A，30H     ；A=（30H）=a0a1
SWAP    A          ；A7 ～ A4 ←→ A3 ～ A0，A=a1a0
XCH     A，31H     ；A ←→（31H），A=a2a3，（31H）=a1a0
SWAP    A          ；A=a3a2
MOV     30H，A     ；（30H）=a3a2
```

3.3.4 位操作指令

位操作指令共有 12 条，包括位传送、位置位、位清零和位运算等操作指令。此外，还有 5 条位控制转移指令，本书将它们归类到控制转移类指令中。位操作指令的操作数不是字节，而是字节中的某一位（该位只能是 1 或 0），故又称为布尔变量操作指令。

位操作指令的操作对象为片内 RAM 的 20H ～ 2FH 中的 128 个可寻址位和特殊功能寄存器中 11 个可位寻址的寄存器。

1. 位传送指令（2 条）

```
MOV  C，bit        ；Cy ← bit
MOV  bit，C        ；bit ← Cy
```

第一条指令的功能是将位地址 bit 中的内容传送到 PSW 中的进位标志位 Cy 中，第二条指令的功能是将 PSW 中的进位标志位 Cy 中的内容传送到位地址 bit 中。

2. 位置位和位清零指令（4 条）

```
SETB  C            ；Cy ← 1
SETB  bit          ；bit ← 1
CLR   C            ；Cy ← 0
CLR   bit          ；bit ← 0
```

这类指令的功能是将进位标志位 Cy 或位地址中的内容置位或清零。

3. 位运算指令（6 条）

```
ANL  C，bit        ；Cy ← Cy ∧ bit
ANL  C，/bit       ；Cy ← Cy ∧ /bit
ORL  C，bit        ；Cy ← Cy ∨ bit
ORL  C，/bit       ；Cy ← Cy ∨ /bit
CPL  C             ；Cy ← /Cy
CPL  bit           ；bit ← /bit
```

位运算指令主要有位逻辑与、位逻辑或、位逻辑非三种运算指令。MCS-51 单片机

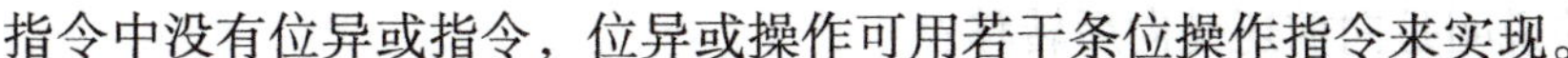

指令中没有位异或指令，位异或操作可用若干条位操作指令来实现。

例 3-20　设 D、E、F 都代表位地址，试编程实现 D、E 内容异或操作，结果送入 F 中。

分析：可直接按 F= D ∧ /E+/D ∧ E 来编写。

```
MOV   C, D
ANL   C, /E        ; Cy←D ∧ /E
MOV   D, C         ; 暂存
MOV   C, E
ANL   C, /D        ; Cy←/D ∧ E
ORL   C, D         ; Cy←/D ∧ E+ D ∧ /E
MOV   F, C         ; 结果存入 F 中
```

3.3.5　控制转移类指令

这类指令通过改变程序计数器 PC 中的内容来控制程序的执行过程，能够极大地提高程序的效率。控制转移类指令共有 22 条，包括无条件转移指令、条件转移指令、比较转移指令、循环转移指令及调用和返回指令。这类指令一般不影响标志位。

1. 无条件转移指令（4 条）

（1）长转移指令（1 条）

```
LJMP addr16          ; PC←addr16
```

这条指令为三字节双周期指令。指令的功能是将指令码中的 addr16 送入程序计数器 PC，使机器执行下一条指令时无条件转移到 addr16 处执行程序。addr16 是 16 位的地址，因此该指令可以在 64KB 程序存储器范围内转移。

（2）绝对转移指令（1 条）

```
AJMP addr11          ; PC←PC+2，PC10 ～ 0←addr11，PC15 ～ PC11 不变
```

这条指令是 11 位地址的无条件转移指令，为双字节指令。指令执行后，首先是 PC 的内容加 2，即 PC+2 → PC（这里的 PC 就是指令存放的地址，PC+2 是因为该指令为双字节指令），PC+2 后 PC 值的高 5 位和指令中给出的 11 位地址构成转移目标地址。因为 11 位地址的范围为 00000000000 ～ 11111111111，是一个带符号二进制数，所以绝对转移指令可以在 2KB 范围内向前或向后转移，但转移到的位置要和 PC+2 的地址在同一个 2KB 区域，而不一定与 AJMP 指令在同一个 2KB 区域。

如果将单片机 64KB 寻址区划分为 32 页（每页 2KB），则 PC15 ～ PC11 称为页面地址（即 0 ～ 31 页），addr11 称为页内地址。

例 3-21　若 AJMP 指令地址（PC）=2400H。执行指令 AJMP　0FFH 后，程序转移的目标地址是什么，并说明是向前还是向后转移？

解　PC=2400H+2=2402H，PC 的高 5 位和 addr11 构成的地址为 20FFH，所以转移的目标地址是 20FFH，又因为 20FFH 小于 2400H，所以程序向前转到 20FFH 单元开始执行。

例 3-22　若 AJMP 指令地址（PC）= 2FFFH。执行指令 AJMP　0FFH 后，程序转移

的目标地址是什么，并说明是向前还是向后转移？

解 PC=2FFFH +2=3001H，PC 的高 5 位和 addr11 构成的地址为 30FFH，所以转移的目标地址是 30FFH，又因为 30FFH 大于 2FFFH，所以程序向后转到 30FFH 单元开始执行。

由此可见，即使 addr11 相同，转移的目的地址也可能不同，这是因为转移的目的地址是由 PC 当前值的高 5 位与 addr11 共同决定的。

（3）短转移指令（1 条）

```
SJMP  rel                               ; PC ← PC+2，PC ← PC+rel
```

这条指令为无条件相对转移指令，也是双字节指令，转移的目的地址为

目的地址 = 源地址 +2+rel

源地址就是 SJMP 所在的地址，即执行前的 PC 内容，因为 rel 用 8 位带符号数的补码表示，取值范围为 −128 ～ +127，故转移范围为 256B，即 PC−126 ～ PC+129。例如：在 2000H 单元有 SJMP 指令，若 rel = 28H（正数），则转移目的地址为 202AH（向后转）；若 rel = F6H（负数），则转移目的地址为 1FF8H（向前转）。

（4）间接转移指令（1 条）

```
JMP  @A+DPTR        ; PC ← A+DPTR
```

这条指令为单字节无条件转移指令，转移的地址由累加器 A 的内容和数据指针 DPTR 内容之和决定，两者都是无符号数。

在指令执行之前，用户应预先将目标转移地址的基地址送入 DPTR，目标转移地址对基地址的偏移量放在累加器 A 中。这条指令的特点是转移地址可以在程序运行中加以改变。例如，当 DPTR 为确定的值时，可根据 A 值的不同来控制程序转向不同的程序段，因此有时也称为散转指令。

例 3-23 已知累加器 A 中放有待处理命令编号 0 ～ 3，程序存储器中放有首地址为 TABLE 的绝对转移指令表。试编写程序使机器按照累加器 A 中的命令编号转去执行相应的命令程序。

```
        ORG    1000H
        RL     A                  ; A ← A*2
        MOV    DPTR，#TABLE       ; 表首地址送 DPTR
        JMP    @A+DPTR            ; 根据 A 值转移
        …
TABLE：AJMP  TAB1                ; 当（A）=0 时转 TAB1 执行
        AJMP  TAB2                ; 当（A）=1 时转 TAB2 执行
        AJMP  TAB3                ; 当（A）=2 时转 TAB3 执行
        AJMP  TAB4                ; 当（A）=3 时转 TAB3 执行
        END
```

2. 条件转移指令（13 条）

条件转移指令是在执行过程中通过判断某种条件是否满足来决定是否转移的指令。

当条件满足时就转移，不满足时就顺序往下执行原程序。

（1）累加器 A 判 0 转移指令（2 条）

```
JZ   rel                  ；若 A=0，则 PC←PC+2+rel
                          ；若 A≠0，PC←PC+2
JNZ  rel                  ；若 A≠0，则 PC←PC+2+rel
                          ；若 A=0，PC←PC+2
```

累加器 A 的内容是否为 0，是由这条指令以前的其他指令执行的结果决定的，执行这条指令不做任何运算，也不影响标志位。

例 3-24　已知片外 RAM 中首地址为 DATA1 的一个数据块以零为结束标志，试编程实现将该数据块传送到片内 RAM 首地址为 DATA2 的存储区中。

分析：外部 RAM 向内部 RAM 的数据转送一定要经过累加器 A，利用判零条件转移正好可以判别是否要继续传送或者终止传送。相应程序如下：

```
        ORG     0100H
        MOV     R0，#DATA1      ；R0←外部 RAM 数据块的地址指针
        MOV     R1，#DATA2      ；R1←内部 RAM 数据块的地址指针
LOOP：  MOVX    A，@R0          ；取外部 RAM 数据送入 A
        JZ      EXIT            ；数据为零则终止传送
        MOV     @R1，A          ；数据传送至内部 RAM 单元
        INC     R0              ；修改指针，指向下一数据地址
        INC     R1              ；修改指针，指向下一数据地址
        SJMP    LOOP            ；循环取数
EXIT：  SJMP    $
        END
```

（2）判位转移指令（5 条）

该类指令的功能是检测指定位是 1 还是 0，若条件符合，则 CPU 转向指定的目标地址去执行程序；否则顺序执行下一条指令。

```
JC  rel                   ；若 Cy=1，则 PC←PC+2+rel
                          ；若 Cy=0，PC←PC+2
JNC  rel                  ；若 Cy=0，则 PC←PC+2+rel
                          ；若 Cy=1，PC←PC+2
JB   bit，rel             ；若（bit）=1，则 PC←PC+3+rel
                          ；若（bit）=0，PC←PC+3
JNB  bit，rel             ；若（bit）=0，则 PC←PC+3+rel
                          ；若（bit）=1，PC←PC+3
JBC  bit，rel             ；若（bit）=1，PC←PC+3+rel，且（bit）←0
                          ；若（bit）=0，PC←PC+3
```

例 3-25　设 P1 端口上的数据为 11001010B，累加器 A 的内容为 01011010B，试判断执行下列指令后程序转到 LOOP1 还是 LOOP2 去执行。

```
JB      P1.4，LOOP1
JNB     ACC.2，LOOP2
```

分析：JB　　P1.4，LOOP1　　　　；P1.4=0，不满足条件顺序执行
　　　JNB　　ACC.2，LOOP2　　　　；ACC.2=0，满足条件转移到 LOOP2

执行结果：程序转到 LOOP2 去执行。

例 3-26　设累加器 A 的值为 01010101B，执行下列指令后程序转到 LOOP1 还是 LOOP2 去执行。A 的值为多少？

```
JBC    ACC.1, LOOP1
JBC    ACC.2, LOOP2
```

分析：JBC ACC.1，LOOP1　　　　；ACC.1=0，不满足条件顺序执行
　　　JBC ACC.2，LOOP2　　　　；ACC.2=1，满足条件转移到 LOOP2，且 ACC.2←0

执行结果：程序转到 LOOP2 去执行，且使 A=01010001B=51H。

（3）比较转移指令（4 条）

比较转移指令是先对操作数进行比较，然后根据比较的结果来决定是否转移。若两个操作数相等，则程序顺序执行，不转移；若两个操作数不相等，则转移，且要根据两个操作数的相对大小来置位进位标志 Cy。若目的操作数大于源操作数，则 Cy=0，若目的操作数小于源操作数，则 Cy=1。

比较条件转移指令共有 4 条，差别只在于操作数的寻址方式不同。

```
CJNE  A, direct, rel      ; 若 A>(direct)，则 Cy=0 且 PC←PC+3+rel
                          ; 若 A<(direct)，则 Cy=1 且 PC←PC+3+rel
                          ; 若 A=(direct)，则 PC←PC+3
CJNE  A, #data, rel       ; 若 A>data，则 Cy=0 且 PC←PC+3+rel
                          ; 若 A<data，则 Cy=1 且 PC←PC+3+rel
                          ; 若 A=data，则 PC←PC+3
CJNE  Rn, #data, rel      ; 若 Rn>data，则 Cy=0 且 PC←PC+3+rel
                          ; 若 Rn<data，则 Cy=1 且 PC←PC+3+rel
                          ; 若 Rn=data，则 PC←PC+3
CJNE  @Ri, #data, rel     ; 若 (Ri)>data，则 Cy=0 且 PC←PC+3+rel
                          ; 若 (Ri)<data，则 Cy=1 且 PC←PC+3+rel
                          ; 若 (Ri)=data，则 PC←PC+3
```

在 MCS-51 单片机指令系统中，没有单独的比较指令，不过可以利用比较转移指令来代替。比较操作实际就是做减法操作，只是不保存所得到的结果，而将结果反映在标志位上。

若两个比较的操作数都是无符号数，则可以直接根据比较后产生的 Cy 值来判别大小：若 Cy=0，则 A>B（设 A 为目的操作数，B 为源操作数），若 Cy=1，则 A<B。

若是两个有符号数进行比较，则仅依据 Cy 是无法判别大小的，例如一个负数与一个正数相比使 Cy=0，就不能说明负数大于正数。在这种情况下若要正确判别，则可采用图 3-8 所示方法。

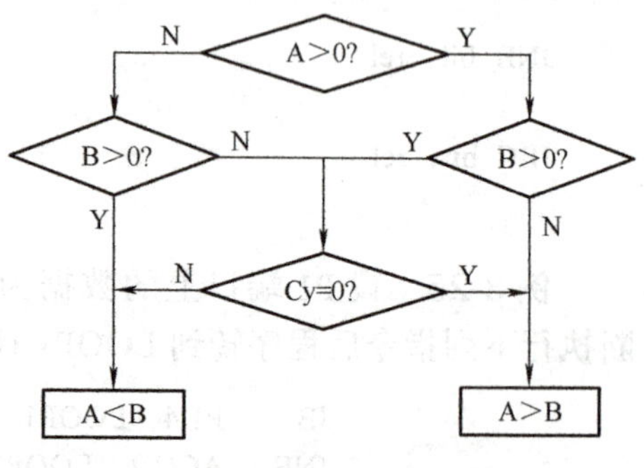

图 3-8　带符号数的比较

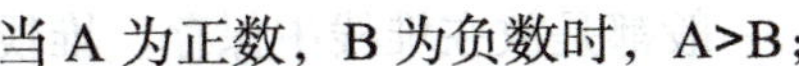

当 A 为正数，B 为负数时，A>B；

当 A 为负数，B 为正数时，A<B；

当 A 为正数，B 也为正数时，若比较后 Cy=0，则 A>B；若 Cy=1，则 A<B；

当 A 为负数，B 也为负数时，若比较后 Cy=0，则 A>B；若 Cy=1，则 A<B。

因为负数是用补码表示的，较大的负数表示成补码后的值也比较大。所以，当两个数同是正数或同是负数时，判别大小的方法是相同的。

例 3-27　试编写当从 P1 口输入数据为 01H 时，程序继续执行，否则等待。

分析：从 P1 口输入数据与 01H 相比较，如果相同执行后面程序，不相等就等待。相应程序如下：

```
         MOV A，#01H              ；立即数 01H 送 A
WAIT：   CJNE A，P1，WAIT         ；（P1）≠ 01H，则等待
```

（4）循环转移指令（2 条）

循环转移指令也叫减 1 条件转移指令，这类指令共 2 条：

```
DJNZ  Rn，rel              ；若 Rn-1 ≠ 0，则 PC ← PC+2+rel
                           ；若 Rn-1=0，则 PC ← PC+2
DJNZ  direct，rel          ；若（direct）-1 ≠ 0，则 PC ← PC+3+rel
                           ；若（direct）-1=0，则 PC ← PC+3
```

这类指令的功能是先将操作数减 1，并保存结果。若减 1 以后操作数不为 0，则转移到规定的目标地址单元；若减 1 以后操作数为 0，则顺序执行。

第一条指令是双字节双周期指令，第二条指令是三字节双周期指令。

这类指令对于构成循环程序十分有用，可以指定任何一个工作寄存器或者内部 RAM 单元为计数器。对计数器赋初值以后，就可以利用上述指令，若对计数器进行减 1 后不为 0，则执行循环操作，从而构成循环程序。

例 3-28　将内部 RAM 首地址为 DATA 的 20 个单元中的无符号数相加，相加结果送 SUM 单元保存。设相加结果不超过 8 位二进制数。

解　相应程序如下：

```
        MOV   R0，#14H          ；置循环次数
        MOV   R1，#DATA         ；R1 作地址指针，指向数据块首地址
        CLR   A                 ；A 清零
LOOP：  ADD   A，@R1            ；加一个数
        INC   R1                ；修改指针，指向下一个数
        DJNZ  R0，LOOP          ；R0 减 1，不为 0 循环
        MOV   SUM，A            ；保存结果
```

3. 子程序调用和返回指令（4 条）

为了使程序的结构清晰，并减少重复指令所占用的内存空间，在汇编语言程序中可以采用子程序结构，故需要有子程序调用指令。子程序调用要中断原有的指令执行顺序，转移到子程序的入口地址去执行子程序。但子程序调用指令和转移指令有一点重大的区别，即子程序执行完毕后，要返回到原程序被中断的位置，继续往下执行。因此，子程序

调用指令还必须能将程序中断位置的地址保存起来，一般都是放在堆栈中保存。堆栈先入后出的存取方式正好适合用于存放断点地址的要求，特别适合用于子程序嵌套时的断点地址存放。

图 3-9a 所示为一个两层子程序嵌套调用过程，图 3-9b 所示为两层子程序调用后，堆栈中断点地址的存放情况。当调用子程序 1 时，先在堆栈中保存断点地址 1，程序转去执行子程序 1，执行过程中又要调用子程序 2，于是又保存断点地址 2。在存放断点地址时，先保存地址低 8 位，后保存地址高 8 位。子程序 2 执行完返回时，先取出断点地址 2，继续执行子程序 1，执行完之后再取出断点地址 1，返回执行主程序。由此可以看出，子程序调用指令要完成两个功能：①保护断点地址，断点地址是子程序调用指令的下一条指令的地址，它可以是 PC+2 或 PC+3，取决于调用指令的字节数，这里 PC 是指调用指令所在的地址；②将所调用子程序的入口地址送到程序计数器 PC，以便实现子程序调用。

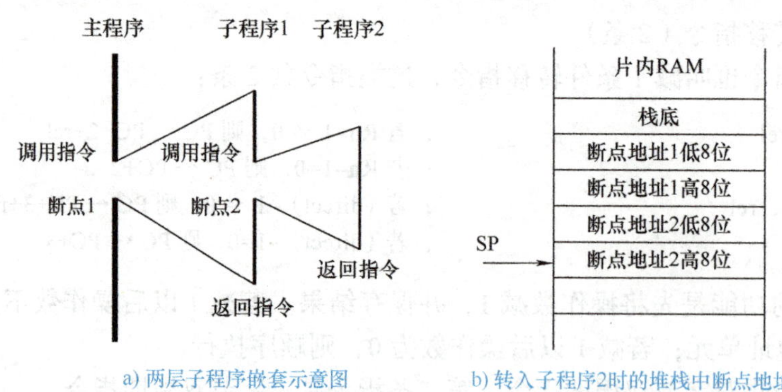

a) 两层子程序嵌套示意图　　b) 转入子程序2时的堆栈中断点地址

图 3-9　子程序嵌套及断点地址存放

（1）调用指令（2 条）

MCS-51 单片机中有 2 条子程序调用指令：

```
ACALL  addr11     ; PC ← PC+2
                  ; SP ← SP+1，(SP) ← PC7-0  SP ← SP+1，(SP) ← PC15-8
                  ; PC10-0 ← addr11
LCALL  addr16     ; PC ← PC+3
                  ; SP ← SP+1，(SP) ← PC7-0，SP ← SP+1，(SP) ← PC15-8
                  ; PC ← addr16
```

ACALL 指令称为绝对调用指令，是一条双字节指令。子程序调用的范围为 2KB。若将 64KB 内存空间以 2KB 分为一页，则共可分为 32 个页面。正常情况下，绝对调用指令应该和所调用的子程序在同一个页面之内，即它们地址的高 5 位 addr15 ～ addr11 应该相同。例如，当 ACALL 指令所在地址为 3200H 时，其地址的高 5 位是 00110，因此，可调用的范围是 3000H ～ 37FFH。

只有在一种情况下，ACALL 指令和所调用的子程序可不在同一个页面内，即此时 ACALL 指令正好处在一个页面的最后两个地址单元中的一个，由于执行以后 PC 要加 2，就会使 PC+2 落在下一个页面之内，从而只能调用下一个页面内的子程序。例如，当 ACALL 指令的地址为 17FEH 时，执行后的 PC 为 1800H，其高 5 位不是原来的 00010，

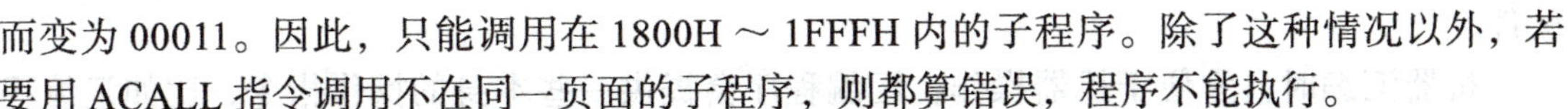

而变为 00011。因此，只能调用在 1800H ～ 1FFFH 内的子程序。除了这种情况以外，若要用 ACALL 指令调用不在同一页面的子程序，则都算错误，程序不能执行。

长调用指令 LCALL 是一条三字节指令，该指令执行时 PC+3，然后把断点地址压入堆栈，最后把 addr16 送入程序计数器 PC，转入子程序执行。由于 addr16 是一个 16 位地址，故该指令是一条可以在 64KB 范围内调用子程序的指令。

（2）返回指令（2 条）

返回指令有两条，但并不和两条调用指令对应。一条是一般的子程序返回指令，另一条是中断服务子程序返回指令。但这两条返回指令的功能完全相同，都是将堆栈中的断点地址恢复到程序计数器 PC 中，从而使单片机返回到断点地址处继续执行程序。堆栈指针 SP 的值将减 2。

```
RET    ；子程序返回
       ；PC15-8 ←（SP），SP ← SP-1，PC7-0 ←（SP），SP ← SP-1
RETI   ；中断服务子程序返回
       ；PC15-8 ←（SP），SP ← SP-1，PC7-4 ←（SP），SP ← SP-1
```

RET 指令应写在子程序的末尾，而 RETI 指令应在中断服务子程序的末尾。执行 RETI 指令后，将清除中断响应时所置位的中断优先级状态位。

4. 空操作指令（1 条）

```
NOP    ；PC ← PC+1
```

该指令为单字节单周期指令，在时间上占用一个机器周期。单片机执行这条指令仅使程序计数器 PC 加 1，不执行任何操作，因而该指令常用于延时或等待程序。

3.4　汇编语言程序设计

汇编语言是一种面向 CPU 硬件系统的程序设计语言，它采用指令助记符来表示操作码和操作数，用符号地址来表示操作数的地址，因而很容易为人们识别、记忆和读 / 写，给编程带来很大方便。

利用汇编语言编写的程序可以直接利用硬件系统的特性，直接对位、字节、字、寄存器、存储单元和 I/O 端口等进行处理。同时，也能直接使用 CPU 指令系统和指令系统提供的各种寻址方式编写出高质量的程序，所编写的程序不但占用内存空间小，而且执行速度快。因此很多高级计算机技术人员大量使用汇编语言来编写计算机系统程序、实时通信程序和实时控制程序等。

3.4.1　汇编语言伪指令

用汇编语言编写的源程序在输入计算机后，需要将其翻译成目标程序，计算机才能执行相应的命令，这个翻译过程称为汇编。汇编主要有手工汇编和机器汇编两种方式。手工汇编是通过查阅每条指令的指令码，编辑成单片机直接执行的机器程序；机器汇编是通过 PC 运行一种计算机软件，把汇编语言源程序转换成机器程序，这个软件称为汇编程序软件。

机器汇编时，为便于机器操作，汇编程序会提供一些本身的操作指令，比如汇编程序汇编时知道汇编语言源程序中哪些是数据、数据的状态、程序的起始地址和终止地址等。这些汇编程序本身的操作指令出现在汇编语言源程序中，但它不是控制单片机操作的指令，而是控制汇编程序的指令，所以被称为伪指令。伪指令自身并不产生机器码，不属于指令系统，而仅仅是为汇编服务的一些指令。常用的伪指令有以下几种。

1. 定位伪指令 ORG

格式：ORG 16 位地址

功能：规定下面的目标程序或数据存放的起始地址。指令中给出的通常为十六进制地址，也可以是已定义的标号地址。

例如：ORG 0100H　　；指示后面的程序或数据块以 0100H 为起始地址连续存放。

通常情况下，在汇编语言源程序的开始，都要设置一条 ORG 伪指令来指定该程序在 ROM 中存放的起始位置。若省略 ORG 伪指令，则该程序段从 ROM 中 0000H 单元开始存放。在一个源程序中，可以多次使用 ORG 伪指令，规定不同程序段或数据段存放的起始地址，但要求地址值由小到大依序排列，不允许地址空间重叠。

2. 结束伪指令 END

格式：END

功能：结束汇编。

END 指令是汇编语言源程序的结束标志。在 END 以后所写的程序，汇编程序不再进行处理。一个源程序只能有一个 END 指令，且放在所有指令的最后。

3. 赋值伪指令 EQU

格式：字符名称　EQU　数据或汇编符号

功能：将一个数据或特定的汇编符号赋予规定的字符名称。例如：

```
EX1 EQU  R0        ；EX1 与 R0 等值
EX1 EQU  20H       ；EX2 与 20H 等值
MOV A，EX1         ；(A) ← (R0)
MOV R1，#EX2       ；(R1) ← 20H
```

这里将 EX1 等值为汇编符号 R0，在指令中 EX1 就可以代替 R0 来使用。

一旦字符名称被赋值，它就可以在程序中作为一个数据或地址来使用。因此，字符名称所赋的值可以是一个 8 位二进制数或地址，也可以是一个 16 位二进制数或地址。

4. 数据地址赋值伪指令 DATA

格式：字符名称　DATA　表达式

功能：将数据或地址赋予规定的字符名称。

伪指令 DATA 与 EQU 的功能相似，但使用时有以下区别。

1）EQU 定义的符号必须先定义后使用，而 DATA 可以先使用后定义。

2）用 EQU 可以把一个汇编符号（如 R0 ～ R7）赋给一个字符名称，而 DATA 只能把数据赋给字符名称。

3）DATA 可将一个表达式赋给一个字符名称，所定义的字符名称也可以出现在表达式中，而用 EQU 定义的字符则不能。例如：

```
EX DATA 1234H
```

汇编后 EX 的值为 1234H。

5. 字节定义伪指令 DB

格式：[标号：]　DB　字节数据表

功能：从标号指定的地址单元开始，定义若干个 8 位内存单元的内容。且将字节数据表中的数据根据从左到右的顺序依次存放，一个数据占一个存储单元。

字节数据表可以由字符、十进制数、十六进制数、二进制数等数据构成，也可以由一个或多个字节数据、字符串或表达式构成。例如：

```
        ORG   0100H
TAB:    DB    'A', 18, 45H, 01010010B
TAB1:   DB    10H
```

以上指令经汇编后，将对 0100H 开始的若干内存单元赋值。

其结果为：(0100H)=41H，(0101H)=12H，(0102H)=45H，(0103H)=52H，(0104H)= 10H。

如果操作数部分的项或项表为数值，则其取值范围应为 00H ～ FFH；若为字符串，则其长度应限制在 80 个字符内。

6. 字定义伪指令 DW

格式：[标号：]　DW　字数据表

功能：从标号指定的地址单元开始，定义若干个 16 位内存单元的内容。因为 16 位需占用两个字节，所以高 8 位先存入，低 8 位后存入。例如：

```
        ORG   0100H
EX:     DW    1234H, 56H, 78H
```

汇编后结果为：(0100H) =12H，(0101H) =34H，(0102H) =00H，(0103H) =56H，(0104H) =00H，(0105H) =78H。

7. 空间定义伪指令 DS

格式：[标号：]　DS　表达式

功能：从标号指定的地址单元开始，预留若干字节内存空间备用。例如：

```
ORG    0100H
DS     0AH
DB     12H
END
```

汇编以后，从 0100H 单元开始预留 10 个字节的内存单元，第 11 个存储单元存放的是 12H。

8. 位定义伪指令 BIT

格式：字符名称　BIT　位地址

功能：将位地址赋给指定的字符名称。其中，位地址表达式可以是绝对地址，也可以是符号地址。例如：

```
EX1 BIT P1.0
EX2 BIT 02H
```

汇编以后，位地址 P1.0、02H 分别赋给变量 EX1 和 EX2。其后的编程过程中 EX1 和 EX2 可作位地址使用。

3.4.2　结构化程序设计

结构化程序设计的思想是在 20 世纪 60 年代末、70 年代初为解决“软件危机”而形成的。多年来的实践证明，结构化程序设计策略确实提高了程序的执行效率，并且由于减少了程序的出错率，从而大幅度减少了维护费用。

汇编语言源程序设计通常采用结构化设计方法，将大而复杂的程序进行分解设计。结构化程序设计方法具有结构清晰、易于读写、易于验证和可靠性高等特点，在程序设计中被广泛使用，便于文件规范管理。

1. 顺序程序设计

顺序结构是程序结构中最简单的一种，也称为简单程序或直线程序。其特点是执行程序时，从第一条指令开始顺序执行，直到最后一条指令。

例 3-29　将 20H 单元内的两位 BCD 码拆开并转换成 ASCII 码，存入 21H、22H 两个单元中。

分析：首先将 20H 单元中的数据取出，并屏蔽高 4 位，只保留低 4 位，再与 30H 求和转换成对应的 ASCII 码值并保存。接下来重新从 20H 单元中的取数到累加器 A 中，将累加器 A 的高 4 位和低 4 位交换，从而将高 4 位移到低 4 位。再与 30H 求和转换成对应的 ASCII 码值并保存。对应程序流程如图 3-10 所示。相应程序如下：

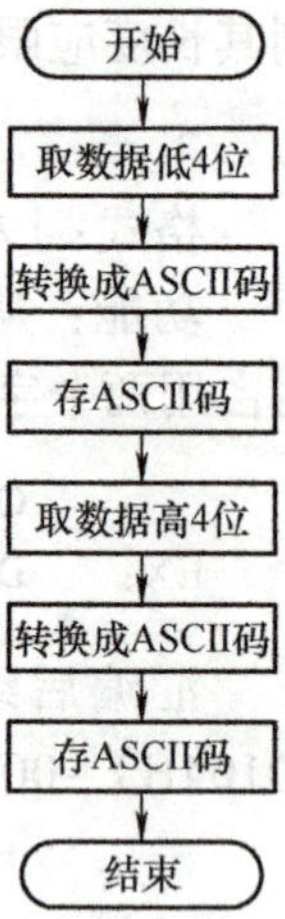

开始 → 取数据低4位 → 转换成ASCII码 → 存ASCII码 → 取数据高4位 → 转换成ASCII码 → 存ASCII码 → 结束

图 3-10　例 3-29 程序流程图

```
ORG     0100H
MOV     A，20H        ；取值
ANL     A，#0FH       ；只取低 4 位，屏蔽高 4 位
ADD     A，#30H       ；转换成 ASCII 码
MOV     22H，A        ；保存低 4 位的 ASCII 码值
MOV     A，20H        ；取值
SWAP    A             ；高 4 位与低 4 位互换
ANL     A，#0FH       ；只取低 4 位，屏蔽高 4 位
ADD     A，#30H       ；转换成 ASCII 码
MOV     21H，A        ；保存高 4 位的 ASCII 码值
SJMP    $
END
```

例 3-30　设有任意一个三字节数 JKL 作为被乘数，有一单字节数 M 作为乘数，请

编程求其乘积，要求结果存在 20H ～ 23H 单元中（由低字节到高字节顺序存放）。

分析：可用以下方法来实现，程序流程如图 3-11 所示。相应程序如下：

```
            J     K     L
          ×）          M
----------------------------
                 LM高 LM低
        KM高 KM低
JM高 JM低
----------------------------
23H   22H   21H   20H
        ORG     0100H
        MOV     R0, #20H        ; 存放结果的首地址
        MOV     A, M
        MOV     B, L
        MUL     AB              ; L*M
        MOV     @R0, A          ; 保存 L*M 低 8 位到 20H
        MOV     R1, B           ; 保存 L*M 高 8 位到 R1
        MOV     A, M
        MOV     B, K
        MUL     AB              ; K*M
        MOV     R2, A           ; 保存 K*M 低 8 位到 R2
        MOV     R3, B           ; 保存 K*M 高 8 位到 R3
        MOV     A, M
        MOV     B, J
        MUL     AB              ; J*M
        MOV     R4, A           ; 保存 J*M 低 8 位到 R4
        MOV     R5, B           ; 保存 J*M 高 8 位到 R5
        MOV     A, R1
        ADD     A, R2           ; 对应位相加
        INC     R0
        MOV     @R0, A          ; 保存
        MOV     A, R3
        ADDC    A, R4           ; 对应位相加
        INC     R0
        MOV     @R0, A          ; 保存
        CLR     A
        ADDC    A, R5           ; 对应位相加
        INC     R0
        MOV     @R0, A          ; 保存
        SJMP    $
        END
```

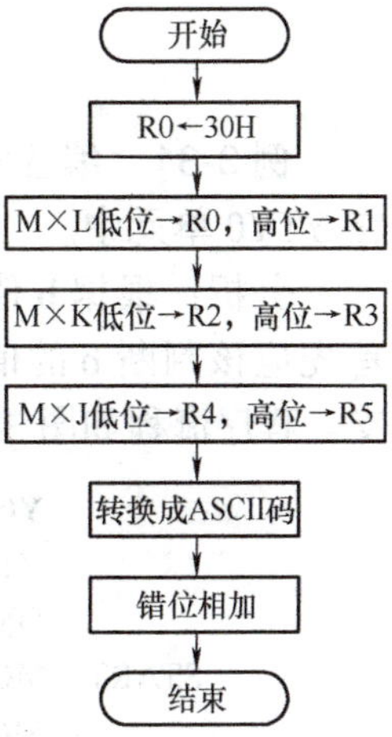

```
开始
 ↓
R0←30H
 ↓
M×L低位→R0，高位→R1
 ↓
M×K低位→R2，高位→R3
 ↓
M×J低位→R4，高位→R5
 ↓
转换成ASCII码
 ↓
错位相加
 ↓
结束
```

图 3-11　例 3-30 程序流程图

2. 分支程序设计

在许多情况下，需要根据不同的条件转向不同的处理程序，这种结构的程序称为分支程序。MCS-51 单片机指令系统中设置了条件转移指令、比较转移指令和位转移指令，若某种条件满足，则机器就转移到另一个分支上执行程序，若条件不满足，则机器就按顺

序执行。一般有单分支和多分支的程序结构，分支程序流程如图 3-12 所示。

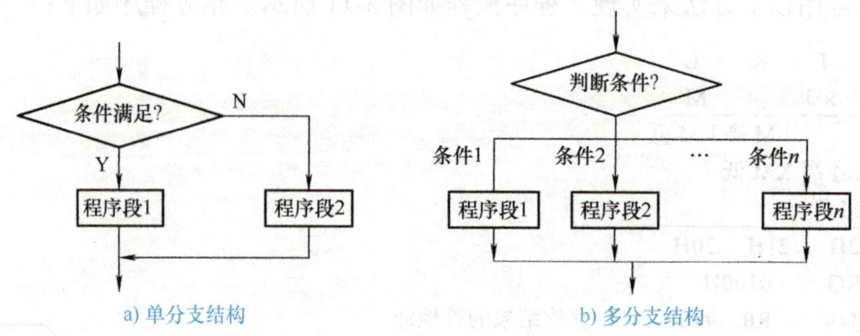

a) 单分支结构　　b) 多分支结构

图 3-12　分支程序流程

例 3-31　编程实现，当 b≥5 时，计算 a^2+b；当 b<5 时，计算 a^2-b，并将结果存放在 Y1Y0 单元中。

分析：根据 b 值的不同，计算式是不一样的，所以首先应该判断 b 的值，然后根据 b 的值确定执行哪个分支。程序流程如图 3-13 所示，相应程序如下：

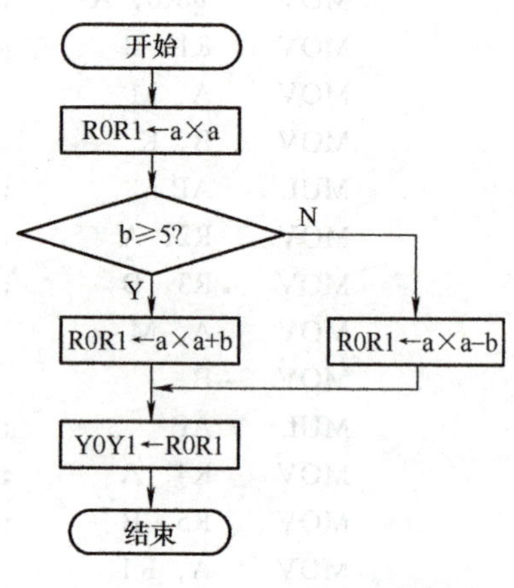

图 3-13　例 3-31 程序流程图

```
        Y0      EQU 08H
        Y1      EQU 09H
        ORG     0100H
START:  MOV     A, #a           ; 取数 a
        MOV     B, A
        MUL     AB              ; 计算 a²
        MOV     R0, A           ;
        MOV     R1, B           ;
        MOV     A, #b           ; 取数 b
        CJNZ    A, #05H, NEXT
NEXT1:  ADD     A, R0           ; 计算 a²+b 低 8 位
        MOV     R0, A
        MOV     A, #00H
        ADDC    A, R1           ; 计算 a²+b 高 8 位
        MOV     R1, A
        SJMP    NEXT2
NEXT:   JNC     NEXT1
        MOV     R3, A
        MOV     A, R0
        CLR     C
        SUBB    A, R3           ; 计算 a²-b 低 8 位
        MOV     R0, A
        MOV     A, R1
        SUBB    A, #00H         ; 计算 a²-b 高 8 位
        MOV     R1, A
NEXT2:  MOV     Y0, R0          ; 保存结果低 8 位
        MOV     Y1, R1          ; 保存结果高 8 位
```

```
        SJMP  $
        END
```

例 3-32　要求实现具有 128 个分支的程序设计。转移的目的地址序号 00 ～ 7FH 存放在 20H 单元中。试编程实现根据不同的地址序号取出对应的分支的首地址并压栈保存。

分析：128 个分支程序对应 128 个地址，而每个地址占有两个字节，将这 128 个地址存放在内存区域内，若地址序号为 00H 时对应的地址为 TAB 及 TAB+1，依次类推，则地址序号 7FH 时对应的地址为 TAB+254 及 TAB+255，程序流程如图 3-14 所示。相应程序如下：

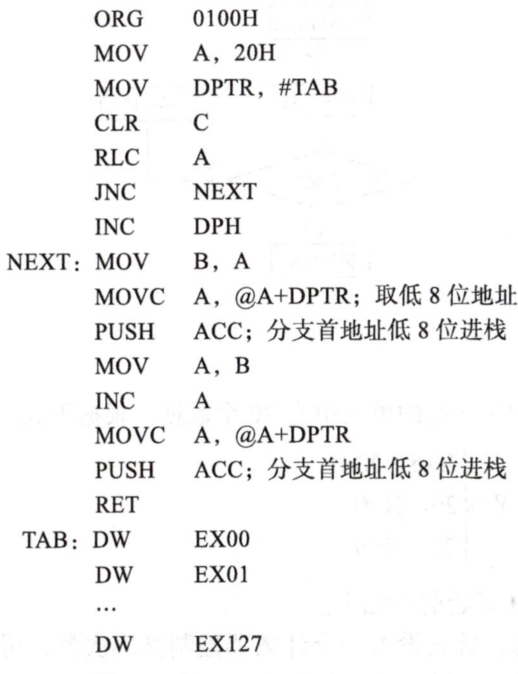

```
        ORG     0100H
        MOV     A，20H
        MOV     DPTR，#TAB
        CLR     C
        RLC     A
        JNC     NEXT
        INC     DPH
NEXT：  MOV     B，A
        MOVC    A，@A+DPTR；取低 8 位地址
        PUSH    ACC；分支首地址低 8 位进栈
        MOV     A，B
        INC     A
        MOVC    A，@A+DPTR
        PUSH    ACC；分支首地址低 8 位进栈
        RET
TAB：   DW      EX00
        DW      EX01
        …
        DW      EX127
        …
```

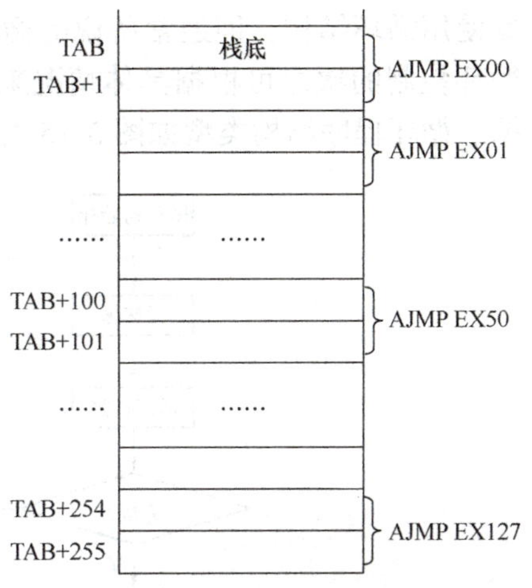

图 3-14　例 3-32 程序流程图

3. 循环程序设计

顺序程序结构中每条指令只执行一次，分支程序结构则依据不同条件会跳过一些指令，而转去执行另一部分指令。这两种程序的特点是每条指令最多只执行一次。在处理实际问题时，常常要求某些程序段重复执行，此时应采用循环结构，从而可以缩短程序，减少程序所占的内存空间。典型的循环结构一般包括循环初始化、循环体、循环控制和循环结束四部分。

（1）循环初始化　初始化部分是为实现程序循环做准备的，在进入循环之前，要对循环中需要使用的寄存器和存储器赋予规定的初始值。比如建立循环计数器、设置地址指针以及为变量赋初值等。

（2）循环体　循环体是循环程序的主体，主要进行对数据的实际处理，是程序中需要重复执行的部分，也是循环结构中的主要部分。

（3）循环控制　每执行一次循环，都要对相关值进行修改，并使指针指向下一数据所在的位置，为进入下一轮循环做准备。

（4）循环结束　在程序中需根据循环计数器的值或其他循环条件来控制循环是否结束。循环结束时，应分析、处理并存放结果。

另外，循环程序还可分为单重循环和多重循环，有时问题比较复杂，循环体中还需要使用循环结构，即通常所说的循环嵌套（也称多重循环）。而在循环程序中的循环体和循环控制的次序可根据具体情况来定，可以先处理数据后判断，也可以先判断后处理数据。循环程序结构类型如图 3-15 所示。

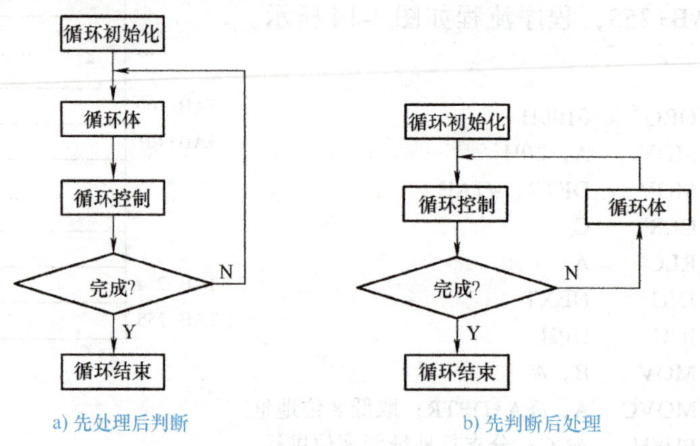

图 3-15　循环程序结构类型

例 3-33　片内 RAM 首地址为 20H 开始的单元中有 20 个数据。根据下式：

$$Y=\begin{cases}X+5, & X>0\\ 20, & X=0\\ |X|, & X<0\end{cases}$$

求出 Y 值，并将 Y 值重新放回到 20H 开始的单元中。

分析：采用先处理后判断型结构，首先设置一个计数器控制循环次数，再从 20H 单元中取数据，和 0 进行比较，三种情况分别采用三个算式进行处理。每处理完一个数据，计数器减 1。若计数器不为零则循环，若为零则退出循环。程序流程如图 3-16 所示，相应程序如下：

```
        ORG  0100H
        MOV  R0，#20
        MOV  R1，#20H
AGAIN：MOV  A，@R1          ；从 20H 单元中取数
        JB   ACC.7，NEG      ；为负数，转 NEG
        JZ   ZERO            ；为零，转 ZERO
        ADD  A，#05H         ；为正数，求 X+5
        AJMP NEXT            ；转到 NEXT
ZER0：MOV  A，#14H           ；数据为零，Y=20
        AJMP NEXT            ；转到 NEXT，保存数据
NEG：DEC A
```

```
        CPL   A              ；求｜X｜
NEXT：MOV   @R1，A          ；保存数据
        INC   R1             ；地址指针指向下一个地址
        DJNZ  R0，AGAIN      ；未处理完，转 AGAIN 继续处理
        SJMP  $              ；暂停
        END
```

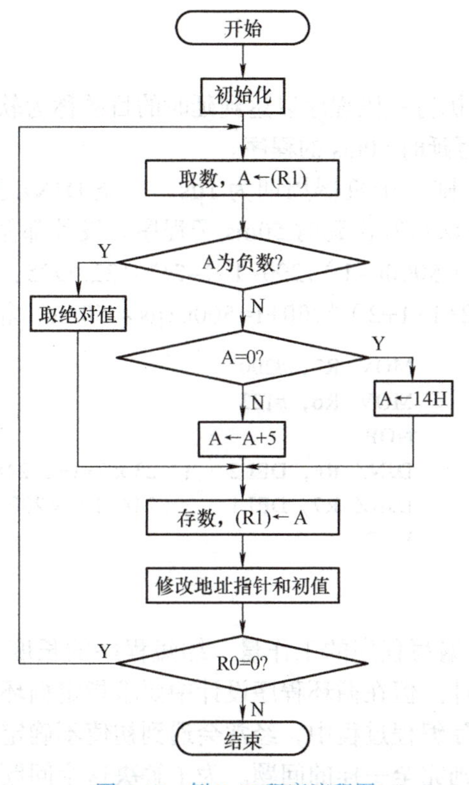

图 3-16　例 3-33 程序流程图

例 3-34　在起始地址为 M 的内部数据存储器中放有 100 个数据，其中有一个数据的值等于 a，试编写一个程序，求出这个数据的地址送 N 单元。若这个数不存在，则将 00H 送入 N 单元。

分析：设置一个计数器控制循环次数，再从 M 单元中取数据，和 a 进行比较，若相同则保存该数的地址并退出程序。若没有相同的数据则将 00H 送入 N 单元。程序流程如图 3-17 所示，相应程序如下：

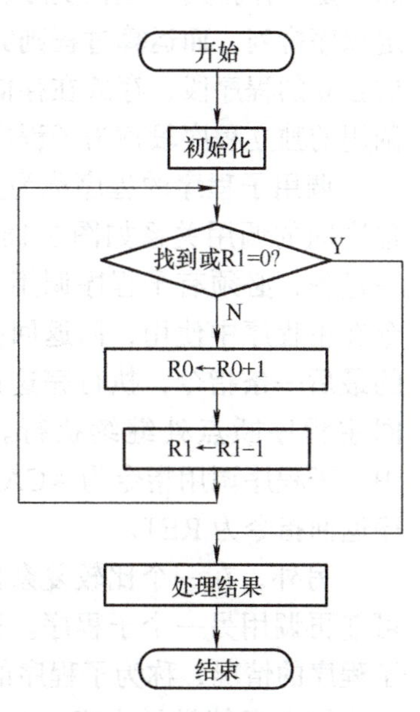

图 3-17　例 3-34 程序流程图

```
         N      EQU  20H
         M      EQU  21H
         ORG    0100H
START：MOV    R0，#M
         MOV    R1，#64H
```

```
LOOP:  CJNE  @R0, #a, NEXT
       SJMP  NEXT1
NEXT:  INC   R0
       DJNZ  R1, LOOP
       MOV   N, #00H
       SJMP  NEXT2
NEXT1: MOV   N, R0
NEXT2: SJMP  $
       END
```

例 3-35 计算机反复执行一段程序以达到延时的目的称为软件延时。设 fosc=12MHz，试利用软件延时的方法编写延时 50ms 的程序。

分析：fosc=12MHz，则一个机器周期为 1μs，一条 DJNZ 指令为两个机器周期，即 2μs。这时采用双重循环方法可写出延时 50ms 子程序。设外部循环的次数为 200，若用下列结构内部循环的初值为（50000−1）/200−1−1−2/2=122.9975，当选用内循环初值为 123 时，则延时时间为（123*2+1+1+2）*200+1=50001μs ≈ 50ms。相应程序如下：

```
DELAY:  MOV   R7, #200
DEL1:   MOV   R6, #123
        NOP
DEL2:   DJNZ  R6, DEL2      ; 123×2+1+1=248 (μs)
        DJNZ  R7, DEL1      ; (248+2) ×200+1=50.001 (ms)
        RET
```

4. 子程序

通常情况下，为减少编写程序的工作量、缩短程序的长度，可以把一些重复的程序采用循环程序技术进行设计。但在循环程序设计中要求指定循环初值，结果单元也必须按照一定规律排列。但在实际编程过程中，经常会遇到初值不确定，结果单元也没有按照一定顺序排列，而运算过程则完全一样的问题。为了解决这个问题，可以把这样的程序编写成独立的程序段，存放在存储器中，需要时可以直接进行调用。一般把这种在使用时可以调用的独立程序段称为子程序。

调用子程序的程序称为主程序，主程序与子程序间的调用关系如图 3-18a 所示。为了实现这一过程，必须有子程序调用和返回指令，调用指令在主程序中使用，而返回指令则应该是子程序的最后一条指令，执行完这条指令之后，程序返回主程序断点处继续执行。在 MCS−51 单片机中，子程序调用指令为 ACALL 和 LCALL，子程序返回指令为 RET。

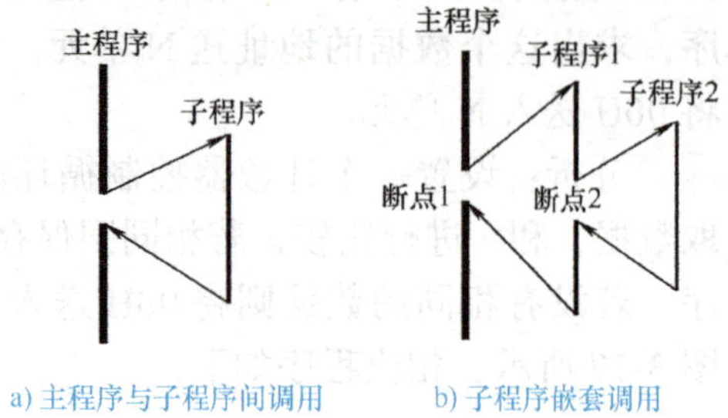

a) 主程序与子程序间调用　　b) 子程序嵌套调用

图 3-18　主程序与子程序间调用及子程序嵌套调用

另外，在一个比较复杂的子程序中，往往还可能再调用另一个子程序。这种子程序再次调用子程序的情况，称为子程序的嵌套，如图 3-18b 所示。

（1）运算类子程序　运算类程序可分为浮点数运算程序和定点数运算程序，浮点数就是小数点不固定的数，其运算通常比较麻烦，主要由阶码运算和数值运算两部分组成；定点数就是小数点固定的数，通常包括整数、小数和混合小数等，其运算相对比较简单，但在位数相同时，定点数的表示范围比浮点数的小。本文只介绍定点数运算程序设计，若没有特殊说明，所有程序均为定点数运算程序。

例 3-36　求两个无符号数数据块中所有数据的最大值。数据块的首地址分别为 DATA1 和 DATA2，数据块的长度存放在每个数据块的第一个字节。设长度都不为 0，结果存入 MAX 单元中。

分析：首先将每个数据块中的最大值找出，并作为子程序出口参数，然后在主程序中将各个数据块中的最大值进行比较，从而得出两个数据块中数据的最大值。相应程序如下：

```
主程序部分：MOV     R1，#DATA1       ；取第一数据块首地址
            ACALL   FMAX             ；调用子程序求第一数据块中的最大值
            MOV     BUF，A           ；暂存第一数据块最大值
            MOV     R1，#DATA2       ；取第二数据块首址
            ACALL   FMAX             ；调用子程序求第二数据块中的最大值
            CJNE    A，BUF，NEXT     ；对两个数据块中的最大值进行比较
      NEXT：JNC     NEXT1            ；最大值 2≥最大值 1
            MOV     A，BUF           ；将最大者给累加器 A
     NEXT1：MOV     MAX，A           ；存最大值
            SJMP    $
            BUF     DATA  20H
```

子程序部分：

```
      FMAX：MOV     A，@R1           ；取数据块长度
            MOV     R2，A            ；R2 作计数器
            CLR     A                ；累加器 A 清零
      LOOP：INC     R1               ；修改地址指针
            CLR     C                ；清标志位 Cy
            MOV     20H，@R1         ；假设 20H 没有被使用
            CJNE    A，20H，NEXT     ；A=（R1），程序顺序执行
      NEXT：JNC     NEXT1            ；A>（R1）
            MOV     A，@R1           ；A<（R1），A←（R1）
     NEXT1：DJNZ    R2，LOOP         ；循环
            RET
            END
```

（2）查表类子程序　在单片机应用系统中，查表程序是一种常用的程序，使用它可以完成数据计算、转换、补偿等功能，具有程序简单、执行速度快等优点。在 MCS-51 单片机中查表时，数据表格通常存放在程序存储器 ROM 中，而不是在 RAM 中。编程时可以通过 DB 伪指令将表格的内容存入 ROM 中。用于查表的指令有两条：

```
MOVC  A，@A+DPTR
MOVC  A，@A+PC
```

首先，把偏移值（表中要查的项与表首地址的间隔数）送入累加器 A 中，再把表格

的首地址送入 DPTR 或将查表指令的下一条指令的首地址到表首地址间的偏移值加上 A，然后执行 MOVC A，@A+DPTR 或 MOVC A，@A+PC 指令。

对于 MOVC A，@A+PC 查表指令，其表格的长度不能超过 256B，而对于 MOVC A，@A+DPTR 指令，其表格的长度可以超过 256B，且使用方便。但在 DPTR 已被占用的情况下，经常使用 MOVC A，@A+PC 查表指令。

例 3-37 假设 20H 单元中存放着一位十六进制数（00H ~ 0FH 中的一个），现要求通过查表程序，将其转换为相应的七段码值，并存放在 21H 单元中。

分析：由于七段码不是有序码，其间排列没什么规律可循，直接转化比较麻烦，因此将一个十进制数所对应的七段码数按照从小到大的顺序存放在存储器中，然后通过 MOVC A，@A+DPTR 或 MOVC A，@A+PC 指令进行查表，从而将对应的值送回给累加器 A。

```
      MOV   R0，#20H
      MOV   R1，#21H
      MOV   A，@R0
      ANL   A，#0FH
      MOV   DPTR，#TAB
      MOVC  A，@A+DPTR
      MOV   @R1，A
      SJMP  $
TAB： DB    3FH，06H，5BH ……
      END
```

（3）散转子程序　散转程序是一种并行多分支程序。它根据系统的某种输入或运算结果，分别转向各个处理程序。与分支程序不同的是，散转程序多采用指令：JMP @A+DPTR，根据输入或运算结果，确定 A 或 DPTR 的内容，直接跳转到相应的分支程序中去。而分支程序一般是采用条件转移或比较转移指令实现程序的跳转。

例 3-38 在单片机系统中设置四个运算命令键 +、−、×、÷，它们的键号分别为 0、1、2、3。当有键按下时，进行相应的运算。操作数由 P1 端口和 P3 端口输入，结果再由 P1 端口和 P3 端口输出。

分析：该题要设计一个简单的四则运算系统，P1 端口输入被加数、被减数、被乘数或被除数，输出结果的低 8 位或商；P3 端口输入加数、减数、乘数或除数，输出进位（借位）、结果的高 8 位或余数。键盘号放在 A 中。

```
       MOV   P1，#0FFH
       MOV   P3，#0FFH
       MOV   DPTR，#TAB
       RL    A              ；相当于 A ← A×2
       JMP   @A+DPTR
TAB：  AJMP  PRG0           ；加法
       AJMP  PRG1           ；减法
       AJMP  PRG2           ；乘法
       AJMP  PRG3           ；除法
PRG0： MOV   A，P1          ；加法程序
```

```
        ADD   A, P3
        MOV   P1, A
        CLR   A
        ADDC  A, #00H
        MOV   P3, A
        RET
PRG1:   MOV   A, P1         ; 减法程序
        CLR   C
        SUBB  A, P3
        MOV   P1, A
        CLR   A
        RLC   A
        MOV   P3, A
        RET
PRG2:   MOV   A, P1         ; 乘法程序
        MOV   B, P3
        MUL   AB
        MOV   P1, A
        MOV   P3, B
        RET
PRG3:   MOV   A, P1         ; 除法程序
        MOV   B, P3
        DIV   AB
        MOV   P1, A
        MOV   P3, B
        RET
```

这个例子中，由于 AJMP 指令为双字节指令，因此键号需先乘 2，以便转到正确的位置。由于 A×2 的结果不能大于 255，所以本例中最多可扩展 128 个分支程序。此外，由于散转过程采用了 AJMP 指令，故每个分支的入口地址必须和相应的 AJMP 指令在同一个 2KB 存储区内。如果改用长转移 LJMP 指令，则分支入口就可以在 64KB 范围内任意安排。

（4）滤波子程序　工业控制对象的工作环境一般比较差，干扰源较多。一般计算机控制系统的模拟输入信号中，均含有各种干扰成分。它们主要来自被测信号源本身、传感器和外界等。

消除和抑制干扰的方法很多，对于随机干扰信号，因为不是周期信号，所以很难用模拟滤波器取得满意的效果，这时可用数字滤波的方法予以削弱或滤除。

数字滤波器实际上是一种程序滤波或软件滤波，常用的方法有中值滤波、算术均值滤波、加权均值滤波和惯性滤波等。

1）中值滤波。中值滤波是对某一被测参数连续采样 N 次（一般 N 取奇数），然后把 N 次采样值按大小顺序排列，取中间的值为本次采样值。中值滤波能有效地克服偶然因素引起的波动或采样器不稳定引起的误码等脉冲干扰。

例 3-39　首地址为 20H 开始存储单元中存放了 9 个 8 位采样值，利用中值滤波，并将滤波后的内容存放在 40H 单元中。

分析：首先对首地址为20H开始存储单元中的9个值利用冒泡法进行排序，然后取中间的值为本次采样值，并存放在40H单元中。相应程序如下：

```
        ORG  0100H
        MOV  R3，#9         ；
SORT：DEC  R3              ；设置外循环次数
        MOV  A，R3          ；保存外循环次数，计算中值地址
        PUSH ACC
LOP1：MOV  A，R3           ；设置外循环次数
        MOV  R2，A
        MOV  R0，#20H
        MOV  Rl，#21H
LOP2：MOV  A，@Rl
        CLR  C
        SUBB A，@R0         ；（Rl）-（R0）→A
        JNC  DONE           ；（Rl）≥（R0）不交换
        MOV  A，@R0         ；（Rl）≤（R0）交换
        XCH  A，@Rl
        MOV  @R0，A
DONE：INC  R0              ；修改数据指针
        INC  R1             ；修改数据指针
        DJNZ R2，LOP2
        DJNZ R3，LOP1       ；将20H中的数据从大到小排放
        CLR  C
        POP  A
        RRC  A              ；A←A/2的整数4
        ADD  A，#20H        ；计算中值地址
        MOV  R0，A
        MOV  40H，@R0       ；存放滤波结果
        SJMP $
        END
```

2）算术均值滤波子程序。均值滤波程序种类比较多，如算术均值滤波法、去极值均值滤波法、滑动均值滤波法等。本文仅介绍算术均值滤波法。算术均值滤波法就是连续采样N次，得到N个值，然后取算术平均值。当采样值个数N值较大时，信号的平滑度高，但是灵敏度低；当N值较小时，平滑度低，但灵敏度高。N值一般取4、8、16等2的整数次幂，这样便于通过移位指令代替除法指令，以便简化算法，提高运算效率。

例3-40 首地址为20H开始存储单元中存放了8个8位采样值，利用算术均值滤波方法进行滤波，并将滤波后的内容存放在40H单元中。

分析：首先对首地址为20H开始存储单元中的8个值求和，再将结果根据采样值的个数右移若干次，并将结果存放在40H单元中。相应程序如下：

已知采样值为单字节，连续采样8次，对采样值进行算术平均值滤波。

【入口参数】（R0）= 采样首值地址指针，（R1）= 采样次数。

【出口参数】（R2）= 平均值。

```
FILTER: MOV   R0, #20H
        MOV   R1, #08H
        CLR   A            ; 清累加器
        MOV   R2, A
        MOV   R3, A
        MOV   A, Rl
        PUSH  A            ; 保护采样次数
 AGAIN: MOV   A, @R0       ; 取一个采样值
        ADD   A, R3        ; 累加
        MOV   R3, A        ; 累加和低 8 位到 R3 中
        CLR   A
        ADDC  A, R2
        MOV   R2, A        ; 累加和高 8 位到 R2 中
        INC   R0
        DJNZ  Rl, AGAIN    ; 累加完 8 次
        POP   A
        CLR   C
  LOOP: RRC   A
        JNC   NEXT
        MOV   40H, R3      ; 存放滤波结果
        RET
  NEXT: PUSH  A
        CLR   C
        MOV   A, R2
        RRC   A
        MOV   R2, A
        MOV   A, R3
        RRC   A
        MOV   R3, A
        POP   A
        SJMP  LOOP
```

3）惯性滤波子程序。最常用的简单惯性滤波为一阶惯性滤波，又叫一阶低通滤波。如图 3-19 所示。

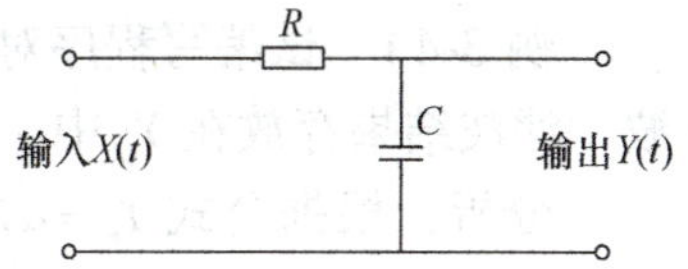

图 3-19　RC 模拟低通滤波器

假设滤波器的输入电压为 $X(t)$，输出为 $Y(t)$，它们之间的关系为

$$RC\times\frac{\mathrm{d}Y(t)}{\mathrm{d}t}+Y(t)=X(t) \qquad (3\text{-}1)$$

为了进行数字化，必须应用它们的采样值，即 $Y_n=Y(n\Delta t)$，$X_n=X(n\Delta t)$。

如果采样间隔 Δt 足够小，则式（3-1）的离散值可近似为

$$RC\times\frac{Y_n-Y_{n-1}}{\Delta t}+Y_n=X_n \qquad (3\text{-}2)$$

即

$$\left(1+\frac{RC}{\Delta t}\right)Y_n=X_n+\frac{RC}{\Delta t}Y_{n-1} \qquad (3\text{-}3)$$

令 $1/\left(1+\dfrac{RC}{\Delta t}\right)=\alpha$ 为滤波系数（该系数决定采样值在滤波结果中所占的权重），则式（3-3）可简化为

$$Y_n=\alpha X_n+(1-\alpha)Y_{n-1} \tag{3-4}$$

对于直流电压，$Y_n=Y_{n-1}$，由式（3-4）可见，此时满足 $X_n=Y_n$，即该滤波器的直流增益为 1。若采样间隔 Δt 足够小，则 $\alpha=1/\left(\dfrac{RC}{\Delta t}\right)=\dfrac{\Delta t}{RC}$；滤波器的截止频率为

$$f_c=\frac{1}{2\pi RC}\approx\frac{\alpha}{2\pi\Delta t} \tag{3-5}$$

从式（3-5）可以看出，滤波系数 α 越大，滤波器的截止频率就越高。若取 $\Delta t=50\mu s$，$\alpha=1/16$，则截止频率为

$$f_c=\frac{1/16}{2\pi\times50\times10^{-6}}\approx198.9\,\text{Hz} \tag{3-6}$$

当采用图 3-19 所示的模拟滤波器来抑制高频干扰时，要求滤波器有较大的时间常数，增大时间常数要求增大 R 值，其漏电流也随之增大，从而使 RC 网络的误差增大，降低了滤波效果。为了克服上述模拟滤波器的缺点，本文采用式（3-4）所示的惯性滤波算法来实现动态的 RC 滤波。

一阶惯性滤波算法对于周期干扰具有良好的抑制作用，其不足之处是带来了相位滞后，灵敏度降低，相位滞后程度取决于 α 值的大小。同时它不能滤除频率高于采样频率 1/2（称为奈奎斯特频率）的干扰信号，舍弃小数点也会带来误差。例如，若采样频率为 100Hz，则它不能滤除 50Hz 以上的干扰信号。对于高于采样频率 1/2 的干扰信号，应该采用其他滤波器进行滤波。一阶惯性滤波算法程序流程如图 3-20 所示。

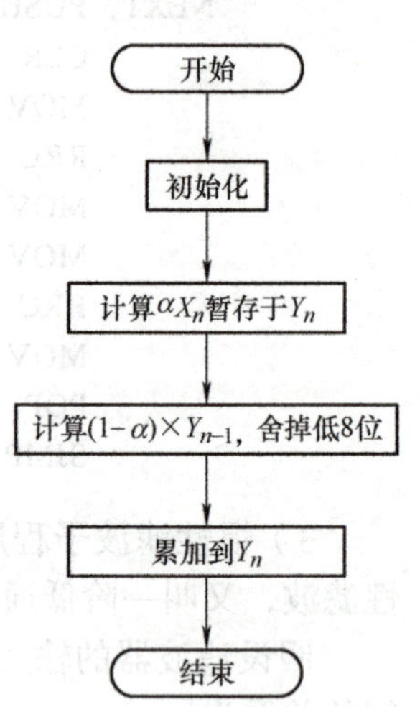

图 3-20 一阶惯性滤波算法程序流程图

例 3-41 试编写程序对一个 8 位 A-D 采样值 X_n 进行惯性滤波，滤波结果存放在 Y_n 中。

分析：根据公式 $Y_n=\alpha X_n+(1-\alpha)Y_{n-1}$，若 α 取一个 8 位整数值，即 α=0:255，$(1-\alpha)$ 可用 $256-\alpha$ 来代替，将计算结果除以 256，从而可以得到结果。假设用 R0（高位）R1（低位）存放 Y_{n-1}，R2 存放采样值 X_n，R5 存放系数 α，R3（高位）R4（低位）存放 Y_n。相应程序如下：

```
INFL: MOV  A, R5        ; 取系数α
      MOV  B, A
      MOV  A, R2        ; 取采样值Xn
      MUL  AB           ; 计算αXn
      MOV  R4, A
      MOV  A, B
```

```
MOV   R3, A
CLR   C
CLR   A
SUBB  A, R5          ; 计算256-α
MOV   B, A
MOV   A, R1          ; 取Y(n-1)的低8位
MUL   AB             ; 计算(256-α)Y(n-1)的低8位
MOV   R1, B
CLR   C
CLR   A
SUBB  A, R5
MOV   B, A
MOV   A, R0          ; 取Y(n-1)的高8位
MUL   AB             ; 计算(256-α)Y(n-1)的高8位
CLR   C
ADD   A, R1          ; 计算低8位乘积结果
ADD   R5, A          ; 保存低8位
MOV   A, B
ADDC  A, #00H        ; 计算高8位乘积结果
MOV   R6, A          ; 保存高8位
CLR   C
MOV   A, R4          ; 求和低8位并保存
ADD   A, R5
MOV   R4, A
MOV   A, R3          ; 求和高8位并保存
ADDC  A, R6
MOV   R3, A
RET
```

习　题

1. MCS-51 单片机的指令系统有何特点？

2. MCS-51 单片机有哪几种寻址方式？访问特殊功能寄存器 SFR 可以采用哪些寻址方式？

3. 什么是伪指令？伪指令功能是什么？

4. 使用位操作指令实现下列逻辑操作，要求不得改变未涉及的位。

（1）使 ACC.7 置 1；

（2）清除 ACC 高 4 位；

（3）清除 ACC.2，ACC.3，ACC.4，ACC.5。

5. 设指令 SJMP rel 中的 rel=1EH，并假设该指令存放在 2000H 和 2001H 单元中。当该条指令执行后，程序将跳转到何地址？

6. 已知 SP=21H，PC=2000H，(20H)=12H，(21H)=34H，(22H)=56H。问此时执行“RET”指令以后，SP 和 PC 的值各为多少？

7. 完成一种操作可以采用几条指令构成的指令序列实现，试写出完成以下每种操作的指令序列。

(1) 将 R0 的内容传送到 R1；

(2) 内部 RAM 单元 60H 的内容传送到寄存器 R2；

(3) 外部 RAM 单元 2000H 的内容传送到内部 RAM 单元 50H；

(4) 外部 RAM 单元 2000H 的内容传送到寄存器 R2；

(5) 外部 RAM 单元 2000H 的内容传送到外部 RAM 单元 1000H。

8. 已知 (A)=83H，(R0)=10H，(10H)=34H。请写出执行完下列程序段后 A 的内容。

```
ANL   A, #10H
ORL   10H, A
XRL   A, @R0
CPL   A
```

9. 试分析下列程序段，当程序执行后，位地址 00H，01H 中的内容为何值？ P0 口的 8 条 I/O 线为何状态？

```
        CLR    C
        MOV    A, #66H
        JC     LOOP1
        CPL    C
        SETB   01H
LOOP1:  ORL    C, ACC.0
        JB     ACC.2, LOOP2
        CLR    00H
LOOP2:  MOV    P0, A
        …
```

10. 假设 (A)=34H，(R0)=10H，(R1)=20H，(R4)=3AH，(10H)=56H，(20H)=0FH，试写出下列各指令独立执行后有关寄存器和存储单元的内容？若该指令影响标志位，试指出 Cy、AC、和 OV 的值。

(1) MOV　　A，@R0

(2) ANL　　10H，#0FH

(3) ADD　　A，R4

(4) SWAP　　A

(5) DEC　　@R1

(6) XCHD　　A，@R1

11. 分析下列程序，写出程序执行后有关寄存器和 RAM 中有关单元的内容。

```
MOV    30H, #34H
MOV    A, #28H
MOV    R0, #30H
```

```
MOV    R2, #47H
ANL    A, R2
ORL    A, R0
SWAP   A
CPL    A
XRL    A, #0FFH
ORL    30H, A
```

12. 在程序存储器中，数据表格为

```
1010H: 02H
1011H: 04H
1012H: 06H
1013H: 08H
```

执行下列程序后（A）=？（R0）=？（PC）=？

```
1000H: MOV    A, #0DH
1002H: MOVC  A, @A+PC
1003H: MOV    R0, A
```

13. 从内部存储器 20H 单元开始，有 30 个非零数据。试编一个程序，把其中的正数、负数分别送 41H 和 61H 开始的存储单元，并分别计算正数、负数的个数送 40H 和 60H 单元。

14. 在 DATA1 单元中有一个带符号 8 位二进制数 x。试编一个程序，按以下关系计算 y 值，送 DATA2 单元。

$$\begin{cases} y=x^2, & 当x>0 \\ y=x, & 当x=0 \\ y=|x|, & 当x<0 \end{cases}$$

15. 若（10H）=40H，试写出执行以下程序段后累加器 A、寄存器 R0 及内部 RAM 的 40H、41H、42H 单元中的内容各为多少？

```
MOV    A, 10H
MOV    R0, A
MOV    A, #00H
MOV    @R0, A
MOV    A, 3BH
MOV    41H, A
MOV    42H, 41H
```

16. 用查表程序求 0 ～ 9 之间整数的三次方。

17. 试编写程序，将内部 RAM 的 20H、21H 单元的两个无符号数相乘，结果存放在 R2、R3 中，R2 中存放高 8 位，R3 中存放低 8 位。

18. 若单片机的主频为 12MHz，试用循环转移指令编写延时 1s 的延时子程序，并说明这种软件延时方式的优缺点。

19. 编写程序，求内部 RAM 中 50H ～ 59H 十个单元内容的平均值，并存放在 5AH 单元。

20. 在内部 RAM 首地址为 20H 单元存有一组单字节无符号数，数据长度为 30H，要求找出数组中的最大数和最小数，分别存入 MAX 和 MIN 单元。

21. 编写程序，把累加器 A 中的二进制数变换成 3 位 BCD 码，并将百位数、十位数、个位数分别存放在内部 RAM 的 20H、21H、22H 中。

22. 已知 MCS-51 单片机片内 RAM 20H 单元存放了一个 8 位无符号数 2BH，片外扩展 RAM 的 8000H 单元存放了一个 8 位无符号数 56H，试编写程序完成以上两个单元中的无符号数相加，并将和值送往片外 RAM 0000H 开始的单元中。

第 4 章 C51 高级语言程序设计

汇编语言编写程序对硬件操作来说比较便利，编写的程序代码短，但使用起来很不方便，可读性和可移植性较差。同时，汇编语言程序的设计周期长，调试和排错也比较困难。为了提高编程速度和应用程序效率，改善程序的可读性和可移植性，最好是采用高级语言来进行系统程序设计。而C语言既有高级语言使用方便的特点，也具有汇编语言直接对硬件进行操作的特点，因此在现代计算机软件系统设计中，特别是在单片机应用系统的开发过程中，往往用C语言来进行程序编写和开发。本章将主要介绍 MCS-51 单片机的C语言语法和程序设计，并讨论C语言程序的结构和编程方法。

4.1 C 语言高级编程

4.1.1 C 语言的特点

C语言于20世纪70年代初问世，早期的C语言主要用于UNIX系统。由于C语言的强大功能和各方面的优点逐渐被人们认识，到了20世纪80年代，C语言开始进入其他操作系统，并很快在各类大、中、小和微型计算机上得到广泛的使用，并成为当代最优秀的程序设计语言之一。

C语言功能丰富、表达能力强、使用灵活方便、应用面广、目标程序效率高、可移植性好、能直接对计算机硬件进行操作。它既有高级语言的特点，也具有汇编语言的特点。与其他高级语言相比，C语言具有以下一些特点：

1）语言简洁、紧凑，使用方便、灵活。C语言一共只有32个关键字、9种控制语句，程序书写形式自由，程序精练、简短。

2）运算符丰富。C语言包括34种运算符，把括号、赋值、强制类型转换等都作为运算符处理，表达式灵活多样，可以实现各种各样的运算。

3）数据结构丰富，拥有现代编程语言的各种数据结构。C语言的数据类型有整型、实型、字符型、数组类型、指针类型等，能用来实现各种复杂的数据结构。

4）可进行结构化程序设计。C语言具有多种结构化的控制语句，如 if-else 语句、while 语句、do-while 语句、switch 语句、for 语句等。另外，C语言程序以函数为模块单位，一个C语言程序就是由多个函数组成的，一个函数相当于一个程序模块。因此，C语言程序可以很容易进行结构化程序设计。

5）可以直接对计算机硬件进行操作。C语言允许直接访问物理地址，能进行位操作，从而实现汇编语言的大部分功能。

6）生成的目标代码质量高，程序执行效率高。采用C语言编写的程序生成目标代码的效率仅比汇编语言编写的程序效率低10%～30%。C语言编写程序比汇编语言编写程序方便、容易，可读性强，开发周期短。

7）可移植性好。不同计算机的汇编指令不一样，用汇编语言编写的程序用于其他机型时，必须改写成对应机型的指令代码。而C语言编写的程序基本上不用做修改，就能直接用于各类机型和各类操作系统。

4.1.2 C语言与MCS-51单片机

MCS-51单片机在采用汇编语言进行程序设计时，汇编语言具有执行效率高、速度快、与硬件结合紧密等特点。特别是在进行I/O端口操作时，使用汇编语言显得快捷、直观。但汇编语言编程比高级语言难度大，可读性差，不便于移植，且开发周期长。而C语言作为一种高级程序设计语言，在程序设计时相对来说比较容易，支持多种数据类型，可移植性强，而且也能够对硬件直接访问，可按地址方式访问存储器或I/O端口。现在很多单片机系统都采用C语言编写程序。用C语言编写的应用程序必须由单片机C语言编译器（如MCS-51单片机的C51）转换生成单片机可执行的程序代码。

用C语言编写MCS-51单片机程序与用汇编语言编写MCS-51单片机程序不同，用汇编语言编写MCS-51单片机程序必须要考虑其存储器结构，尤其必须考虑其片内数据存储器与特殊功能寄存器的使用，需按实际地址处理端口数据。用C语言编写的MCS-51单片机应用程序则不用像汇编语言那样详细地组织、分配存储器资源和处理端口数据。但是在C语言编程过程中，对数据类型与变量的定义，必须与单片机的存储结构相关联，否则编译器将无法正确地映射定位。

用C语言编写单片机应用程序与标准的C语言程序也有区别：采用C语言编写单片机应用程序时，需要根据单片机存储结构及内部资源定义相应的数据类型和变量，而标准的C语言程序则不需要考虑这些问题；C51包含的数据类型、变量存储模式、输入/输出处理、函数调用等方面与标准的C语言有一定的区别。C51其他的语法规则、程序结构及程序设计方法等与标准的C语言相同。

现在支持MCS-51单片机C语言编程的编译器有很多种，各种编译器的情况基本相同，但具体处理时有一定的区别。其中，KEIL C/Franklin C以代码紧凑和使用方便等特点优于其他编译器，现在使用最为广泛。本书以KEIL C为例来介绍MCS-51单片机的C语言程序设计。

4.1.3 C51编译器

C51编译器的作用是将C语言源程序翻译成为MCS-51单片机的可执行代码，并且为程序调试提供必要的符号信息。8051单片机以其工业标准的地位，从1985年开始就有8051的C编译器，简称Cx51。目前支持MCS-51单片机的C语言编译器有很多种，然而并非所有的Cx51编译器都能产生具有8051特点的有效代码。下面就不同的编译器做简要介绍。

1. American AUTOMATION

编译器通过 #asm 和 #endasm 预处理选择支持汇编语言，此编译器编译速度慢，要求汇编的中间环节。

2. IAR

瑞典的 IAR 是支持分体切换（Bank Switch）的编译器。它和 ANSI 兼容，只是需要一个较复杂的链接程序控制文件的支持后，程序才能执行。

3. Avocet

该编译器软件包包括编译器、汇编器、链接器、库 MAKE 工具和编辑器，集成环境类似 Borland 和 Turbo。C 编译器产生一个汇编语言文件，然后再用汇编器，但其编译较快。

4. Bso/Tasking

它是为 Intel、LSI、Motorola、Philips、Simens 和 Texas Instruments 编写嵌入式系统的配套软件工具。它生产的基于 Windows 的集成开发环境软件（Integrated Development Environment，IDE）调试器和交叉模拟器支持鼠标，界面友好。软件格式符合 Intel OMF-51 和 Intel Hex 标准，汇编器和 Intel 汇编器兼容。C 编译器支持内置函数，允许用 8051 指令，如测试并清除（JBC）和十进制调整（DAA）。Intel 8051 软件工具包括 ASM51、PL/M51、C51 和 Cross View51 调试器。

5. Dunfield Shareware

它是非专业的软件包，不支持浮点数、长整型和结构体。它不生成重定位代码。

6. Intermetrics

它的编译器用起来比较困难，要由可执行的宏语句控制编译、汇编和链接，且选项很多。

7. Micro Computer Controls

它不支持浮点数、长整型、结构和多维数组。Define 不允许有参数，称作 C 编译器很勉强。它生成的源文件必须用 Intel 或 MCC 的 8051 汇编器汇编。

8. KEIL

德国的 KEIL 公司在代码生成方面领先，可产生最少的代码。它支持浮点数和长整型、重入和递归。KEIL 公司曾通过美国 Franklin 公司在市场上销售多年。

若 8051 单片机的时钟采用 12MHz，则在 12MHz 的 286 上编译所得测试结果见表 4-1。

表 4-1　各个编译器的整体特性

编译器	版本	编译时间	存储模式	编译堆栈	浮点支持
American AUTOMATION	16.02.07	6min 3s	SML	No	仅大模式
IAR	4.05A	2min 3s	TSCMLB	Yes	Yes
Avocet	1.3	1min 47s	SML	No	Yes

（续）

编译器	版本	编译时间	存储模式	编译堆栈	浮点支持
Bso/Tasking	1.10	2min 25s	SAL	Yes	Yes
Dunfield Shareware	2.11	不能编译所有测试程序	SL（ROM 和 RAM 必须映像到同一地址空间）	No	No
Intermetrics	3.32	2min 52s	SL（支持几种动态分配方案）	No	Yes
Micro Computer Controls	1.7	不能编译所有测试程序	SML	No	No
KEIL	3.01	1min 28s	SAL	Yes	Yes

从表 4-1 可以看出，IAR 以性能完善和资料完善领先，KEIL 以它的代码紧凑和使用方便等特点优于其他编译器，现在使用最为广泛。

4.1.4 KEIL 8051 开发工具

KEIL C51 标准 C 编译器为 8051 微控制器的软件开发提供了 C 语言环境，同时保留了汇编代码高效、快速的特点。C51 编译器的功能不断增强，使得使用者可以更加贴近 CPU 本身及其他的衍生产品。C51 已被完全集成到 μVision4 的集成开发环境中，这个集成开发环境包含编译器、汇编器、实时操作系统、项目管理器和调试器。μVision4 IDE 可为它们提供单一而灵活的开发环境。

C51 V7 版本是目前最高效、灵活的 8051 开发平台。它可以支持所有 8051 的衍生产品，也可以支持所有兼容的仿真器，同时支持其他第三方开发工具。因此，C51 V7 版本无疑是 8051 开发用户的最佳选择。

1. 集成开发环境 μVision4

工程（Project）是由源文件、开发工具选项以及编程说明三部分组成的。一个单一的 μVision4 工程能够产生一个或多个目标程序。产生目标程序的源文件构成“组”，开发工具选项可以对应目标组或单个文件。

μVision4 包含一个器件数据库（Device Database），可以自动设置汇编器、编译器、链接定位器及调试器选项，来满足用户充分利用特定微控制器的要求。此数据库包含片上存储器和外围设备的信息，扩展数据指针（Extra Data Pointer）或者加速器（Math Accelerator）的特性。

μVision4 可以为片外存储器产生必要的链接选项，确定起始地址和规模。

2. 集成功能

μVision4 的功能主要有以下几种：

1）集成源极浏览器利用符号数据库可以使用户快速浏览源文件。用详细的符号信息来优化用户变量存储器。

2）文件寻找功能：在特定文件中执行全局文件搜索。

3）工具菜单：允许在 V2 集成开发环境下启动用户功能。

4）可配置 SVCS 接口：提供对版本控制系统的入口。

5）PC-LINT 接口：对应用程序代码进行深层语法分析。

6）Infineon 的 Easy Case 接口：集成块集代码产生。

7）Infineon 的 DAVE 功能：协助用户的 CPU 和外部程序。DAVE 工程可被直接输入 μVision4。

3. C51 V7 版增强功能介绍

C51 V7 版提供了很多新的和增强的功能，使开发 8051 嵌入式应用比以前更加简单。C51 V7 版新功能包括：新版编译器和链接器更加优化，可以缩短程序的大小；能完全模拟支持的器件更多，如 Philips 80C51MX，Dallas 80C390 和 Analog Devices Micro Converters；新的 ISD51 系统内调试器，允许在不变的目标硬件上调试程序；可更好地支持 Philips 51MX 的 24 位地址；RTX51 Tiny 增加了新功能，它比以前更小，但提供的功能更加全面。

4.1.5　C51 程序结构

C51 程序结构与标准的 C 语言程序结构相同，采用函数结构，每个 C 语言程序至少应包含一个主函数 main( )，也可以包含一个 main( ) 函数和若干个其他的功能函数。因此，函数是 C 程序的基本单位。不管 main( ) 函数放于何处，程序总是从 main( ) 函数开始执行，最后回到 main( ) 函数结束。在 main( ) 函数调用其他功能函数时，其他功能函数也可以相互调用，但 main( ) 函数只能调用其他的功能函数，而不能被其他的功能函数所调用。也就是说 C 程序的执行都是从 main( ) 函数开始的，这个 main( ) 函数是程序的入口，而当主函数中的所有语句执行完毕，则程序也执行结束。功能函数可以是 C 语言编译器提供的库函数，也可以是由用户定义的自定义函数。在编写 C 语言程序时，程序的开始部分一般是预处理命令、函数说明和变量定义等。下面结合一个具体实例来说明 C51 的结构。

```
预处理命令    #include<reg51.h>
函数说明      long  fun1( );
              float  fun2( );
变量定义      int  x， y;
              float  z;
主函数        main( )
              {  …
                     fun1( ); /* 调用功能函数 1*/
                     …
                     fun2( );  /* 调用功能函数 2*/
                     …
              }
功能函数 1    fun1( )
              {
                     …
              }
功能函数 2    fun2( )
              {
                     …
              }
```

其中，函数一般由“函数定义”和“函数体”两部分组成。函数定义部分包括函数类型、函数名、形式参数说明等，函数名后面必须跟一个圆括号( )，形式参数在( )内定义。函数体由一对“{ }”括起来。如果一个函数内包含有多个“{ }”，则最外层的一对“{ }”为函数体的内容。函数体内包含若干语句，一般由两部分组成，即声明语句和执行语句。声明语句用于对函数中用到的变量进行定义，也可能对函数体中调用的函数进行声明。执行语句由若干语句组成，用来完成一定的功能。当然也有的函数体仅有一对“{ }”，其中内部既没有声明语句，也没有执行语句，这种函数称为空函数。

C 语言程序在书写时格式十分自由，一条语句可以写成一行，也可以写成几行；还可以在一行内写多条语句；但每条语句后面必须以分号“；”作为结束符。C 语言程序对大小写字母比较敏感，在程序中同一个字母的大小写系统是作不同处理的。在程序中可以用“//”或“/*……*/”对 C 程序中的任何部分做注释，以增加程序的可读性。

C 语言本身没有输入 / 输出语句。输入和输出是通过输入 / 输出函数 scanf( ) 和 printf( ) 来实现的。输入 / 输出函数是通过标准库函数形式提供给用户的。

C51 的语法规定、程序结构及程序设计方法都与标准的 C 语言程序设计相同，但 C51 程序与标准的 C 语言程序在以下几个方面不一样：

1）定义的库函数不同。标准 C 语言定义的库函数是按通用微型计算机来定义的，而 C51 中的库函数是按 MCS-51 单片机的相应情况来定义的。

2）数据类型有一定的区别，在 C51 中还增加了几种针对 MCS-51 单片机特有的数据类型。

3）变量的存储模式不一样，C51 中变量的存储模式是与 MCS-51 单片机的存储器紧密相关的。

4）输入 / 输出处理不一样，C51 中的输入 / 输出是通过 MCS-51 单片机串行口来完成的，输入 / 输出指令执行前必须要对串行口进行初始化。

5）函数使用方面也有一定的区别，C51 中有专门的中断函数。

4.2 C51 对标准 C 语言的扩展

4.2.1 存储区域

从第 2 章中可知，MCS-51 单片机的内存区域被分为两大类。一类是程序存储区；另一类是数据存储区，包括内部数据存储区和外部数据存储区。内部数据存储区中又包含了 C51 的特殊功能寄存器。

1. 程序存储区

程序存储区由关键字 code 进行说明，在不使用 code banking 的情况下，这种类型的存储器最多可达 64KB。它可以是片内自带的 FLASH，也可以是外扩的 ROM，因系统的硬件设置而异。该存储区是只读的，内容为所有的用户程序以及库函数，程序中的一些常量也可以存放在这个区域中。对于 MCS-51 单片机来说，被执行的程序只能放在该区域

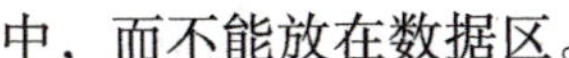

中，而不能放在数据区。

2. 内部数据存储区

内部数据存储器位于单片机内部，根据 MCS–51 系列单片机的不同型号，有 128B 或 256B 的内部存储区可以使用，能够直接进行读写操作。内部数据存储器前 128B 既可以被直接寻址，也可以被间接寻址，这其中还包括从 20H 开始的 16 个可以位寻址的字节；其余 128B 只能间接寻址。

由于使用 8 位地址，内部数据存储区的访问速度会比外部数据存储区的访问速度快。在 C51 中可以采用以下关键字对变量进行内部数据存储区的定位。

data：直接寻址区，为内部 RAM 的低 128B，即 00H ～ 7FH；

idata：间接寻址区，整个内部 RAM 区，即 00H ～ FFH；

bdata：可位寻址区，从 20H 开始的 16 个可以位寻址的字节，即 20H ～ 2FH。

3. 外部数据存储区

外部数据存储器是单片机外部扩充的存储区域。由于在访问时需要使用数据指针寄存器 DPTR，所以相比于内部的数据存储区访问速度较慢，不过外部数据存储区容量可以扩至 64KB。

在 C51 中，可以采用以下关键字对外部存储区的变量进行访问。

xdata：可指定多达 64KB 的外部直接寻址区，地址范围 0000H ～ FFFFH；

pdata：能访问一页（256B）的外部 RAM，主要用在紧凑模式（Compact Modle）。

4.2.2　数据类型

具有一定格式的数字或数值叫作数据。数据是计算机操作的对象。不管使用何种语言、何种算法进行程序设计，最终在计算机中运行的只有数据流。数据的不同格式叫作数据类型。数据按照一定的数据类型进行的排列、组合及架构称为数据结构。

C51 提供的数据结构是以数据类型的形式出现的，可分为基本数据类型和组合。具体情况如下：C51 编译器具体支持的数据类型有无符号字符型（unsigned char）、有符号字符型（signed char）、无符号整型（unsigned int）、有符号整型（signed int）、无符号长整型（unsigned long）、有符号长整型（signed long）、浮点型（float）、双精度型（double）和指针型等。

这些数据类型的长度和值域会因处理器的类型和 C 语言编译程序的实现而有所不同，对于 KEIL C51 产生的目标文件，表 4-2 给出了几种数据的长度和值域。

表 4-2　KEIL C51 的数据类型的长度和值域

类型	长度 /bit	值域
unsigned char	8	0 ～ 255
signed char	8	-128 ～ 127
unsigned int	16	0 ～ 65535
signed int	16	-32768 ～ 32767
unsigned long	32	0 ～ 4294967295

（续）

类型	长度 /bit	值域
signed long	32	–2147483648 ～ 2147483647
float	32	± 1.175494E–38 ～ ± 3.402823E+38（6 位数字）
double	64	± 1.175494E–38 ～ ± 3.402823E+38（10 位数字）
一般指针	24	存储空间 0 ～ 65535

另外，C51 中还有专门针对 MCS–51 单片机的位类型和特殊功能寄存器型。

1. 位类型

位类型是 C51 中扩充的数据类型，该类型的变量可以用于变量的定义和声明、函数的参数传递以及函数的返回值中。

所有的位类型的变量都被存放在 MCS–51 单片机的片内数据存储器中，从 20H 开始的 16 个可以位寻址的字节，即 20H ～ 2FH，该区域通常被称为位寻址区。因为该区域只有 16B，所以程序中位类型的变量最多有 128 个。

位类型的变量也可以进行存储区域的定位，由于该类型变量只能存放在内部数据存储器中，所以只有 data 和 idata 型的定义是有效的。

在 C51 中支持两种位类型，即 bit 型和 sbit 型。它们在内存中都只占一个二进制位，其值可以是“1”或“0”。其中用 bit 定义的位变量在 C51 编译器编译时，在不同的时候位地址是可以变化的。而用 sbit 定义的位变量必须与 MCS–51 单片机的一个可寻址位单元或可位寻址的字节单元中的某一位联系在一起，在 C51 编译器编译时，其对应的位地址是不可变化的。

2. 特殊功能寄存器型

MCS–51 单片机提供了一块与众不同的寄存器区域，称为特殊功能寄存器区，也就是 SFR。SFR 在程序中被用来控制定时 / 计数器、串口、I/O 端口以及各种外设。SFR 在 MCS–51 单片机中处于地址 80H ～ FFH 的位置，并可以被按照位、字节或者字的形式被访问。

在 MCS–51 系列单片机中，SFR 的类型和数量都不相同。不过对 SFR 的定义都已经在头文件 reg.51 或 reg.52 中进行了说明。C51 给 SFR 提供了 sfr 和 sfr16 两种类型，其中 sfr 为字节型特殊功能寄存器类型，占一个字节单元，利用它可以访问 MCS–51 单片机内部的所有特殊功能寄存器；sfr16 为字型特殊功能寄存器类型，占用两个字节单元，利用它可以访问 MCS–51 单片机内部所有两个字节的特殊功能寄存器。

sfr 的定义格式和其他变量一样。唯一不同之处就是前面不再需要加 char、int 等关键字。例如：

```
sfr P0=0x80；/*P0 端口，地址为 80H*/
sfr P1=0x90；/*P1 端口，地址为 90H*/
sfr P2=0xA0；/*P2 端口，地址为 A0H*/
sfr P3=0xB0；/*P3 端口，地址为 B0H*/
```

其中 P0、P1、P2 和 P3 是特殊寄存器的名字，后面的值则是该寄存器的地址。地址

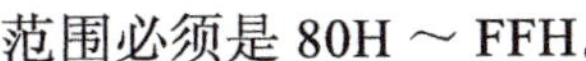

范围必须是 80H ~ FFH。

在有些单片机中，有时会使用连续的两个特殊寄存器来组成一个 16 位的数据，例如在 8052 中，使用 CCH 和 CDH 来作为定时 / 计数器的低位和高位字节，而 sfr16 就是用来对这种类型的存储器进行定义的。

在应用 sfr16 时，必须确保低字节在高字节之前，并在定义时只需定义低字节。例如：

```
sfr16 T2=0xCC; /* 定时 / 计数器 2：T2L CCH，T2H CDH*/
```

在 C51 程序中，有可能会出现在运算中数据类型不一致的情况。当计算结果隐含着另外一种类型时，数据类型可以自动进行转换。自动转换的顺序如下：

bit → char → int → long → float

signed → unsigned

也就是说，当 char 型与 int 型进行运算时，先自动将 char 型扩展为 int 型，然后与 int 型进行运算，运算结果为 int 型。C51 除了可以自动进行转换外，还可以用 C 语言的标准指令进行人工强制转换。

C51 编译器除了能支持以上这些基本数据类型以外，还能支持一些复杂的组合型数据类型，如数组类型、指针类型、结构类型和联合类型等。

4.2.3　常量和变量

1. 常量

常量是指在程序执行过程中其值不能改变的量。在 C51 中常量有不同的数据类型，即整型常量、浮点型常量、字符型常量和字符串型常量。

（1）整型常量　整型常量就是数学中由负无穷大到正无穷大之间的某一确定的整数。在计算机中，整型常量根据数值范围需要分配不同的字节数来存放。按照整数的值域范围，在 C51 中整型常量可以分为短整型数（short）、整型数（int）和长整型数（long）。如果仅仅表示正整数，则可以用无符号数表示，即无符号短整型数（unsigned short）、无符号整型数（unsigned int）和无符号长整型数（unsigned long）。在 C51 语言中用 0x 前缀表示后续的数字为十六进制数，对于十进制数，不需要加任何前缀或后缀。为了明确地显示某整数是长整型和无符号数，可分别在数字后加上 L（或 l）和 U（或 u）的后缀。例如：

```
0x00000000L 或者 0x00000000ul
```

（2）浮点型常量　浮点型常量也就是实型常数，实型常数有整数部分和小数部分。根据实型常数的值域范围在计算机中用浮点数（float）和双精度浮点数（double）来表示。它们在计算机内分别占 32 位和 64 位二进制位，即四个字节和八个字节。由于浮点数所占的存储空间较大，且运算较为复杂，所以在进行 C51 编程时应尽量避免涉及浮点数的运算。

（3）字符型常量　字符型常量是用单引号括起的字符，如 ‘a’ ‘1’ ‘F’ 等。它可以是可显示的 ASCII 字符，也可以是不可显示的控制字符。对不可显示的控制字符，需在前面加反斜杠“\”组成转义字符。利用它可以完成一些特殊功能和输出时的格式控制。

常用的转义字符见表 4-3。

表 4-3　常用的转义字符

转移字符	含义	ASCII 码制（十进制）
\a	响铃（BEL）	7
\b	退格（BS）	8
\n	换行（LF）	10
\v	垂直制表（VT）	11
\f	换页（FF）	12
\r	回车（CR）	13
\t	水平制表（HT）	9
\"	双引号字符	34
\'	单引号字符	39
\?	问号字符	63
\\	反斜杠	92
\o	空字符（NULL）	0

（4）字符串型常量　字符串型常量由双引号括起的字符组成，如“D”“1234”“ABCD”等。需要注意的是，字符串常量与字符常量是不同的，一个字符常量在内存中只占用一个字节，而一个字符串常量在内存中存放时，不仅引号内的一个字符要占用一个字节，而且系统会自动在后面加一个转义字符“\0”作为字符串结束符。因此不要将字符常量和字符串常量混淆，如字符常量‘A’和字符串常量“ABCD”是不一样的。

2. 变量

变量是在程序运行过程中其值可以改变的量。一个变量由两部分组成，即变量名和变量值。每个变量都有一个变量名，在存储器中占用一定的存储单元，变量的数据类型不同，占用的存储单元数也不同。在存储单元中存放的内容就是变量值。

在 C51 中，变量在使用前必须进行定义，指出变量的数据类型和存储模式，以便编译系统为它分配相应的存储单元。变量定义格式如下：

[存储种类] 数据类型说明符 [存储器类型] 变量名1 [=初值]，变量名2 [=初值]…；

（1）数据类型说明符　在定义变量时，必须通过数据类型说明符指明变量的数据类型，指明变量在存储器中占用的字节数。说明符可以是基本数据类型说明符，也可以是组合数据类型说明符，还可以是用 typedef 或 #define 定义的类型别名。

在 C51 中，为了增加程序的可读性，允许用户采用 typedef 或 #define 为系统固有的数据类型说明符起别名，格式如下：

typedef C51 固有的数据类型说明符　别名

或　#define　别名　C51 固有的数据类型说明符

定义别名后，就可以用别名代替数据类型说明符对变量进行定义。别名可以用大写，也可以用小写，为了区分一般用大写字母表示。

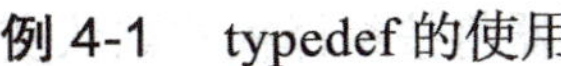

例 4-1　typedef 的使用

```
typedef unsigned int WORD
#define BYTE unsigned char
BYTE a1=0x12;
WORD a2=0x1234;
```

（2）变量名　变量名是 C51 为了区分不同变量，为变量所取的名称。在 C51 中规定变量名可以由字母、数字和下划线组成，且第一个字符必须是字母或下划线。变量名有两种，即普通变量名和指针变量名。它们的区别是指针变量名前面要带“*”号。

（3）存储种类　存储种类是指变量在程序执行过程中的作用范围。C51 变量的存储种类有四种，分别是自动（auto）、外部（extern）、静态（static）和寄存器（register）。

1）auto：使用 auto 定义的变量称为自动变量，其作用范围在定义它的函数体或复合语句内部。当定义它的函数体或复合语句执行时，C51 才为该变量分配内存空间，结束时释放占用的内存空间。自动变量一般分配在内存的堆栈空间中。当定义变量时，如果省略存储种类，则该变量默认为自动（auto）变量。

2）extern：使用 extern 定义的变量称为外部变量。在一个函数体内，要使用一个已在该函数体外或其他程序中定义过的外部变量时，该变量在该函数体内要用 extern 说明。外部变量被定义后分配固定的内存空间，在程序的整个执行时间内都有效，直到程序结束才释放。

3）static：使用 static 定义的变量称为静态变量。它又分为内部静态变量和外部静态变量。在函数体内部定义的静态变量为内部静态变量，它在对应的函数体内有效，一直存在，但在函数体外不可见。这样不仅使变量在定义它的函数体外被保护，还可以实现变量离开函数时值不被改变。外部静态变量是在函数外部定义的静态变量。它在程序中一直存在，但在定义的范围之外是不可见的，例如在多文件或多模块处理时，外部静态变量只在文件内部或模块内部有效。

4）register：使用 register 定义的变量称为寄存器变量。它定义的变量存放在 CPU 内部的寄存器中，处理速度快，但数目少。C51 编译器编译时能自动识别程序中使用频率最高的变量，并自动将其作为寄存器变量，用户可以无需专门声明。

（4）存储器类型　存储器类型用于指明变量所处单片机的存储器区域。存储器类型与存储种类完全不同。C51 编译器所能识别的存储器类型有以下几种，见表 4-4。

表 4-4　C51 编译器所能识别的存储器类型

存储器类型	与存储空间的对应关系
data	直接寻址片内数据存储区（128B），访问速度快
bdata	可位寻址片内数据存储区（16B），允许位与字节混合访问
idata	间接寻址片内数据存储区（256B），可访问全部片内数据存储区地址空间
pdata	分页寻址片外数据存储区（256B），由 MOVX @Ri 访问
xdata	片外数据存储区（64KB），由 MOVX @DPTR 访问
code	片外程序存储区（64KB），由 MOVC @A+DPTR 访问

定义变量时也可以省略“存储器类型”，省略时 C51 编译器将按编译模式默认变量的存储器类型。

例 4-2 变量定义存储种类和存储器类型相关情况。

```
char data var1;                  /* 在片内 RAM 的低 128B 定义用直接寻址方式访问的字符型变量 var1*/
int idata var2;                  /* 在片内 RAM 的 256B 定义用间接寻址方式访问的整型变量 var2*/
auto unsigned long data var3;    /* 在片内 RAM 的 128B 定义用直接寻址方式访问的自动无符号长整型变量 var3*/
extern float xdata var4;         /* 在片外 RAM 的 64KB 空间定义用间接寻址方式访问的外部实型变量 var4*/
int code var5;                   /* 在 ROM 空间定义整型变量 var5*/
unsigned char bdata var6;        /* 在片内 RAM 位寻址区 20H ～ 2FH 单元定义可字节处理和位处理的无符号字符型变量 var6*/
```

（5）特殊功能寄存器变量　MCS-51 单片机内部有许多特殊功能寄存器，通过这些特殊功能寄存器可以控制定时 / 计数器、串行口、I/O 接口及其他功能部件，每一个特殊功能寄存器在片内 RAM 中都对应于一个字节单元或一个字单元。

在 C51 中，允许用户对这些特殊功能寄存器进行访问，访问时需通过 sfr 或 sfr16 类型说明符进行定义，定义时需指明它们所对应的片内 RAM 单元的地址。格式如下：

```
sfr 或 sfr16  特殊功能寄存器名 = 地址;
```

sfr 用于对 MCS-51 单片机中字节型特殊功能寄存器进行定义，sfr16 用于对字型特殊功能寄存器进行定义。特殊功能寄存器名一般用大写字母表示，地址一般采用直接地址形式。具体特殊功能寄存器地址见表 2-5。

例 4-3 特殊功能寄存器的定义。

```
sfr PSW=0xD0;     /* 定义程序状态字 PSW 的地址为 D0H*/
sfr TMOD=0x89;    /* 定义定时器 / 计数器方式控制寄存器 TMOD 的地址为 89H*/
sfr P1=0x90;      /* 定义 P1 端口的地址为 90H*/
```

（6）位变量　在 C51 中，允许用户通过位类型符定义变量。位类型符有 bit 和 sbit，可以定义两种位变量。bit 位类型符一般用于定义可进行位处理的位变量。定义格式如下：

```
bit  位变量名;
```

在格式中可以加上各种修饰，但注意存储器类型只能是 bdata、data、idata，只能是片内 RAM 的可位寻址区，严格来说只能是 bdata。

例 4-4 bit 型变量的定义。

```
bit data a1;     /* 正确 */
bit bdata a2;    /* 正确 */
bit pdata a3;    /* 错误 */
bit xdata a4;    /* 错误 */
```

sbit 位类型符用于定义在可位寻址字节或特殊功能寄存器中的位，定义时需指明其位

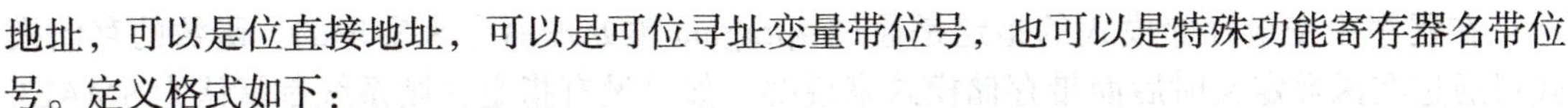

地址，可以是位直接地址，可以是可位寻址变量带位号，也可以是特殊功能寄存器名带位号。定义格式如下：

```
sbit 位变量名 = 位地址;
```

如位地址为位直接地址，其取值范围为 00H ～ FFH；如位地址是可位寻址变量带位号或特殊功能寄存器名带位号，则在它前面需对可位寻址变量或特殊功能寄存器进行定义。字节地址与位号之间、特殊功能寄存器与位号之间一般用“^”作间隔。

例 4-5　sbit 型变量的定义。

```
sbit Cy=0xD7;          /* 定义进位标志 Cy 的地址为 D7H*/
sbit AC=0xD0^6;        /* 定义辅助进位标志 AC 的地址为 D6H*/
sbit RS0=0xD0^3;       /* 定义 RS0 的地址为 D3H*/
```

在 C51 中，为了用户处理方便，C51 编译器把 MCS-51 单片机常用的特殊功能寄存器和特殊位进行了定义，放在一个名为“reg51.h”或“reg52.h”的头文件中。当用户要使用时，只需要在使用之前用一条预处理器命令“#include <reg52.h>”把这个头文件包含到程序中，然后就可直接使用特殊功能寄存器名和特殊位名。

4.2.4　存储器模式

C51 编译器编译时为了适应不同规模的程序而选用三种存储模式，即 SMALL 模式、COMPACT 模式和 LARGE 模式。不同的存储模式对变量默认的存储器类型是不同的。对存储模式的选定是在 C51 编译器选项中选择的，它决定了没有明确指定存储类型的变量，函数参数等数据的默认存储区域。如果在某些函数中需要使用非默认的存储模式，则可以使用关键字直接说明。

1. SMALL 模式

SMALL 模式称为小编译模式，在 SMALL 模式下编译时，函数参数和变量放入可直接寻址的片内存储器（最大 128B），默认存储器类型为 data，访问十分方便。使用该模式的优点是访问速度快，缺点是空间有限，而且是对堆栈的空间分配比较小，所以这种模式只适用于小程序。

2. COMPACT 模式

COMPACT 模式称为紧凑编译模式，在 COMPACT 模式下编译时，函数参数和变量放入分页片外存储区（最大 256B），默认存储器类型为 pdata。通过寄存器 R0 和 R1（@R0 和 @R1）间接寻址，栈空间位于单片机内部数据存储器中。优点是空间较 SMALL 宽裕，速度较 SMALL 慢，较 LARGE 快，是一种中间状态。

3. LARGE 模式

LARGE 模式称为大编译模式，在 LARGE 模式下，编译时函数参数和变量直接放入片外数据存储器（最大 64KB），默认存储器类型为 xdata，使用数据指针 DPTR 进行寻址。由于用指针访问效率较低，所以这种访问机制直接影响代码长度。其优点是空间大，可存变量多，缺点是速度较慢，特别是当变量为两个字节或更多字节时，该模式要比 SMALL、COMPACT 产生更多的代码。

在程序中变量存储模式的指定是通过#pragma预处理命令来实现的。函数的存储模式可通过在函数定义时后面带存储模式来说明。如果没有指定，则系统都默认为SMALL模式。

例 4-6 变量的存储模式

```
#pragma small                       /* 变量的存储模式为 SMALL*/
char a1;
int xdata b1;
#pragma Compact                     /* 变量的存储模式为 COMPACT*/
char a2;
int xdata b2;
int func1 (int x1, int y1) large    /* 函数的存储模式为 LARGE */
    {
      return (x1-y1);
    }
int func2 (int x2, int y2)          /* 函数的存储模式隐含为 SMALL*/
    {
      return (x2+y2);
    }
```

程序编译时，变量a1的存储器类型为data，变量a2的存储器类型为pdata，而变量b1和b2定义了存储器类型为xdata，因此它们为xdata型；函数func1的存储模式为LARGE，形参x1和y1的存储器类型为xdata型，而函数func2由于没有指明存储模式，默认为SMALL模式，形参x2和y2的存储器类型为data。

4.2.5 绝对地址的访问

在C51中，可以通过变量的形式访问存储器，也可以通过绝对地址来访问存储器。对于绝对地址，访问形式有以下三种。

1. 使用宏定义

C51编译器提供了一组宏定义来对MCS-51单片机的code、data、pdata和xdata空间进行绝对寻址。编译器提供了八个宏定义，规定只能以无符号数的方式访问，其函数原型如下：

```
#define CBYTE ((unsigned char volatile*) 0x0000)
#define DBYTE ((unsigned char volatile*) 0x0000)
#define PBYTE ((unsigned char volatile*) 0x0000)
#define XBYTE ((unsigned char volatile*) 0x0000)
#define CWORD ((unsigned int volatile*) 0x0000)
#define DWORD ((unsigned int volatile*) 0x0000)
#define PWORD ((unsigned int volatile*) 0x0000)
#define XWORD ((unsigned int volatile*) 0x0000)
```

这些函数原型放在absacc.h文件中，使用时需用预处理器命令把头文件包含到文件中。例如，#include <absacc.h>。

其中，CBYTE 以字节形式对 code 区寻址；DBYTE 以字节形式对 data 区寻址；PBYTE 以字节形式对 pdata 区寻址；XBYTE 以字节形式对 xdata 区寻址；CWORD 以字形式对 code 区寻址；DWORD 以字形式对 data 区寻址；PWORD 以字形式对 pdata 区寻址；XWORD 以字形式对 xdata 区寻址。访问形式为

宏名［地址］

宏名为 CBYTE、DBYTE、PBYTE、XBYTE、CWORD、DWORD、PWORD 或 XWORD，地址为存储单元的绝对地址，通常用十六进制形式表示。

例 4-7　绝对地址对存储单元的访问。

```
#include <absacc.h>          /* 将绝对地址头文件包含在文件中 */
#include <reg51.h>           /* 将寄存器头文件包含在文件中 */
void main (void)
{
  unsigned char var1;
  unsigned int var2;
  var1=XBYTE [ 0x0001 ];      /* 访问片外 RAM 的 0001 字节单元 */
  var2=XWORD [ 0x0004 ];      /* 访问片外 RAM 的 0004 字单元 */
  ……
  while ( 1 );
}
```

2. 通过指针访问

采用指针的方法，可以在 C51 程序中对任意指定的存储器单元进行访问。

例 4-8　通过指针实现绝对地址的访问。

```
#define uchar unsigned char     /* 定义符号 uchar 为数据类型符 unsigned char*/
#define uint unsigned int       /* 定义符号 uint 为数据类型符 unsigned int*/
void func (void)
{
uchar data var1;              /* 变量 var1 为 unsigned char */
uchar pdata *p1;              /* 指针 p1 指向 pdata 区 */
uchar xdata *p2;              /* 指针 p2 指向 xdata 区 */
uint xdata *p3;               /* 指针 p3 指向 xdata 区 */
p1=0x40;                      /*p1 指针赋值，指向 pdata 区的 40H 单元 */
*p1=0x4f;                     /* 将数据 0x4f 送到片外 RAM 的 40H 单元 */
p2=&var1;                     /*p2 指针指向 data 区的 var1 变量 */
*p2=0x50;                     /* 给变量 var1 赋值 0x50*/
p3=0x2000;                    /*p3 指针赋值，指向 xdata 区的 2000H 单元 */
*p3=0x1122;                   /* 将数据 0x1122 送到片外 RAM 的 2000H 单元 */
}
```

3. 使用 C51 扩展关键字 _at_

使用关键字 _at_ 是对指定的存储器空间的绝对地址进行访问，使用 _at_ 定义的变量必须为全局变量。定义格式如下：

```
[ memory_space ] type variable_name _at_ constant;
```

格式中各参数的含义如下：

memory_space：变量的存储空间，如果没有这一项的话会使用默认的存储空间。

type：变量类型。

variable_name：变量名。

_at_：C51 关键字。

constant：常量。该常量的值为指定变量的绝对地址，该值必须位于有效的存储空间之内，否则 C51 编译器会报错。

例如：

```
idata  struct name_at_0x40;            /* 指定 name 结构从 40H 开始 */
xdata  int  text [ 100 ] _at_0xe000;   /* 指定 text 数组从 e000H 开始 */
```

有时候，在某段代码中定义一个变量或者类型，而希望在别的代码段中对其进行定位。用下面的外部声明就可以实现。例如：

```
struct link
{
  struct link idata *name;
  char code *test
};
extern  idata struct link name;        /* 指定 name 结构从 40H 开始 */
extern  xdata int  text [ 100 ];       /* 指定 text 数组从 e000H 开始 */
```

4.3 C51 的运算符及表达式

C51 有很强的数据处理能力，具有十分丰富的运算符，利用这些运算符可以组成各种表达式及语句。在 C51 中有三大运算符，即算术运算符、关系与逻辑运算符以及位操作运算符。另外还有一些特殊的运算符。

4.3.1 算术运算符

C51 中支持的算术运算符见表 4-5。其中“+”“-”“*”运算相对比较简单，几乎可用于所有 C 语言内定义的数据类型。而对于“/”运算，如果相除的两个数为整数，则为整除；如果相除的两个数为浮点数，则运算的结果也为浮点数。例如，5.0/2.0 的结果为 2.5，而 5/2 的结果为 2。“%”运算是取整数除法的余数，所以“%”不能用于 float 和 double 类型。例如，x=5%3，结果 x 的值为 2。

表 4-5　C51 中支持的算术运算符

运算符	作用
+	加或取正值
-	减或取负值

（续）

运算符	作用
*	乘
/	除
%	取余数
++	自增
--	自减

“++”“--”运算可以放在操作数之前，也可以放在其后，例如，“x=x+1”，可写成“++x”或“x++”，但在表达式中两者是有区别的。自增和自减运算符在操作数之前，C语言在引用操作数之前就先执行加 1 或减 1 操作；运算符在操作数之后，C 语言就先引用操作数的值，而后再进行加 1 或减 1 操作。例如：

```
x=5;
y=++x;
```

此时，y=6，x=6，如果程序改为

```
x=5;
y=x++;
```

此时，y=5，x=6。

由于自增和自减操作生成的程序代码比等价的赋值语句生成程序代码的速度快，所以编程时应尽可能采用自增和自减运算符。

4.3.2　关系运算符和逻辑运算符

C51 中有六种关系运算符和三种逻辑运算符，见表 4-6。

表 4-6　关系运算符和逻辑运算符

运算符	作用
>	大于
>=	大于等于
<	小于
<=	小于等于
==	等于
!=	不等于
&&	与
||	或
!	非

关系运算符中的“关系”指的是一个值与另一个值之间的关系，逻辑运算符中的“逻辑”指的是连接关系的方式。

关系和逻辑运算符的关键是True（真）和Flase（假）。在C语言中，非0为True，0为Flase。使用关系和逻辑运算符的表达式对True（真）和Flase（假）分别返回值1或0。例如，2>1&&！（5<2）||2<=2，这是一个表达式，该表达式的结果是True，返回的值是1。

下面给出了关系和逻辑运算符的相对优先级：

最高！

>、<、>=、<=

==、！=

最低 && ||

同算术表达式一样，在关系或逻辑表达式中也可以使用括号来修改原计算顺序，所有的关系和逻辑表达式产生的结果不是1就是0。

4.3.3 位运算符

与其他语言一样，C51能对运算对象按位进行操作。位运算是对字节或字中的位（bit）进行测试或移位处理，但并不改变参与运算的变量的值。如果要求按位改变变量的值，则要利用相应的赋值运算。C51中位运算符只能对整数进行操作，不能对float、double、long double、void或其他复杂数据类型进行操作。C51中的位运算符见表4-7。

表4-7 位运算符

运算符	作用
&	与
|	或
^	异或
～	取反
>>	右移
<<	左移

在MCS-51单片机中，位操作通常用于设备驱动程序，例如调制解调器程序、磁盘管理程序和打印机驱动程序。这是因为位操作可以屏蔽掉某些位，如奇偶校验位等。

例4-9 执行下列程序段：

```
char get_modern( )
{
   char ch;
   ch=read_modern( );   /* 从调制解调端口中得到一个字符 */
   return (ch&127);
}
```

ch中的最高位是奇偶校验位，该字节与127相与，结果最高位被置零。

移位操作可对外部设备（如D/A转换器）的输入和状态信息译码，移位操作还可以用于整数的快速乘除运算：每左移一位相当于乘2，每右移一位相当于除以2。

运算符“～”的作用是将特定变量的各位状态取反，即将所有的1位置成0，所有的

0 位置成 1。

例 4-10　若 a=0x34=00110100B，b=0x2a=00101010B，则

a&b=00100000B=0x20
a ｜ b=00111110B=0x3e
a^b=00011110B=0x1e
～ a=11001011B=0xcb
a<<2=11010000B=0xd0
b>>2=00001010B=0x0a

关系和逻辑操作运算结果不是 0 就是 1，而位操作的结果可以是任意值。

4.3.4　逗号运算符

在 C51 语言中，逗号“,”是一个特殊的运算符，可以用它将两个或两个以上的表达式连接起来，称为逗号表达式。逗号运算符的左侧总是作为 void（无值），这意味着其右边表达式的值变为以逗号分开的整个表达式的值。例如，y=（x=2，5x）的运算结果是 y 的值为 10。

4.3.5　赋值运算符

C51 的赋值运算符有两大类，简单赋值运算符和复合赋值运算符。

简单赋值运算符：“=”。

简单赋值运算符和复合赋值运算符的左侧，必须是内存中实际存在的对象，简单赋值运算符的功能是把运算符右侧操作数的值赋给左侧的操作数，如 x=2。利用赋值运算符将一个变量与一个表达式连接起来的式子称为赋值表达式。在赋值表达式的后面加一个分号“；”就构成了赋值语句，赋值语句执行时先计算出右边表达式的值，然后赋值给左边的变量。例如：

```
a=3+5;          /* 先计算 3+5 再将结果赋给变量 a*/
```

在 C51 中，允许在一个语句中同时给多个变量赋值，赋值顺序自右向左。例如：

```
y=x=8;          /* 先将常数 8 赋给变量 x，再将变量 x 的值赋给 y*/
```

在 C51 中，在赋值运算符“=”的前面加上其他运算符，构成复合赋值运算符，表 4-8 所示为 C51 中支持的复合赋值运算符：

表 4-8　复合赋值运算符

运算符	作用
+=	加法赋值
−=	减法赋值
*=	乘法赋值
/=	除法赋值
%=	取模赋值

（续）

运算符	作用
&=	逻辑与赋值
|=	逻辑或赋值
^=	逻辑异或赋值
～=	逻辑非赋值
>>=	右移位赋值
<<=	左移位赋值

它的处理过程是：复合赋值运算符实际上是对两侧的操作数先进行运算符指定的运算，然后再把结果赋给左侧的操作数。其实这是 C51 语言中简化程序的一种方法，大多数双目运算都可以用复合赋值运算符简化表示。例如，a+=2 相当于 a=a+2；a%=2 相当于 a=a%2；b&=0x0f 相当于 b=b&0x0f；x<<=2 相当于 x=x<<2。

4.3.6 条件运算符

C51 语言提供了一个代替某些“if…else”语句的条件运算符（？ ：），该运算符是唯一的一个三目运算符。其一般格式为

关系表达式？表达式 1：表达式 2

其功能是先计算关系表达式的值，当关系表达式的值为 True（非 0 值）时，计算表达式 1 的值，并将结果作为整个表达式的值；当逻辑表达式的值为 Flase（0 值）时，计算表达式 2 的值，并将结果作为整个表达式的值。例如：

max=（a>b）？ a：b；

表达式中若 a>b，则 max=a；若 a<b，则 max=b，即 max 是 a 和 b 中较大的数。如果用 if…else 语句改写，则有

```
if（a>b）
  max=a;
else
  max=b;
```

4.3.7 指针与地址运算符

指针是 C 语言的精华部分，利用指针技术可以描述复杂的数据结构，对字符串的处理更加灵活，对数据的处理更加方便，使程序的书写简洁、高效。

为了表示指针变量和它所指向的变量地址之间的关系，C51 中提供了两个专门的运算符：

* 为指针运算符；

& 为取地址运算符。

指针运算符“*”放在指针变量的前面，通过它可以访问以指针变量的内容为地址所对应的存储单元。例如，p=1000H，则 *p 中所访问的是地址为 1000H 的存储单元，指

令 x=*p 实际上是把地址为 1000H 的存储单元内容送给变量 x。通常用 x=*p 实现访问变量 x。

取地址运算符“&”放在变量的前面，通过它取得变量的地址，变量的地址通常送给指针变量。例如，x=08H，变量 x 的地址为 1000H，则 &x 的值为 1000H。例如，对于指针变量 p，通常用 p=&x 实现将变量 x 的地址送给指针变量 p。

如果将变量的地址保存在内存的特定区域，用变量来存放这些内存地址，那么这样的变量就是指针变量。通过指针对所指向变量的访问，也就是一种对变量的“间接访问”。指针变量可以指向任何类型的变量，当定义指针变量时，指针变量的值是随机的，不能确定它具体的指向，使用时必须为其赋值才有意义。

4.3.8　表达式和表达式语句

C51 语言是一种结构化的程序设计语言，它提供了十分丰富的程序控制语句，表达式语句是最基本的一种语句。表达式由运算符、常量及变量构成。在表达式的后边加一个分号“;”就构成了表达式语句，例如：

```
a=++b*3; x=4; ++k;
```

在编写程序时，可以一行放一个表达式，也可以一行放多个表达式形成表达式语句，这时每个表达式后面都必须带“;”号。另外，还可以只由一个分号“;”占一行形成一个表达式语句，这种表达式语句称为空语句。空语句在语法上是一个语句，但在语义上它并不做具体的操作。

空语句在程序设计中通常用于以下两种情况。

1）在程序中为有关语句提供标号，用来标记程序正在执行的位置。例如，采用下面的语句可以构成一个循环。

```
repeat: ;
;
goto repeat;
```

2）在 while 语句后面加一个分号“;”，形成一个不执行其他操作的空循环体。这种结构通常用于对某个位进行判断，当不满足条件时等待，满足条件执行后面的程序。

例 4-11　读取 8051 单片机串行口的数据，当没有接收到数据时等待；当接收到数据时，返回接收的数据。

```
#include <reg51.h>
char getchar( )
  {
    char a;
    while (! RI);           /* 当接收标志位 RI 为 0 等待，当接收标志为 1 顺序执行 */
    a=SBUF;
    RI=0;
    return (a);
  }
```

4.4 C51 函数

在程序设计过程中，对于较大的程序一般采用模块化结构。通常将一个较大的程序分成若干个程序模块，每个模块包括子程序，实现一个特定的功能。在 C51 语言中，子程序模块是由函数来实现的。C51 语言的程序是由一个主函数和若干个子函数组成的，每个子函数完成一定的功能，由主函数［ main( ) ］根据需要来调用。子函数可以被主函数调用，也可以被其他子函数或其本身调用形成子程序嵌套，但主函数不能被调用。当被调用函数执行完毕后，就发出返回（return）指令，恢复原来程序流的执行。程序执行时从主函数开始，到主函数最后一条语句结束。

C51 程序设计提倡把一个大的任务化解成若干个小的、独立的、功能单一的函数，通过函数调用来完成任务。这样可以提高程序的可读性、重用性、易维护性和可移植性。

在 C51 中，系统还提供了一些常用的功能函数存放于标准函数库中，以供用户调用。用户只需在程序中用预处理伪指令将有关头文件包含即可。如果用户需要的函数没有包含在函数库中，用户也可以根据需要自己定义函数以便使用。

1. 函数的分类

从 C51 程序结构上划分，函数可分为主函数 main( ) 和普通函数两种。一个程序只需要一个主函数，但可以有很多个普通函数。

（1）对于普通函数，从用户的角度看　有两种类型：

1）标准库函数。标准库函数由 C51 编译系统提供，用户不必自己定义，可以直接使用。一般库函数都是具有一定独立功能的公用函数，在编译系统设计时，设计者将它们放在系统的库函数中，所以称作库函数。不同系统提供的库函数的数量和功能都有所不同，作为用户，在进行程序设计时应该善于使用这些资源，以便提高效率，节省开发时间。

2）用户自定义函数。用户自定义函数是用户根据自己的需要在程序中自己编写的函数。

（2）从函数定义形式划分　对于普通函数，从函数定义的形式上，可划分为：

1）无参数函数。该函数在调用时没有参数，主调用函数并不将数据传送给被调用函数，一般用来执行指定的一组操作。无参数函数可以带回也可以不带回函数值。

2）有参数函数。调用该函数时，在主调用函数和被调用函数之间有参数传递，主调用函数名后面括号中的变量称为“实际参数”，简称实参；被调用函数名后面括号中的变量称为“形式参数”，简称形参。主调用函数可以将数据（实参）传给被调用函数使用，被调用函数中的结果可以返回供主调用函数使用。

实参和形参的类型必须一致，否则会发生错误，形参在被调用之前，并不占用实际内存单元。只有当函数被调用后，被调用函数的形参才被分配给内存单元，此时内存中的实参和形参位于不同的单元中。在调用结束后，形参所占有的内存被系统释放，而实参所占有的内存单元仍然保留，并维持原值。

3）空函数。该函数没有语句，调用该函数时什么工作也不做，定义这种函数的目的是为了开发方便，为了以后程序功能的扩展和补充。在程序设计过程中，往往需要根据功能将程序分成若干个模块，分别由一些函数来实现。而在设计的初始阶段，往往只设计最基本的函数模块，其他功能模块函数在以后会补充完成。程序开发时可以先将这些函数用空函数代替，以后再用写好的程序来替换，这样可使程序结构清楚、可读性好。

2. 函数的定义

用 C51 进行程序设计的过程中，既可以用系统提供的标准库函数，也可以使用用户自己定义的函数。对于系统提供的标准库函数，用户使用时通过预处理器命令 #include 可将对应的标准函数库包含到程序中；而对于用户自定义的函数，在使用之前必须对其进行定义，只有定义之后才能被调用。函数定义的一般格式如下：

```
[存储类说明符]  函数类型  函数标识符（形式参数表）[reentrant][interrupt m][using n][存储模式]
形式参数说明
{
  函数体；
}
```

其中函数体是能够完成一定功能的语句，由用户自己编写。其余部分 C51 语言都有严格的规定，函数格式说明如下：

（1）存储类说明符　存储类说明符有两类，即 extern 和 static。

1）extern。对于 C51 语言，在不加任何存储类说明的情况下函数都是全程序可见的。即函数的存储类特性默认为 extern。也就是说，在定义性说明时，若设定函数的存储特性为全程序可见，则可以不加存储类说明符。当程序为多文件时，若非定义函数的文件要调用该函数，则必须在调用之前加原型说明；另外，即使在定义函数的文件中，若要在函数定义之前调用，则也要加原型说明。原型说明中必须加存储类说明符 extern。

2）static。为了提高函数的安全性，在进行函数的定义性说明时，可加存储类说明符 static，使函数对本文件定义之前的部分和对非定义文件是不可见的，是不能被调用的。隐蔽的范围是静态定义以外的各文件和本文件静态定义之前的部分。

（2）函数类型　函数类型是用来说明函数返回值的类型，有简单类型（char、unsigned char、int、unsigned int、long、unsigned long、float 和 bit）、复合类型（struct 和 union）和无类型（void）。如果一个函数没有返回值，则函数类型可以不写。在实际处理中，一般把它的类型定义为 void。

（3）函数标识符　函数标识符即函数名，是用户为自定义函数所取的名字，以便调用函数时使用。它的命名规则与变量的命名规则一样，有以下几种格式，分别具有不同的含义，见表 4-9。

表 4-9　函数标识符的格式和含义

格式	含义
函数名 ()	定义带或不带返回值的函数
* 函数名 ()	定义返回指针的函数
* 函数名 (void)	定义带或不带返回值的无参函数指针

（续）

格式	含义
* 函数名（形参表）	定义带或不带返回值的有参函数指针
（ 函数名）(void)	定义返回指针的无参函数指针
（ 函数名）(形参表)	定义返回指针的有参函数指针

（4）形式参数表　形式参数表用于列举在主调函数与被调函数之间进行数据传递的形式参数。在函数定义时，形式参数的类型必须加以说明，可以在形式参数表的位置说明，也可以在函数名后面、函数体前面进行说明。如果函数没有参数传递，那么在定义时形式参数可以没有或用 void，但括号不能省略。对于指针类型的参数，有时为了不用最长的通用指针，可为指针指向的对象指定空间。

例 4-12　定义求两个整数最小值的函数 min( )。

```
int  min (int a, int b)
{
  int c;
  c=x<y ?  x: y;
  return (c);
}
```

也可以写成这样：

```
int min (a, b)
int a, b;
{
  int c;
  c=x<y ?  x: y;
  return (c);
}
```

（5）reentrant 修饰符　在 C51 语言中，利用这个修饰符将函数定义为可重入函数。所谓可重入函数就是允许被嵌套调用的函数。函数的嵌套调用是指当一个函数正被调用且尚未返回时，又被本函数或其他函数再次调用。一般的函数不能做到这样，只有可重入函数才允许被嵌套调用。在 C51 中，当函数被定义为可重入函数时，C51 编译器编译时将会为可重入函数生成一个模块栈，通过这个模块栈来完成参数传递和局部变量存放。关于可重入函数，应注意以下几点：

1）用 reentrant 修饰的可重入函数被调用时，实参表内不能使用 bit 类型的参数。函数体内也不能存在任何关于位变量的操作，更不能返回 bit 类型的值。

2）编译时，系统为可重入函数在内部或外部存储器中建立一个模拟堆栈区，称为重入栈。该栈将嵌套调用的每层参数及局部变量一直保留到控制由深层返回到本层，而终止于本层的返回。

3）在参数的传递上，实际参数可以传递给间接调用的可重入函数。无重入属性的间接调用函数不能包含调用参数，但是可以使用定义的全局变量来进行参数传递。

4）当函数嵌套调用时，需要保存的参数和局部变量较多，故需要较多的空间，对于空间不充裕的微控制器应慎用。

例 4-13　重入函数说明

```
定义：
#include <stdio.h>
int fac (int m) reentrant
{
  if (m<1 ) return ( 1 );
  else return (m * fac (m-1 ));
}
调用：
main( )
{
  int n;
  printf ( "please input a number: \n" );  /* 输入一个整数 */
  scanf (%d, &n);
  printf ( "fac (%d) = %d\n", n, fac (n));  /* 输出 fac (n) =n !  */
}
```

（6）interrupt　m 修饰符　为了在 C51 源程序中直接编写中断服务程序，C51 编译器对函数的定义进行了扩展，增加了一个扩展关键字 interrupt。关键字 interrupt 是函数定义时的一个选项，加上这个选项才可以将一个函数定义为中断服务函数。

在 C51 程序设计中，当函数定义时用了 interrupt　m 修饰符，系统编译时把对应函数转化为中断函数，自动加上中断程序的头段和尾段，并按 MCS-51 单片机系统中断的处理方式自动把它安排在程序存储器中的相应位置。在该修饰符中，m 的取值为 0 ～ 31，对应的中断情况如下：

0 对应于外部中断 0；

1 对应于 Timer0 中断；

2 对应于外部中断 1；

3 对应于 Timer1 中断；

4 对应于片内串行口中断；

5 对应于 Timer2 中断（52 子系列使用)；

其他值预留。

用不同的值说明，中断函数就变成该中断源的服务程序。编写 MCS-51 单片机中断函数应注意下面几点：

1）中断函数不能进行参数传递，也没有返回值，建议在定义中断函数时将其定义为 void 类型，以明确说明没有返回值。

2）中断函数可以调用其他函数，但应保持被调用函数所使用的寄存器必须与中断函数的一致，否则会输出不正确的结果。

3）在任何情况下都不能直接调用中断函数，否则会产生编译错误。因为中断函数的返回是由 8051 单片机的 RETI 指令完成的，RETI 指令影响 8051 单片机的硬件中断系统。如果在没有实际中断情况下直接调用中断函数，则 RETI 指令的操作结果会产生一个致命的错误。

4）C51 编译器编译时会自动将对应函数转化为中断函数，并加上中断程序头段和尾段，在程序头段将 ACC、B、DPH、DPL 和 PSW 入栈，结束时出栈；若中断函数未加 using n 修饰符，则开始时还要将 R0 ～ R1 入栈，结束时出栈；若函数加 using n 修饰符，则在 PSW 入栈后要修改 PSW 中的工作寄存器组选择位，同时将函数体中的汇编指令 RET 改为 RETI。

5）可以用 #pragram NOINTVECTOR 解除中断向量表的自动填入，以增加程序的灵活性。这时向量表的建立由程序员完成。

6）C51 编译器会自动把中断函数的入口地址填入中断向量表，中断向量表的地址为程序存储空间的地址，即 8*m+3，其中 m 为中断号，即 interrupt 后面的数字。该向量包含一个到中断函数入口地址的绝对跳转。

7）中断函数最好写在文件的尾部，并且禁止使用 extern 存储类型说明，以防止其他程序调用。

例 4-14　编写一个外部中断 0 的中断服务程序，并统计中断的次数。

```
extern bit alarm;
int alarm_count;
void int0( )interrupt 0 using 1
{
  alarm_count++
  alarm=1;
}
```

（7）using n 修饰符　MCS-51 单片机有四组工作寄存器，即 0 组、1 组、2 组和 3 组。每组有八个寄存器 R0 ～ R7，可以用来存放一些变量。修饰符 using n 可以指定本函数内部使用的寄存器组，其中 n 的取值为 0 ～ 3，表示寄存器组号。对于修饰符 using n 的使用，应注意以下几点：

1）加入修饰符 using n 后，C51 在编译时自动在函数的头段和尾段加入以下指令：

```
{
  PUSH PSW                              ；标志寄存器 PSW 入栈
  MOV PSW，# 与寄存器组号 n 相关的常量   ；常量值为（PSW&0xe7）&n*8
  ……
  POP PSW                               ；标志寄存器 PSW 出栈
}
```

2）修饰符 using n 不能用于有返回值的函数，因为 C51 函数的返回值是放在寄存器中的，而返回前如果寄存器组发生了改变，则返回值就会出错。

（8）存储模式　为了提高程序的效率和灵活性，C51 允许采用混合存储模式。指定固定的存储模式后，它将不再随编译模式而变。

3. 函数的调用

（1）函数的调用　函数调用的一般形式为

函数名（实参列表）;

对于有参数的函数调用，若实参列表中包含多个参数，则参数之间用逗号隔开。主调函数的实参个数应与形参个数相等，参数和类型对应一致。调用时按照顺序把实参值传递给形参。在 C51 编译系统中，实参表求值顺序为从左到右。如果调用的是无参数函数，则实参也没有，但是圆括号不能省略。

按照函数调用在主调函数中出现的位置，函数调用的方式主要有以下三种。

1）函数语句。把被调用函数作为主调用函数的一个语句。例如，max( )；不要求被调用函数返回值，只要求函数完成一定的操作，实现特定的功能。

2）函数表达式。把被调用函数放在一个表达式中，以一个运算对象的方式出现。这时被调用函数要求带有 return 语句，以返回一个明确的数值参加表达式的运算。例如：

```
a=2*max( );
```

函数 max 是表达式的一部分，它的返回值要参与运算，将运算结果赋给变量 a。

3）函数参数。被调用函数作为另一个函数的参数或者本函数的参数。例如：

```
a=max（b，max（c，d））;
```

其中，max（c，d）的返回值作为函数 max 另一次调用的实参。

在 C51 语言中，当一个函数调用另一个函数时，要求被调用函数必须是已经存在的函数，可以是库函数，也可以是用户自定义函数。如果是库函数，则要在程序的开头用 #include 预处理器命令将被调用函数的函数库包含到程序中；如果是用户自定义函数，那么在使用时应根据定义情况做相应的处理。

（2）自定义函数的声明　在 C51 程序设计中，如果一个自定义函数的调用在函数的定义之后，那么在使用函数时可以不对函数进行说明；如果一个函数的调用在定义之前，或调用的函数不在本文件内部，而是在另一个文件中，那么在程序开始要用 extern 修饰符进行原型声明，指明所调用的函数在程序中有定义或在另一个文件中。使用库函数时，用 #include　<***.h> 的形式，使用自己编辑的函数头文件时，用 #include　“***.h/c”的形式。

例 4-15　函数的使用。

```
#include  <math.h>
```

math.h 是一个头文件，在其中存放了专用数学库函数，用 #include 命令将该库函数包含到文件中后，在程序中就可以使用专用数学库函数。

例 4-16　函数的使用。

```
#include “myset.h”
…
extern void my_shift（void);
…
```

在 myset.h 中定义了一个 my_shift（void)，在本文件中要使用该函数，除了要使用 #include 命令包含头文件 myset.h 外，如果声明的函数在文件内部，则声明时不用 extern；

如果声明函数不在文件内部，而在另一个文件中，则声明时需带 extern，指明使用的函数在另一个文件中。

例 4-17　函数的使用。

```
#include <reg51.h>              /* 包含特殊功能寄存器库 */
#include <stdio.h>              /* 包含 I/O 函数库 */
int max (int x, int y);
void main (void)                /* 主函数 */
{
  int a, b;
  SCON=0x52;                    /* 串口初始化 */
  TMOD=0x20;
  TH1=0xf3;
  TR1=1;
  scanf ("please input a, b: %d, %d", &a, &b);
  printf ("max is: %d\n", max (a, b));
  while ( 1 );
}
int max (int x, int y)          /* 求最大值 */
  {
  int z;
  z= (x>y) ? x: y;
  return (z);
}
```

例 4-18　外部函数的使用。

```
/* 程序 serial_ini.c*/
#include <reg51.h>              /* 包含特殊功能寄存器库 */
#include <stdio.h>              /* 包含 I/O 函数库 */
void serial_ini (void)
{
  SCON=0x52;                    /* 串口初始化 */
  TMOD=0x20;
  TH1=0xf3;
  TR1=1;
}
/* 程序 test.c*/
#include <reg51.h>
#include <stdio.h>
extern serial_ini( );           /* 函数声明 */
void main (void)
{
  int a, b;
  serial_ini( );
  scanf ("please input a, b: %d, %d", &a, &b);
```

```
    printf ("max is: %d\n", a>=b ? a: b);    /* 输出最大值 */
    while (1);
}
```

在上述两个例子中，例 4-17 中主函数使用了一个在后面定义的函数 max( )，在使用之前用“int max（int x，int y）;”进行了声明。例 4-18 的程序 test.c 中调用了一个在另一个程序 serial_ini.c 中定义的函数 serial_ini( )，在调用之前对它进行了声明，且声明时前面加了 extern，指明该函数是另一个程序文件中的函数，是一个外部函数。

4. 函数的嵌套与递归

（1）函数的嵌套　在 C51 语言中，函数的定义是相互平行、独立的，即在函数定义时，一个函数体内不能包含另一个函数。但是在一个函数的调用过程中可以调用另一个函数，即可以嵌套调用函数。C51 编译器通常依靠堆栈来进行参数传递，但由于 C51 的堆栈设在片内 RAM 中，而片内 RAM 的空间有限，因而嵌套的深度一般在 5 ～ 10 层。

例 4-19　函数的嵌套调用。

```
#include <reg51.h>                    /* 包含特殊功能寄存器库函数 */
#include <stdio.h>                    /* 包含 I/O 函数库函数 */
extern serial_ini();
int min (int a, int b)
{
  int c;
  c=a<b ? a: b;                      /* 求最小值 */
  return (c);
}
int add (int j, int k, int m, int n)
{
  int res;
  res=min (j, k) +min (m, n);        /* 调用函数 min( )*/
  return (res);
}
main()
{
  int final;
  serial_ini();
  final=add (2, 15, 5, 7);           /* 调用函数 add( )*/
  printf ("%d", final);
}
```

在主函数中调用了函数 add( )，而在函数 add( ) 执行过程中又调用了函数 min( )，形成了两层嵌套调用。

（2）函数的递归调用　如果在调用一个函数的过程中出现了直接或间接调用该函数本身，则称为函数的递归调用。递归调用是嵌套调用的一个特殊情况。

在函数的递归调用中要避免出现无终止的自身调用，应通过控制条件，使得递归的次数有限。

4.5 C51构造数据类型

4.5.1 数组和指针

前面介绍了C51语言中字符型、整型、浮点型、位型和寄存器型等基本数据类型。另外，C51中还提供数组类型和指针类型。

1. 数组

数组是一个由若干同类型变量组成的集合，数组中的各个元素可以用数组名和下标来唯一确定。数组在使用之前必须先对其进行定义。根据数组中存放的数据可分为整型数组、字符数组等。不同的数组在定义、使用上基本相同，根据下标维数的不同可以分为一维数组、二维数组和多维数组。

（1）一维数组　一维数组只有一个下标，定义的一般形式如下：

数据类型说明符　数组名［常量表达式］

1）“数据类型说明符”是任一种基本数据类型或构造数据类型。

2）“数组名”是用户定义的数组标识符，它的取名方法与变量的取名方法相同。

3）“常量表达式”用于说明该数组的长度，即该数组元素的个数。要求取值为整型常量，必须用方括号“[ ]”括起来。

例如：unsigned int a［10］;

上面的语句定义了一个无符号整型数组，数组名为a，数组中的元素个数为10。

需要注意的是，C51语言中数组的下标是从0开始的，因此上面定义的10个元素分别是：a［0］，a［1］，a［2］，…，a［9］。

C51规定在引用数组时，只能逐个引用数组中的各个元素，而不是一次引用整个数组。但如果是字符数组则可以一次引用整个数组。

（2）二维数组　二维数组有两个下标，定义的一般形式如下：

数据类型说明符　数组名［常量表达式］［常量表达式］

例如：unsigned int a［3］［4］;

上面的语句定义了一个3行4列的数组，数组名为a，该数组的下标共有3×4个，即

```
a[0][0]; a[0][1]; a[0][2]; a[0][3];
a[1][0]; a[1][1]; a[1][2]; a[1][3];
a[2][0]; a[2][1]; a[2][2]; a[2][3];
```

二维数组在概念上是二维的，下标在两个方向上变化，下标变量在数组中的位置处于一个平面，而不像一维数组只有一个向量。但二维数据在存储器内是连续编址的，也就是说存储单元还是按一维线性排列的。

（3）数组的赋值

1）数组元素逐个赋值。

例如：x［0］=0；x［1］=1；…；x［9］=9；

2）数组初始化赋值。数组初始化赋值是指在数组说明时给数组元素赋予初值。数组初始化是在编译阶段进行的，从而减少运行时间，提高效率。

例如：int x［10］={0，1，2，3，4，5，6，7，8，9}；

3）动态赋值。动态赋值是在程序执行过程中对数组赋值。例 4-20 中是用循环语句配合 scanf 函数逐个对数组元素赋值。

例 4-20

```
void main( )
{
  int i，max，a［10］;
  printf（"input 10 numbers：\n"）;              /* 输入 10 个数 */
    for（i=0；i<10；i++）
    scanf（"%d"，&a［i］）;                       /* 动态赋值 */
    max=a［0］;
      for（i=1；i<10；i++）
        if（a［i］>max）max=a［i］;               /* 找最大数 */
    printf（"maxnum=%d\n"，max）;                 /* 输出最大数 */
}
```

4）二维数组可按行分段赋值，也可按行连续赋值。例如，对数组 a［2］［3］，可以写成 int a［2］［3］={{2，6，4}{3，8，5}}；也可写成 int a［2］［3］={2，6，4，3，8，5}；

（4）字符数组　用来存放字符数据或字符串的数组称为字符数组。存放字符时，一个字符占一个数组元素；而存放字符串时，由于字符串以"\0"作为结束符，符号"\0"是一个 ASCII 码为 0 的字符，它是一个不可显示字符。字符串存放于字符数组中时，结束符自动存放于字符串的后面，也要占一个元素位置，因而定义数组长度时应比字符串长度多一个字符。字符数组的定义同一般数组相同，只是在定义时把数据类型定义为 char 型。

例如：char string1［10］;

　　　char string2［20］;

上面的语句定义了两个字符数组，分别定义了 10 个元素和 20 个元素。

2. 指针

指针是 C 语言中的精华。指针类型数据在 C 语言程序中使用非常广泛，正确使用指针类型数据可以方便有效地表示复杂的数据结构，动态地分配存储器空间，直接处理内存地址。

数据一般存放在内存单元中，而内存单元是按字节来组织和管理的。每个字节对应有一个编号，即内存单元的地址，内存单元中存放的内容是数据。

在汇编语言中，对内存单元的数据访问是通过指明内存单元的地址来实现的，访问有两种方式，即直接寻址方式和间接寻址方式。直接寻址方式是通过在指令中直接给出数据所在单元的地址，从而访问该内存单元的数据。例如：

```
MOV A，20H
```

其中，20H是所访问内存单元的地址，是由指令直接给出的。该指令是将地址为20H的片内RAM单元的内容送给累加器A。

间接寻址方式是指操作数所在的内存单元地址不是通过指令直接给出，该地址存放在寄存器或其他的内存单元中，在指令中通过指明存放地址的寄存器或内存单元来访问相应的数据。

在C语言中，数据通常是以变量的形式进行存放和访问的。对于变量，在程序中进行定义，编译器在编译时就在内存中给该变量分配一定的单元进行存储。例如，对字符型（char）变量分配一个字节单元，对整型（int）变量分配两个字节单元，对浮点型（float）变量分配四个字节单元等。变量在使用时要分清变量名和变量的值。变量名是数据的标识，相当于内存单元的地址。变量的值是数据的内容，相当于内存单元的内容。对于变量有两种访问方式，即直接访问方式和间接访问方式。

1）直接访问方式。对于变量的访问，大多数时候是直接给出变量名。例如：

```
printf（"%d", a);
```

在执行指令时，根据变量名得到内存单元的地址，然后从内存单元中取出数据并按指定的格式输出。

2）间接访问方式。如果要存取变量a中的值时，必须要知道变量a的地址，而变量a的地址放在另一个变量b中。访问时先找到变量b，从变量b中取出变量a的地址，然后根据变量a的地址从内存单元中取出变量a的值。

在这里，从变量b中取出的不是所访问的数据，而是所访问数据（变量a的值）的地址，这就是指针，变量b称为指针变量。

变量的指针就是变量的地址。要使用这个指针，必须先对它进行定义。对于变量a，如果它所对应的内存单元地址为1000H，那么它的指针就是1000H。指针变量是指一个专门用来存放变量地址的另一个变量，它的值是指针。前面变量b中存放的是变量a的地址，变量b中的值是变量a的指针，变量b就是一个指向变量a的指针变量。

指针实质上就是数据在内存单元的地址，在C51语言中，不仅有指向一般类型变量的指针，还有指向各种组合类型变量的指针。在编程中熟练应用指针，可以使程序简洁、紧凑和高效。

（1）指针变量的定义　指针变量使用之前必须对它进行定义，定义格式与一般变量的定义类似，一般形式为

数据类型说明符　[存储器类型]　*指针变量名;

数据类型说明符说明了该指针变量所指向的变量类型。

存储器类型是可选项，它是C51编译器的一种扩展。若有此项，则指针被定义为基于存储器的指针；若无此项，则指针被定义为一般指针。这两种指针的区别在于它们所占的存储单元数不同。一般指针在内存中占用三个字节，第一个字节存放的是该指针存储器类型的编码（由编译时编译模式的默认值确定），第二个字节和第三个字节分别存放该指针的高位地址偏移量和低位地址偏移量。存储器类型的编码值见表4-10。

表 4-10　存储器类型的编码值

存储器类型	idata	xdata	pdata	data	code
编码值	1	2	3	4	5

例如，存储器类型为 data，地址值为 0x5678 的指针变量在内存中的表示见表 4-11。

表 4-11　0x5678 的指针变量在内存中的表示

字节地址	+0	+1	+2
内容	0x4	0x56	0x78

对于基于存储器的指针变量，若存储器类型选项为 idata、data、pdata 的片内数据存储单元，则该指针的长度为一个字节，若存储器类型选项为 xdata、code 的片外数据存储单元或程序存储单元，则该指针的长度为两个字节。

例如：

```
char *p1;          /* 定义一个指向字符变量的指针变量 p1*/
int  * p2;         /* 定义一个指向整型变量的指针变量 p2*/
char data *p3      /* 定义一个指向字符变量的指针变量 p3，该指针访问的数据在片内数据存
                   储器中，该指针在内存中占 1 个字节 */
float xdata *p4;   /* 定义一个指向浮点变量的指针变量 p4，该指针访问的数据在片外数据存
                   储器中，该指针在内存中占 2 个字节 */
```

（2）指针变量的引用　指针变量是存放另一变量地址的特殊变量，指针变量只能存放地址。指针变量在使用时应注意两个运算符，即“&”和“*”。其中，“&”是取地址运算符，“*”是指针运算符或称“间接访问”运算符。通过“&”取地址运算符可以把一个变量的地址赋给指针变量，使指针变量指向该变量；通过“*”指针运算符可以实现通过指针变量访问它所指向变量的值。

指针变量在使用前，必须对它进行定义，定义之后可以像其他基本类型变量一样引用。例如：

```
int x, *p1, *p2;   /* 定义整型变量 x 及指针变量 p1 和 p2*/
p1=&x;             /* 将变量 x 的地址赋给指针变量 p1，使 p1 指向变量 x*/
p1=5;              /* 等价于 x=5 */
p2=p1;             /* 将指针变量 p1 中的地址赋给指针变量 p2，使指针变量 p2 指向 x*/
```

例 4-21　输入两个整数 x 与 y，经比较后按大小顺序输出。

程序如下：

```
#include <reg51.h>                  /* 包含特殊功能寄存器库函数 */
#include <stdio.h>                  /* 包含 I/O 函数库函数 */
extern void serial_ini();
main()
{
int x, y;
int *p, *p1, *p2;
```

```
serial_ini( );
printf ("input  x   and   y: \n");
scanf ("%d, %d"; &x, &y);
p1=&x; p2=&y;
if (x<y)
  {
    p=p1;
    p1=p2;
    p2=p;
  }                                   /* 若 x<y, 则将 p1 和 p2 交换, 使 p1 指向 y,
                                         p2 指向 x*/
printf ("max=%d, min=%d\n", *p1, *p2);  /* 按顺序输出 *p1 和 *p2 的值 */
while (1);
}
```

执行结果如下：

```
input x and y: 5 9
max=9, min=5
```

4.5.2 结构、共同体和枚举

1. 结构

数组是把同一类型的数据组合成一个有序的集合。在实际应用中，常常还需要将不同类型的数据组合成一个整体使用。而这些数据相互之间有一定的联系，分别表达了一个完整信息的不同成分，这样的数据组合就是结构。

（1）结构与结构变量　结构是一种组合数据类型，而结构变量是取值为结构这种数据类型的变量。对于结构与结构变量的定义有三种方法。

1）先定义结构类型再定义结构变量。定义一个结构类型的一般形式为

```
struct  结构名
{
结构元素表
};
```

定义一个结构变量的一般形式为

struct　结构名　变量名 1，变量名 2，…；

其中，“结构元素表”为结构中的结构成员，它可以由不同的数据类型组成。定义时需指明各个成员的数据类型。切记，在同一结构中不同元素不能同名。

例 4-22　定义一个结构名为 data 结构类型。

```
struct  data
{
  int  year;
  int  month;
```

```
  int day;
};
```

它由 year、month 和 day 三个成员组成，这三个结构成员的数据类型都是整型（int)，当然也可以根据实际需要选用各种不同类型的变量作为结构成员，将 month 和 day 的数据类型定义为字符型（char)。

若结构变量为 data1 和 data2，则定义如下：

```
struct data data1, data2;
```

2）定义结构类型的同时定义结构变量。一般形式为

```
struct  结构名
{
结构元素表
} 变量名 1，变量名 2，……变量名 n;
```

例 4-23　对于例 4-22 的结构及结构变量名可以按以下格式定义：

```
struct data
{
  int year;
  int month;
  int day;
} data1, data 2;          /* 定义结构变量名 */
```

3）使用 typedef 别名来定义结构类型变量。先用 typedef 为结构起一个别名，然后用别名定义该结构类型变量。一般形式为

```
typedef struct  结构名
{
结构元素表
} 类型别名
类型别名  变量名 1，变量名 2，……变量名 n; /* 定义结构变量名 */
```

其中类型别名习惯于用大写。

例 4-24　对于例 4-22 的结构及结构变量名可以按以下格式定义：

```
typedef struct data
{
  int year;
  int month;
  int day;
}STR
STR data1, data 2; /* 定义结构变量名 */
```

对于结构的定义有几点说明：

1）结构中的成员可以是基本数据类型，也可以是指针或数组，还可以是另一结构类型变量，形成结构的嵌套。结构的嵌套可以是一层的也可以是多层的，但这种嵌套不能包

含其自身。

2）结构是一个相对独立的结合体，结构中的元素只在该结构中起作用，因而一个结构中结构元素的名字可以与程序中其他变量的名字相同，但两者代表不同的对象，在使用时互不影响。

3）在 C51 中允许将具有相同结构类型的一组结构变量定义成结构数组，定义时与一般数组的定义相同。

4）只有在定义的时候才可以整体为所有结构成员赋初值，在程序中不能用语句整体给结构赋值，只能对成员单独进行赋值和存取操作。

（2）结构变量的引用　对结构来说，C51 语言操作的对象是结构类型变量，而不是结构类型。在定义一个结构变量之后，就可以对它进行引用，即可以进行赋值、存取和运算。C51 编译器不对抽象的结构类型分配内存空间，只对具体的结构类型变量分配内存空间。

一般情况下，结构变量的引用是通过对其结构元素的引用来实现的，结构元素引用的一般格式如下：

结构变量名 . 结构元素名

或

结构变量名 –> 结构元素名

其中，“ . ”和“ –> ”是结构的成员运算符。例如，data1.year 表示结构变量 data1 中的元素 year，data2.month 表示结构变量 data2 中的元素 month。如果一个结构变量中的结构元素又是另一个结构变量，即结构的嵌套，则需要用到若干个成员运算符，逐级找到最低一级的结构元素，而且只能对这个最低级的结构元素进行赋值、存取和运算。“ . ”和“ –> ”符号等同。一般情况下，在多级引用时高的级别用“ –> ”符号，最后一级用“ . ”符号。

例 4-25　结构变量的引用

```
struct document
{
   unsigned int number;
   unsigned int age;
   bit sex;
};                                    /* 定义 document 的结构类型 */
   struct document student, teacher;
   student.number=2;
   teacher->age=32;
```

2. 结构数组

C51 允许将具有相同结构类型的变量定义为结构数组，结构数组与一般变量数组的不同在于结构数组的每一个元素都具有同一个结构类型的变量，它们具有同一个结构类型，含有相同的成员项。

例 4-26　结构数组的定义和引用

```
struct  document
{
  unsigned  int  number;
  unsigned  int  age;
  bit sex;
};                                   /* 定义 document 的结构类型 */
struct  document student [ 20 ];     /* 定义 20 个数组元素的结构数组 student，每个数组元
                                     素都是 document 结构类型 */
  student [ 5 ].age=18;              /* 对结构数组成员进行赋值 */
```

3. 共同体

结构能够把不同类型的数据组合在一起使用。结构中定义的各个变量在内存中占用不同的内存单元，在位置上是分开的，彼此不互相重叠。在 C51 语言中，还提供一种数据类型，使不同类型的数据共同使用一块内存空间，空间的大小以最长的类型为主，这就是共同体数据类型，也称作联合类型（union）。

共同体类型与结构类型相似，也可以包含多个不同数据类型的元素，但其变量只能共享同一块内存空间。共同体的说明格式和结构类似，只是关键字由 struct 变为 union。

例 4-27　共同体变量的定义和引用。

```
#include  <reg51.h>
union wordunion
{
  unsigned int word;
  struct
  {
    unsigned char high;
    unsigned char low;
  }bytes;
  } times;
```

此例利用一个共同体，对于 times 变量，如果用 times.word，则按字方式访问；如果用 times.bytes.high 和 times.bytes.low，则按高字节和低字节方式访问。

4. 枚举

在 C51 语言中，用作标志的变量通常只能被赋予 True（1）或 False（0）。但是在编程中，常常会将作为标志使用的变量赋予除了 True（1）或 False（0）以外的值。另外，标志变量通常被定义为整型（int）类型，从而使其在程序中的作用往往模糊不清。在 C51 语言中，针对上述情况，定义了一种标志数据类型的数据变量，即枚举数据类型。

枚举数据类型是一个有名字的某些整型常量的集合。这些整型常量是该类型变量可取的所有合法值。枚举定义时应当列出该类型变量的所有可取值。

枚举定义的格式与结构和共同体基本类似，只是关键字变为 enum。

例 4-28　枚举变量的定义和引用。

```
enum week {Sun, Mon, Tue, Wed, Thu, Fri, Sat};
        enum week d1;
        d1=Mon;      /* 将 Mon 赋给变量 d1*/
```

此例中，因第一枚举量没有赋初值，故默认为 0，后面的枚举量都未赋初值，就取前面枚举常量的紧跟整数。故各个枚举常量的值为 Sun=0，Mon=1，Tue=2，Wed=3，Thu=4，Fri=5，Sat=6。

只有建立了枚举类型的原型 enum week，才能将枚举名与枚举值列表联系起来，并进一步说明该原型的具体变量 enum week d1；之后 C51 编译系统才会给 d1 分配存储空间，再把枚举值列表中的各个值赋给变量 d1 后进行使用。

4.6 C51 库函数

C51 强大功能及其高效率的重要体现之一在于其丰富的可直接调用的库函数，多使用库函数编程会使程序代码简单、结构清晰、易于调试和维护，以及提高编程效率。由于 MCS-51 单片机本身的特点，某些库函数的参数和调用格式与标准的 C 有所不同，例如，函数 isdigit 返回的类型就是 bit，而不是其他类型。每个库函数都在相应的头文件中给出了函数原型说明，用户如果需要使用库函数，就必须在源程序的开始处采用预处理器指令 #include 将有关的头文件包含在其中。如果省略了头文件，将不能保证函数的正常运行。C51 库函数中，类型的选择考虑到了 MCS-51 单片机的结构特征，用户在自己的应用程序中应尽可能的使用最小的数据类型，以最大限度地发挥 MCS-51 单片机的性能，同时可以减少应用程序的代码长度。

4.6.1 本征库函数和非本征库函数

C51 提供的本征函数是指编译时不用调用，直接将固定的代码插入当前行，就可以实现其固有的功能，从而大大提高了函数访问的效率；而非本征函数必须通过调用才能够使用。

C51 的本征库函数（Intrinsic Routines）只有九个，除此之外都为非本征库函数。本征库函数数目虽然较少，但都非常有用，见表 4-10。使用时，必须在源程序的开始处采用预处理器指令 # include 将头文件 <intrins.h> 包含在其中，例如，#inclucle <intrins.h>。

表 4-12 本征库函数功能说明

包含函数	再入属性	功能
unsigned char _crol_（unsigned char val，unsigned char n） unsigned int _irol_（unsigned int val，unsigned char n） unsigned long _lrol_（unsigned long val，unsigned char n）	Yes	将字符型（char）变量 val 循环左移 n 位后返回； 将整型（int）变量 val 循环左移 n 位后返回； 将长整型（long）变量 val 循环左移 n 位后返回
unsigned char _cror_（unsigned char val，unsigned char n） unsigned int _iror_（unsigned int val，unsigned char n） unsigned long _lror_（unsigned long val，unsigned char n）	Yes	将字符型（char）变量 val 循环右移 n 位后返回； 将整型（int）变量 val 循环右移 n 位后返回； 将长整型（long）变量 val 循环右移 n 位后返回

（续）

包含函数	再入属性	功能
void _nop_（void）	Yes	产生一条 NOP 指令，延时一个机器周期
bit _tesbit_（bit x）	Yes	产生位操作 JBC 指令，用于测试位变量，置位时返回 1；测试后复位成 0。否则直接返回 0
unsigned char _chkfloat_（float ual）		测试并返回浮点数状态

例 4-29　使用 _lror_ 函数的例子。

```
#inclucle <intrins.h>
void test_lror（void）
{
  unsigned long a，b；
  a=0x11223344；
  b=_lror_（a，4）；
}
```

运行后，b=0x41122334.

例 4-30　使用 _iror_ 函数，实现右移多位。

```
#inclucle <intrins.h>
void main( )
{
  unsigned int y；
  y=0x0123；
  y=_iror_（y，4）；
}
```

运行后，y=0x3012。

例 4-31　位测试函数的说明。

```
#inclucle <intrins.h>
bit flag；
char count；
void main( )
{
  if（！ _tesbit_（flag））
  count++；
}
```

4.6.2　访问 SFR 和位地址的 REGxx.H 文件

头文件 REGxx.H 定义了多种 MCS−51 单片机中所有的特殊功能寄存器（SFR）名，从而可以简化用户的程序，使用时采用预处理器指令 #include 将头文件“reg51.h”包含

其中即可，例如，#include <reg51.h>　/* 包含特殊功能寄存器库 */

4.6.3　C51 库函数

C51 软件包的库内有标准的应用程序，每个函数在相应的头文件 .h 中都有原型说明。如果要使用某个库函数，则只需在源程序的开始处采用预处理器指令 #include 定义与该函数有关的头文件。例如：

```
#include  <math.h>
#include  <ctype.h>
```

如果省略了头文件，则函数将无法正确执行。C51 有很多库函数，详见附录 B。

4.7　C51 程序编写

4.7.1　C51 程序的基本结构

C51 语言是一种结构化的编程语言，程序由若干模块组成，每个模块包含若干基本结构，每个基本结构中可以有若干语句。C51 语言有三种基本结构，即顺序结构、选择结构和循环结构。

1. 顺序结构

顺序结构是最基本、最简单的程序结构。在这种结构中，程序由低地址到高地址依次执行。

2. 选择结构

选择结构可使程序根据不同的情况，选择执行不同的分支。在选择结构中，程序先对一个条件进行判断。当条件成立，即条件语句为“真”时，执行一个分支；当条件不成立，即条件语句为“假”时，执行另一个分支。

在 C51 中，实现选择结构的语句为 if/else 和 if/else if 语句。另外，在 C51 中还支持多分支结构，多分支结构既可以通过 if 和 else if 语句嵌套实现，也可用 switch/case 语句实现。

3. 循环结构

在程序处理过程中，有时需要某一段程序重复执行多次，这时就需要循环结构来实现。循环结构就是能够使程序段重复执行的结构。构成循环结构的语句主要有 while、do–while、for 和 goto 等。

对于各种结构中的语句，可以用单语句，也可以用复合语句，主要有以下几种。

（1）if 语句　if 语句是 C51 语言中一个基本的条件选择语句，它是根据判定结果来决定执行给出的两个操作之一。通常有三种格式：

1）if（表达式）{ 语句；}
2）if（表达式）{ 语句 1；} else { 语句 2；}
3）if（表达式 1）{ 语句 1；}

```
esle if（表达式 2）{ 语句 2；}
        else if（表达式 3）{ 语句 3；}
                ……
                else if（表达式 n-1）{ 语句 n-1；}
                        else { 语句 n；}
```

例 4-32　if 语句的用法。

用法 1：

```
if（x>y）{max=x；min=y}
```

执行上面语句时，若 x 大于 y 成立，则把 x 送给变量 max，把 y 送给变量 min；若 x 大于 y 不成立，即 x 小于 y，因另一分支为空，不执行任何语句。

用法 2：

```
if（x>y）  max=x;
     else  max=y;
```

执行上面语句时，若 x 大于 y 成立，则把 x 送给最大值变量 max；若 x 大于 y 不成立，即 x 小于 y，则把 y 送给最大值变量 max。程序段的功能是将 x、y 中的较大数给变量 max。

用法 3：

```
if（score>=90）printf（"Your result is an A\n");
  else if（score>=80）printf（"Your result is a B\n");
    else if（score>=70）printf（"Your result is a C\n");
      else if（score>=60）printf（"Your result is a D\n");
  else printf（"Your result is an E\n");
```

执行上面语句后，能够根据分数 score 分别执行五个不同的分支，并可以输出 A、B、C、D 和 E 等五个等级。

（2）switch/case 语句　if 语句通过嵌套可以实现多分支结构，但如果分支过多，则嵌套的 if 语句层数就多，结构就更加复杂，程序可读性降低。为此 C51 语言中提供了专门处理多分支结构的 switch/case 语句。一般格式为

```
switch（表达式）
{
    case 常量表达式 1：{ 语句 1；}break;
    case 常量表达式 2：{ 语句 2；}break;
           …
    case 常量表达式 n：{ 语句 n；}break;
    default：{ 语句 n+1；}
}
```

说明如下：

1）switch 后面括号内的表达式可以是整型或字符型表达式，也可以是枚举类型数据。

2）当该表达式的值与其中一个 case 后面的常量表达式的值相等时，就执行该 case

后面的语句，然后遇到 break 语句退出 switch 语句。若没有 break 语句，则会按顺序执行后面的语句，直到结束。若表达式的值与所有 case 后的常量表达式的值都不相同，则执行 default 后面的语句，然后退出 switch 结构。

3）每一个 case 常量表达式的值必须不同，否则会出错。但多个 case 可以共用一组执行语句。

4）case 语句和 default 语句的出现次序对执行过程没有影响。

5）每一个 case 语句后面可以带一个语句或多个语句，也可以不带。语句可以用花括号括起，也可以不加括号，都会自动顺序执行本 case 后面所有的执行语句。

例 4-33 五级制学生成绩，即 A ～ E，各级对应百分制的分数不同，要求利用 switch/case 语句实现输出不同等级对应的百分制分数。

解

```
......
switch (grade)
{
    case 'A': printf ("grade A is 90 ～ 100\n");        break;
    case 'B': printf ("grade B is 80 ～ 90\n");         break;
    case 'C': printf ("grade C is 70 ～ 80\n");         break;
    case 'D': printf ("grade D is 60 ～ 70\n");         break;
    case 'E': printf ("grade E <60\n");                 break;
    default: printf ("invalid grade "\n)
}
```

例 4-34 某企业发放的奖金根据利润提成。利润（I）低于或等 10 万元的，奖金可按 10% 提成；利润高于 10 万元，低于 20 万元（10 万元 <I<=20 万元）时，低于 10 万元的部分按 10% 提成，高于 10 万元的部分可提成 7.5%；20 万元 <I<=40 万元时，低于 20 万元的部分仍按上述办法提成（下同），高于 20 万元的部分按 5% 提成；40 万元 <I<=100 万元时，高于 40 万元的部分按 3% 提成；I>100 万元时，超过 100 万元的部分按 2% 提成。从键盘输入当月利润 I，求应发奖金总数。

解

```
#include<stdio.h>
void main( )
{
long i;
float bonus, bon1, bon2, bon4, bon6, bon10;
int branch; /* 初始化变量 */
bon1=100000*0.1;
bon2=bon1+100000*0.075;
bon4=bon2+200000*0.05;
bon10=bon4+600000*0.03;
printf ("Please input i: ");
scanf ("%ld", &i);
branch=i/100000;
```

```
if (branch>10) branch=10;
switch (branch)
  { case 0: bonus=i*0.1; break;
    case 1: bonus=bon1+ (i-100000) *0.075; break;
    case 2:
    case 3: bonus=bon2+ (i-200000) *0.05; break;
    case 4:
    case 5:
    case 6:
    case 7:
    case 8:
    case 9: bonus=bon4+ (i-400000) *0.03; break;
    case 10: bonus=bon10+ (i-1000000) *0.02;
    }
  printf (" 奖金是 %d。\n", bonus);
}
```

（3）while 语句　while 语句在 C51 语言中用于实现当型循环结构，一般格式为

```
while (表达式)
{语句; }        /* 循环体 */
```

表达式是 while 语句能否循环的条件，后面的语句是循环体。当表达式的结果为非 0（“真”）时，就重复执行循环体内的语句；当表达式的结果为 0（“假”）时，则终止 while 循环，程序将执行循环结构之外的语句。它的特点是：先判断条件，后执行循环体。如条件成立，则再执行循环体；如条件不成立，则退出循环。该方法常用来测试硬件上的某些信号变化。

例 4-35　利用 while 语句编程实现 1 ～ 100 的累加和，并输出结果。

```
#include <reg51.h>              /* 包含特殊功能寄存器库 */
#include <stdio.h>              /* 包含 I/O 函数库 */
void main (void)                /* 主函数 */
    {
      int i, j=0;               /* 定义整型变量 i 和 j*/
      i=1;
      SCON=0x52;                /* 串口初始化 */
      TMOD=0x20;
      TH1=0xf3;
      TR1=1;
      while (i<=100)            /* 累加 1 ～ 100 之和在　中 */
      {
        j=j+i;
        i++;
      }
      printf ("1 ～ 100 的累加和为 %d。\n", j);
      while (1);
      }
```

程序运行结果：1 ～ 100 的累加和为 5050。

（4）do-while 语句　do-while 语句在 C51 语言中用于实现直到型循环结构，一般格式为

```
do
{ 语句; }          /* 循环体 */
while (表达式);
```

它的特点是：先执行语句，后判断表达式。若表达式的结果为非 0（“真”），则再执行循环体，然后又判断，直到有表达式的结果为 0（“假”）时退出循环，执行 do-while 结构的下一条语句。do-while 语句在执行时，循环体内的语句至少会被执行一次。

例 4-36　利用 do-while 语句编程实现 1 ～ 100 的累加和，并输出结果。

```
#include <reg51.h>              /* 包含特殊功能寄存器库 */
#include <stdio.h>              /* 包含 I/O 函数库 */
void main (void)                /* 主函数 */
  {
    int  i, j=0;                /* 定义整型变量 i 和 j*/
    i=1;
    SCON=0x52;                  /* 串口初始化 */
    TMOD=0x20;
    TH1=0xf3;
    TR1=1;
    do                          /* 累加 1 ～ 100 之和在 j 中 */
      {
        j=j+i;
        i++;
    }while (i<=100);
    printf ("1 ～ 100 的累加和为 %d。\n", j);
    while (1);
  }
```

程序运行结果：1 ～ 100 的累加和为 5050。

（5）for 语句　在 C51 语言中，for 语句是使用最灵活、最方便，应用最多的循环控制语句，同时也是最复杂的。它可以用于循环次数已经确定的情况，也可以用于循环次数不确定的情况。它完全可以代替 while 语句及 do-while 语句。一般格式为

```
for (表达式 1; 表达式 2; 表达式 3)
{ 语句; }            /* 循环体 */
```

在 for 循环中，一般表达式 1 为初始化表达式，用于给循环变量赋初值；表达式 2 为循环测试表达式，用于对循环变量进行判断；表达式 3 为增量尺度表达式，用于对循环变量的值进行更新，使循环变量不满足条件而退出循环。它的执行过程如下：

1）先求解表达式 1 的值。

2）再求解表达式 2 的值。若表达式 2 的值为真，则执行循环体中的语句，并求解表达式 3，然后重复执行步骤 2）的操作；若表达式 2 的值为假，则结束 for 循环，执行后面的语句。

例 4-37　利用 for 语句编程实现 1 ～ 100 的累加和，并输出结果。

```
#include <reg51.h>              /* 包含特殊功能寄存器库 */
#include <stdio.h>              /* 包含 I/O 函数库 */
  void main (void)              /* 主函数 */
    {
      int i, j=0;               /* 定义整型变量 i 和 j*/
      i=1;
      SCON=0x52;                /* 串口初始化 */
      TMOD=0x20;
      TH1=0xf3;
      TR1=1;
      for (i=1; i<=100; i++)
        j=j+i;                  /* 累加 1 ～ 100 之和在 j 中 */
      printf ("1 ～ 100 的累加和为 %d。\n", j);
      while ( 1 );
    }
```

程序运行结果：1 ～ 100 的累加和为 5050。

（6）循环的嵌套　若在一个循环结构的循环体中又包含一个完整的循环结构，则这种结构称为循环的嵌套。外面的循环结构称为外循环，里面的循环结构称为内循环，如果在内循环的循环体内又包含循环结构，则构成了多重循环结构。在 C51 语言中，允许三种循环结构相互嵌套。

例 4-38　用嵌套结构构造一个延时程序。

```
void delay (unsigned int x)
{
  unsigned char j;
  while (x--)
  {for (j=0; j<255; j++); }
}
```

这里，用内循环构造一个基准的延时，调用时通过参数设置外循环的次数，这样就可以形成各种延时关系。

（7）break 和 continue 语句　break 和 continue 语句通常用于循环结构中，用来跳出循环结构。但是二者又有所不同，下面对其分别介绍。

1）break 语句。break 语句只能用在 switch 语句或循环语句中，其作用是跳出 switch 语句或跳出本层循环，转去执行后面的程序。由于 break 语句的转移方向是明确的，所以不需要语句标号与之配合。break 语句的一般形式为“break；”，可在 switch 语句和 for 语句中使用 break 语句作为跳转。使用 break 语句可以使循环语句有多个出口，在一些场合下使编程更加灵活、方便。

例 4-39 由 break 语句跳出循环。

```
#include "stdio.h"
void main( )
{
  int i;
  for (i=1; i<8; i++)
    {
    if (i == 4)
    break;
    printf ("%d", i);
  }
}
```

因为上面循环在 i=4 时就被打断跳出了，所以最后输出 1 2 3。

2）continue 语句。continue 语句用在循环体结构中，用于结束本次循环，即不再执行循环体中 continue 语句之后的语句，而转入下一次循环条件的判断与执行。应注意的是，continue 语句只结束本层本次的循环，并不跳出循环。

例 4-40 如果在上例中将 break 改为 contiune，即

```
for (i=1; i<8; i++)
{
  if (i ==4)
    continue;
    printf ("%d", i);
}
```

因为上面循环在 i=4 时结束了本次循环，未输出 4，所以最后输出 1 2 3 5 6 7。

continue 语句和 break 语句的区别在于：continue 语句只是结束本次循环，继续下一次循环过程，而不终止整个循环；break 语句则是结束并跳出循环，不再进行条件判断。

（8）return 语句　return 语句一般放在函数的最后位置，用于终止函数的执行，并控制程序返回调用该函数时所处的位置，返回时还可以通过 return 语句带回返回值。return 语句的格式有 return；和 return（表达式）。

若 return 后面带有表达式，则要计算表达式的值，并将表达式的值作为函数的返回值；若不带表达式，则函数返回时将返回一个不确定的值。通常用 return 语句把被调函数取得的值返回给主调函数。

4.7.2 编写高效的 C51 程序及优化程序

尽管 C51 语言是一种强大而方便的开发工具，但开发人员如果要快速编出高效且易于维护的 C51 程序，不仅需要对 C51 语言编程有较为透彻的掌握，还应该对实际单片机硬件系统有深入的理解。因此在运用 C51 编程之前，深入了解汇编语言编程和系统硬件结构是十分必要的。下面简单介绍一下 C51 程序开发的要点，更具体的内容需要读者在长期的编程工作中慢慢体会。

1. 灵活选择变量的存储类型

单片机的存储器资源有限，必须根据需要选择变量的存储类别，对需要进行位操作的变量，其存储类型为 bdata，直接寻址存储器类型为 data，间接寻址存储器类型为 idata（间接寻址存储器也可访问直接寻址存储器区），外部寻址存储器类型为 xdata。当对不同的存储器类型进行操作时，反映在 C51 语言中是相同的，但编译后的代码执行效率各不相同，内部存储器中直接寻址和间接寻址空间也不相同。

为了提高执行效率，对存储器类型的设定，应该根据以下原则：只要条件满足，尽量先使用内部直接寻址方式（data），其次设定为间接寻址方式（idata）。在内部存储器数量不够的情况下，再使用外部存储器。而且在外部存储器中，优先选择 pdata，其次才选 xdata。同时，在内部和外部存储器共同使用的情况下，要合理分配存储器空间，对经常使用和频繁计算的数据，尽量使用内部存储器，其余使用外部存储器。存储单元的分配要根据它们的数量进行合理分配，如果将所有变量都声明为直接寻址的存储类型，则程序访问数据存储器用时最少，从而提高程序的运行效率。

2. 合理设置变量类型以及设置运算模式

由于 MCS-51 单片机是 8 位机，它只能够直接处理 8 位无符号数的运算，而处理其他类型的数据结构则需通过其他算法来实现。因此，在对变量进行类型设置时，要尽可能选用无符号的字符类型，少用有符号以及多字节类型，以提高运算速度。

在运算时，能进行定点运算的尽量进行定点运算，尽量避免浮点运算。如乘 2 或除 2，就可以使用移位操作来进行，这样不仅可以减少代码量，还可以提高程序执行效率。

3. 模块化、结构化的编程方法

程序模块化、结构化，加上详尽的程序注释说明，不仅可以适应多人分工协作，也有益于项目开发的规范化以及后期维护，从而可以促进高效编程的实现。同时，这样写出的程序逻辑清楚、代码简单、注释明白，也便于重新利用。

4. 灵活设置变量，高效利用存储器

单片机系统资源有限，而 C51 语言编程通常是采用模块化结构，因此在 C51 编程中，如何实现高效的数据传输对提高程序执行效率十分关键。

通常在 C51 程序中，子程序模块中与其他变量无关的变量尽可能使用局部变量，对整个程序都要使用的变量才将其设置为全局变量。在子程序模块中要使用该变量时，可以直接申明该变量为外部变量即可。

其次要结合 C51 语言的特点进行灵活的数据传输。灵活地使用 C51 语言中所特有的指针、结构、共同体等数据类型，可以提高编程效率，同时也可以方便数据传输。主程序和子程序之间传递的数据量不能过多，变量也要尽量少，否则会影响执行效率。子程序模块和主程序模块都定义了相同的数据类型，在进行数据传输时，只需将指针传送到子程序模块。这样，既可以使不同的子程序具有很好的独立性和封装性，又能实现不同子程序间数据的灵活高效传输。这样做便于开发人员开发独立性很强的通用子程序模块。

5. 将汇编语言和 C51 语言混合编程

对一些实时性或者运算能力要求很高的程序，如中断处理程序、数据采集程序、实

时控制程序以及一些实时的带符号或多位数运算，都建议用汇编语言进行处理。

在 KEIL C51 的编译系统中，C51 程序能够与汇编程序实现方便灵活的接口，C51 程序中调用汇编程序十分便利，二者之间调用的主要难度在于数据的准确传输。汇编与 C51 中数据传输可参照 4.8.1 节。

6. 利用丰富的库函数，可以大大提高编程效率

KEIL C51 提供了丰富的可直接调用的库函数，主要包括数学函数、内存分配等标准函数。多使用库函数可使程序代码简单，结构清晰，易于调试和维护，以提高编程效率。

4.8 C51 语言与汇编语言接口

汇编语言作为一类符号化的机器语言，其代码执行效率高，运行速度快，非常适合于编写实时性要求较高的控制程序。但其开发的工作量大，程序的可读性差。相比之下，C51 具有可读性强、编程简单和调试方便等特点。C51 除了具有高级语言使用方便灵活、数据处理能力强、编程简单等优点外，还可实现汇编语言的大部分功能，如可直接对硬件进行操作、生成的目标代码质量较高，且执行的速度较快等。所以在工程上对硬件处理速度要求不是很高的情况下，基本可以用 C51 代替汇编语言编写程序。但 C51 也不能完全取代汇编语言，如在一些对速度要求很高的实时控制系统中，以及对硬件的特殊控制方面，C51 就不能完全胜任，还需要汇编语言来编写程序。因为汇编语言目标代码更精练，对硬件直接控制能力更强，且执行速度更快，但汇编语言编程较为繁琐、表达能力较差。比较好的解决办法是 C51 与汇编语言混合编程，即用 C51 编写软件的主程序、用户界面以及速度要求不高的控制部分，而用汇编语言对速度敏感部分提供最高速度的处理模块，供 C51 调用。这种方法可以发挥各种语言的优势和特点，同时也兼顾了编程灵活方便和程序高效运行。

4.8.1 C51 与汇编语言的接口

如果要用两种语言混合编写程序，那么首先要解决的是接口问题。C51 与汇编语言之间有以下三种接口方式：

1. 模块内接口

模块内接口指在 C51 程序中嵌入汇编程序，借助 #pragma 语句来实现。其格式如下：

```
#pragma  ASM
     …     ；汇编程序
#pragma ENDASM
```

这种方法是通过 ASM 和 ENDASM 通知 C51 编译器，中间行为汇编程序，由编译控制指令 SRC 来控制将这些汇编程序存入其中。使用这种方法，在 KEIL C51 中要做以下设置：先将嵌有汇编语句的源文件加入到要编译的工程文件中，然后右击该文件，选择“Option for File ‘name.C’”，并将“Properties”选项卡中的“Generate Asswmbler SRC File”和“Asswmbler SRC File”两项设置为有效，再将“Link Pubic Only”项设置为无效。这样就可以在 C51 源代码中任意位置嵌入汇编语言。

例如：

```
#include <reg51.h>
extern unsigned char code val [ 50 ];
void func (unsigned char n)
{
  unsigned char a;
  a= val [ n ];
  a+=2;
  return a;
}
main( )
{
  unsigned char a;
  while ( 1 )
  {
    a=fun ( 3 );
    #pragma ASM
    MOV P1, R7                  ; 参数传递给了 R7，详见表 4-13
    NOP
    NOP
    NOP
    MOV P1, #0
  #pragma ENDASM
  }
}
```

2. 模块间接口

模块间接口方式是将 C51 和汇编源程序各自编辑、调试，并用各自的语言编译器进行编译，生成 obj 文件（即目标文件），然后用连接程序将 obj 文件连接起来。在这种接口方式下，最困难的就是如何安全有效地传递参数，否则在调用汇编子程序时就会从堆栈中取出错误的参数。为保证模块之间的数据交换，C51 中提供两种参数的传递方式。

（1）通过寄存器进行参数传递　为了能够产生高效代码，C51 函数最多可以通过 CPU 传递三个参数，详见表 4-13。汇编函数要得到参数值就必须访问这些寄存器，如果这些寄存器值正被使用或已经不再需要了，那么这些寄存器可以用作其他用途。

表 4-13　利用寄存器传递参数的规则

参数数目	char	int	Long，float	通用指针
1 个参数	R7	R6，R7	R4 ~ R7	R1 ~ R3
2 个参数	R5	R4，R5	R4 ~ R7	R1 ~ R3
3 个参数	R3	R2，R3		R1 ~ R3

（2）通过固定存储区进行参数传递　对于要传递多于三个参数的函数，剩余的参数将在默认的存储器段中传递，但这样难以分清每个参数的传递情况。若在源程序中选择了编译控制命令“#pragma NOREGPARMS”，则所有参数的传递都发生在固定的存储器区域。这样参数传递途径虽然非常清楚，但是代码效率不高，速度较慢。

例如将 bit 型参数传递到一个存储段中：

? function_name ? BIT

将其他类型参数均传给下面的段：

? function_name ? BYTE

且按照顺序存放。

此时所使用的存储器空间依赖于所选择的存储器模式。

在函数相互调用过程中，当函数具有返回值时，C51 通过转换使用内部存储区，编译器将使用当前寄存器组来传递返回参数，返回参数所使用的寄存器见表 4-14。需要注意的是，函数不应随意使用没有被用来传递参数的寄存器。

表 4-14　CPU 内部寄存器传递规则

返回值类型	寄存器	说明
bit	C（标志位）	由具体标志位返回
char/unsigned char	R7	单字节由 R7 返回
int/unsigned int	R6&R7	双字节由 R6 和 R7 返回，其中高字节在 R6，低字节在 R7
long/unsigned long	R4 ~ R7	高位在 R4，低位在 R7
float	R4 ~ R7	32 位 IEEE 格式，指数和符号位在 R7
通用指针	R1 ~ R3	存储类型在 R3 中，高位在 R2，低位在 R1

3. SRC 控制

该控制指令将 C 文件编译生成一个相应的汇编源文件（.SRC），而不是目标文件，在该文件中可以清楚地看到每个参数的传递情况。

4.8.2　函数的声明及段名的命名规则

1. 函数的声明

为了使汇编程序段和 C51 程序能够兼容，必须为汇编语言编写的程序段指定段名并进行定义。若要在它们之间传递函数，则必须保证汇编程序用来传递函数的存储区和 C51 函数使用的存储区是一样的。被调用的汇编函数不仅要在汇编程序中使用伪指令使 CODE 选项有效，并声明为可再定位的段类型，而且还要在调用它的 C51 语言主程序中声明。C51 中函数名的转换规则见表 4-15。

表 4-15　C51 中函数名的转换规则

C51 函数声明	转换函数名	说明
void func（void）	FUNC	无参数传递或参数不通过寄存器传递的函数，其函数名不作改变转入目标文件中
void func（char）	_FUNC	使用寄存器传递参数的函数，函数名前应加“_”前缀，表明这类函数包含寄存器内的参数传递
void func（void）reentrant	_？FUNC	对于再入函数，函数名前应加“_？”前缀，表明该函数包含堆栈内的参数传递

2. 段名的命名规则

C51 程序模块被编译后，其中的函数都被分配到 CODE 段中，命名规则为“？PR？函数名？模块名”；而函数中的 BIT 和 DATA 对象建立 BIT 和 DATA 段，命名规则为“？函数名？BIT”和“？函数名？BYTE”。在 C51 程序和汇编程序相互调用时，汇编语言必须遵循 C51 中的有关段名规则，其命名规则见表 4-16。

表 4-16　段名的命名规则

存储区	段名
CODE	？PR？函数名？模块名（所有存储器模式）
DATA	？DT？函数名？模块名（SMALL 模式）
PDATA	？PD？函数名？模块名（COMPACT 模式）
XDATA	？XD？函数名？模块名（LARGE 模式）
BIT	？BI？函数名？模块名（所有存储器模式）

例 4-41

```
NAME EXAMPLE                                              ；定义模块名
？PR？EXAMPLE_NAME？EXAMPLE SEGMENTCODE                   ；定义程序代码段
PUBLICEXAMPLE_NAME                                        ；定义函数名
PSEG？PR？EXAMPLE_NAME？EXAMPLE                           ；程序代码段
EXAMPLE_NAME                                              ；起始地址
……
END                                                       ；结束
#include <reg51.h>
extern void example_name( );                              /* 对外部被调用函数的
                                                          说明 */

void main（void）
{
  ……
  example_name( );                                        /* 调用汇编函数 */
  ……
}
```

习 题

1. C51 的存储类型有几种，它们分别表示的存储器区域是什么？

2. 在 C51 中，通过绝对地址来访问的存储器有哪几种？

3. C51 中 bit 位与 sbit 位有什么区别？

4. 在 C51 中，中断函数与一般函数有什么不同？

5. 按给定存储器类型和数据类型，写出下列变量的说明形式。

（1）在 data 区定义字符变量 val1；

（2）在 idata 区定义整型变量 val2；

（3）在 xdata 区定义一个指向字符变量的指针 px；

（4）在 xdata 区定义无符号字符数组 val3［4］；

（5）定义可寻址位变量 flag；

（6）定义特殊功能寄存器变量 SCON。

6. 试用 C51 语言编写程序实现，当输入“1”时显示“A”，输入“2”时显示“B”，输入“3”时显示“C”，输入“4”时显示“D”，输入“5”时退出。

7. 用三种循环结构编写程序实现输出 1 ～ 8 的二次方之和。

8. 设计一个子程序，其功能为使 P1.0 口上连接的 LED 灯亮灭 10 次，每次亮 5s，灭 1s。设当 P1.0 口为电平低时 LED 点亮，单片机晶振频率为 12MHz。

9. 试自行设计一个节日彩灯循环闪烁的应用系统。采用 C51 语言编写程序对 P1 口上 8 个发光二极管进行循环点亮，点亮间隔时间可自己定义。

10. 在外部 RAM 首地址为 table 的数据表中，有 10B 的数据。试用 C51 语言将每个字节的最高位无条件地置“1”。

11. 试用 C51 语言设计一个报警处理程序。只有采样值连续 5 次异常时，系统才进行报警处理。

12. 利用单片机控制一台电炉工作，每秒顺序采集 8 次炉温数据，存放在以首地址为 table 开始 8 个单元中。采用算术均值滤波方法进行滤波，并将滤波后的内容与 100 进行比较，若该值大于 100，置 P1.0 为 1 切断电源，停止加热；否则设置 P1.0 为 0。

第 5 章 MCS-51 单片机定时器、中断系统及串行口

在第 2 章中已对 MCS-51 单片机的内部结构、存储器结构、并行 I/O 端口的结构和使用方法作了详细的介绍。本章将对单片机内部集成的定时 / 计数器、中断系统以及串行口等功能部件分别加以阐述。

5.1 MCS-51 单片机的定时 / 计数器

定时 / 计数器是 MCS-51 单片机的一个重要的功能部件。在计算机控制系统中常用定时器当作实时时钟来实现定时检测、定时控制。还可以用定时器产生毫秒宽的脉冲，驱动步进电机等执行机构。计数器主要用于对外部事件的计数。此外，定时 / 计数器还可用作串行口的波特率发生器。

5.1.1 定时 / 计数器的结构

MCS-51 单片机内部有两个 16 位的可编程定时 / 计数器 T0 和 T1。可以通过编程选择是工作在定时模式，还是计数模式，并且在每一种工作模式之下都有四种工作方式。定时 / 计数器的逻辑结构如图 5-1 所示。

定时 / 计数器的核心是 16 位的加 1 计数器，在图中用特殊功能寄存器 TH0、TL0 和 TH1、TL1 表示。TH0、TL0 是 T0 加 1 计数器的高 8 位和低 8 位，TH1、TL1 是 T1 加 1 计数器的高 8 位和低 8 位。

在当作定时器使用时，16 位加 1 计数器对单片机内部的机器周期进行计数，即每个机器周期产生 1 个计数脉冲，也就是每经过一个机器周期的时间定时器加 1，直至 16 位的计数器计满溢出，此时可以向 CPU 发出中断请求。定时器的定时时间与单片机的振荡频率密切相关，MCS-51 单片机的一个机器周期包含了 12 个振荡周期，若晶振频率为 12MHz，则计数频率为 1MHz，即定时器每计一次数所需要的时间为 1μs。适当选择定时器的初值可获得各种不同的定时时间。

在当作计数器使用时，16 位加 1 计数器对单片机引脚 P3.4、P3.5 上输入的脉冲计数。外部输入的脉冲在负跳变时有效，计数器执行加 1 操作。也就是说，在每个机器周期的 S5P2 节拍采样外部输入，当采样值在这个机器周期为高，在下一个机器周期为低时，计数器加 1。由此可见，识别一个从 1 到 0 的负跳变需要两个机器周期，所以计数器的最

高计数频率为晶振频率的 1/24。同样，计数器的初值可以由程序设置，设置的初值不同，计数值也就不同。此外，无论是工作在定时模式还是计数模式，计数器对内部时钟或外部脉冲计数时都不会占用 CPU 工作时间，只有产生溢出时才会中断 CPU 当前操作。

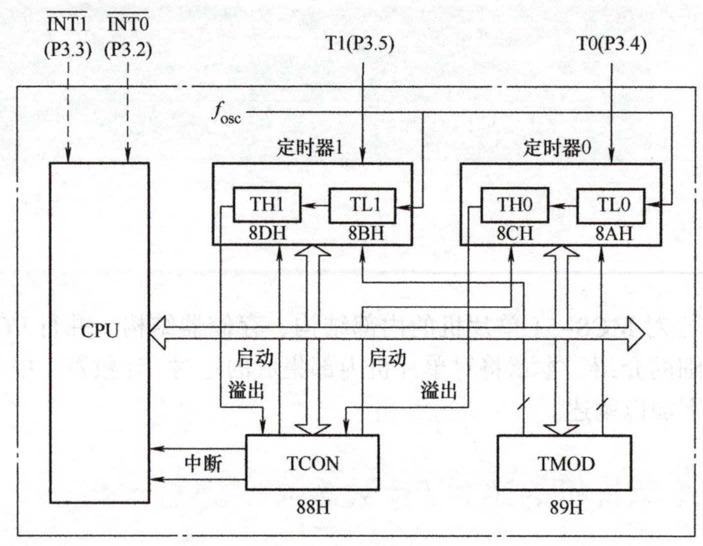

图 5-1 MCS-51 单片机的定时 / 计数器逻辑结构图

5.1.2 定时 / 计数器的控制

MCS-51 单片机对内部定时 / 计数器的控制是通过特殊功能寄存器 TMOD 和 TCON 实现的。TMOD 用于控制 T0 和 T1 的功能和工作方式；TCON 用于控制 T0 和 T1 的启动和停止计数，同时也包含了二者的状态。下面简要介绍这两个控制寄存器的格式。

1. 定时器方式寄存器 TMOD

定时器方式寄存器 TMOD 是一个 8 位寄存器，字节地址为 89H，不可位寻址。它主要用于控制定时 / 计数器的工作方式，其中低 4 位用于控制 T0，高 4 位用于控制 T1。其格式如图 5-2 所示。

D7	D6	D5	D4	D3	D2	D1	D0
GATE	$C/\overline{T}$	M1	M0	GATE	$C/\overline{T}$	M1	M0

图 5-2 TMOD 寄存器的格式

GATE：门控制位。用于确定外部中断请求引脚（$\overline{\text{INT0}}$，$\overline{\text{INT1}}$）是否参与 T0 或 T1 的操作控制。当 GATE 被设置为“0”时，只要定时器控制寄存器 TCON 中的 TR0（或 TR1）置“1”就可以控制 T0（或 T1）的启 / 停计数，这种控制方式通常称为内部控制；当 GATE 被设置为“1”时，定时器同时受 TR0（或 TR1）控制位和 $\overline{\text{INT0}}$（或 $\overline{\text{INT1}}$）引脚的控制，TR0（或 TR1）只有在 $\overline{\text{INT0}}$（或 $\overline{\text{INT1}}$）引脚为高电平的条件下，才能对定时器的启 / 停计数进行控制，这种控制方式通常称为外部控制。

$C/\overline{T}$：定时模式或计数模式选择位。当 $C/\overline{T}$=0 时，定时 / 计数器为定时模式，计数脉冲是内部脉冲，其周期等于机器周期；当 C/$\overline{T}$=1 时，定时 / 计数器为计数模式，计数脉冲从 P3.4 或 P3.5 引脚输入。

M1 和 M0：定时 / 计数器工作方式选择位。其值与工作方式的对应关系见表 5-1。

表 5-1　定时 / 计数器工作方式选择

M1　M0	方式	功能说明
0　0	0	13 位定时 / 计数器
0　1	1	16 位定时 / 计数器
1　0	2	初值自动重装的 8 位定时 / 计数器
1　1	3	T0 为两个 8 位计数器，T1 为无中断的 8 位计数器

2. 定时器控制寄存器 TCON

定时器控制寄存器 TCON 也是一个 8 位寄存器，字节地址为 88H，可进行位寻址。它主要用于控制定时 / 计数器的启 / 停，以及表明定时器的溢出和中断情况。TCON 的低 4 位与外部中断有关，将在后面的内容中介绍，这里只对高 4 位字段进行说明，其格式如图 5-3 所示。

	D7	D6	D5	D4	D3	D2	D1	D0
位地址	8FH	8EH	8DH	8CH	8BH	8AH	89H	88H
TCON	TF1	TR1	TF0	TR0	IE1	IT1	IE0	IT0

图 5-3　TCON 寄存器格式

TF1：定时器 T1 的溢出中断标志位。当定时器从初值开始递增计数至计满溢出时，由内部硬件置位，并向 CPU 发出中断请求。当 CPU 响应中断后，TF1 由硬件自动清零。当工作在查询方式时，TF1 也可以用作状态查询位使用，但在查询有效后，必须用软件将 TF1 复位。

TR1：定时器 T1 的运行控制位。由软件置位 / 复位来控制定时器 T1 的开启 / 关闭。

TF0：定时器 T0 的溢出中断标志位。功能类同 TF1。

TR0：定时器 T0 的运行控制位。功能类同 TR1。

5.1.3　定时 / 计数器的工作方式

通过编程设置寄存器 TMOD 中的控制位 C/$\overline{T}$，可以选择定时或计数模式。同时，M1 和 M0 的不同取值可以控制定时 / 计数器工作于不同的工作方式。现以定时 / 计数器 T0 为例加以说明。

1. 方式 0

当 M1 和 M0 为 00 时，定时器选定为方式 0 工作。此时，16 位的寄存器只用了 13 位，由 TL0 的低 5 位和 TH0 的高 8 位组成了一个 13 位的计数器，TL0 的高 3 位未用。设计这种工作方式主要是为了它与 MCS-48 单片机定时 / 计数器兼容。定时器 T0 在方式 0 下的逻辑电路结构如图 5-4 所示。

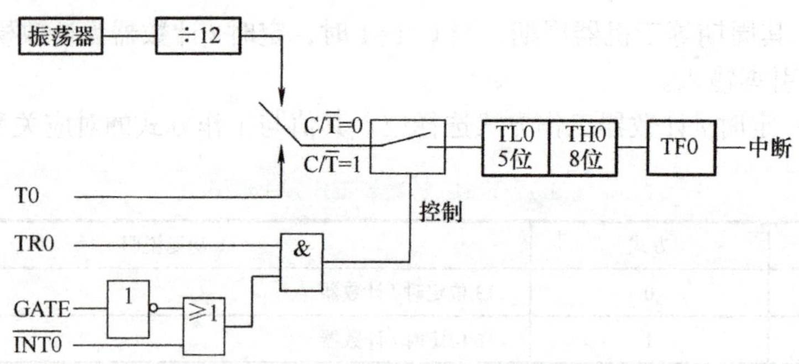

图 5-4　方式 0 下定时器 T0 的逻辑电路结构

从图中可以看出，当 C/$\overline{T}$=0 时，多路开关接通振荡器的 12 分频信号，定时器 T0 工作在定时模式，13 位计数器对输入的时钟信号进行计数；当 C/$\overline{T}$=1 时，多路开关接通外部计数脉冲输入端，定时器工作在计数模式，13 位计数器在输入的计数脉冲的负边沿时加 1 计数。在方式 0 下，无论定时器 T0 是工作在定时模式还是计数模式，在 TL0 的低 5 位计满溢出时都向 TH0 进位，TH0 计满溢出时中断标志位 TF0 置位，同时 TH0 和 TL0 变为全 0。

在门控信号 GATE 为低电平时，与门是打开的，此时定时器 T0 是否工作取决于 TR0 的状态。当 TR0=1 时，控制开关接通，定时器开始工作；当 TR0=0 时，控制开关断开，定时器停止工作。在门控信号 GATE 为高电平时，控制开关除受控于 TR0 外，还受控于引脚 $\overline{\text{INT0}}$ 的状态。在 TR0=1 的前提下，若 $\overline{\text{INT0}}$=1，则定时器 T0 工作；若 $\overline{\text{INT0}}$=0，则定时器 T0 停止工作。这种情况通常用于测量 $\overline{\text{INT0}}$ 引脚上输入的正脉冲的宽度。

2. 方式 1

当 M1 和 M0 为 01 时，定时器选定为方式 1 工作，由 TL0 的低 8 位和 TH0 的高 8 位组成一个 16 位的计数器。定时器 T0 在方式 1 下的逻辑电路结构和控制与方式 0 基本相同，区别只是在于计数器的位数不同，方式 0 为 13 位计数器结构，而方式 1 为 16 位计数器结构。定时器 T0 在方式 1 下的逻辑电路结构如图 5-5 所示。

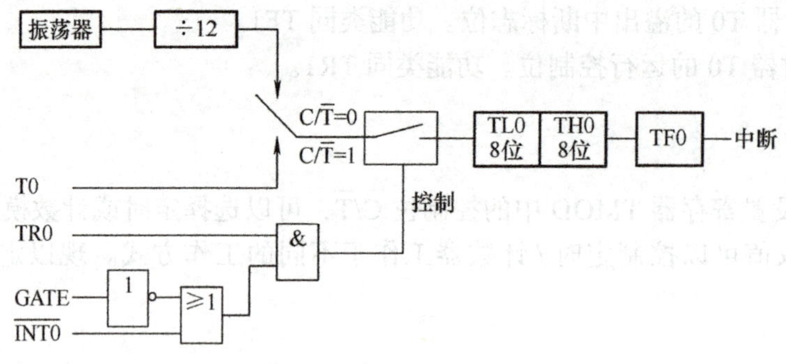

图 5-5　方式 1 下定时器 T0 的逻辑电路结构

3. 方式 2

当 M1 和 M0 为 10 时，定时器选定为方式 2 工作。在方式 0 和方式 1 下，定时器在计满回零时需要通过软件重装初值，这在循环定时或计数时会给程序设计带来不

便。方式 2 的设置就解决了这一问题，此时定时 / 计数器具有自动重装初值的功能如图 5-6 所示。

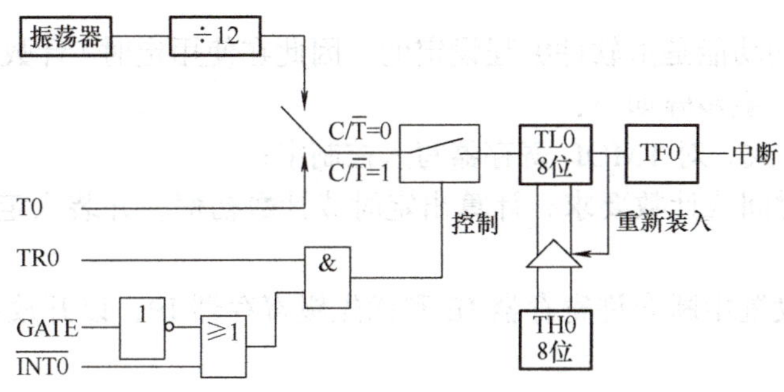

图 5-6　方式 2 下定时器 T0 的逻辑电路结构

从图中可以看出，定时器 T0 被拆成一个 8 位计数器 TL0 和一个 8 位的常数寄存器 TH0。在初始化时，通过软件编程给 TL0 和 TH0 送相同的 8 位计数初值。当定时 / 计数器启动后，TL0 按 8 位加 1 计数器计数。当其溢出时，在置位溢出标志位 TF0 的同时，还自动从 TH0 中重新获得计数初值并启动计数，TH0 的内容重新装载后其值不变。当定时器作为串口波特率发生器时，常选用工作方式 2。

4. 方式 3

当 M1 和 M0 为 11 时，定时器选定为方式 3 工作。在方式 3 下，T0 和 T1 的功能是不相同的。此时，T0 中的 TL0 和 TH0 按两个互相独立的 8 位计数器工作，T1 可以设置为方式 0、方式 1 或方式 2，但不能工作于方式 3。定时器 T0 在方式 3 下的逻辑电路结构如图 5-7 所示。

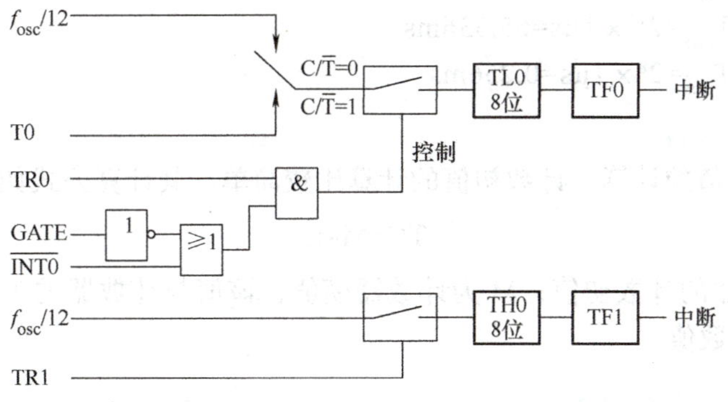

图 5-7　方式 3 下定时器 T0 的逻辑电路结构

在方式 3 下 TL0 和 TH0 是有区别的，TL0 既可以设定为定时方式，也可以设定为计数方式工作，并且仍由 TR0 控制启 / 停以及采用 TF0 作为溢出中断标志，相应的引脚信号也归它使用；而 TH0 只能设定为定时方式，对机器周期计数，它借用了 TR1 和 TF1 控制启 / 停以及存放溢出中断标志，故这时 TH0 占用了定时器 1 的中断。因为控制位已经被 TH0 占用，所以在这种情况下，定时器 T1 一般用作串行口的波特率发生器或不需要中断控制的场合。

5.1.4 定时 / 计数器的初始化

1. 初始化编程

定时 / 计数器的功能是由软件编程设定的，因此在使用定时 / 计数器之前，必须对它进行初始化编程。一般步骤如下：

1）确定工作方式，对 TMOD 寄存器写入控制字；

2）根据定时时间或计数要求，计算出定时或计数初值，并装入定时 / 计数器初值寄存器；

3）根据需要设置中断允许寄存器 IE 和优先级寄存器 IP，以开放中断和设定中断优先级；

4）给定时器控制寄存器 TCON 设置命令字，以启动或禁止定时 / 计数器运行。

2. 定时初值的计算

在定时器模式下，计数器是对单片机的振荡频率经 12 分频后的信号进行计数（一个机器周期）。因此，定时器的定时初值计算公式为

$$TC=M-T/T_M$$

式中，TC 为定时器的定时初值；M 为定时器模值，该值与定时器的工作方式有关，在方式 0 时 M 为 2^{13}，在方式 1 时 M 为 2^{16}，在方式 2 和方式 3 时 M 为 2^8；T 为定时时间；T_M 为单片机的机器周期，其大小为 $12/f_{osc}$。

从定时初值计算公式可以看出，若设 TC=0，则定时器的定时时间最长。由于 M 的值与定时器的工作方式有关，因此在不同工作方式下定时器的最长定时时间也是不同的。假设单片机的主频 f_{osc}=12MHz，则不同工作方式下的最长定时时间为

方式 0：　　$T_{max}=2^{13}\times 1\mu s=8.192ms$

方式 1：　　$T_{max}=2^{16}\times 1\mu s=65.536ms$

方式 2 和 3：$T_{max}=2^{8}\times 1\mu s=0.256ms$

3. 计数初值的计算

相对于定时初值的计算，计数初值的计算比较简单。其计算公式如下：

$$TC=M-C$$

式中，TC 为计数器的计数初值；M 为计数器模值，该值与计数器的工作方式有关；C 为计数器所需要的计数值。

5.1.5 定时 / 计数器应用举例

例 5-1 设 MCS-51 单片机的主频 f_{osc}=12MHz，要求使用 T0，定时时间为 200μs，分别计算方式 0、方式 1、方式 2 下的定时初值。

解 因为 f_{osc}=12MHz，所以机器周期 T_M=1μs。

1）方式 0 初值。

$$2^{13}-200\mu s/1\mu s=8192-200=7992=1F38H$$

$$1F38H=000\underline{1\ 1111\ 0011\ 1000}B$$（画线部分为 13 位计数初值）

由于方式 0 是由 TL0 的低 5 位和 TH0 的高 8 位组成的一个 13 位计数器，TL0 的高 3 位未用，因此可得方式 0 初值为 1111 1001 0001 1000 B，即 TH0=F9H、TL0=18H。

2）方式 1 初值。

$$2^{16}-200\mu s/1\mu s=65536-200=65336=FF38H$$

则方式 1 初值为 FF38H，即 TH0=FFH，TL0=38H。

3）方式 2 初值。

$$2^{8}-200\mu s/1\mu s=256-200=56=38H$$

则方式 2 初值为 38H，即 TH0=38H，TL0=38H。

例 5-2　设 MCS-51 单片机的主频 f_{osc}=12MHz，请编出利用定时 / 计数器 T1 在 P1.2 引脚上输出周期为 1s 的方波程序。

解　要产生周期为 1s 的方波，定时器 T1 必须能定时 500ms，这个值超过了定时器的最大定时时间。因此，可以采用软件计数和硬件定时相结合的方法解决这个问题。可以让定时器 T1 工作在方式 1，定时 50ms 中断方式，并且在主程序内设置一个初值为 10 的软件计数器。每当 50ms 时间到就进入中断服务程序，软件计数器减 1，然后判断它是否为零。若软件计数器内容为零，则表示 500ms 定时已到，便可恢复软件计数器初值并且使 P1.2 引脚电平取反，之后返回主程序；若不为零，则表示 500ms 未到，也返回主程序。如此重复上述过程，便可以在 P1.2 引脚上输出周期为 1s 的方波。

整个程序由主程序和中断服务子程序两部分组成。由主程序完成定时器、中断和软件计数器的初始化以及启动定时器工作，中断服务子程序完成方波信号的输出。相应汇编程序如下：

```
        ；主程序
        ORG  1000H
START： MOV  TMOD，#10H        ；定时器 T1 初始化为方式 1
        MOV  TH1，#3CH         ；装入定时初值
        MOV  TL1，#0B0H
        MOV  IE，#88H          ；开放定时器 T1 中断
        SETB TR1               ；启动定时器 T1 定时
        MOV  R0，#0AH          ；软件计数器赋初值
 LOOP： SJMP LOOP              ；等待中断
        ；中断服务子程序
        ORG  001BH
        AJMP BRT1
        ORG  0200H
 BRT1： DJNZ R0，NEXT          ；若没到 500ms，则转移到 NEXT
        CPL  P1.2              ；若到了 500ms，则 P1.2 电平取反
        MOV  R0，#0AH          ；恢复软件计数器初值
 NEXT： MOV  TH1，#3CH         ；重装定时器初值
        MOV  TL1，#0B0H
        RETI                   ；中断返回
        END
```

在CPU响应中断到完成重装定时器初值的这段时间，定时器T1并未停止工作，而是继续计数的。因此，有时为了保证T1能够精确定时50ms，重装的定时初值需要进行修正，修正的定时器初值必须考虑从原定时器初值中扣除计数器多计的脉冲个数。由于定时器计数脉冲周期恰好和机器周期吻合，因此修正量等于CPU响应中断到重装完TL1为止所用的机器周期数，也就是响应中断所需的机器周期数（一般为4～5个）和中断响应结束到重装完TL1所用的机器周期数（本例为6个）。因此，在中断服务程序中，定时器T1的初值可修正为3CBAH或3CBBH。

本例的C51语言程序如下：

```
#include<reg51.h>
#define uchar unsigned char
#define uint unsigned int
sbit p1_2=P1^2;                              /* 进行位定义 */
uchar n;                                     /* 声明计数变量 */
uchar count;
void main( )
{
    count=10;                                /* 软件计数器赋初值 */
    n=count;
    TMOD=0x10;                               /* 定时器 T1 初始化为方式 1*/
    TL1=0xb0;                                /* 装入定时初值 */
    TH1=0x3c;
    IE=0x88;                                 /* 开放定时器 T1 中断 */
    TR1=1;                                   /* 启动定时器 T1 定时 */
    while（1）;                              /* 等待中断 */
}
void time1_int（void）interrupt 3            /* 中断号 3 是定时器 T1 中断 */
{
    TL1=0xb0;                                /* 重装定时器初值 */
    TH1=0x3c;
    n--;                                     /* 修改软件计数器内容 */
    if（n==0）
    { p1_2=！ p1_2;                          /* 若定时时间到，则 P1.2 取反 */
      n=count;                               /* 重装软件计数器初值 */
    }
}
```

例 5-3 设MCS-51单片机的主频f_{osc}=12MHz，现有重复周期大于1ms的脉冲信号从P3.4（T0）引脚输入，要求P3.4引脚每发生一次负跳变时，P1.0引脚输出一个宽度为200μs的同步负脉冲，同时由P1.2引脚输出一个宽度为400μs的同步正脉冲，其波形如图5-8所示。请编写相应

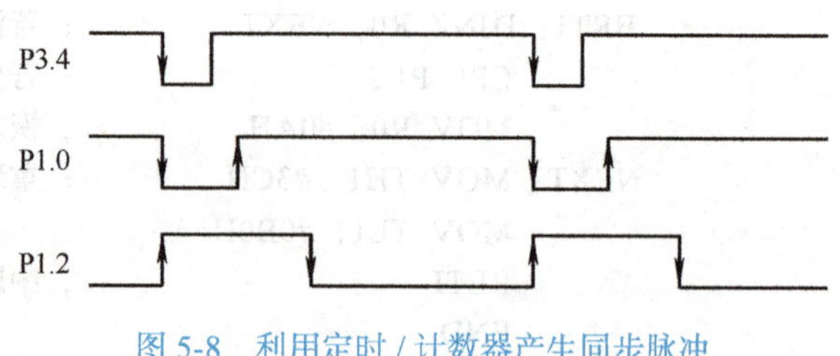

图 5-8 利用定时 / 计数器产生同步脉冲

的程序。

解　首先将定时器 T0 设定为方式 2 计数器功能，初值为 0FFH。当 P3.4（T0）引脚有负跳变输入时，计数器 T0 便溢出使 TF0 置位，然后改变定时器 T0 为方式 2 下的 200μs 定时功能，并且使 P1.0 输出低电平，P1.2 输出高电平。定时器 T0 第一次溢出时，P1.0 输出取反，定时器 T0 第二次溢出时，P1.2 输出低电平，T0 重复外部计数。相应汇编程序如下：

```
          ORG  1000H
START：SETB  P3.4              ；P3.4 初值为 1
          SETB  P1.0              ；P1.0 初值为 1
          CLR   P1.2              ；P1.2 初值为 0
 LOOP：MOV  TMOD，#06H          ；T0 为方式 2，计数方式
          MOV  TH0，#0FFH         ；装入计数初值
          MOV  TL0，#0FFH
          SETB  TR0               ；启动计数器 T0 计数
 NEXT：JBC   TF0 NEXT1          ；检测外部负边沿信号
          AJMP  NEXT
NEXT1：CLR  TR0
          MOV  TMOD，#02H         ；重置 T0 为方式 2，定时 200μs
          MOV  TH0，#38H          ；装入定时初值
          MOV  TL0，#38H
          CLR  P1.0               ；P1.0 清零
          SETB P1.2               ；P1.2 置位
          SETB TR0                ；启动定时器 T0 定时
NEXT2：JBC  TF0，NEXT3           ；检测首次 200μs
          AJMP  NEXT2
NEXT3：SETB P1.0               ；P1.0 置位
NEXT4：JBC  TF0，NEXT5           ；检测第二次 200μs
          AJMP  NEXT4
NEXT5：CLR  P1.2               ；P1.2 清零
          CLR  TR0
          AJMP  LOOP
          END
```

C51 语言程序如下：

```
#include<reg51.h>
sbit p3_4=P3^4;                /* 进行位定义 */
sbit p1_0=P1^0;
sbit p1_2=P1^2;
void main( )
{
  while（1）
  {
    p3_4=1;                    /* 设置各个引脚的初始状态 */
    p1_0=1;
    p1_2=0;
```

```
        TMOD=0x06;              /* 启动定时器 T1 定时 */
        TL1=0xff;               /* 装入计数初值 */
        TH1=0xff;
        TR0=1;                  /* 启动计数器 T0 计数 */
        while ( ! TF0 );        /* 检测外部负边沿信号 */
        TF0=0;
        TR0=0;                  /* 停止计数器 T0 计数 */
        TMOD=0x02;              /* 重置 T0 为方式 2，定时 200μs */
        TL1=0x38;               /* 装入定时初值 */
        TH1=0x38;
        p1_0=0;                 /* 改变各个引脚的状态 */
        p1_2=1;
        TR0=1;                  /* 启动定时器 T0 定时 */
        while ( ! TF0 );        /* 检测首次 200μs*/
        TF0=0;
        p1_0=1;
        while ( ! TF0 );        /* 检测第二次 200μs*/
        TF0=0;
        p1_2=0;
        TR0=0;
    }
}
```

例 5-4 设 MCS-51 单片机的主频 f_{osc}=12MHz，现利用定时器 T0 测量正脉冲信号的宽度，脉冲从 P3.2（$\overline{\text{INT0}}$）引脚输入。假设这个正脉冲的宽度小于 50ms，要求测量此脉冲的宽度（机器周期数），并将结果存放在以 30H 为首地址的片内 RAM 单元。

解 利用门控位 GATE 的功能。当 GATE=1 时，只有在 INT0 输入高电平，并且在 TR0 由软件置位时，才能启动定时 / 计数器。利用这个特性，便可以测量输入脉冲的宽度。相应的程序如下：

```
        ORG 0000H
        AJMP MAIN
        ORG 1000H
MAIN：  MOV TMOD，#09H          ；T0 为方式 1，计数方式，GATE=1
        MOV TH0，#00H           ；装入计数初值
        MOV TL0，#00H
        MOV R0，#30H
WAIT：  JB  P3.2，WAIT          ；等待 INT0 变为低电平
        SETB TR0                ；准备启动计数器 T0
WAIT1： JNB P3.2，WAIT1         ；等待 INT0 变为高电平，启动 T0
WAIT2： JB  P3.2，WAIT2         ；T0 已开始计数，此时等待 INT0 再次变低
        CLR TR0                 ；INT0 变低，停止计数
        MOV @R0，TL0            ；存入计数值
        INC R0
        MOV @R0，TH0
```

```
SJMP  $
END
```

C51 语言程序如下：

```
#include  <reg51.h>
#define uchar unsigned char
sbit p3_2=P3^2;                 /* 进行位定义 */
uchar data *int0_data;          /* 定义数据接收缓冲区 */
void main( )
{
  int0_data=0x30;               /* 设置缓冲区首地址 */
  TMOD=0x09;                    /* 定时器 T0 初始化 */
  TL1=0x00;                     /* 设置计数初值 */
  TH1=0x00;
  while (p3_2);                 /* 等待 INT0 变为低电平 */
  TR0=1;                        /* 启动定时器 T0 计数 */
  while ( ! p3_2);              /* 等待 INT0 变为高电平 */
  while (p3_2);                 /* 等待 INT0 变为低电平 */
  TR0=0;                        /* 停止定时器 T0 计数 */
  *int0_data=TL0;               /* 读入当前计数值 */
  int0_data++;
  *int0_data=TH0;
  while (1);
}
```

5.2　MCS-51 单片机的中断系统

中断技术是计算机在实时处理和实时控制中不可缺少的关键技术。中断是指 CPU 暂时停止原程序的执行，转而为外部设备服务（执行中断服务子程序），并在服务完成后自动返回到断点处，继续执行原来程序的过程。实现这种中断功能的硬件系统和软件系统称为中断系统，对于不同的计算机具有不同的中断系统。中断系统大大提高了单片机处理外部或内部突发事件的能力，较好地实现了 CPU 与外设之间的同步操作，提高了数据处理的实时性。

5.2.1　中断系统组成

MCS-51 单片机的中断系统主要由中断源、中断控制电路和中断入口地址电路等部分组成，其结构如图 5-9 所示。从图中可以看出，MCS-51 单片机允许接受五个独立的中断源的中断请求信号。这五个中断源的中断请求是否会得到响应，受中断允许寄存器 IE 各位的控制；它们的优先级分别由中断优先级控制寄存器 IP 的各位来确定；若同一优先级的各中断源同时发出中断请求，那么还要靠内部的查询逻辑确定响应的次序；不同的中断源有不同的中断服务子程序入口地址。

与中断系统有关的寄存器有四个，分别为定时 / 计数器控制寄存器 TCON、串行控制寄存器 SCON、中断允许寄存器 IE 以及中断优先级控制寄存器 IP。其中 TCON 和 SCON 用于保存中断请求标志和设定外部中断的触发方式；IE 用于控制五个中断源中哪些中断请求被允许，哪些中断请求被禁止；IP 用于控制五个中断源中哪个中断请求的优先级为高，可以被 CPU 优先进行响应。

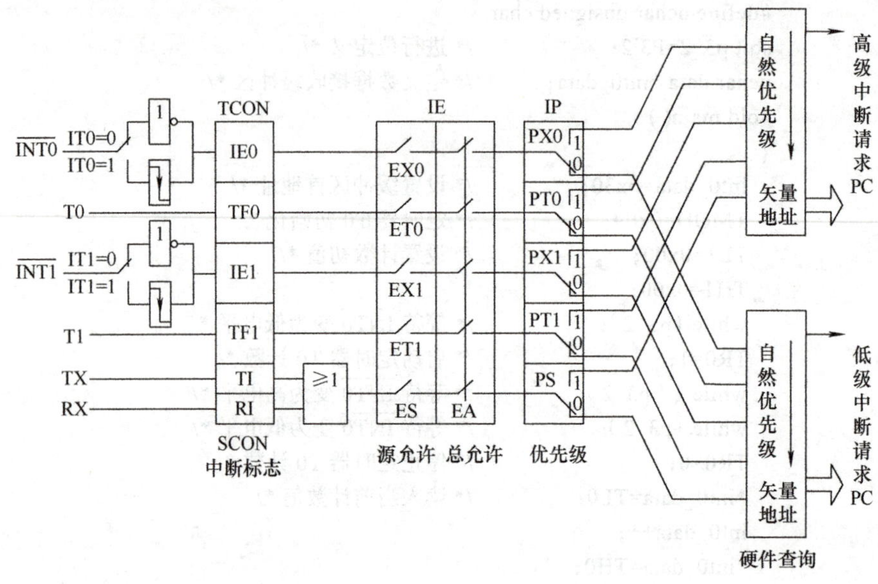

图 5-9　MCS-51 单片机中断系统功能结构

5.2.2　中断源和中断请求标志

1. 中断源

中断源是指引起中断原因的设备或部件，或发出中断请求信号的来源。MCS-51 单片机共有五个中断请求源。其中，两个外部中断源（由 INT0、INT1 输入）；两个内部定时 / 计数器（T0、T1）的溢出中断源 TF0 和 TF1；一个串行口接收 / 发送中断源 RI 或 TI。现分别说明如下。

（1）外部中断源　外部中断源是由 I/O 设备中断请求信号或掉电故障等异常事件中断请求信号提供的，MCS-51 单片机共有两个外部中断源。

1）$\overline{\text{INT0}}$：外部中断 0，来自 P3.2 引脚的中断请求。一旦该引脚输入有效电平，寄存器 TCON 中对应的中断请求位 IE0 就自动置位，向 CPU 申请中断。

2）$\overline{\text{INT1}}$：外部中断 1，来自 P3.3 引脚的中断请求。一旦该引脚输入有效电平，寄存器 TCON 中对应的中断请求位 IE1 就自动置位，向 CPU 申请中断。

外部中断请求信号的触发方式有两种，即低电平触发方式和负边沿触发方式。可以分别通过寄存器 TCON 中的 IT0 和 IT1 位来设置。低电平触发方式是以 $\overline{\text{INT0}}$ 或 $\overline{\text{INT1}}$ 引脚上输入的低电平作为有效的中断请求信号，而负边沿触发方式是以 $\overline{\text{INT0}}$ 或 $\overline{\text{INT1}}$ 引脚电平的负跳变作为有效的中断请求信号。

（2）定时 / 计数器中断源　定时 / 计数器中断是由单片机内部集成的定时器定时时间

到或计数值已满引起的中断，共有两个中断源，即定时器 0 和定时器 1 中断。

1）T0：定时器 0 溢出中断，当定时器 T0 定时时间到（根据单片机内部计数脉冲）或计数值已满（从 P3.4 引脚输入计数脉冲）而产生溢出时，寄存器 TCON 中对应的中断请求位 TF0 就自动置位，向 CPU 申请中断。

2）T1：定时器 1 溢出中断，当定时器 T1 定时时间到（根据单片机内部计数脉冲）或计数值已满（从 P3.5 引脚输入计数脉冲）而产生溢出时，寄存器 TCON 中对应的中断请求位 TF1 就自动置位，向 CPU 申请中断。

（3）串行口中断源　TI 和 RI 为串行口发送和接收中断请求标志。每当串行口完成一帧数据的发送或接收时，寄存器 SCON 中对应的中断请求位 TI 或 RI 就自动置位，向 CPU 申请中断。需要注意的是，这两个标志位不能自动清零，必须由用户用软件复位。

2. 中断请求标志

如前所述，每一个中断源都有一个对应的中断请求标志位，它们设置在特殊功能寄存器 TCON 和 SCON 中。当这些中断源请求中断时，分别由这两个寄存器中的相应位来锁存。

（1）定时器控制寄存器 TCON　TCON 寄存器是定时器 T0 和 T1 的控制寄存器，同时也锁存 T0 和 T1 以及外部中断源的中断请求标志位。其字节地址为 88H，可进行位寻址，其格式如图 5-10 所示。

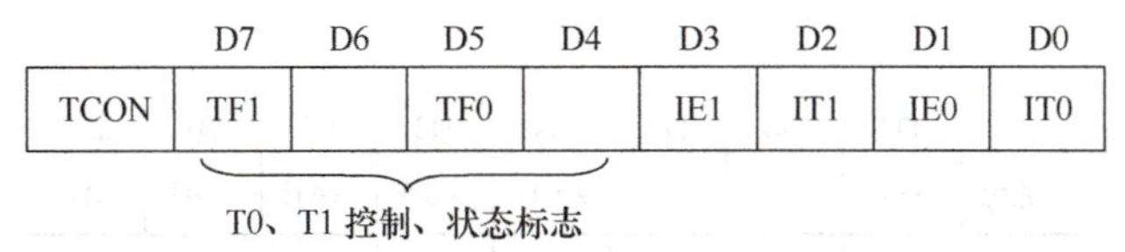

图 5-10　TCON 寄存器中断标志位格式

TF1：定时器 T1 的溢出中断标志位。当定时器计满溢出时，由内部硬件置位，并向 CPU 发出中断请求。当 CPU 响应中断后 TF1 由硬件自动清零。

TF0：定时器 T0 的溢出中断标志位。功能类同 TF1。

IE1：外部中断 1 请求标志。当外部中断采用低电平触发方式时，$\overline{\text{INT0}}$ 引脚上输入低电平使 IE1 置位，向 CPU 发出中断请求。在中断服务程序返回之前必须由外部中断源撤销有效电平，使 IE1 清零，否则 CPU 返回主程序后会再次响应中断。当外部中断采用负边沿触发方式时，$\overline{\text{INT0}}$ 引脚上电平由高变低使其置位，向 CPU 发出中断请求。此时要求输入的负脉冲宽度至少保持 12 个振荡周期，才能被 CPU 采样到有效负跳变，在 CPU 响应中断时，IE1 自动复位。

IT1：外部中断 1 触发方式控制位。当 IT1=0 时，外部中断 1 为低电平触发方式；当 IT1=1 时，外部中断 1 为负边沿触发方式；

IE0：外部中断 0 请求标志。功能类同 IE1。

IT0：外部中断 0 触发方式控制位。功能类同 IT1。

（2）串行口控制寄存器 SCON　SCON 寄存器是串行口的控制寄存器，同时也锁存串行口的发送和接收中断请求标志位。其字节地址为 98H，可进行位寻址，其格式如图 5-11 所示。

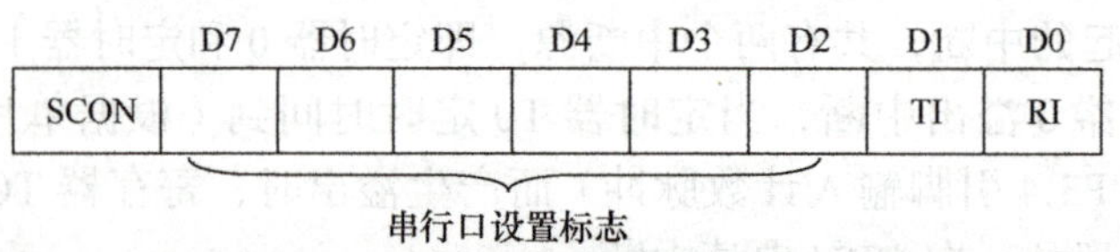

图 5-11　SCON 寄存器中断标志位格式

TI（位地址 98H）：串行口发送中断标志位。用于指示一帧数据是否发送完，串行口可以通过该位以查询或中断的方式与 CPU 联络。

RI（位地址 99H）：串行口接收中断标志位。用于指示一帧数据是否接收完。

SCON 的其余位将在 5.3 节串行通信中叙述。

5.2.3　中断控制

在 MCS-51 单片机中，和中断系统控制有关的寄存器有中断允许寄存器 IE 和中断优先级寄存器 IP。用户通过对这两个寄存器的编程设置，可以控制每个中断源的允许或禁止以及中断优先级。下面简要介绍这两个控制寄存器的格式。

1. 中断允许寄存器 IE

IE 寄存器的字节地址为 A8H，用于控制 CPU 对各中断源的开放或屏蔽，其内容可以通过用户程序设定。它也是一个可以位寻址的专用寄存器，位地址为 A8H ～ AFH，其格式如图 5-12 所示。

	D7	D6	D5	D4	D3	D2	D1	D0
位地址	AFH			ACH	ABH	AAH	A9H	A8H
IE	EA			ES	ET1	EX1	ET0	EX0

图 5-12　IE 寄存器的格式

EA：中断允许总控位。EA=0 时，CPU 禁止所有的中断，即 CPU 屏蔽所有的中断请求；EA=1 时，CPU 开放所有的中断，但它们能否被 CPU 响应还取决于 IE 中相应中断源的中断允许位状态。

ES：串行口中断允许位。ES=0 时，禁止串行口中断；ES=1 时，允许串行口中断，但是 CPU 最终能否响应这一中断还取决于中断允许总控位的状态。

ET1：定时器 1 溢出中断允许位。ET1=0 时，禁止定时器 1 的溢出中断；ET1=1 时，允许定时器 1 的溢出中断，但是 CPU 最终能否响应这一中断还取决于中断允许总控位的状态。

EX1：外部中断 1 中断允许位。EX1=0 时，禁止外部中断 1 的中断请求；EX1=1 时，允许外部中断 1 的中断请求，但是 CPU 最终能否响应这一中断还取决于中断允许总控位的状态。

ET0：定时器 0 溢出中断允许位。作用类同 ET1。

EX0：外部中断 0 中断允许位。作用类同 EX1。

2. 中断优先级寄存器 IP

MCS-51 单片机中断系统提供两级中断优先权等级，对于每一个中断请求源都可以通过编程设定为高优先级或低优先级，以实现两级中断嵌套。IP 寄存器的字节地址为 B8H，用于控制各中断源的中断优先级，其内容可以通过用户程序设定。它也是一个可以位寻址的专用寄存器，位地址为 B8H ～ BFH，其格式如图 5-13 所示。

	D7	D6	D5	D4	D3	D2	D1	D0
位地址				BCH	BBH	BAH	B9H	B8H
IP				PS	PT1	PX1	PT0	PX0

图 5-13　IP 寄存器的格式

PS：串行口中断优先级控制位。PS=0 时，设定串行口中断为低优先级中断；PS=1 时，设定串行口中断为高优先级中断。

PT1：定时器 1 溢出中断优先级控制位。PT1=0 时，设定定时器 1 溢出中断为低优先级中断；PT1=1 时，设定定时器 1 溢出中断为高优先级中断。

PX1：外部中断 1 中断优先级控制位。PX1=0 时，设定外部中断 1 为低优先级中断；PX1=1 时，设定外部中断 1 为高优先级中断。

PT0：定时器 0 溢出中断优先级控制位。作用类同 PT1。

PX0：外部中断 0 中断优先级控制位。作用类同 PX1。

对于 MCS-51 单片机来说，共有五个中断源，但中断优先级只有高低两级。因此，在工作过程中必然会有两个或两个以上的中断源处于同一中断优先级。那么此时单片机优先响应哪一个中断请求，取决于内部的查询顺序。这相当于在每个优先级内，还同时存在另一个辅助优先级结构，其优先级顺序见表 5-2。

表 5-2　MCS-51 单片机中断源优先级的顺序

中断源	中断标志	中断查询顺序
外部中断 0	IE0	高 ↓ 低
定时器 T0 溢出中断	IT0	
外部中断 1	IE1	
定时器 T0 溢出中断	IT1	
串行口中断	TI/RI	

在每一个机器周期内，中断系统中所有的中断源都顺序地被检查一遍，这样到任意一个机器周期的 S6 状态时，便找到了所有已激活的中断请求，并且按照优先级的高低进行排序。在下一个机器周期的 S1 状态，就开始对其中最高优先级的中断请求进行响应。在中断响应的过程中，MCS-51 单片机允许中断的嵌套，也就是高优先级中断打断低优先级中断请求的中断服务，但中断的嵌套必须遵循以下规则：

1）正在进行处理的中断过程不能被新的同级或低优先级的中断请求所中断。

2）在中断是开放的情况下，正在处理的低优先级中断服务程序能被高优先级中断请求所中断，实现两级的中断嵌套。

这两条规则是由单片机内部两个用户不可见的优先级状态触发器来保证的，即高优先级触发器（屏蔽所有中断源）和低优先级触发器（屏蔽同级中断源）。若哪一级中断被响应，则相应的优先级触发器被激活，当中断结束时自动清零。

5.2.4 中断的处理过程及响应时间

一个完整的中断过程包括中断申请、中断响应、中断处理和中断返回。前面已经讨论了 MCS-51 单片机中断源的问题，下面将介绍它的中断响应、中断处理和中断返回，以及中断响应时间的有关问题。

1. 中断响应

在 CPU 接收到中断请求信号之后，如果满足响应中断的条件，则 CPU 就会响应该中断请求。此时 CPU 就将程序计数器 PC 中的断点地址压入堆栈（在 MCS-51 单片机中，程序计数器 PC 是 16 位的，占用了两个字节，没有自动保存程序状态字 PSW 的内容)，再把与中断源对应的中断入口地址送入程序计数器 PC，从而转入相应的中断服务程序。

（1）中断响应的条件　MCS-51 单片机在接收到有效的中断请求信号后，若满足下列三个条件中的任意一个，CPU 就可以对中断请求进行响应。

1）若 CPU 处于非响应中断状态且中断是开放的，即中断允许寄存器中相应位置 1，则 MCS-51 单片机在现行指令执行完后就会自动响应来自某中断源的中断请求。

2）若 CPU 正在为某一中断请求服务时又来了优先级更高的中断请求且此时中断是开放的，则 MCS-51 单片机会立即对其响应实现中断的嵌套。

3）若 CPU 正处在执行中断返回指令 RETI 或访问 IE/IP 指令的时刻，则 MCS-51 单片机必须等到下一条指令执行结束后才能响应该中断请求。

（2）中断响应的过程　在 CPU 开始响应中断以后，由硬件自动执行下列的功能操作：

1）将有效的中断请求信号锁存到各自的中断标志位中，按照优先级高低顺序进行排队，对最高优先级中断请求进行响应；

2）保护断点地址，也就是将当前程序计数器 PC 的内容压入堆栈保存，以便在中断服务子程序结束时，执行 RETI 指令能够正确的返回到原程序执行；

3）关闭中断，以防在响应中断期间受其他中断的干扰；

4）将被响应的中断服务程序入口地址（见表 2-2）送入程序计数器 PC，同时清除中断请求标志（串行口中断和外部电平触发中断除外)，从而转入相应的中断服务程序。

2. 中断处理和中断返回

中断处理子程序从中断入口地址开始执行，到返回指令 RETI 结束。一般情况下，中断处理程序包括以下几个部分：

（1）关闭中断　若在执行当前中断程序时禁止更高优先级的中断，则可用软件关闭 CPU 的中断，或屏蔽更高优先级中断。

（2）保护现场　CPU 响应中断时会自动将断点地址入栈保护，但是主程序中使用的寄存器内容的保护则由用户视情况而定。由于在中断处理子程序中要用到某些寄存器，因而若不保护这些寄存器原有的内容，当中断处理子程序的执行修改了相应寄存器的内容时，一旦返回主程序，就会造成主程序的混乱。用户对相关寄存器的内容进行保护的过程就称为保护现场。

（3）中断处理　中断处理的具体内容因中断源的要求不同而不同，它是中断处理子程序的核心。

（4）恢复现场　为了保证中断处理子程序结束后能正确地执行原来被终止的程序，应使中断处理子程序中所使用的寄存器内容不变，也就是将原来保护的内容再恢复到相应的寄存器中。

（5）打开中断　在恢复现场之后，中断返回之前，应通过软件指令开放中断，以便CPU 响应新的中断请求。

（6）中断返回　中断处理子程序的最后一条指令无一例外地都使用中断返回指令RETI。CPU 执行这条指令，对中断响应时置位的优先级状态触发器清零，然后将堆栈中的断点地址弹出到程序计数器 PC 中，以便 CPU 返回到断点处继续执行主程序。

3. 中断请求的撤除

CPU 响应中断请求后，在中断返回之前，应及时撤除该中断请求，否则会造成对同一中断请求多次响应的错误。MCS-51 单片机各中断源中断请求撤除的方法各不相同，现分述如下：

1）定时器溢出中断请求。CPU 在响应中断以后，由硬件自动清除中断标志位 TF0 或TF1，即中断请求是自动撤除的，不需要采取其他措施。

2）串行口中断请求。对于串行口中断，在 CPU 响应中断后，硬件不能自动将 TI 和RI 复位，故串行口中断不能自动撤除。在响应串行口中断请求后，必须在中断处理程序中，用软件将中断标志 TI 或 RI 清零，以撤除中断请求。

3）外部中断请求。对于负边沿触发的外部中断，CPU 在响应中断以后，也由硬件自动清除中断标志位 IE0 或 IE1，即自动撤除了中断请求，不需要采取其他措施。对于低电平触发的外部中断，虽然在 CPU 响应中断以后，中断标志位 IE0 或 IE1 也由硬件自动清零，但若中断请求信号的低电平还在，那么还会错误的再一次产生中断。因此对于低电平触发的外部中断，除了中断标志位自动清零之外，还应在中断响应后立即撤除 $\overline{\text{INT0}}$ 或 $\overline{\text{INT1}}$ 引脚上的低电平中断请求信号。

一种可供采用的电平型外部中断的撤除电路如图 5-14 所示。由图可见，外部的中断请求信号不直接加在 $\overline{\text{INT0}}$ 端，而是加在 D 触发器的时钟 CP 端。由于 D 端接地，当外部中断请求出现在 CP 端时，Q 触发器复位成“0”状态，Q 端的低电平被送到 $\overline{\text{INT0}}$，发出中断请求。CPU 响应中断后，利用 P1.0 作为应答线，在中断服务子程序开头安排如下指令来撤除 $\overline{\text{INT0}}$ 上的低电平。

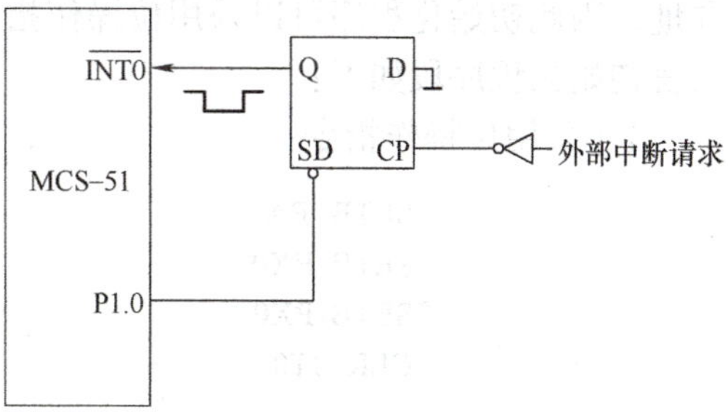

图 5-14　多外部中断撤除电路

```
INSV：ANL  P1，#0FEH
      ORL  P1，#01H
      CLR  IE0
```

MCS-51 单片机执行上述程序段就可在 P1.0 上产生一个宽度为两个机器周期的负脉

冲。在该负脉冲的作用下，Q 触发器被置位成“1”状态，$\overline{\text{INT0}}$ 上电平也因此而变高，从而撤除了其上的中断请求。

4. 中断响应的时间

所谓中断响应时间是指从查询中断请求标志到转入中断处理子程序入口地址所需要的时间。了解中断响应时间，对实时控制系统的设计是十分重要的。

中断响应的最短的时间是三个机器周期。第一个机器周期用于查询中断标志位的状态，如果此时 CPU 正处在一条指令执行的最后一个机器周期，那么在这个机器周期结束后，中断请求立即得到响应。接下来保护断点、关中断和执行长转移指令需要两个机器周期。因此，最短响应中断的时间需要三个机器周期。

中断响应的最长时间是八个机器周期。如果 CPU 在执行中断返回指令 RETI 或访问 IE/IP 指令的第一个机器周期检测到有中断请求，那么 CPU 必须等到下一条指令执行结束后才能响应该中断请求。执行 RETI 或访问 IE/IP 指令需要两个机器周期，继续执行的下一条指令最长需要四个机器周期，再用两个机器周期进入中断处理子程序的入口地址。这样，总共需要八个机器周期。

因此，在系统中只有一个中断源的情况下，响应中断的时间总是在 3 ～ 8 个机器周期之间。

5.2.5 中断系统的初始化及应用

在使用中断系统之前，必须对它进行初始化编程，也就是对相应的特殊功能寄存器各控制位进行赋值。中断系统初始化的一般步骤如下：

1）对中断允许寄存器 IE 进行设置，打开相应中断源的中断；

2）对中断优先级寄存器 IP 进行设置，确定各中断源的优先级；

3）若为外部中断，则应规定是低电平还是负边沿的中断触发方式。

例 5-5 请写出 $\overline{\text{INT0}}$ 为低电平触发的中断系统初始化程序。

解 因为与 MCS-51 单片机中断系统有关的控制寄存器既可以位寻址，也可以字节寻址，因此初始化程序可以采用位操作指令，也可以采用字节操作指令实现。相应的汇编语言初始化程序段如下：

1）采用位操作指令：

```
SETB EA          ; 开中断总允许控制位
SETB EX0         ; 开 INT0 中断
SETB PX0         ; 令 INT0 为高优先级
CLR  IT0         ; 令 INT0 为低电平触发
```

2）采用字节型指令：

```
MOV IE, #81H          ; 开 INT0 中断
ORL IP, #01H          ; 令 INT0 为高优先级
ANL TCON, #0FEH       ; 令 INT0 为低电平触发
```

若采用 C 语言编程，则初始化程序段如下：

```
EA=1;                 /* 开 INT0 中断 */
```

```
EX0=1;
PX0=1;                    /* 令 INT0 为高优先级 */
IT0=0;                    /* 令 INT0 为低电平触发 */
```

从上述程序段可看出，采用位操作指令进行中断系统初始化是比较简单的。

例 5-6　如图 5-15 所示，利用 $\overline{\text{INT1}}$ 引入单脉冲，每来一个负脉冲，将连接到 P1 口的发光二极管循环点亮。

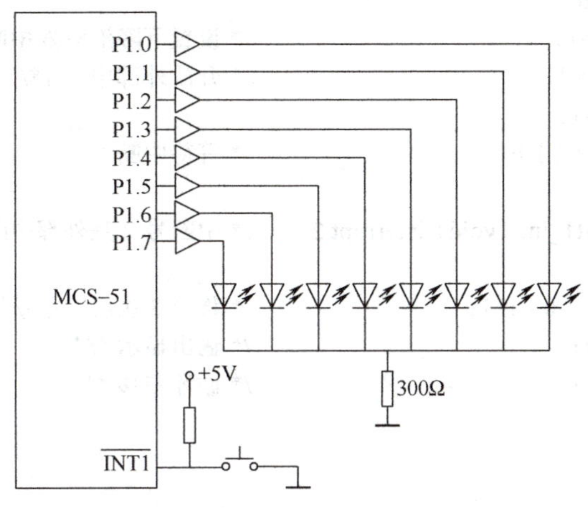

图 5-15　MCS-51 单片机中断应用接口图

解　可以利用 $\overline{\text{INT1}}$ 的下降沿触发中断。每次进入中断服务子程序，就将连接至 P1 口的发光二极管顺次点亮。相应的汇编语言程序如下：

```
            ；主程序
            ORG  0000H
            LJMP  MAIN
            ORG  0100H
     MAIN： MOV  SP，#60H           ；设置堆栈指针
            MOV  A，#01H
            MOV  P1，#00H
            SETB IT1                ；设置下降沿触发中断
            SETB EX1                ；开放外部中断 1
            SETB EA
            SJMP  $                 ；等待中断
            ；中断服务子程序
            ORG  0013H
            LJMP  INT1_ISR
            ORG  0100H
 INT1_ISR： CJNE  A，#00H，AA
            MOV  A，#01H
       AA： MOV  P1，A
            RL  A
            RETI
            END
```

C51 语言程序如下：

```
#include <reg51.h>
#define uchar unsigned char
uchar i=0x01;                          /* 设置初始显示值 */
void main( )
{
  P1=0;
  IT1=1;                               /* 设置下降沿触发中断 */
  EX1=1;                               /* 开放外部中断 1*/
  EA=1;
  while (1);                           /* 等待中断 */
}
void int1_int (void) interrupt 2       /* 中断号 2 是外部中断 1*/
{
  if (i==0) i=1;                       /* 移位 8 次后，重新给 i 赋值 */
  P1=i;                                /* 输出显示 */
  i<<1;                                /* 循环左移 */
}
```

5.2.6 中断源的扩展

MCS-51 单片机为外部的中断提供了两个中断请求输入端。但在实际应用系统中，外部中断请求源可能比较多，这就需要扩展外部中断源。常用的中断源扩展方法有三种，即利用定时器溢出中断法、中断查询法以及利用 8259 中断控制器扩展中断源。这里主要介绍前两种中断扩展方法。

1. 利用定时器扩展中断源

MCS-51 单片机内部集成了两个定时器，若将定时器设置为计数器方式，则计数初值设为满量程，同时将定时器的输入端 T0 或 T1 用于输入外部中断请求信号。每当 T0 或 T1 引脚上出现下降沿时，计数器就会产生溢出中断。利用这个特性，可以把 P3.4 和 P3.5 作为外部中断请求输入端，TF0 和 TF1 作为外部中断请求标志，其中断入口地址 000BH 和 001BH 就是扩展的外部中断源的入口地址。下面结合实例加以说明。

例 5-7 写出定时器 T0 中断源用作外部中断源的初始化程序。

解 初始化程序将 T0 设置为方式 2 计数模式，计数初值为 0FFH。每当 P3.4 引脚有负跳变信号输入时，定时器 T0 的溢出中断标志位 TF0 就会置位，向 CPU 发出中断请求。相应的汇编初始化程序段为

```
MOV  TMOD, #06H          ; T0 初始化为方式 2，计数模式
MOV  TH0, #0FFH          ; 装入计数初值
MOV  TL0, #0FFH
SETB EA
SETB ET0                 ; 开放定时器 T0 中断
SETB TR0                 ; 启动定时器 T0 定时
```

若采用 C 语言编程，则初始化程序段如下：

```
TMOD=0x06;                /*T0 初始化为方式 2*/
TH0=0xff;                 /* 装入计数初值 */
TL0=0xff;
IE=0x82;                  /* 开放定时器 T0 中断 */
TR0=1;                    /* 启动定时器 T0 定时 */
```

借用 T0 来扩展外部中断源，实际上相当于使 MCS-51 单片机的 P3.4 引脚变成了一个下降沿触发型外部中断请求输入端，而少了一个定时器溢出中断源。

2. 利用查询方式扩展中断源

若系统中有多个外部中断源，那么采用定时器溢出中断来扩展外部中断源已不能满足实际应用的需要，这时可采用中断和查询相结合的方式来扩展外部中断源。这种方法是将多个中断源按照重要程度进行排队，把最高优先级的中断源接到单片机的一个外部中断输入端，其余的中断源通过或门连接到另一个外部中断输入端，同时还连接到一个并行 I/O 口。中断请求由硬件电路产生，而中断源的识别由程序查询来处理，查询的次序决定了中断源的优先级。现举例加以说明。

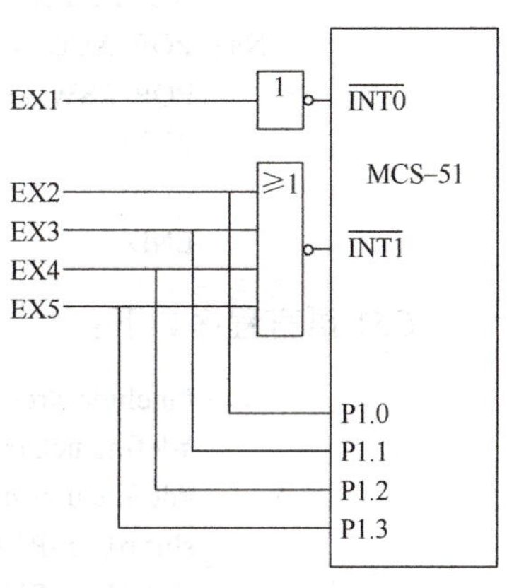

图 5-16　多外部中断扩展电路

例 5-8　现有五个外部中断源 EX1 ～ EX5，如图 5-16 所示。中断请求信号高电平有效，编写查询外部中断请求端 EX1 ～ EX5 上中断请求的程序。

解　相应的汇编语言程序如下：

```
       ORG  0000H              ; 复位地址
       LJMP  MAIN              ; 转主程序
       ORG  0003H              ; 外部中断 0 入口地址
       LJMP  INT0              ; 进入外部中断 0 中断处理程序
       ORG  0013H              ; 外部中断 1 入口地址
       LJMP  INT1              ; 进入外部中断 1 中断处理程序
MAIN:  MOV  SP, #60H           ; 置堆栈指针
       ANL  TCON, #0FAH        ; 设置外部中断为电平触发方式
       MOV  IE, #85H           ; 开放两个外部中断
       MOV  IP, #01H           ; 设置外部中断 0 为高优先级
       ……                      ; 主程序内容
       ORG  1000H
INT0:  PUSH  PSW               ; 保护现场
       PUSH  ACC
       ACALL  EX1              ; 调用 EX1 服务子程序
       POP  ACC                ; 恢复现场
       POP  PSW
       RETI
       ORG 1200H
```

```
INT1: PUSH PSW                        ; 保护现场
      PUSH ACC
      ORL P1, #0FH                    ; 读出 P1 口低 4 位
      MOV A, P1
      JNB P1.0, N1
      ACALL EX2                       ; 调用 EX2 服务子程序
  N1: JNB P1.1, N2
      ACALL EX3                       ; 调用 EX3 服务子程序
  N2: JNB P1.2, N3
      ACALL EX4                       ; 调用 EX4 服务子程序
  N3: JNB P1.3, N4
      ACALL EX5                       ; 调用 EX5 服务子程序
  N4: POP ACC                         ; 恢复现场
      POP PSW
      RETI
      ……
      END
```

C51 语言程序如下：

```
#include <reg51.h>
#define uchar unsigned char
#define uint unsigned int
sbit p1_0=P1^0;                       /* 进行位定义 */
sbit p1_1=P1^1;
sbit p1_2=P1^2;
sbit p1_3=P1^3;
void main( )
{
  TCON=0x00;                          /* 设置外部中断为电平触发方式 */
  IE=0x85;                            /* 开放两个外部中断 */
  IP=0x01;                            /* 设置外部中断 0 为高优先级 */
  ……
  while (1);
}
void int0_int (void) interrupt 0      /* 外部中断 0 的中断号为 0*/
{
  EX1( );                             /* 调用 EX1 服务子程序 */
}
void int1_int (void) interrupt 2      /* 外部中断 1 的中断号为 2*/
{
  if (p1_0==1 )                       /* 调用 EX2 服务子程序 */
    { EX2(); }
  else if (p1_1==1 )                  /* 调用 EX3 服务子程序 */
    { EX3( ); }
  else if (p1_2==1 )                  /* 调用 EX4 服务子程序 */
    { EX4( ); }
```

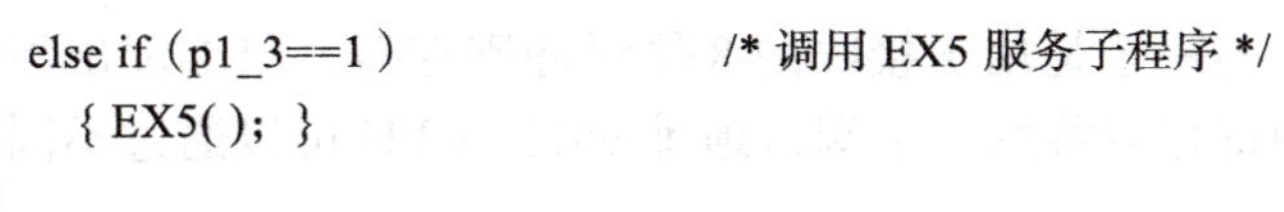

```
        else if (p1_3==1)               /* 调用 EX5 服务子程序 */
          { EX5( ); }
      }
```

采用查询法扩展外部中断源比较简单，但当扩展的外部中断源个数比较多时，查询时间太长，常常无法满足现场的控制要求。为此，可采用可编程的中断控制器 8259 来扩展外部中断源。限于篇幅，在这里不作详细的介绍。

5.3 MCS-51 单片机的串行接口

MCS-51 单片机内部除了含有四个并行 I/O 接口之外，还有一个可编程的全双工串行通信接口，具有 UART 的全部功能。该接口电路不仅能同时进行数据的发送和接收，也可作为一个同步移位寄存器使用。MCS-51 单片机的串行接口有四种工作方式，波特率可由软件设置片内的定时 / 计数器来控制。每当串行接口完成接收或发送一个字节的数据后，均可以向 CPU 发出中断请求。MCS-51 单片机的串行接口除了可用于串行通信之外，还可以非常方便地用来扩展并行接口。下面对串行接口的结构、工作方式和波特率以及应用进行讨论。

5.3.1 串行口的结构

MCS-51 单片机的串行口由发送电路、接收电路和串行口控制寄存器等三部分组成。串行口的内部结构如图 5-17 所示。

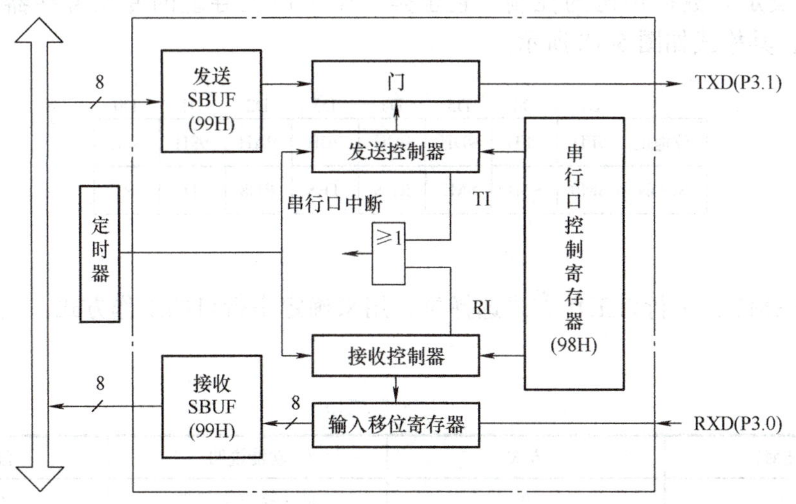

图 5-17　串行口内部结构框图

1. 发送电路和接收电路

串行口的发送电路由发送缓冲器 SBUF 和发送控制器等电路组成，用于串行口数据的发送；接收电路由接收缓冲器 SBUF 和接收控制器以及接收移位寄存器等电路组成，用于串行口数据的接收。在物理上，SBUF 有两个，一个是用于发送的 8 位缓冲寄存器，只能写入不能读出，另一个是用于接收的 8 位缓冲寄存器，只能读出不能写入；在逻辑寻址上，这两个缓冲寄存器共用一个端口地址 99H，CPU 可以通过不同的指令对它们进行存取。

在串行通信的过程中，数据的发送和接收都是在时钟信号的控制下进行的，发送时钟用于控制数据的发送，接收时钟用于控制数据的接收。发送时钟和接收时钟都必须同字符位数的波特率保持一致。MCS-51 单片机的串行口所需的时钟信号既可由主机频率 f_{osc} 经过分频以后提供，也可以由单片机内部定时器 T1 或 T2 的溢出率经过 16 分频后提供。

当 CPU 执行指令 MOV　SBUF，A 时，启动一帧数据的发送过程。发送控制器在发送时钟的作用下，自动在发送字符前后添加起始位、停止位以及其他控制位，然后在移位时钟信号的控制下，将二进制信息由 TXD 引脚一位一位地发送出去。一帧数据发送完，即发送 SBUF 为空时，TXD 引脚呈高电平，同时 TI 标志位置 1，表示一帧数据已经发送完毕。

在进行串行数据接收时，外部的数据通过 RXD 引脚输入。当该引脚由高电平变为低电平时，表示一帧数据的接收已经开始。数据的最低位首先进入移位寄存器，它在移位时钟的作用下自动地去掉数据的格式信息，在连续接收到一帧字符后将其并行送入接收 SBUF，同时将 RI 标志位置 1，表示一帧数据接收完毕。

2. 串行口控制寄存器

MCS-51 单片机和串行通信有关的控制寄存器有 SCON 和 PCON，下面简要介绍这两个控制寄存器的格式。

（1）串行口控制寄存器 SCON　SCON 寄存器的字节地址为 98H，用于串行口工作方式的设定和数据传送的控制。它也是一个可以位寻址的专用寄存器，位地址为 98H ～ 9FH，其格式如图 5-18 所示。

	D7	D6	D5	D4	D3	D2	D1	D0
位地址	9FH	9EH	9DH	9CH	9BH	9AH	99H	98H
SCON	SM0	SM1	SM2	REN	TB8	RB8	TI	RI

图 5-18　SCON 寄存器的格式

SM0 和 SM1：串行口工作方式选择位，用来确定串行口的工作方式，其设置及功能详见表 5-3。

表 5-3　串行口工作方式

SM0　SM1	方式	功能说明	波特率
0　0	0	同步移位寄存器	$f_{osc}/12$
0　1	1	10 位异步收发	由定时器控制
1　0	2	11 位异步收发	$f_{osc}/64$ 或 $f_{osc}/32$
1　1	3	11 位异步收发	由定时器控制

SM2：多机通信控制位。仅当串行口工作在方式 2 或方式 3 时，该位才有意义。当串行口工作于方式 0 时，SM2 应设置为 0 状态。在方式 1 下，若 SM2=1，则只有接收到

有效的停止位，RI 才置 1，并且在中断开放的情况下向 CPU 发出中断请求，通常 SM2 应置“0”。在方式 2 或方式 3 下，若 SM2=0，则串行口以单机的方式工作，不论第 9 位数据 RB8 是 1 还是 0，都置 RI 为 1，同时将接收到的一帧数据送至 SBUF 中；若 SM2=1，则串行口工作于多机通信模式，只有在接收到的第 9 位数据 RB8 是 1 的情况下，置 RI 为 1，同时将接收到的前 8 位数据送至 SBUF 中，否则，接收到的 8 位数据将被视为无效丢弃。

REN：允许接收控制位。在软件置位 REN 时，允许串行口接收数据；在软件复位 REN 时，禁止串行口接收数据。

TB8：发送数据的第 9 位。在方式 2 或方式 3 下，多机通信中存放要发送的第 9 位数据。TB8=0 表示发送的是数据信息；TB8=1 表示发送的是地址信息。该位可以通过软件置位或复位。

RB8：接收数据的第 9 位。在方式 2 或方式 3 下，存放接收数据的第 9 位，用以表明所接收数据的特征，一般约定地址信息为 1，数据信息为 0。在方式 1 中，若 SM2=0，则 RB8 用于存放接收到的停止位。方式 0 下，不使用 RB8。

TI：发送中断标志位，用于指示一帧数据是否发送完，串行口可以通过查询或中断的方式与 CPU 联络。在方式 0 时，发送第 8 位数据时即由硬件置 TI 为 1，在其他方式下，在发送停止位时 TI 置位。值得注意的是，TI 虽然是由硬件自动置位，但必须通过软件来复位。

RI：接收中断标志位，用于指示一帧数据是否接收完。在方式 0 时，RI 在接收电路接收到第 8 位数据时置位；在其他方式下，在接收到停止位时 RI 置位。该位可供查询或向 CPU 发出中断请求，也由软件来复位。

（2）电源控制寄存器 PCON　PCON 寄存器的字节地址为 87H，是为 CHMOS 型单片机的电源控制而设置的专用控制寄存器，串行口借用了其最高位 SMOD 作为波特率的倍增位，可以通过传送指令对该位进行设置。对于 HMOS 器件，PCON 寄存器只定义了 SMOD 位，其格式如图 5-19 所示。

D7	D6	D5	D4	D3	D2	D1	D0
SMOD				GF1	GF0	PD	IDL

图 5-19　PCON 寄存器的格式

SMOD：波特率选择位。在方式 1、方式 2 和方式 3 时，串行通信的波特率和 2^{SMOD} 成正比。即当 SMOD=1 时，波特率乘 2；当 SMOD=0 时，波特率不变。

GF1 和 GF0：通用标志位，用户可以通过指令改变它们的状态。

PD：掉电控制位。主要针对 CHMOS 型单片机设计，当 PD 为高电平时，单片机工作于掉电（停机）方式。

IDL：空闲控制位。也是针对 CHMOS 型单片机设计，当 IDL 为高电平时，单片机工作于空闲（等待）方式。

5.3.2　串行口的工作方式

串行口的工作方式有四种，由控制寄存器 SCON 中的 SM0 和 SM1 定义，编码和功能见表 5-3。在这四种工作方式中，串行通信只使用方式 1、2、3，方式 0 主要用于扩展并行输入输出口。

1. 方式 0

在方式 0 下，串行口作为同步移位寄存器使用。数据的发送或接收都是通过 RXD 引脚，而 TXD 引脚负责发送同步移位脉冲。数据的发送和接收都是以 8 位为一帧，帧格式如图 5-20 所示，低位在前，高位在后。波特率固定为 $f_{osc}/12$。在方式 0 中，SM2、TB8 和 RB8 都不起作用，通常设置为“0”状态。

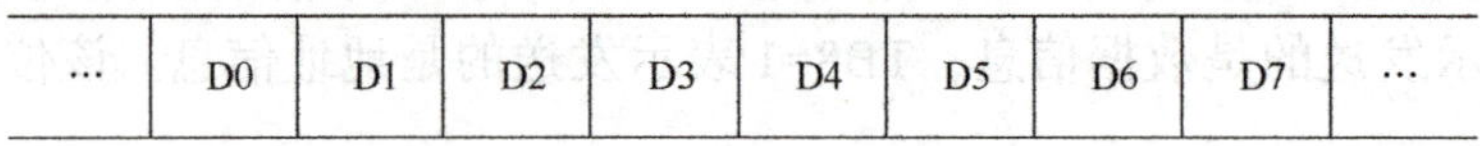

图 5-20　方式 0 的帧格式

在发送过程中，发送操作是在 TI=0 的条件下进行的。当 CPU 执行将发送数据写入发送缓冲器 SBUF 的指令时，串行口开始进行数据的发送，RXD 引脚上就一位一位地发送 8 位数据，TXD 引脚上发出同步脉冲。当数据最高位发送完之后，停止发送数据和移位时钟脉冲。发送中断标志 TI 由硬件置位，若此时中断是开放的，就可以向 CPU 发出中断请求，CPU 响应中断后首先通过指令让 TI 标志复位，然后再送出下一个要发送的数据。

接收的过程是在 RI=0 和 REN=1 的条件下启动的。此时 RXD 为串行数据的输入端，TXD 为同步脉冲的输出端。接收器以固定的波特率采样 RXD 引脚的数据信息，当接收到一帧数据后，接收中断标志 RI 由硬件置位，若此时中断是开放的，就可以向 CPU 发出中断请求。CPU 响应中断或查询到 RI=1 后，便可以通过传送指令读取数据。在下一次数据接收前也必须通过软件使 RI 复位。

2. 方式 1

在方式 1 下，串行口设定为 10 位异步通信方式，主要包括 1 位起始位、8 位数据位和 1 位停止位，数据的帧格式如图 5-21 所示。串行口通过 TXD 引脚发送数据，通过 RXD 引脚接收数据，数据的发送和接收可以同时进行。数据传输的波特率由定时器的溢出率决定。

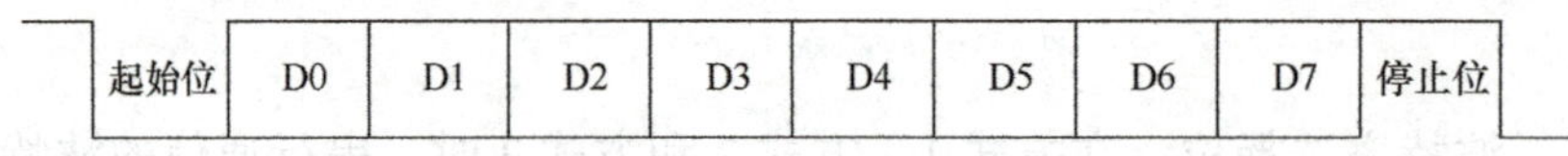

图 5-21　方式 1 的帧格式

发送操作也是在 TI=0 的条件下进行的。数据写入串行口发送缓冲器 SBUF 后，发送电路就自动添加起始位和停止位，与 8 位数据位组成一帧信息，在移位脉冲的作用下，由 TXD 引脚逐位地发送出去。在数据帧发送结束后 TXD 自动维持高电平，TI 在发送停止位时自动置位，通知 CPU 发送下一个字符。

同方式 0 一样，接收的过程也是在 RI=0 的条件下启动的。当置位 REN 时，串行口开始对高电平的 RXD 采样，采样脉冲频率是接收时钟的 16 倍。当接收电路连续 8 次采样到 RXD 引脚为低电平时，相应的检测器便可确认 RXD 线上有了起始位。此后接收电路改为对 7、8、9 三个脉冲采样到的值进行位检测，并以三中取二的原则来确定所采样

数据的值。当接收到第 9 数据位（即停止位）时，只有在满足下列两个条件：① RI=0；②接收到的停止位为 1 或者 SM2=0 时，8 位数据才存入 SBUF，停止位送入 RB8，且置位中断标志 RI。如果上述两个条件中任何一个不满足，则将丢弃接收的数据帧。

3. 方式 2 和方式 3

方式 2 和方式 3 都是 11 位异步接收 / 发送方式，数据的帧格式如图 5-22 所示。发送和接收的一帧信息都是 11 位：1 位起始位，8 位数据位，1 位可编程位（也就是第 9 位数据，通常用作奇偶校验位或地址 / 数据标志位），1 位停止位。它们的工作原理完全一样，所不同的是方式 2 的波特率是固定的，为 $f_{osc}/32$ 或 $f_{osc}/64$；方式 3 的波特率是可变的，由定时器 T0 或 T1 的溢出率决定。

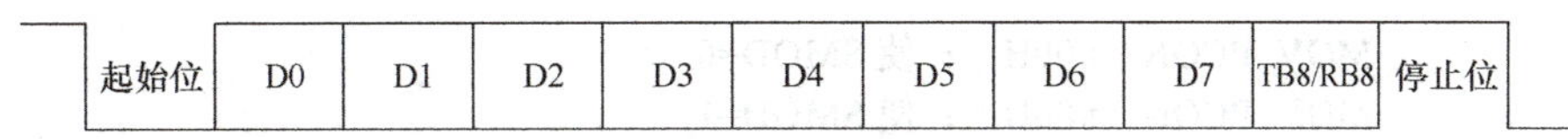

图 5-22　方式 2 和方式 3 的帧格式

这两种方式的数据发送过程和方式 1 类似，不同之处是方式 2 和方式 3 有 9 位有效的数据。在发送数据操作前，要将第 9 位数据预先装入 SCON 的 TB8 中，然后通过一条以 SBUF 为目的的传送指令启动数据的发送过程。发送完毕时置位 TI，在下一次数据发送前，TI 也必须由软件复位。

方式 2 和方式 3 的接收过程也与方式 1 类似。所不同的是，在方式 2 和方式 3 中装入 RB8 的是第 9 位数据，而方式 1 时 RB8 存放的是停止位。在一帧数据接收完毕后，如果下列条件同时满足：① RI=0；② SM2=0 或接收到的第 9 位数据为 1 时，则将已接收的数据装入 SBUF 和 RB8，并置位 RI；否则，这次收到的数据无效，RI 也不置位。

5.3.3　串行口的通信波特率

串行口的波特率反映了串行传输数据的速率。通信波特率随串行口工作方式选择不同而异，它除了与系统的振荡频率 f_{osc}、电源控制寄存器 PCON 中的 SMOD 位有关外，还与定时器的溢出率有关。

1. 方式 0 的波特率

在方式 0 下，波特率是固定不变的，其值为 $f_{osc}/12$。

2. 方式 2 的波特率

在方式 2 下，串行口的波特率取决于电源控制寄存器 PCON 中的 SMOD 位的状态。波特率计算公式为

$$\text{波特率} = \frac{2^{\text{SMOD}}}{64} \times f_{osc}$$

也就是说，若 SMOD=0，则所选波特率为 $f_{osc}/64$；若 SMOD=1，则所选波特率为 $f_{osc}/32$。

3. 方式 1 和方式 3 的波特率

在这两种方式下，串行口的波特率是可变的，与定时器 T1 的溢出率有关。相应的波

特率计算公式为

$$波特率=\frac{2^{SMOD}}{32}\times 定时器T1的溢出率$$

式中，定时器 T1 的溢出率取决于计数速率和定时器的预置值，其计算公式为

$$定时器T1的溢出率=\frac{1}{定时时间}=\frac{f_{osc}}{12}\times\left(\frac{1}{2^K-N}\right)$$

式中，N 为定时器 T1 的计数初值。K 为定时器 T1 的位数，它与定时器 T1 的工作方式有关。若定时器 T1 为方式 0，则 K=13；若定时器 T1 为方式 1，则 K=16；若定时器 T1 为方式 2，则 K=8。至于 SMOD 的设置，只要执行下面的指令就可以使 SMOD 为 0 或为 1。

```
MOV  PCON，#00H   ；使 SMOD=0
MOV  PCON，#80H   ；使 SMOD=1
```

当定时器 T1 工作于方式 0 或方式 1 时，所选波特率常常需要通过计算来确定初值。为了避免繁杂的计算，波特率和定时器 T1 初值间的关系常可列成表 5-4，以供查考。

表 5-4　常用的串行口波特率与其他参数选取关系

串行口工作方式	波特率 /（kbit/s）	f_{osc}/MHz	SMOD	定时器 T1		
				$\overline{C}$/T	工作方式	定时器初值
方式 0	1000	12	×	×	×	×
方式 2	375	12	1	×	×	×
方式 1 和方式 3	62.5	12	1	0	2	FFH
	19.2	11.0592	1	0	2	FDH
	9.6	11.0592	0	0	2	FDH
	4.8	11.0592	0	0	2	FAH
	2.4	11.0592	0	0	2	F4H
	1.2	11.0592	0	0	2	E8H
	0.11	6	0	0	2	72H
	0.11	12	0	0	1	FEEBH

注：1. 表中定时器 T1 的时间常数与相应的波特率之间有一定的误差。例如，初值 FDH 对应的波特率理论值是 10416 波特，与这个表中给出的 9600 波特有一定差距，可通过调整单片机的主频 f_{osc} 来消除误差。

2. 在定时器 T1 工作于方式 0 或方式 1 时，定时初值应考虑它的重装时间，例如表 5-4 中 110 波特下的情况。

5.3.4　串行口的初始化

在使用串行口之前，必须对它进行初始化编程，主要是设置产生波特率的定时器 T1、串行口控制和中断控制。一般步骤如下：

1）对 TMOD 寄存器送控制字，确定定时器 T1 的工作方式；

2）根据所需的波特率，计算定时器 T1 的计数初值并装入初值寄存器，启动定时器 T1 工作；

3）对 SCON 寄存器送控制字，设定串行口的工作方式（方式 0 和方式 2 不需前两个步骤；

4）对 PCON 寄存器送控制字，设置 SMOD 位；（方式 0 不需此步）

5）选择查询方式或中断方式，在使用中断方式进行串行通信时，需对 IE 编程。

5.3.5 串行口的应用举例

学习 MCS-51 单片机串行口的目的就是为了应用，要掌握编制串行通信程序的方法和技巧。下面通过几个例子来学习串行口。

例 5-9 根据图 5-23 的线路连接，编程实现发光二极管从左至右以一定速度轮流点亮的程序。

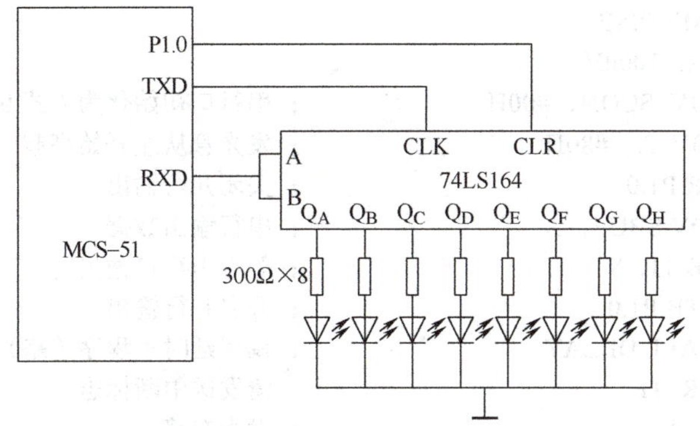

图 5-23 利用串行口扩展输出口

解 74LS164 是一种 8 位串行输入并行输出的移位寄存器。CLK 为同步脉冲输入端，它与串行口的 TXD 引脚连接在一起。A，B 引脚为数据输入端，直接和串行口的 RXD 相连。MCS-51 单片机的 P1.0 控制 74LS164 的 CLR 复位信号端。

设串行口采用中断方式发送数据，整个程序由主程序和中断服务子程序两部分组成。主程序完成串行口和中断的初始化，以及调用发送程序前的准备，中断服务子程序完成数据的发送。相应程序如下：

```
          ；主程序
          ORG 0000H
          LJMP DISP
          ORG  0023H
          LJMP TXSUB
          ORG  1000H
DISP：MOV  SCON，#00H          ；串行口初始化为方式 0
          SETB EA
          SETB ES                ；开放串行口中断
          MOV  A，#80H           ；发光管从左开始亮起
          CLR P1.0               ；关闭并行输出
```

```
        MOV  SBUF, A                    ; 串行输出数据
  LOOP: SJMP  LOOP                      ; 等待串行口输出完
        ; 中断服务程序
        ORG  0200H
 TXSUB: SETB P1.0                       ; 开启并行输出
        LCALL DELAY                     ; 调用延时子程序（略），状态维持
        CLR  TI                         ; 清发送中断标志
        RR  A                           ; 发光右移
        MOV  SBUF, A                    ; 串行输出数据
        CLR P1.0
  IRN:  RETI                            ; 中断返回
        END
```

若采用查询方式发送数据，则相应程序如下：

```
        ORG 0000H
        LJMP DISP
        ORG  1000H
 DISP:  MOV  SCON, #00H                 ; 串行口初始化为方式 0
        MOV  A, #80H                    ; 发光管从左开始亮起
 ROT:   CLR P1.0                        ; 关闭并行输出
        MOV SBUF, A                     ; 串行输出数据
        JNB TI, $                       ; 等待串行口输出完
        SETB P1.0                       ; 开启并行输出
        LCALL DELAY                     ; 调用延时子程序（略），状态维持
        CLR  TI                         ; 清发送中断标志
        RR  A                           ; 发光右移
        AJMP ROT                        ; 继续
        END
```

例 5-10　设有甲、乙两台单片机，编写程序在两台单片机间实现如下串行通信功能：甲机作为发送机，将首地址为 ADDRT 的 128B 的外部 RAM 数据顺序向乙机发送；乙机作为接收机，将接收到的 128B 数据顺序存放在以首址为 ADDRR 的外部 RAM 中。假设系统时钟为 11.0592MHz。

解　甲机发送的汇编语言程序如下：

```
        ; 主程序
        ORG  0000H
        LJMP MAINT
        ORG  0100H
 MAINT: MOV  SP, #60H                   ; 设置堆栈指针
        MOV  SCON, #40H                 ; 串行口初始化为方式 1
        MOV  PCON, #00H                 ; SMOD=0
        MOV  TMOD, #20H                 ; 定时器 T1 初始化为方式 2
        MOV  TH1, #0FDH                 ; 设置波特率为 9600 bit/s
        MOV  TL1, #0FDH
        SETB TR1                        ; 启动定时器 T1
```

```
        SETB EA                     ; 开放串行口中断
        SETB ES
        MOV  DPTR, #ADDRT           ; 传送数据的首地址
        MOV  R0, #00H               ; 传送字节数的初值
        MOVX A, @DPTR               ; 取第一个发送字节
        MOV  SBUF, A                ; 启动串行口发送
        SJMP  $                     ; 等待中断
        ; 中断服务程序
        ORG  0023H
        LJMP TXSUB
        ORG  1500H
TXSUB:  CLR  TI                     ; 清发送中断标志 TI
        CJNE R0, #7FH, LOOPT        ; 判断是否发送完，若没有则转 LOOPT
        CLR  ES                     ; 若发送完则禁止串行口中断
        LJMP ENDT                   ; 转中断返回
LOOPT:  INC  R0                     ; 修改字节数指针
        INC  DPTR                   ; 修改地址指针
        MOVX A, @DPTR               ; 取发送数据
        MOV  SBUF, A                ; 启动串行口发送
ENDT:   RETI                        ; 中断返回
        END
```

C51 语言程序如下：

```
#include <reg51.h>
#define uchar unsigned char
uchar xdata ADDRT [128];          /* 在外部 RAM 定义 128 个单元 */
uchar num=0;                      /* 声明计数变量 */
uchar *p                          /* 指向发送数据区的指针 */
void main( )
{
  SCON=0x40;                      /* 串行口初始化为方式 1*/
  PCON=0x00;
  TMOD=0x20;                      /* 定时器 T1 初始化为方式 2*/
  TL1=0xfd;                       /* 设置波特率为 9600 bit/s*/
  TH1=0xfd;
  TR1=1;                          /* 启动定时器 T1*/
  ES=1;                           /* 开放串行口中断 */
  EA=1;
  p=ADDRT;                        /* 设置传送数据的首地址 */
  SBUF=*p;                        /* 启动串行口发送 */
  while (1);                      /* 等待中断 */
}
void uart_int (void) interrupt 4  /* 中断号 4 是串行中断 */
{
  TI=0;                           /* 清发送中断标志 TI*/
  if (num==0x7f) ES=0;            /* 若发送完则禁止串行口中断 */
```

```
        num++;                              /* 修改字节数指针 */
        else                                /* 修改地址指针，发送下一个数据 */
        { p++;
          SBUF=*p;
        }
      }
```

相应汇编语言乙机接收程序如下：

```
        ; 主程序
        ORG  0000H
        LJMP MAINR
        ORG  0100H
MAINR:  MOV  SP，#60H                ；设置堆栈指针
        MOV  SCON，#50H              ；串行口初始化为方式 1，允许接收
        MOV  PCON，#00H              ；SMOD=0
        MOV  TMOD，#20H              ；定时器 T1 初始化为方式 2
        MOV  TH1，#0FDH              ；设置波特率为 9600 bit/s
        MOV  TL1，#0FDH
        SETB TR1                     ；启动定时器 T1
        SETB EA                      ；开放串行口中断
        SETB ES
        MOV  DPTR，#ADDRR            ；数据缓冲区的首地址送 DPTR
        MOV  R0，#00H                ；置传送字节数的初值
        SJMP  $                      ；等待中断
        ; 中断服务程序
        ORG  0023H
        LJMP RXSUB
        ORG  1500H
RXSUB:  CLR  RI                      ；清接收中断标志 RI
        MOV A，SBUF                  ；取接收的数据
        MOVX @DPTR，A                ；接收的数据送缓冲区
        CJNE R0，#7FH，LOOPR          ；判断是否接收完，若没有则转 LOOPR
        CLR  ES                      ；若接收完则禁止串行口中断
        LJMP ENDR                    ；转中断返回
LOOPR:  INC  R0                      ；修改字节数指针
        INC  DPTR                    ；修改地址指针
ENDR:   RETI                         ；中断返回
        END
```

C51 语言程序如下：

```
        #include<reg51.h>
        #define uchar unsigned char
        uchar xdata ADDRR［128］;           /* 在外部 RAM 定义 128 个单元 */
        uchar num=0;                        /* 声明计数变量 */
        uchar *p                            /* 指向接收缓冲区的指针 */
        void main( )
```

```
{
    SCON=0x50;                     /* 串口工作于方式 1，允许接收 */
    PCON=0x00;
    TMOD=0x20;                     /* 定时器 T1 初始化为方式 2*/
    TL1=0xfd;                      /* 设置波特率为 9600 bit/s*/
    TH1=0xfd;
    TR1=1;                         /* 启动定时器 T1*/
    ES=1;                          /* 开放串行口中断 */
    EA=1;
    p=ADDRR;                       /* 设置接收数据的首地址 */
    while（1）;                    /* 等待中断 */
}
void uart_int（void）interrupt 4
{
    RI=0;                          /* 清接收中断标志 RI*/
    *p = SBUF;                     /* 取接收的数据 */
    if（num==0x7f）ES=0;          /* 若接收完则禁止串行口中断 */
    num++;                         /* 修改字节数指针 */
    else                           /* 修改地址指针，接收下一个数据 */
    {
    p++;
  }
}
```

例 5-11　采用查询方式编出串行口在方式 2 下的发送程序。设 MCS-51 单片机的主频为 6MHz，波特率为 $f_{osc}/32$，发送字符块的首地址为 BUFFER（片内 RAM），字符块长度为 LEN。要求采用累加和校验，以空出第 9 位数据它用。

解　累加和校验是将所有发送的数据相加得到的低字节和（大于 255 的高字节部分舍去），在数据发送完之后将累加和也发送出去，接收端计算接收数据的累加和之后，与接收到的累加和进行比较，以校验数据传送是否出错。

本程序由主程序和发送子程序组成。主程序实现串行口的初始化、波特率的设置和调用数据发送子程序前的准备工作。数据发送子程序用于发送数据块的长度和数据，计算累加和并进行发送。相应程序如下：

```
        ；主程序
        ORG  1000H
        BUFFER DATA  30H
        LEN    DATA  0AH
START：MOV  R0，#LEN              ；数据块长度送 R0
        MOV  R1，#BUFFER           ；R1 指向数据块首地址
        MOV  SCON，#80H            ；串行口初始化为方式 2
        MOV  PCON，#80H            ；波特率加倍
        MOV  R2，#00H              ；累加和寄存器清零
        ACALL TXSUB                ；调用发送子程序
        SJMP  $                    ；停机
        ；发送子程序
```

```
        ORG 1200H
TXSUB:  PUSH ACC
        PUSH PSW
        CLR TI                  ; 清 TI
TXNUM:  MOV A, R1               ; 发送数据块长度
        MOV SBUF, A
        JNB TI, $               ; 等待发完
        CLR TI                  ; 清 TI
TXDD:   MOV A, @R1              ; 发送数据
        MOV SBUF, A
        JNB TI, $               ; 等待发完
        CLR TI                  ; 清 TI
        ADD A, R2               ; 求累加和
        MOV R2, A
        INC R1                  ; 修改数据指针
        DJNZ R0, TXDD           ; 未发送完继续
TXSUM:  MOV A, R2
        MOV SBUF, A             ; 发送累加和
        JNB TI, $               ; 等待发完
        CLR TI                  ; 清 TI
        MOV R2, #00H            ; 累加和清零
        POP PSW
        POP ACC
        RET                     ; 子程序返回
        END
```

例 5-12 串行口工作在方式 3 进行数据接收，要求将接收到的 10 个数据存放在片内 RAM 40H ~ 49H 单元，第 9 个数据位用作奇偶校验位。设 MCS-51 单片机的主频为 11.0592MHz，波特率为 2400。定时器 T1 作为波特率发生器，工作于方式 2。

解 由题意可以计算出当 SMOD=0 时，定时器 T1 的时间常数为 F4H，设若接收的 8 位数据有偶数个 1，则发送正确。相应汇编程序如下：

```
        ORG 2000H
RXSUB:  MOV TMOD, #20H          ; 定时器 T1 工作于方式 2
        MOV TH1, #0F4H          ; 送计数初值
        MOV TL1, #0F4H
        SETB TR1                ; 启动定时器 T1 工作
        MOV SCON, #0D0H         ; 串行口初始化为方式 3，接收数据
        MOV PCON, #00H          ; SMOD=0
        MOV R0, #40H            ; 地址指针 R0 置初值
        MOV R7, #0AH            ; 数据长度送 R7
LOOP:   JBC RI, LOOP1           ; 若 RI=1 则结束等待，清零 RI
        SJMP LOOP
LOOP1:  MOV A, SBUF             ; 从串行口读取数据
        JNB PSW.0, LOOP2        ; PSW.0 为 0 则转 LOOP2
        JNB RB8, ERROR          ; PSW.0 为 1，而 RB8 为 0 则转 ERROR
```

```
        SJMP LOOP3
LOOP2：JB  RB8，ERROR              ；PSW.0 为 0，而 RB8 为 1 则转 ERROR
LOOP3：MOV  @R0，A                 ；数据送片内 RAM 单元
        INC  R0                    ；修改地址指针
        DJNZ R7，LOOP              ；数据未接收完继续接收
        CLR  PSW.5                 ；正确接收 10 个数据后标志位清零
        RET                        ；返回
ERROR：SETB PSW.5                  ；奇偶校验出错，标志位 PSW.5 置位
        RET                        ；返回
        END
```

C51 语言程序如下：

```
#include <reg51.h>
#define uchar unsigned char
uchar i;
uchar data array [10] _at_0x40;     /* 设置接收缓冲区 */
void main( )
{
    SCON=0xd0;                      /* 串行口初始化，允许接收 */
    TMOD=0x20;
    TL1=0xf4;
    TH1=0xf4;
    TR1=1;
    for (i=0; 0<10; i++)            /* 循环接收 10 个数据 */
    {
      while (!RI);                  /* 等待一次接收完成 */
      RI=0;
      ACC=SBUF;
      if (RB8==P)
        array [i] =ACC;             /* 校验正确 */
      else                          /* 校验不正确 */
      {
        F0=1;
        break;
      }
    }
  while (1);
}
```

5.3.6　串行口在多机通信中的应用

在实际的应用中，较大的测控系统一般采用多机系统，这就要涉及多机通信的概念。所谓多机通信，是指多台计算机按照一定的形式组成通信网络，在这些计算机之间进行数据的传输。主从式多机通信是多机通信系统中最简单的一种，应用最为广泛，现以它为例加以讨论。

主从式多机系统如图 5-24 所示。在系统中只有一台主机，但从机可以有多台，主机与从机以全双工的方式通信，各个从机之间只能通过主机交换信息。一般情况下，主机通常由系统机或单片机担当；从机通常为单片机。MCS–51 单片机的串行口工作于方式 2 或方式 3 时适合用于这种通信结构。但在主机和从机采用不同的通信标准时，需要通过相应的接口芯片实现电平转换和信号隔离，以保证主机和从机之间的通信正常进行。

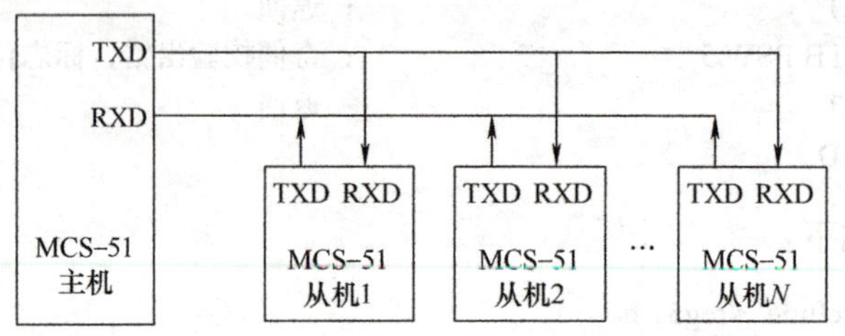

图 5-24 MCS–51 单片机主从式多机系统

在多机通信中，主机和从机之间传送的信息有两类：一类是地址信息，用于指示需要和主机通信的从机地址；另一类是数据信息，这是通信的具体内容。这两类信息通过串行口控制寄存器 SCON 的 TB8 这一位来区分，当 TB8 通过编程设置为高电平时，表明主机发送的是地址帧；当 TB8 设置为低电平时，表明主机发送的数据帧。此外，为了保证主机和从机之间可靠的通信，必须要求通信接口具有识别功能，而串行口控制寄存器 SCON 的控制位 SM2 就是为满足这一要求而设置的。多机通信中主机的 SM2 一般设定为 0，若从机的 SM2=1，则表示置多机通信功能位。当接收的是地址帧时，数据装入接收数据缓冲器 SBUF，并置 RI=1，向 CPU 发出中断请求；若接收到的是数据帧，则不产生中断，信息将被丢弃。若 SM2=0，则从机将接收的数据装入 SBUF，置位 RI 发出中断请求。多机通信的具体工作过程如下：

1）作为主机的 MCS–51 单片机设置 SM2=0；作为从机的单片机设置 SM2=1，以便接收主机发来的地址。

2）主机发送一帧地址信息，设置 TB8 为高电平，以指示从机接收这个地址。

3）各个从机在 SM2=1，RB8=1 和 RI=0 时，接收主机发来的从机地址，进入相应的中断服务子程序，并和本机地址作比较以确认是否为被寻址从机。

4）被寻址从机设置 SM2=0，并把本机的地址发送回主机作为应答信号，然后开始接收主机随后发来的数据；对于未被寻址的从机，仍然保持 SM2=1，并退出各自的中断服务子程序，这些从机将不接收进入串行口的数据字节。

5）完成和主机的数据通信后，被寻址从机重新使 SM2=1，并退出中断服务子程序，等待下次通信。

对于多机通信的编程，本书不再列出，有兴趣的读者可以参阅相关资料。

习 题

1. MCS–51 单片机内部有几个定时 / 计数器？它们是由哪些特殊功能寄存器组成的？

2. 用 MCS-51 单片机的定时器测量某正单脉冲宽度时，采用何种工作方式可以获得最大的量程？若系统时钟频率为 12MHz，那么最大允许的脉冲宽度是多少？

3. 若单片机的主频为 12MHz，用 T0 产生 100μs 的定时，可选用哪几种工作方式？分别写出定时器的方式控制字和计数初值。

4. 单片机用内部定时方法产生频率为 10kHz 的方波，设单片机晶振频率为 6MHz，请编程实现。

5. 使用定时器 T0 以定时方法在 P1.0 引脚输出周期为 200μs、占空比为 25% 的矩形脉冲，设单片机晶振频率为 12MHz，请编程实现。

6. 已知 P3.4 引脚输入低频窄脉冲信号，要求在 P3.4 的输入发生负跳变时，P1.0 引脚输出一个宽度为 600μs 的同步负脉冲，设单片机晶振频率为 6MHz，请编程实现。

7. 已知 8031 单片机的 f_{osc}=12MHz，要求由 P1.0 和 P1.1 引脚分别输出周期为 2ms 和 500μs 的方波，试分别采用中断方式和查询方式实现。

8. 什么叫中断系统？中断系统的功能是什么？

9. MCS-51 单片机能提供几个中断源？几个中断优先级？各个中断源的优先级怎样确定？在同一优先级中各个中断源的优先级怎样确定？

10. MCS-51 单片机各中断源的中断标志是如何产生的？又是如何清除的？CPU 响应中断时，中断服务程序入口地址各是多少？

11. 简述 MCS-51 单片机的中断响应过程。

12. 试编程实现将 $\overline{\text{INT0}}$ 设为低优先级中断，且为边沿触发方式；T1 设为高优先级中断计数器，串行口中断为高优先级中断，其余中断源设为禁止状态。

13. 简述 MCS-51 单片机串行口发送和接收数据的过程。

14. MCS-51 单片机的串行口共有哪几种工作方式？各有什么功能和特点？

15. 设串行异步通信的传送速率为 2400 波特，传送的是带奇偶校验位的 ASCII 码字符，每个字符包含 10 位，试问每秒可以传送多少个字符？

16. 利用单片机的串行口扩展并行 I/O 接口，控制 16 个发光二极管依次点亮，请画出电路图，编写相应的程序。

17. 请用查询法编写程序，实现串行口工作在方式 1 进行数据发送。设单片机主频为 12MHz，波特率为 1200bps，发送数据缓冲区在外部 RAM，起始地址为 2000H，数据块长度为 60，采用偶校验。

18. 请编程实现串行口在方式 2 下的数据接收程序。设接收数据缓冲区在外部 RAM，起始地址是 1000H，接收数据块的长度为 20H，采用偶校验，校验位存放在接收数据的第 9 位。

19. 片外 RAM 以 30H 为起始地址的数据区中有 100 个数据，要求每隔 50ms 向片内 RAM 以 10H 为起始地址的数据区传送 20 个数据，通过 5 次传送把数据全部传送完。定时器 T1 用于定时，试编写实现该功能的程序。设单片机晶振频率为 6MHz。

第 6 章

单片机的人机交互与扩展技术

人机交互是指操作人员与计算机之间进行的现场或远程的信息交换与联系。用于人机交互的设备称为人机接口，这些设备主要有键盘、显示器和打印机等。一般的计算机控制系统必须要有人机交互功能，以便操作人员可以随时输入数据传递生产命令，并通过显示和打印功能及时掌握生产情况。对于简单的应用场合，由于单片机本身就是一个最小的应用系统，因此能直接满足实际应用所要求的功能，充分发挥单片机硬件结构紧凑、设计简单、成本低的优点。当设计一些较为复杂的测控系统时，单片机自身的功能往往不能够满足应用的需要，此时可利用其强大的外部扩展功能，扩展各种外围电路以补充片内资源的不足，从而满足特定应用的要求。

6.1 单片机系统的人机交互技术

6.1.1 显示器接口技术

在单片机应用系统中，为了便于观察和监视系统的运行情况，经常需要用显示器显示输入信息、中间信息、运行状态及运行结果等数据。目前常用的显示器件有 LED（发光二极管显示器）和 LCD（液晶显示器）两种。这两种器件都具有成本低廉、配置灵活、与单片机接口方便的特点，而且随着 LCD 价格的逐渐降低，LCD 越来越受到人们的青睐。

1. LED 显示接口技术

LED 显示器主要是指由发光二极管组成的数码管显示器或 LED 点阵显示模块。图 6-1 是八段 LED 数码管的结构图。

由图可知，LED 数码管由八个发光二极管组成，可用来显示 0～9 的数字、A、b、C、d、E、F、P 等字符以及小数点“.”，见表 6-1。根据公共端的接法不同，LED 数码管可分为共阴极和共阳极两种类型。

在使用时，当发光管的阳极接高电平而阴极接低电平时点亮。由于 LED 数码管的工作电流和工作电压有

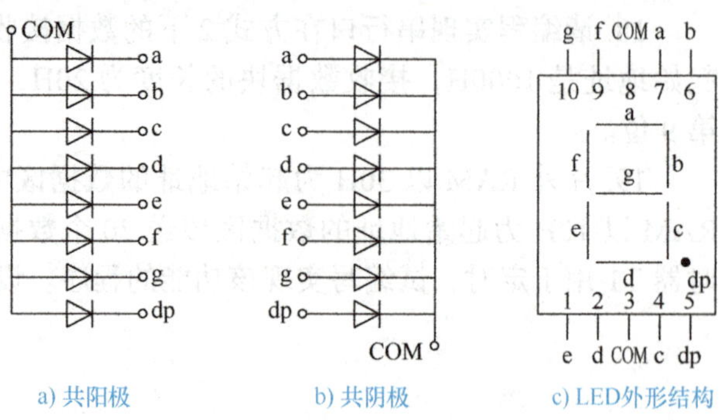

图 6-1 八段 LED 数码管结构图

一定要求，因此使用时需加驱动电路及限流电阻，限流电阻的值还可以控制其发光亮度。LED 数码管与单片机的接口电路比较简单，一般不需要专门的辅助电路，显示编程也比较容易。根据显示方式不同，LED 显示有静态显示和动态显示之分。

表 6-1　八段 LED 数码管字形码表

字母或数字	代码（十六进制）		字母或数字	代码（十六进制）	
	共阴极	共阳极		共阴极	共阳极
A	77	88	r	50	AF
b	7C	83	U	3E	C1
C	39	C6	u	1C	E3
c	58	A7	y	66	99
d	5E	A1	0	3F	C0
E	79	86	1	06	F9
F	71	8E	2	5B	A4
H	76	89	3	4F	B0
h	74	8B	4	66	99
I	06	F9	5	6D	92
J	1E	E1	6	7D	82
L	38	C7	7	07	F8
n	54	AB	8	7F	80
O	3F	E0	9	6F	90
o	5C	A3	-	40	BF
p	73	8C	?	53	AC
•	80	7F	空格	00	FF

（1）静态显示方式　所谓静态显示方式，是指在工作过程中加到每一块 LED 数码管上的信号始终同时存在，各显示模块相互独立，而且各位的显示字符一旦确定，加在每一块数码管上的信号维持不变，直到显示另一个字符为止。如图 6-2 所示为一个四位 LED 静态显示电路。从图中可知，对每一位 LED 数码管，都必须有与之对应的锁存器以保证在一次显示过程中加在其上的信号保持不变。因此，采用静态显示方式，需占用较多的硬件资源，但它占用机时少、编程简单、显示可靠，因而在工业过程控制中得到了广泛的应用。

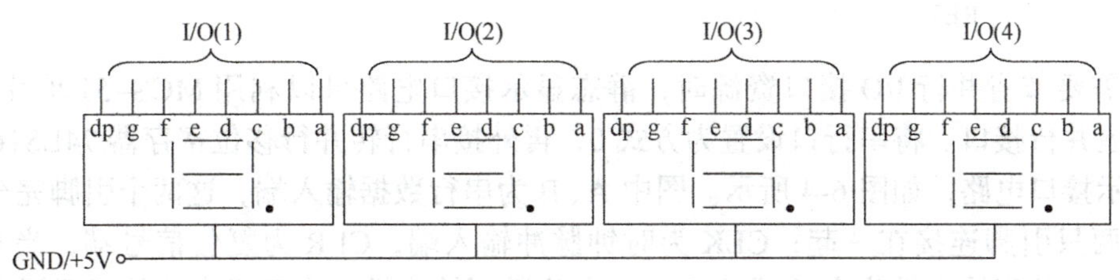

图 6-2　四位 LED 静态显示电路

在实际应用中，常采用MC14495、CD4511、7447等译码驱动芯片作为LED静态显示接口，下面以MC14495芯片为例说明。MC14495由4位锁存器、译码器和笔段ROM阵列以及带有限流电阻的驱动电路（输出电流为10mA）组成。它可与LED数码管直接相连，不用再外接限流电阻。图6-3所示为利用MCS-51单片机并行I/O口设计的3位静态LED数码显示接口电路。图中，A、B、C、D为二进制码（或BCD码）输入端；$\overline{LE}$为锁存控制端，当$\overline{LE}$为低电平时可以输入数据，当$\overline{LE}$为高电平时锁存输入数据；a～g为7段代码输出。

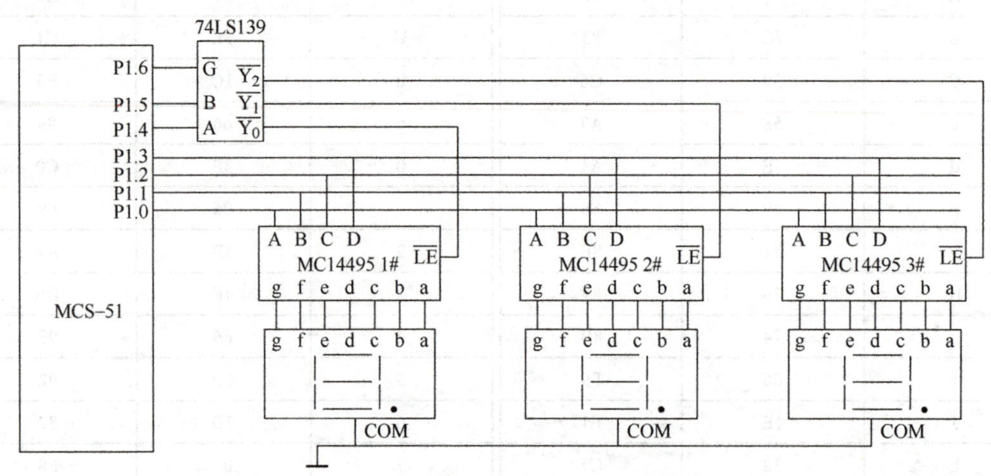

图6-3　3位静态LED数码显示接口电路

例6-1　设MCS-51单片机内部RAM的30H～32H单元中有3位非压缩BCD码数据，请编写能在图6-3所示电路中从左至右将数据显示出来的子程序。

显示子程序如下：

```
         ORG 1000H
DISPLAY: MOV  A, 30H
         ANL  A, #0FH
         MOV  P1, A              ; 送 1# MC14495
         MOV  A, 31H
         ANL  A, #1FH
         MOV  P1, A              ; 送 2# MC14495
         MOV  A, 32H
         ANL  A, #2FH
         MOV  P1, A              ; 送 3# MC14495
         RET
```

当需要节省并行I/O接口资源时，静态显示接口电路可以利用MCS-51单片机的串行口扩展并行接口。将串行口设置为方式0，再外接串行转并行移位寄存器74LS164构成静态显示接口电路，如图6-4所示。图中A、B为串行数据输入端，这两个引脚完全一样，可将这两只引脚连接在一起；CLK为时钟脉冲输入端；CLR为复位信号端，当CLR为低电平时，并行输出端为全“0”；Q_A～Q_H为数据输出端。由于没有连接显示译码芯片，因此在编写显示程序前，首先应建立一个字型码表，在表中依次存入字型码，通过查表的方法将要显示的数码转换成字型码，再通过串行口输出显示。

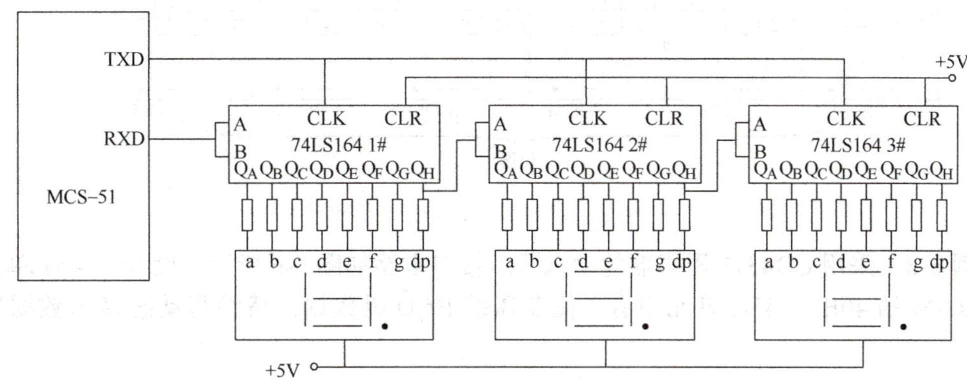

图 6-4　3 位串行静态显示接口电路

例 6-2　设 MCS–51 单片机内部 RAM 的 30H ～ 32H 单元中有三位非压缩 BCD 码数据，请编写能在图 6-4 所示电路中从右至左显示数据的子程序。

解　显示子程序如下：

```
          ORG 1000H
          MOV SCON，#00H          ；串行口初始化为方式 0
DISPLAY： MOV R0，#03H            ；循环次数为三次
          MOV R1，#32H            ；指向最后一个显示字符
          MOV DPTR，#TAB          ；指向字段码表头
    ROT： MOV  A，@R1
          ANL  A，#0FH
          MOVC A，@A+DPTR         ；查表
          MOV  SBUF，A
   WAIT： JNB TI，WAIT            ；查询传送是否结束
          CLR TI
          DEC R1
          DJNZ R0，ROT
          RET
    TAB： DB C0H，F9H，A4H，B0H，99H
          DB 92H，82H，F8H，80H，90H
```

（2）动态显示方式　当采用静态显示方式时，显示系统需要占用较多的硬件资源。因此，在显示位数较多的情况下，往往采用动态显示方式，如图 6-5 所示的 6 位 LED 数码管动态显示电路。在动态显示方式中，每个 LED 数码管都对应一根位选线，所有 LED 数码管共用段码数据线。当 CPU 要显示某个字符时，先将该字符的段码送到由位选线选通的对应显示块上，从而点亮该显示块，显示出待显字符。当要在另一位数码管显示另一个字符时，CPU 将新的段码送到数据线上，并选通对应的位选线，又可显示出另一个字符。这样，CPU 分时选通各位 LED 数码管进行显示，利用人眼的视觉残留现象及数码管的余辉，在总体的视觉效果上，各位 LED 数码管都能连续而稳定地显示不同的字符。

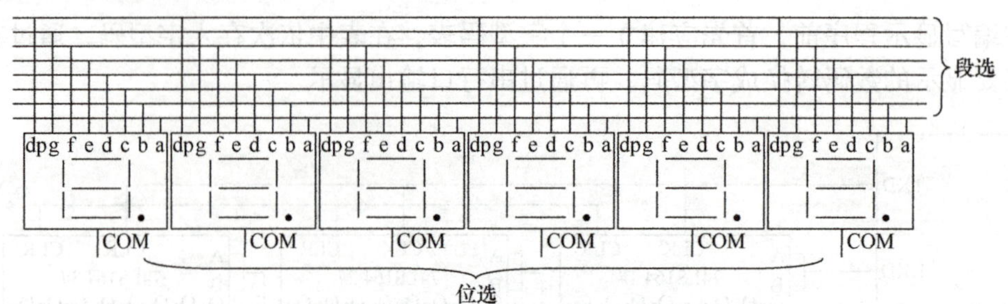

图 6-5　6 位 LED 数码管动态显示电路

例 6-3　采用 CD4511 译码器的动态显示接口电路如图 6-6 所示。设 MCS-51 单片机内部 RAM 的 40H ～ 43H 单元中有 4 位非压缩 BCD 码数据，请编写动态显示数据的子程序。

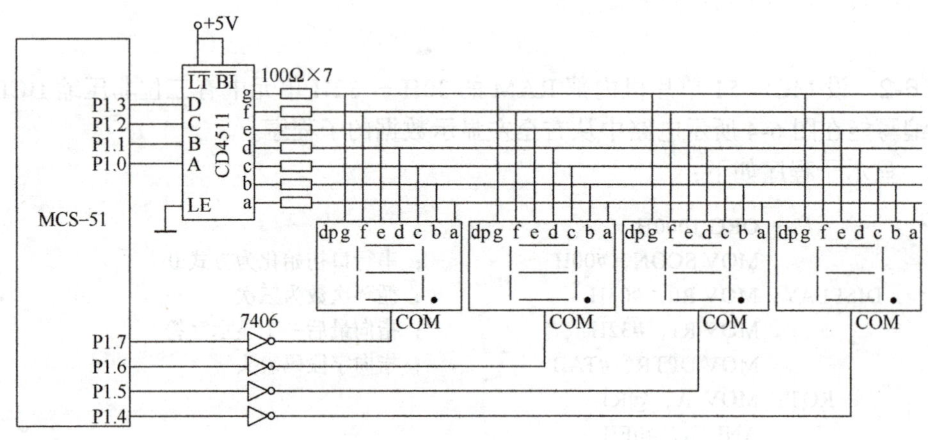

图 6-6　4 位动态显示接口电路

分析：图中驱动电路采用 CD4511 芯片，CD4511 与 MC14495 功能相似，只是内部没有限流电阻。在本电路中，只用译码和驱动功能，不使用锁存功能，所以锁存允许端 LE 接地。P1.4 ～ P1.7 作为位选线控制四个共阴极 LED 数码管轮流点亮，显示的字形由 P1.0 ～ P1.3 控制。显示电路工作时，单片机把要显示的数码从 P1.0 ～ P1.3 送到 CD4511，并保持不变。再由 P1.4 ～ P1.7 输出显示位选通信号，然后保持 1 ～ 2ms，这是一位的显示时间。一位显示结束后再显示下一位，每显示完一个循环，才能退出显示程序。退出后，所有的 LED 都不显示，这样才能使每一个 LED 的显示亮度一致。在显示时，还要考虑每秒调用显示程序的次数，一般每个 LED 每秒要显示 50 次以上，否则次数太低，显示的字符会有闪烁现象。

显示子程序如下：

```
        ORG 0050H
        DISB  EQU  40H
   ISP：MOV  R2，#80H                ；设定位控码初值
        MOV  R0，#DISB
 DISP1：MOV  A，@R0                  ；取显示内容
```

```
        ANL  A, #0FH
        ORL  A, R2                  ; 与位控码合并
        MOV  P1, A                  ; 送显示
        MOV  R3, #250
DISP2:  NOP
        NOP
        DJNZ  R3, DISP2             ; 延时 1ms
        INC  R0                     ; 显示区地址加 1
        MOV  A, R2
        RR A
        MOV  R2, A
        JNB  ACC.3, DISP1           ; 未完继续
        MOV  A, #00H
        MOV  P1, A                  ; 关显示
        RET
```

采用以上显示子程序控制显示的方法虽然简单，但 CPU 的负担较重，一次循环显示的过程需要几毫秒，在这段时间里 CPU 不能做其他工作，否则会影响 LED 亮度的一致性。在一些实时性要求较高的控制系统中，可以采用中断控制的方法进行数据显示，即利用单片机内部定时器每隔 1ms 产生一次中断，在定时中断服务程序中更新显示。由于中断显示程序不需要延时，更新一位显示只需要几十微秒，所以对主程序的影响较小。

显示主程序如下：

```
        ORG  0000H
        LJMP  MAIN
        ORG  001BH                  ; 定时中断入口地址
        LJMP  DIS
MAIN:   MOV  TMOD, #10H
        MOV  TH1, #0FCH             ; 定时 1ms
        MOV  TL1, #18H
        MOV  30H, #00H
        SETB  EA                    ; 开总中断允许"开关"
        SETB  ET1                   ; 开分中断允许"开关"
        SETB  TR1
        ……                          ; 主程序其他操作
```

定时器 1 中断服务程序如下（设 30H 单元存放显示指针，0 代表最高位，3 代表最低位）：

```
DIS:    PUSH  PSW
        PUSH  ACC
        PUSH  R0
        PUSH  R2
        MOV  A, 30H            ; 取显示指针
        MOV  R0, #40H          ; R0 指向显示缓冲区首地址
        ADD  A, R0             ; 计算显示数码所在单元
        MOV  R0, A
```

```
        MOV A，@R0           ；取显示数码
        ANL A，#0FH
        MOV R0，A            ；将显示数码送 R0 保存
        MOV A，30H
        MOV R2，A
        MOV A，#80H          ；设定位控码初值
        CJNE R2，#0，DIS1    ；不为最高位则转移
        SJMP DIS2
DIS1：  RR A
        DJNZ R2，DIS1
DIS2：  ORL A，R0            ；BCD 码与位控码合并
        MOV P1，A
        MOV A，30H           ；取显示指针
        INC A
        MOV 30H，A
        XRL A，#4            ；与 4 比较
        JNZ DIS3             ；不相等则中断返回
        MOV 30H，#0
DIS3：  MOV TH1，#0FCH       ；定时器重新装入初值
        MOV TL1，#18H
        POP R2
        POP R0
        POP ACC
        POP PSW
        RETI
```

利用 MCS-51 单片机内部的串行接口，也可实现动态显示。这样不但可以节省单片机的并行 I/O 接口，而且在大多数不用串行口的情况下，可免于（或少）扩展接口。在这种方法中，串行口同样工作在方式 0，再外接一片串行转并行移位寄存器 74LS164，将 74LS164 的输出作为共用的段码数据线，构成串行动态显示接口电路。此部分略，请读者自行考虑。

2. LCD 显示接口技术

LCD（Liquid Crystal Display）液晶显示是一种新型的显示技术，它是利用液晶材料电光效应（如加电引起光学特性变化）的显示器。液晶本身不发光，靠电信号控制环境光在显示部位反射（或透射）而显示。液晶显示具有很多独到的优异特性，比如低压、微功耗、平板型结构、被动型显示、易于彩色化、长寿命等，已经越来越多地应用到各个领域，从智能化仪器仪表、计算机到家用电器都可以看到液晶显示的身影。

液晶显示器通常把驱动电路集成在一起，构成液晶显示模块。用户可以不必了解驱动器与显示器是如何连接的，使用时只需按照一定的要求向显示模块发送命令和写入数据即可。下面以 OCMJ4 × 8 中文显示模块为例，说明 LCD 显示器的应用。OCMJ 系列中文液晶显示模块可以实现汉字、ASCII 码、点阵图形和变化曲线的同屏显示，并可通过字节点阵图形方式造字。

（1）引脚功能　OCMJ4 × 8 中文显示模块最多可显示 4 行，每行 8 个（16 × 16 点阵）

汉字，其外形结构如图 6-7 所示，各引脚说明如下：

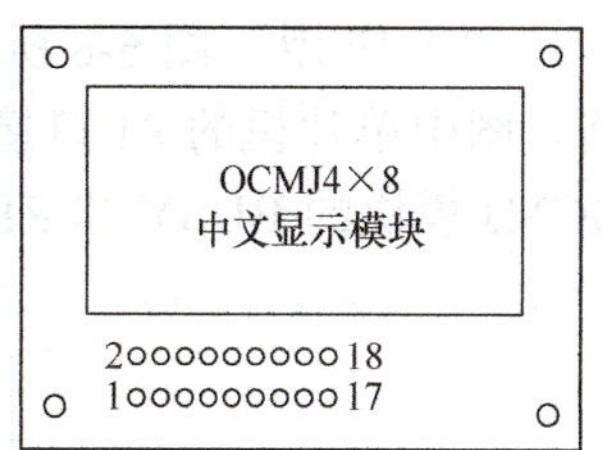

图 6-7　OCMJ4×8 中文显示模块

1 脚：LED−，背光源负极，接信号地；

2 脚：LED+，背光源正极，接 +5V；

3 脚：VSS，信号地；

4 脚：VDD，工作电源端，接 +5V；

5 ～ 12 脚：DB0 ～ DB7，8 位数据信号输入端；

13 脚：BUSY，应答信号，高电平表示已收到数据并正在处理中，低电平表示模块空闲，可接收数据；

14 脚：RSQ，请求信号，高电平有效；

15 脚：RES，复位信号，低电平有效；

16 脚：NC，空脚；

17 脚：RT1，LCD 灰度调整，外接电阻端；

18 脚：RT2，LCD 灰度调整，外接电阻端。

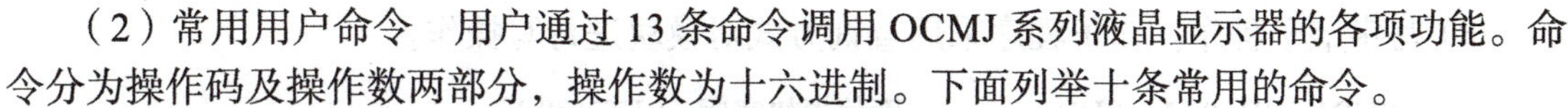
（2）常用用户命令　用户通过 13 条命令调用 OCMJ 系列液晶显示器的各项功能。命令分为操作码及操作数两部分，操作数为十六进制。下面列举十条常用的命令。

1）显示国标汉字，命令格式：F0 XX YY QQ WW。

XX：以汉字为单位的屏幕行坐标值，取值范围 02H ～ 09H；

YY：以汉字为单位的屏幕列坐标值，取值范围 00H ～ 03H；

QQ WW：坐标位置上要显示的 GB2312 汉字区位码。

2）显示 8×8 ASCII 字符，命令格式：F1 XX YY AS。

XX：以 ASCII 码为单位的屏幕行坐标值，取值范围 04H ～ 13H；

YY：以 ASCII 码为单位的屏幕列坐标值，取值范围 00H ～ 3FH；

AS：坐标位置上要显示的 ASCII 字符码。

3）显示 8×16 ASCII 字符，命令格式：F9 XX YY AS。

XX：以 ASCII 码为单位的屏幕行坐标值，取值范围 04H ～ 13H；

YY：以 ASCII 码为单位的屏幕列坐标值，取值范围 00H ～ 3FH；

AS：坐标位置上要显示的 ASCII 字符码。

4）显示位点阵，命令格式：F2 XX YY。

XX：以 1×1 点阵为单位的屏幕行坐标值，取值范围 20H ～ 9FH；

YY：以 1×1 点阵为单位的屏幕列坐标值，取值范围 00H ～ 3FH。

5）显示字节点阵，命令格式：F3 XX YY BT。

XX：以 1×8 点阵为单位的屏幕行坐标值，取值范围 04H ～ 13H；

YY：以 1×1 点阵为单位的屏幕列坐标值，取值范围 00H ～ 3FH；

BT：字节像素值，0 显示白点，1 显示黑点（显示字节为横向）。

6）清屏，命令格式：F4，其功能为将屏幕清空。

7）上移，命令格式：F5，其功能为将屏幕向上移动一个点阵行。

8）下移，命令格式：F6，其功能为将屏幕向下移动一个点阵行。

9）左移，命令格式：F7，其功能为将屏幕向左移动一个点阵列。

10）右移，命令格式：F8，其功能为将屏幕向右移动一个点阵列。

（3）应用　图 6-8 所示为 MCS-51 单片机与 OCMJ 4×8 中文显示模块的接口电路。图中单片机的 P1 口接 OCMJ 模块的八根数据线用于数据的传送，P0.0、P0.1 引脚接 OCMJ 模块的 BUSY 和 REQ 作为握手联络信号。具体应用如下所示。

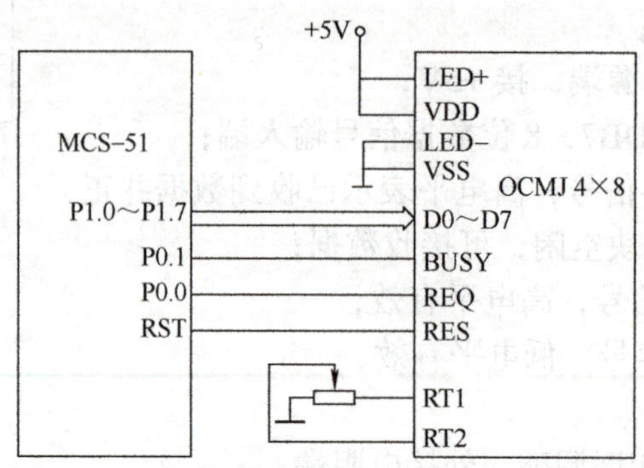

图 6-8　MCS-51 单片机与 OCMJ 4×8 中文显示模块接口电路

1）写字节子程序。该子程序采用查询方式对模块进行写操作。

```
SUB1: JB  P0.1, SUB1        ; 确信模块空闲（BUSY=0）
      MOV  P1, A            ; 向总线送数据
      NOP                   ; 等待数据总线稳定
      SETB  P0.0            ; 置模块 REQ=1，向模块发请求命令
HE3:  JNB  P0.1, HE3        ; 等待模块响应（BUSY =1）
      CLR  P0.0             ; 撤销 REQ 请求信号，数据输入结束
      RET                   ; 返回
```

2）写汉字程序段。该程序段显示一个汉字“啊”（区位码为 1601H）。

```
MOV A, #0F0H        ; 选显示汉字命令字
ACALL  SUB1         ; 调用写子程序
MOV A, #02H         ; #02H, XX, 16×16 点阵为单位的屏幕坐标
ACALL  SUB1         ; 调用写子程序
MOV  A, #00H        ; #00H, YY, 16×16 点阵为单位的屏幕坐标
ACALL  SUB1         ; 调用写子程序
MOV  A, #16H        ; #16H, QQ, GB2312 汉字区位码高位
ACALL  SUB1         ; 调用写子程序
MOV  A, #01H        ; #01H, WW, GB2312 汉字区位码低位
ACALL  SUB1         ; 调用写子程序
```

3）写 8×16 ASCII 码程序段。该程序段显示一个 8×16 ASCⅡ码“A”。

```
MOV  A, #0F9H       ; 选显示 8×16 ASCII 字符命令字
ACALL  SUB1         ; 调用写子程序
MOV  A, #04H        ; #04H, XX 坐标值
ACALL  SUB1
MOV  A, #00H        ; #00H, YY 坐标值
ACALL  SUB1
MOV  A, #41H        ; #41H, ASCII 字符代码“A”
ACALL  SUB1
```

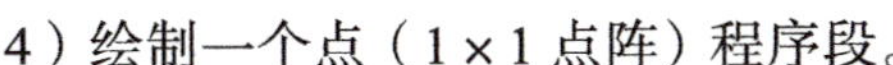

4）绘制一个点（1×1 点阵）程序段。

```
MOV A, #0F2H        ; 选显示位点阵命令字
ACALL SUB1          ; 调用写子程序
MOV A, #20H         ; #20H, XX, 以1×1点阵为单位的屏幕坐标值X
ACALL SUB1
MOV A, #00H         ; #00H, YY, 以1×1点阵为单位的屏幕坐标值Y
ACALL SUB1
```

5）绘制一横线（1×8 点阵）程序段。

```
MOV A, #0F3H        ; 选显示字节点阵命令字
ACALL SUB1          ; 调用写子程序
MOV A, #04H         ; #04H, XX, 以1×8点阵为单位的屏幕坐标值X
ACALL SUB1
MOV A, #00H         ; #00H, YY, 以1×1点阵为单位的屏幕坐标值Y
ACALL SUB1
MOV A, #0FH         ; #0FH, 为输入字节数据, 1为黑点, 0为白点
ACALL SUB1
```

6.1.2　键盘接口技术

键盘是若干按键的集合，是向系统提供操作人员干预命令及数据的接口设备。键盘可分为编码键盘和非编码键盘两种。编码键盘能够由硬件逻辑自动提供与被按键对应的编码。此外，一般还具有去抖动和多键、窜键保护电路，使用比较方便，但需要较多的硬件，价格较贵，一般的单片机应用系统较少采用。非编码键盘只简单地提供行和列的矩阵，其他工作都靠软件来完成，由于其经济实用，所以目前在单片机应用系统中多采用这种形式的键盘。本节将着重介绍非编码键盘接口。

1. 键盘的基本工作原理

最简单的非编码键盘是独立式结构键盘，如图 6-9 所示。每个按键对应 I/O 端口的一位，当任意一个按键压下时，与之相连的输入数据线即被置为低电平，而平时该线为高电平。这时，CPU 只要检测到某位为“0”，便可判断出对应键值。这种键盘结构的优点是十分简单，缺点是键数较多时，要占用较多的 I/O 线。

单片机应用系统通常采用的是矩阵式结构键盘，如图 6-10 所示的 4×4 键盘。假设当前 3 号键被按下，则第 0 行和第 3 列接通而形成通路，如果第 0 行接低电平，则第 3 列也输出低电平。矩阵式键盘工作时，就是按照行线和列线上的电平来识别闭合按键。

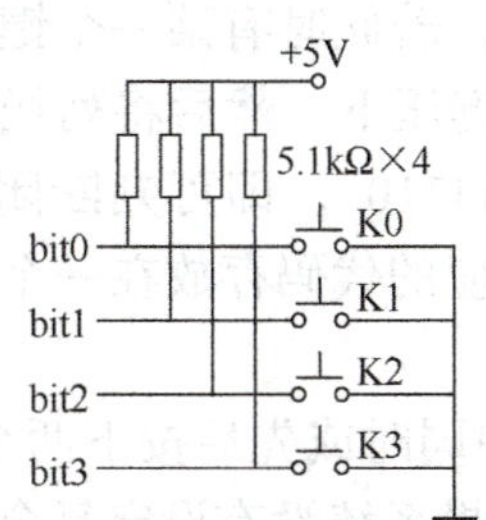

图 6-9　键盘的独立式结构

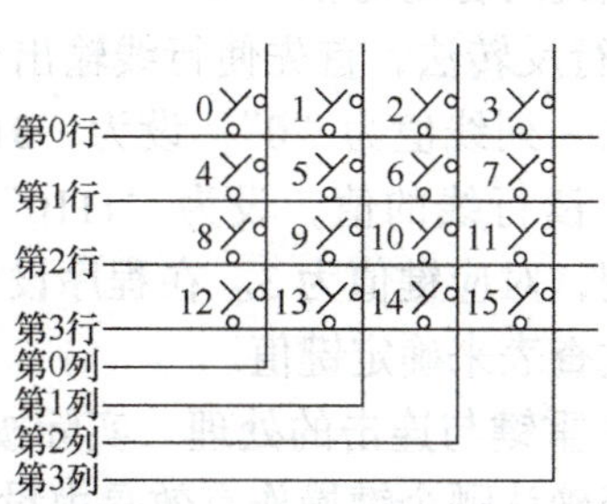

图 6-10　键盘的矩阵式结构

2. 键盘设计需解决的问题

（1）检测是否有键按下　由于键的闭合与否取决于机械弹性开关的通、断状态，反映在电压上就是呈现出高电平或低电平，所以通过电平状态的检测，便可确定相应按键是否已被按下。通常检测按键是否被按下的方法有三种：

1）程序控制扫描方式，这种方式就是只有当单片机空闲时，才调用键盘扫描子程序，检测键盘是否有输入。

2）定时扫描方式，即每隔一定的时间对键盘扫描一次，在这种扫描方式中，通常利用单片机内部的定时器产生定时中断，定时检测键盘是否有输入。

3）中断扫描方式，这种方式就是当键盘有键按下时产生中断请求，CPU 响应中断后，才执行键盘扫描程序对按键进行处理。这种方法可使 CPU 的工作效率大大提高。

（2）按键防抖动技术　由于按键机械触点的弹性作用，按键在闭合及断开的瞬间必然伴随一连串的抖动，如图 6-11 所示。抖动过程时间的长短由按键的机械特性决定，一般为 10 ～ 20ms。按键的抖动通常有硬件、软件两种消除方法：当键数较少时，可采用硬件消抖的方法，采用由 R-S 触发器构成的双稳态防抖电路，如图 6-12 所示；当键数较多时，常用软件进行消抖，即当第一次检测有键按下时，调用一个 15ms 左右的延时子程序，而后再确认该键电平是否仍维持闭合状态电平，若仍保持闭合状态电平，则确认此键按下，从而消除抖动的影响。

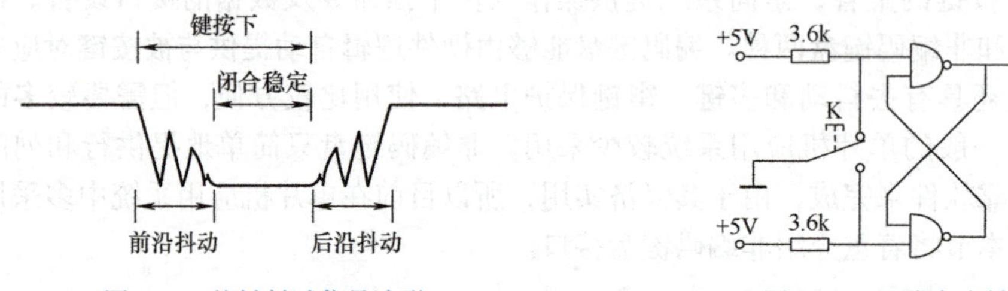

图 6-11　按键抖动信号波形　　图 6-12　双稳态防抖电路

（3）若有键按下，判定键值　为了识别键盘上的闭合键，通常采用两种方法，按图 6-10 所示的键盘结构，说明如下：

1）行扫描法，先使第 0 行输出为低电平，其余行输出为高电平，并将行首键号“0”存储在某个寄存器中。然后读入列值，看是否有哪条列线输入为低。若有低电平的列线，则表示第 0 行的该列键被按下，设为第 3 列，键值 = 行首键号 + 列号，即键值为 3；若没有，则说明第 0 行上没有键按下，扫描下一行，并同时存储行首键号。以此类推，循环进行直到找到闭合键为止。

2）行反转法，首先使行线输出全“0”，读列线的值，若此时有某一个键按下，则必定会使某一列线值为“0”，设为“0111”，即第 3 列有按键压下。然后将列线读到的值直接输出，读行线的值，设为“1110”。组合结果为“01111110”，即可判断闭合键为第 0 行第 3 列，对应键值为 3。在程序设计时，可将各个键对应的代码存放在一个表中，按键程序通过查表来确定键值。

（4）重键与连击的处理　实际按键操作中，若无意中同时或先后按下两个以上的键，那么系统确认哪个键操作有效是由设计者编程决定的。如果系统没有设定复合键，则可视按下时间最长者为有效键，或认为最先按下的键为当前按键，也可以将最后释放的键看成是当前按键。不过在通常情况下，总是采用单键按下有效，多键同时按下无效的原则。

有时，由于操作人员按键动作不够熟练，会使一次按键时间过长产生多次击键的效果，即重键的情形。为排除重键的影响，编制程序时可将键的释放作为按键的结束，即不管一次按键持续的时间有多长，仅采用一个数据，以防止一次击键多次执行的错误发生。

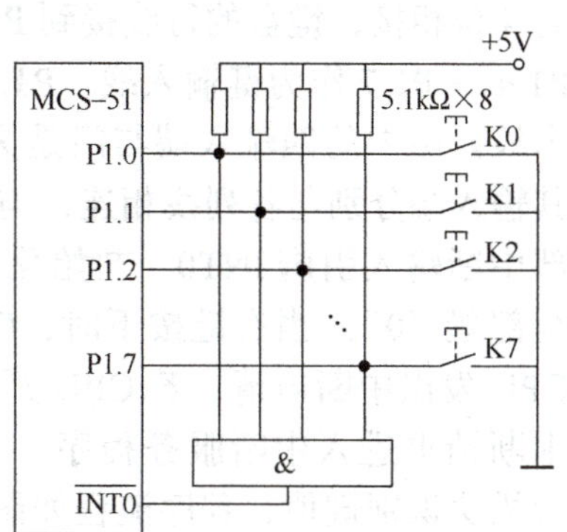

图 6-13　独立式键盘接口电路

3. 键盘的接口实例

例 6-4　单片机独立式键盘接口电路如图 6-13 所示，采用中断方式监测按键，软件延时消除按键的抖动，编写按键中断服务程序。

```
        ORG 0003H
        AJMP  JPCON
        ORG  0050H
JPCON:  MOV  P1, #0FFH          ; P1 口输入准备
        MOV  A, P1              ; 输入 P1 口的值
        JNB  ACC.7, PROC7       ; 查询键 K7
        JNB  ACC.6, PROC6       ; 查询键 K6
        JNB  ACC.5, PROC5       ; 查询键 K5
        JNB  ACC.4, PROC4       ; 查询键 K4
        JNB  ACC.3, PROC3       ; 查询键 K3
        JNB  ACC.2, PROC2       ; 查询键 K2
        JNB  ACC.1, PROC1       ; 查询键 K1
        JNB  ACC.0, PROC0       ; 查询键 K0
        RETI
PROC7:  ACALL  DISP15           ; 调用 15ms 延时子程序
        MOV  P1, #0FFH          ; 再次读 P1 准备
        MOV  A, P1              ; 再次确认 P1 值
        JNB  ACC.7, JPC7        ; 再次查询键 K7，若还是按下状态，则转对应处理程序
        RETI
JPC7:   ……
        RETI
PROC6:  ……
        ……                      ; 键 K6 及其他键的处理
DISP15: MOV  R2, #15            ; 15ms 延时子程序
        MOV  R3, #250
DISP2:  NOP
        NOP
        DJNZ  R3, DISP2
        DJNZ  R2, DISP15
        RET
```

例 6-5　单片机连接矩阵式按键接口电路如图 6-14 所示，画出中断服务程序流程图实现按键监测、识别，并具有软件延时消除按键抖动的功能。

分析：由图 6-14 可知，单片机 P1 口的高、低字节构成 4×4 矩阵式键盘。键盘的列线与 P1 口的高 4 位相接，键盘的行线接到 P1 口的低 4 位。因此，P1.4 ～ P1.7 作为键输入线，P1.0 ～ P1.3 作为扫描输出线。图中的四输入端与门是为中断方式而设计的，其输入端分别与各列线相连，与门输出端接单片机外部中断输入引脚 INT0。初始化时，使键盘行输出口全部置“0”。当有键按下时，INT0 端为低电平，向 CPU 发出中断申请，若 CPU 开放外部中断，则响应中断请求进入中断服务程序。在中断服务程序中按扫描法识别键值，程序流程如图 6-15 所示。

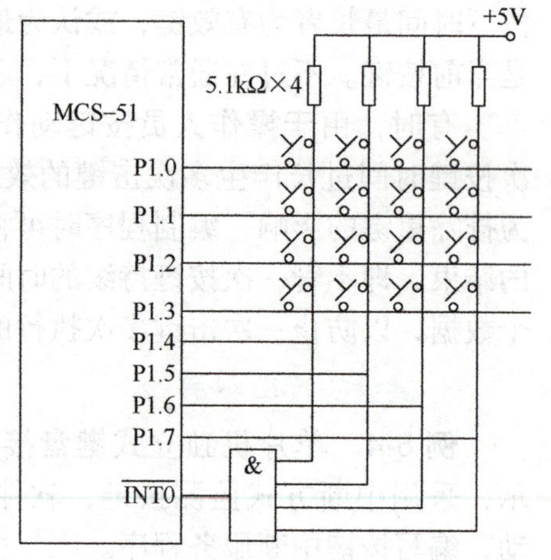

图 6-14　矩阵式按键接口电路

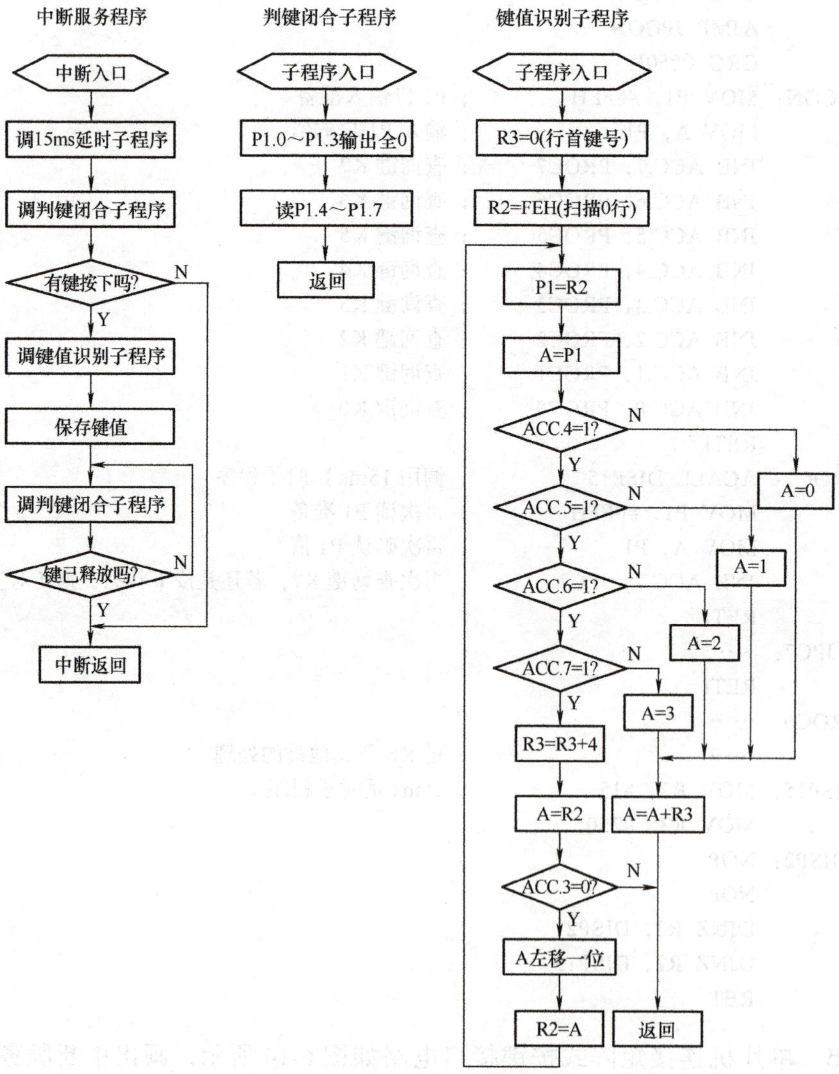

中断服务程序：中断入口 → 调15ms延时子程序 → 调判键闭合子程序 → 有键按下吗?（N：中断返回；Y）→ 调键值识别子程序 → 保存键值 → 调判键闭合子程序 → 键已释放吗?（N：返回调判键闭合子程序；Y）→ 中断返回

判键闭合子程序：子程序入口 → P1.0～P1.3输出全0 → 读P1.4～P1.7 → 返回

键值识别子程序：子程序入口 → R3=0(行首键号) → R2=FEH(扫描0行) → P1=R2 → A=P1 → ACC.4=1?（N：A=0）→ Y → ACC.5=1?（N：A=1）→ Y → ACC.6=1?（N：A=2）→ Y → ACC.7=1?（N：A=3）→ Y → R3=R3+4 → A=R2 → ACC.3=0?（N：返回）→ Y → A左移一位 → R2=A → 返回 P1=R2；A=0/A=1/A=2/A=3 → A=A+R3 → 返回

图 6-15　中断扫描法程序流程图

如前所述，在大多数不使用串行口的情况下，利用 MCS-51 单片机内部的串行接口，可实现动态及静态的数码显示。在键盘接口电路中，也同样可以采用这种方法，即利用单片机的串行口工作在方式 0 下，再外接一片串行转并行移位寄存器 74LS164 构成一个并行输出口，用于键盘扫描输出。图 6-16 所示为利用 74LS164 连接的 2×8 矩阵式键盘接口电路。

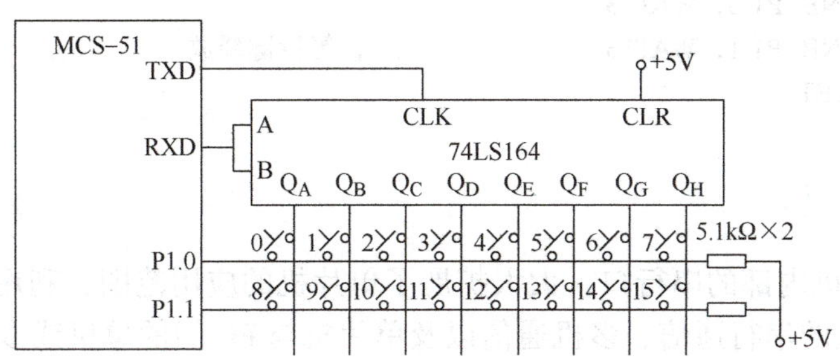

图 6-16　利用 74LS164 连接的 2×8 矩阵式键盘接口电路

例 6-6　根据图 6-16 编写键盘扫描子程序，调用延时子程序消除按键抖动。

分析：对按键的判断和识别采用定时扫描方式，在定时中断服务程序里调用键盘扫描子程序。程序清单如下：

```
KEY：  MOV A，#00H
       MOV SBUF，A              ；向串行口数据缓冲器送全“0”
WAIT0：JNB TI，WAIT0            ；等待 8 位数据发送完毕
       CLR TI
       JNB P1.0，KEY1
       JB P1.1，EXIT            ；无键按下则返回
KEY1： LCALL DELAY15            ；15ms 延时消抖
       JNB P1.0，KEY2
       JB P1.1，EXIT            ；无键按下则返回
KEY2： MOV R7，#08H             ；逐列扫描次数
       MOV R6，#0FEH            ；先扫描第 0 列
       MOV R3，#00H             ；列号初值
KEY5： MOV A，R6                ；开始扫描
       MOV SBUF，A
WAIT1：JNB TI，WAIT1
       CLR TI
       JNB P1.0，KEY3           ；第 0 行有键按下转 KEY3
       JNB P1.1，KEY4           ；第 1 行有键按下转 KEY4
       RL A                     ；不是本列，则继续下一列
       MOV R6，A
       INC R3                   ；列号加 1
       DJNZ R7，KEY5            ；未扫描完则继续
       SJMP EXIT
KEY3： MOV A，#00H              ；第 0 行首键号
       JMP KEY6
KEY4： MOV A，#08H              ；第 1 行首键号
```

```
KEY6: ADD A, R3            ; 键值=行首键号+列号
      MOV 30H, A           ; 存键值到内部 RAM 30H 单元
      MOV A, #00H
      MOV SBUF, A
WAIT2: JNB TI, WAIT2
      CLR TI
WAIT3: JNB P1.0, WAIT3
      JNB P1.1, WAIT3      ; 等待键释放
EXIT: RET
```

6.1.3 串行通信接口技术

MCS-51单片机内部的串行口，大大扩展了单片机的应用范围，利用串行口可以实现单片机之间点对点的串行通信、多机通信以及单片机与 PC 间的单机或多机通信。MCS-51 单片机串行口的输入、输出均为 TTL 电平，这种以 TTL 电平进行串行数据传输的方式抗干扰能力差，传输距离较短。为了提高串行通信的可靠性，增大串行通信的距离，一般都采用标准串行接口，如 RS-232、RS-422A 和 RS-485 等来实现串行通信。

RS-232 是由美国电子工业协会（EIA）于 1962 年制定的标准，是在异步串行通信中应用最广的标准串行接口（RS-232C 是 1969 年修订的版本，C 表示此标准已修改至第 3 版）。RS 是“Recommended Standard”的缩写，意为推荐标准。该标准至 1997 年已修订至 RS-232F，由于改动不大，人们还是习惯地称此类接口为“RS-232C”。RS-232C 适用于短距离或带调制解调器的串行通信场合。为了提高串行数据传输率和通信距离以及抗干扰能力，EIA 又公布了 RS-422、RS-423 和 RS-485 串行总线接口标准。

1. RS-232C 接口

RS-232C 异步串行通信接口标准是用来实现计算机与计算机之间、计算机与外设之间的数据通信。它定义了数据终端设备（DTE）和数据通信设备（DCE）之间的串行接口标准，主要包括了有关串行数据传输的电气和机械方面的规定。

（1）机械特性　目前，PC 机都配有标准的 RS-232C 接口，RS-232C 标准规定了 25 针连接器，但在实际应用中并不一定用到 RS-232C 的全部信号线，目前大多数计算机中只用了其中的 9 条线（9 针“D”型连接插座）。这 9 条信号线按照通信过程中所起的作用分为数据收发线、联络控制线和地线。数据收发线包括 RXD 和 TXD，是数据传送时不可缺少的部分；地线是第 5 号引脚，其余为联络控制线。表 6-2 给出了 9 芯的接口信号定义及其与 25 芯接口的对应关系。

表 6-2　9 芯的接口信号定义及其与 25 芯接口对应关系表

9 芯引脚序号	25 芯引脚信号序号	信号名称	信号功能
1	8	DCD	接收信号检出（载波检测）
2	3	RXD	接收数据（串行输入）
3	2	TXD	发送数据（串行输出）
4	20	DTR	数据终端就绪

（续）

9 芯引脚序号	25 芯引脚信号序号	信号名称	信号功能
5	7	SGND	信号接地
6	6	DSR	数据装置就绪
7	4	RTS	请求发送
8	5	CTS	清除发送（允许发送）
9	22	RI	振铃指示

（2）电气特性　RS–232C 上传送的数字量采用负逻辑，且与地对称。

逻辑 1：–15 ～ –3V；

逻辑 0：+3 ～ +15V。

由于 RS–232C 接口标准是单端收发，即采用公共地线的方式（多根信号线共地）。这种方式的缺点是不能区分由驱动电路产生的有用信号和外部引入的干扰信号，抗共模干扰能力差。此外，如果两地之间存在电位差，则将会导致传输错误，所以数据传输速度慢（小于 115.2kb/s），传输距离短（小于 15m）。即使有较好的线路器件和优良的信号质量，有效传输距离也不会超过 60m。

（3）电平转换　由于 TTL 电平和 RS–232C 电平互不兼容，所以两者对接时，必须进行电平转换。RS–232C 与 TTL 电平转换最常用的芯片是 MC1488、MC1489 和 MAX232 等，各厂商生产的此类芯片虽然不同，但原理相似。以美国 MAXIM 公司的产品 MAX232 为例，它是包含两路接收器和驱动器的 IC 芯片，其外部引脚如图 6-17 所示。

由于芯片内部带有自升压的电平倍增电路，可将 +5V 转换成 –10 ～ +10V，满足 RS–232C 标准对逻辑 1 和逻辑 0 的电平要求，因此，芯片工作时仅需单一的 +5V 电源。芯片内部有两个发送器，两个接收器，具有 TTL 信号输入 /RS–232C 输出的功能，也有 RS–232C 输入 /TTL 信号输出的功能。该芯片与 TTL/CMOS 电平兼容，使用比较方便。使用 MAX232 实现 TTL/RS–232C 之间的电平转换电路如图 6-18 所示。

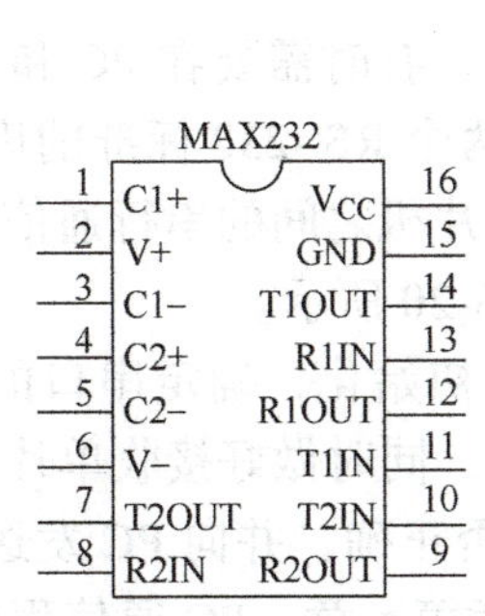

图 6-17　MAX232 外部引脚图

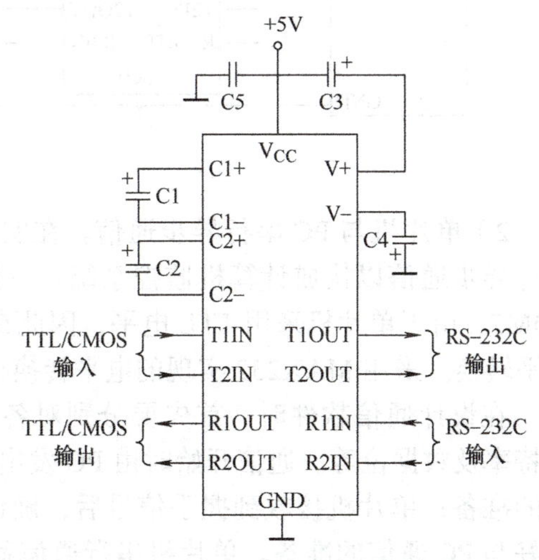

图 6-18　MAX232 典型工作电路

上半部分电容 C1、C2、C3、C4 及 V+、V- 是电源变换电路部分。在实际应用中，器件对电源噪声很敏感。因此，V_{CC} 必须要对地加去耦电容 C5，其值为 0.1μF。电容 C1、C2、C3、C4 取同样数值的钽电解电容 1.0μF/16V，可以提高抗干扰能力，在连接时也必须尽量靠近器件。

电路下半部分为发送与接收部分。实际应用中，T1IN 与 T2IN 可直接连接 MCS-51 单片机的串行发送端 TXD 引脚；R1OUT 和 R2OUT 可直接连接 MCS-51 单片机的串行接收端 RXD 引脚。T1OUT 与 T2OUT 可直接连接 PC 机的 RS-232C 串口接收端 RXD。R1IN 和 R2IN 可直接连接 PC 机的 RS-232C 串口发送端 TXD。

（4）典型应用

1）双机串行异步通信。由第 5 章可知，两台 MCS-51 单片机可以很方便地通过串行口实现异步通信。根据两台单片机的距离，可采用不同的电平标准实现正常通信。若两台单片机在 1.5m 以内，则可以直接连接，即用 TTL 电平通信。当传输距离小于 15m 时，用 RS-232C 总线直接连接系统，在最简单的全双工系统中，仅用 TXD、RXD 和 SGND 三根线即可，如图 6-19 所示。当传输距离超过 15m 时，可以选用其他串行通信标准，若要采用 RS-232C 标准，则需要增加调制解调器（Modem）。串行通信程序参考第 5 章。

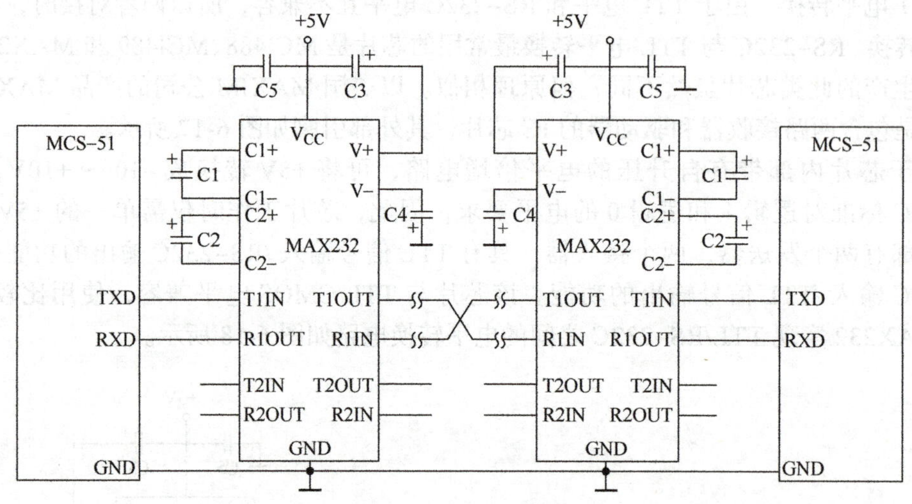

图 6-19 利用 MAX232 的双机串行异步通信接口电路

2）单片机与 PC 串行异步通信。在实际应用系统中，有时需要在 PC 和单片机之间进行异步通信以构成计算机监控系统。一般 PC 提供了两个 RS-232 标准的串口 COM1、COM2，由于单片机采用 TTL 电平，因此在实现 PC 与单片机之间的串行通信时，需进行电平转换。采用 MAX232 实现的电平转换接口电路如图 6-20 所示。

在设计通信软件时，首先要分别对各自的串口进行初始化，确定串口的工作方式、波特率及数据位等。通信开始时由 PC 发出一个握手信号，同时做好接收单片机发来的信号的准备；单片机接收到握手信号后，确认握手信号是否正确，并向 PC 发送响应信号，做好与 PC 通信的准备。单片机串行通信程序读者可参考第 5 章。PC 通信程序可采用如下两种方法：

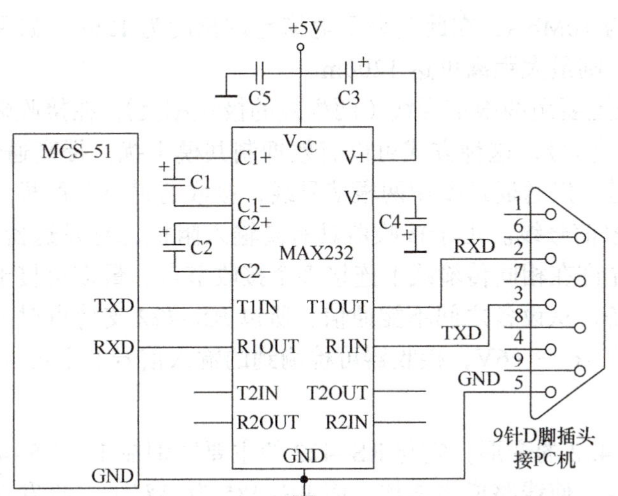

图 6-20　利用 MAX232 实现单片机与 PC 串行异步通信接口电路

第一种方法是在 Windows 环境下，利用可视化开发环境 VB、VC 等的 Mscomm 通信控件进行软件设计。Mscomm 控件提供了功能完善的串口数据的发送和接收功能，使用时只需对串口进行简单的配置即可。

第二种方法是采用专门的调试软件，如串口调试助手软件。该软件支持常用的 110 ～ 115200bps 波特率，能够设置校验位、数据位和停止位；能够以 ASCII 码或十六进制码接收或发送任何数据或字符（包括中文），且可任意设定自动发送周期；能够将接收的数据保存成文本文件，且可发送任意大小的文本文件，其工作界面如图 6-21 所示。

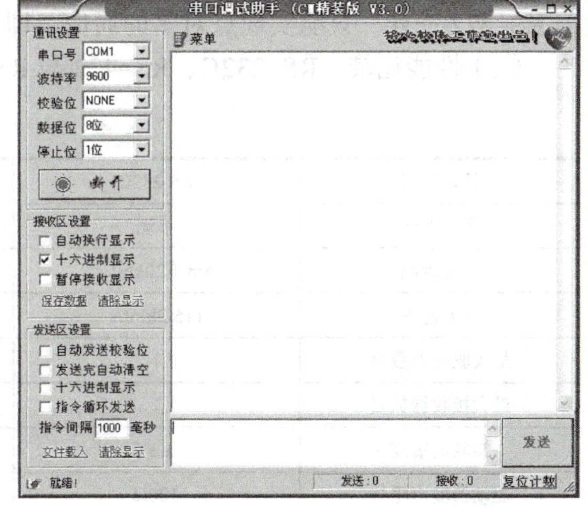

图 6-21　串口调试助手软件工作界面

以上两种方法的具体使用可查阅相关技术资料。

2. RS-422 接口

RS-232C 虽然应用很广泛，但其推出较早，在现代网络通信中已暴露出明显的缺点，即传输速度慢、通信距离短、接口处信号容易产生串扰等。鉴于此，EIA 又制定了 RS-422A（下文简称 RS-422）标准。RS-232C 既是一种电气标准，又是一种物理接口标准，而 RS-422 仅仅是一种电气标准，是为改善 RS-232C 标准的电气特性，又考虑与 RS-232C 兼容而制定的。RS-422 与 RS-232C 的关键不同之处在于 RS-422 把 RS-232C 的单端输入改为双端差分输入，信号地不再公用，双方的信号地也不再接在一起。

RS-422 规定了对电缆、驱动器的要求，规定了双端电气接口形式，其标准是采用双绞线传送信号。它通过传输线驱动器，把逻辑电平变换成电位差；通过传输线接收器，由电位差转变成逻辑电平，实现信号接收。RS-422 比 RS-232C 传输信号距离长、速度快。

数据传输速度最快为 10Mb/s，在此速率下电缆允许长度为 12m；如果采用较慢的数据传输速度，如 90kb/s，则最大距离可达 1200m。

RS-422 每个通道要用两根信号线（两根线的极性相反），在接收端对这两根线上的电压信号相减得到实际信号，这种方式可以有效抑制共模干扰，提高通信距离。RS-422 线路一般都有两个通道，发送通道要用两根信号线，接收通道也要两根信号线，对于全双工通信，至少要有四根信号线。由于接收器具有高输入阻抗，且发送器具有比 RS-232C 更强的驱动能力，故允许在相同传输线上连接多个接收节点，最多可接十个节点。即一个主设备，其余为从设备，从设备之间不能通信，所以 RS-422 支持点对多的双向通信。该标准允许驱动器输出为 -6 ～ +6V，接收器可检测到的输入信号电平可以低到 200mV。

3. RS-485 接口

RS-485 是 RS-422 的变形，它与 RS-422 的主要区别在于：RS-422 为全双工，采用两对平衡差分信号线，使线路成本增加；而 RS-485 为半双工，收发双方共用一对信号线进行通信，即采用一对平衡差分信号线。RS-485 标准允许最多并联 32 台驱动器和 32 台接收器，对于多站互连是十分方便的。因此，在许多工业应用领域，RS-485 可以用来组建低成本网络。RS-485 也可采用四线连接方式，即工作于全双工方式。此时，RS-485 与 RS-422 一样，只能实现点对多的通信，即只能有一个主设备，其余为从设备。

（1）性能比较　RS-232C、RS-422 与 RS-485 性能比较见表 6-3。

表 6-3　RS-232C、RS-422 与 RS-485 性能比较表

接口方式	RS-232C	RS-422	RS-485
操作方式	单端	差动方式	差动方式
最大距离	15m（20kbit/s）	1200m（90kbit/s）	1200m（100kbit/s）
最大速率	115.2kbit/s	10Mbit/s	10Mbit/s
最大驱动器数目	1	1	32
最大接收器数目	1	10	32
接收灵敏度	± 3V	± 200mV	± 200mV
驱动器输出阻抗	300Ω	60kΩ	120kΩ
接收器负载阻抗	3 ～ 7kΩ	>4kΩ	>12kΩ
负载阻抗	3 ～ 7kΩ	100Ω	60Ω
对公共点电压范围	± 25V	-0.26 ～ +6V	-7 ～ +12V

（2）电平转换　RS-485 与 TTL 电平转换驱动芯片有全双工通信和半双工通信两种。半双工通信芯片有 SN75176、SN751276、SN75LB184、MAX481、MAX483、MAX485、MAX487 和 MAX1487 等；全双工通信芯片有 SN75179、SN75180、MAX488 ～ MAX491 和 MAX1482 等。下面以 MAX485 芯片为例进行介绍。

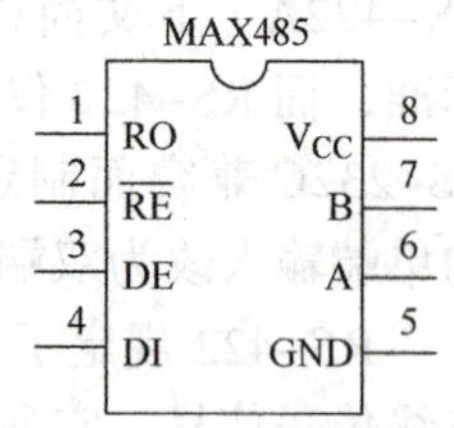

图 6-22　MAX485 引脚图

MAX485 芯片内部含有一个驱动器和接收器，采用半双工通信方式，完成将 TTL 电平与 RS-485 电平相互转换的功能。其引脚如图 6-22 所示，各引脚功能说明如下：

RO：接收器输出端。A–B>+0.2 时，RO=1；A–B<–0.2 时，RO=0。

$\overline{\text{RE}}$：接收器输出使能端。$\overline{\text{RE}}$=0 时，RO 有效；$\overline{\text{RE}}$=1 时，RO 为高阻状态；

DE ：驱动器输出使能端。DE=1 时，驱动器输出 Y、Z 有效；DE=0 时，驱动器输出为高阻状态；

DI：驱动器输入端。DI=0 时，Y=0、Z=1；DI=1 时，Y=1，Z=0。

GND：信号地。

A/Y：接收器同相输入 / 驱动器同相输出。

B/Z：接收器反相输入 / 驱动器反相输出。

V_{CC}：工作电源（4.75 ~ 5.25V）。

从图 6-22 中可以看出，RO 和 DI 端分别为接收器的输出端和驱动器的输入端，与单片机连接时只需分别与单片机的 RXD 和 TXD 相连即可；$\overline{\text{RE}}$ 和 DE 端分别为接收和发送的使能端，因为 MAX485 工作在半双工状态，所以只需用单片机的一个引脚控制这两个引脚即可；A 端和 B 端分别为接收和发送的差分信号端，在与单片机连接时需要将 A 和 B 端之间加匹配电阻，吸收总线上的反射信号，保证信号传输无毛刺，一般可选 120Ω 的电阻。图 6-23 所示为采用 MAX485 芯片构成的典型半双工 RS–485 通信网络图。

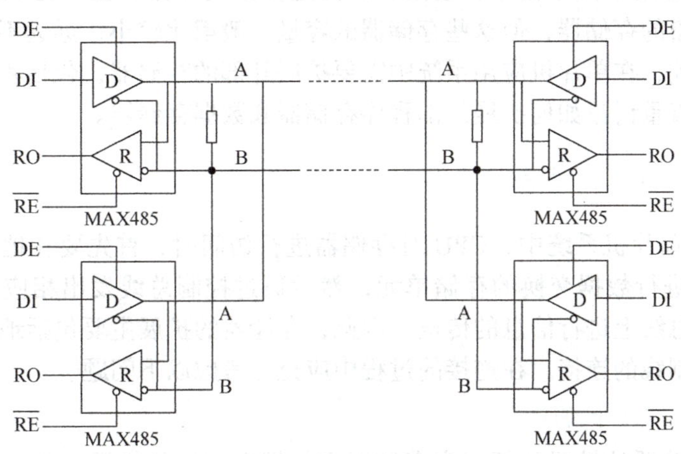

图 6-23　半双工 RS–485 通信网络图

（3）典型应用　在分布式控制系统和工业局域网中，传输距离常介于近距离（小于 20m）和远距离（大于 2km）之间，这时不能采用 RS–232C 标准通信，使用 Modem 又不经济，因而需要选用新的串行通信接口标准，如 RS–485。

图 6-24 所示为 MCS–51 单片机使用 MAX485 构成的 RS–485 半双工点对点通信接口电路。该电路采用主从通信方式，即从机不主动发送信息，只被动地等待主机指令。单片机的 TXD、RXD 分别连接到 MAX485 的 DI 和 RO，P1.0 控制发送和接收使能。通信开始，从机一直处于接收状态，待接收到主机的传送数据指令后，才转为发送状态，同时主机转为接收状态。

若要构成 RS–485 全双工通信电路，则可用 MAX488 替换 MAX485，此时电路不需要应答，可同时进行数据的接收和发送。当 PC 需要通过 RS–485 标准与单片机进行通信时，由于普通的 PC 不带 RS–485 接口，因此要使用 RS–232C/RS–485 转换器，如 Link–

Max 公司研制的 S-485、M-485、U-485 系列转换器，从而将单端的 RS-232 信号转换为平衡差分的 RS-422 或 RS-485 信号；对于单片机，则可通过芯片 MAX485 来完成 TTL/RS-485 的电平转换。限于篇幅不再详述。

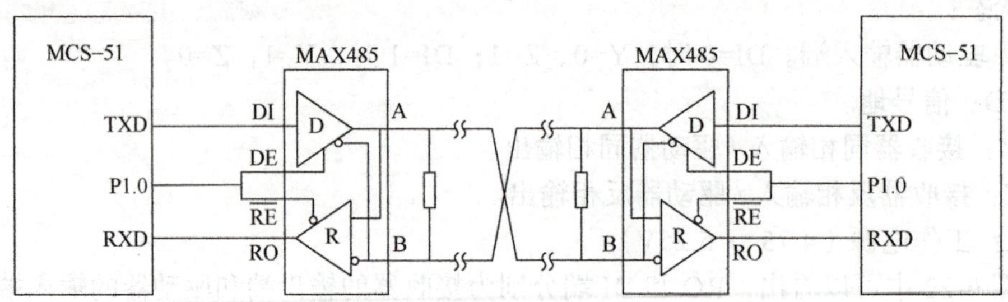

图 6-24　使用 MAX485 构成的 RS-485 半双工点对点通信接口电路

6.2　存储器的扩展技术

存储器主要是用来保存程序、数据和作为运算的缓冲器。虽然在 MCS-51 单片机内部设置了一定容量的存储器，但这些存储器的容量一般都比较小，远远不能满足实际系统的应用需求。因此，在单片机应用系统中需要扩展外部的存储器，包括程序存储器和数据存储器。本节将着重讨论如何扩展外部程序存储器和数据存储器。

6.2.1　存储器扩展中应考虑的问题

在 MCS-51 单片机系统中，CPU 对存储器进行访问时，首先要在地址总线上给出地址信号，选择要进行数据交换的存储单元，然后通过控制总线发出相应的读或写控制信号，最后在数据总线上进行信息的传送。因此，存储器的扩展主要包括地址线的连接、数据线的连接和控制线的连接。在连接的过程中应充分考虑以下问题。

1. 选取存储器芯片的原则

单片机对存储器的扩展包括程序存储器和数据存储器的扩展。程序存储器主要用于存储一些固定的程序和常数，以便系统一开机便可按照预定的程序工作。常用的程序存储器有掩模 ROM、PROM、EPROM 和 E²PROM 四种类型。若单片机系统是小批量生产或研制中的产品，则建议采用 EPROM 或 E²PROM 芯片，以方便系统程序的调试与修改；若系统为定型的大批量产品，则应采用掩模 ROM 或 PROM，以降低生产的成本和提高系统可靠性。

数据存储器主要用来存放实时数据，以及运算的中间和最终结果。数据存储器按照存储信息的工作原理可分为静态 RAM 和动态 RAM 两种类型。若单片机系统所需 RAM 的容量较小，则宜采用静态 RAM，以简化硬件电路设计；若所需 RAM 的容量比较大，则应采用动态 RAM，以降低生产成本。

2. 工作速度的匹配

MCS-51单片机对外部存储器进行读写所需要的时间称之为 CPU 的访存时间，是指它向外部存储器发出地址码和读写信号到读出数据或保持写入数据所需的时间。存储器的最大存取时间是存储器的固有时间，只与存储器硬件有关。为了使 MCS-51 单片机与存储器同步而可靠地工作，必须使 CPU 的访存时间大于外部存储器的最大存取时间，这在存储器芯片选择时必须要加以注意。

3. 片选信号和地址分配

在确定外部 RAM 和 ROM 容量与存储器芯片的型号和数量以后，还必须解决存储器的编址问题。MCS-51 单片机地址总线的位数为 16 位，可扩展存储器的最大容量为 64KB。在实际应用系统中，会给每个芯片分配一定的地址空间，这些地址空间被分配的位置由片选信号来决定。若存储器芯片所分配的地址范围不同，则地址总线与地址译码器的连接方式也不同。

4. 地址译码方式

为了便于分析，可将单片机的地址线划分为片内地址线和片选地址线两部分。片内地址线定义为单片机直接（或通过外部地址锁存器）与所选存储器芯片的地址输入端相连接的那部分地址线；片选地址线定义为除片内地址线以外的其余地址线。按照片选地址线的不同连接方式，可将地址译码方式分为全译码、部分译码和线选法译码三种方式。

（1）全译码　全译码是指所有的片选地址线都参与译码的工作方式。在这种译码方式下，存储单元和地址是一一对应的关系，只要单片机发出一个地址，就可以唯一地确定一个内存单元，故不存在地址重叠的现象，缺点是译码电路相对复杂，尤其是在单片机寻址能力较强和采用存储芯片的容量较小时更为严重。

（2）部分译码　部分译码是指只有一部分片选地址线参与译码、而其余片选地址线悬空的地址译码方式。在这种译码方式下，参加译码的地址线对于所选中的存储器芯片有一个确定的状态，而不参加译码的地址线的状态是不确定的。因此，部分译码方式下存储器的地址空间有重叠现象。采用这种译码方式的优点是地址译码电路比较简单，缺点是内存单元的地址不唯一。在使用这种地址译码方式时，通常将程序和数据放在基本地址范围内（即悬空的片选地址线全为低电平时的地址范围），以避免因地址重叠而引起程序运行的错误。

（3）线选法译码　线选法译码是指片选地址线和存储器芯片的芯片选择信号直接或通过逻辑门电路相连的工作方式。采用这种地址译码方式时，若没有悬空的片选地址线，则存储单元地址是唯一的，无重叠现象；若除了参与译码的片选线，还有悬空的片选地址线，则地址会产生重叠。

全译码和部分译码与线选法译码相比，硬件电路较为复杂，需要使用译码器进行地址译码，但可充分利用存储空间。这几种地址译码方式在单片机的存储器扩展中都有应用。

6.2.2　存储器的并行扩展

1. 程序存储器的扩展

MCS-51单片机的程序存储器空间、数据存储器空间是相互独立的。程序存储器寻址空间为 64KB（0000H ～ FFFFH），其中 8031 无片内 ROM，8051、8751 片内包含有

4KB 的 ROM、EPROM。当使用 8031 或片内 ROM 容量不够时，需要扩展程序存储器，通常利用外接 EPROM 芯片的方法扩展程序存储器。

MCS-51 单片机和程序存储器扩展相关的控制信号有两个，即地址锁存控制信号 ALE 和外部程序存储器读控制信号 $\overline{\text{PSEN}}$。ALE 用作低 8 位地址锁存器的选通脉冲输出端，以便将 P0 口分时提供的地址信息的低 8 位锁存起来。$\overline{\text{PSEN}}$ 为外部程序存储器的读控制命令，用于控制对外部程序存储器的读出操作。

外部程序存储器一般可选用 EPROM 或 E^{2}PROM 芯片，如 2764（8K × 8 位）、27128（16K × 8 位）及 2817（2K × 8 位）、2864（8K × 8 位）等。这些 ROM 芯片与单片机的连接仅在高位地址总线位数方面有些微小的差别，作为低 8 位地址锁存用的锁存器一般选用 74LS373。

（1）MCS-51 单片机与 EPROM 的连接　8031 和两片 27128 的连接电路如图 6-25 所示。由于 27128 的存储容量为 16KB，即有 14 根地址线和 8 根数据线。因此，8031 的 P2.0 ～ P2.5 和经过锁存后的 P0.7 ～ P0.0 作为片内地址线，直接与两片 27128 的地址线 A13 ～ A0 相连；P0.7 ～ P0.0 作为数据线也和两片 27128 的数据线相连。P2.7 和 P2.6 作为片选地址线对芯片进行选择，在这里利用 74LS139 进行全地址译码。8031 的 $\overline{\text{PSEN}}$ 和 27128 的 $\overline{\text{OE}}$ 相接，以便 CPU 寻指或执行 MOVC 指令时产生低电平，对 27128 进行读出控制。

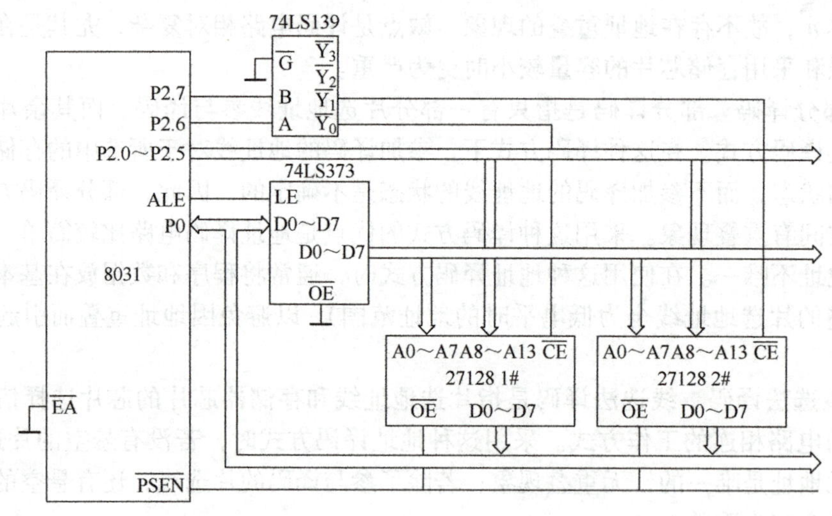

图 6-25　8031 和两片 27128 的连接电路图

根据地址范围的定义，即在片选地址线不变的条件下，所有的片内地址线从全“0”变到全“1”时的地址空间。因此，可以得到 27128 的地址范围为

27128 1#：0000000000000000B ～ 0011111111111111B=0000H ～ 3FFFH；

27128 2#：0100000000000000B ～ 0111111111111111B=4000H ～ 7FFFH。

因为所有的片选地址线都参与了地址译码，没有悬空的片选地址线，所以内存单元和地址是一一对应的，不存在地址重叠。

（2）MCS-51 单片机与 E^{2}PROM 的连接　E^{2}PROM 是电可擦除可编程只读存储器，

除了保留 EPROM 掉电后信息不丢失的特征外，还具备在线更新所存信息的功能。2864A 是容量为 8KB 的 E^2PROM 芯片，具有字节写入和页面写入两种写入方式。页面写入主要是为提高写入速度而安排的，但页面写入需要按 2864A 芯片的要求进行。页面写入的详细资料可查阅相关文献。

8031 与两片 2864A 的连接电路如图 6-26 所示。在与单片机的连接中，2864A 既可连接成数据存储器，也可连接成程序存储器。这里采用了将外部程序存储器空间和数据存储器空间合并的连接方法，即将 $\overline{PSEN}$ 信号和 $\overline{RD}$ 信号相与后的输出作为存储器的输出允许信号，$\overline{WR}$ 信号则直接和 2864A 的写允许 $\overline{WE}$ 相连。这样两片 2864A 既可以作为程序存储器，又可以作为数据存储器使用。CPU 可使用 MOVC 或 MOVX 指令访问 2864A 进行读写操作。

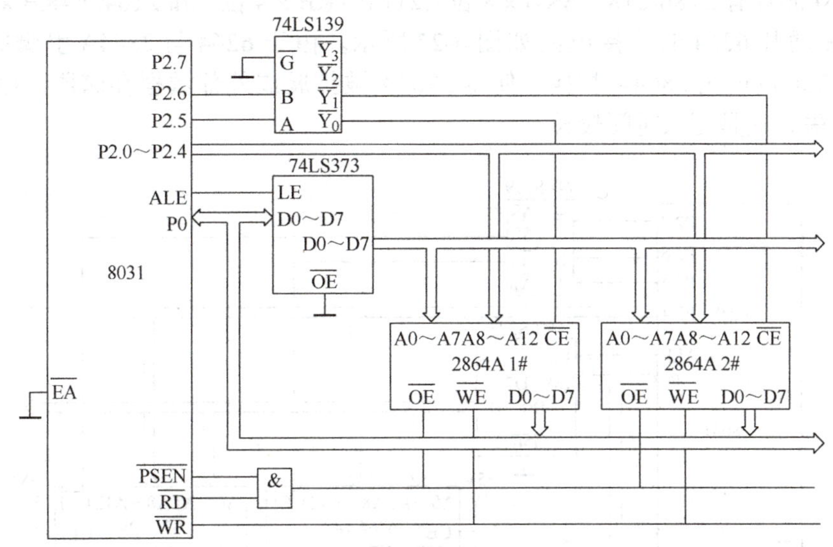

图 6-26　8031 和两片 2864A 的连接电路图

由图 6-26 可见，由于采用部分地址译码方式，因此根据基本地址范围的定义，即悬空的片选地址线 P2.7 为低电平时的地址范围，2864A 的基本地址范围为

2864A 1#：0000H ～ 1FFFH；

2864A 2#：2000H ～ 3FFFH。

重叠的地址范围定义为未参加译码的片选地址线任意取值后的芯片地址范围，因此 2864A 的重叠地址范围为

2864A 1#：0000H ～ 1FFFH 或 8000H ～ 9FFFH；

2864A 2#：2000H ～ 3FFFH 或 A000H ～ BFFFH。

从以上的分析可以看出，两片 2864A 各有 8KB 的重叠地址范围，在整个 64KB 的区域中是离散分布的。在使用该硬件电路时，为了保证程序的正确运行，应注意将程序和数据放在基本地址范围内。

2. 数据存储器的扩展

MCS-51 单片机内部有 128B 的 RAM 存储器，主要用作工作寄存器、堆栈区和数据

缓冲区。在单片机用于实时数据采集和处理时，仅靠片内提供的128B的数据存储器是不够的，还必须扩展外部数据存储器，以满足系统需求。

MCS-51单片机扩展外部数据存储器所用的地址总线、数据总线与扩展外部程序存储器时相同，只有读写控制线是不同的。MCS-51单片机与数据存储器扩展相关的控制信号有三个，它们是分别由P3.7和P3.6提供的$\overline{RD}$、$\overline{WR}$控制信号，以及地址锁存控制信号ALE，用于实现对外部数据存储器的读写操作及地址锁存控制。

外部数据存储器有静态RAM和动态RAM两种。静态RAM工作速度快，与单片机接口简单，但是成本比较高，功耗大。常用的静态RAM芯片有6116（2KB×8位）、6264（8KB×8位）和62256（32KB×8位）等。动态RAM具有成本低、功耗小的优点，适用于大容量数据存储器空间的场合，但是需要刷新电路，以保持数据信息不丢失。常用的动态RAM芯片有2186/2187(8KB×8位)、2114(1KB×4位)和2164(64KB×1位)等。

8031和两片6264的连接电路如图6-27所示。由于6264与2864A引脚完全兼容，所以图中6264也可用2864A替换，使得2864A被扩展成外部数据存储器，掉电后所存信息不会丢失，只是写入时间较长。

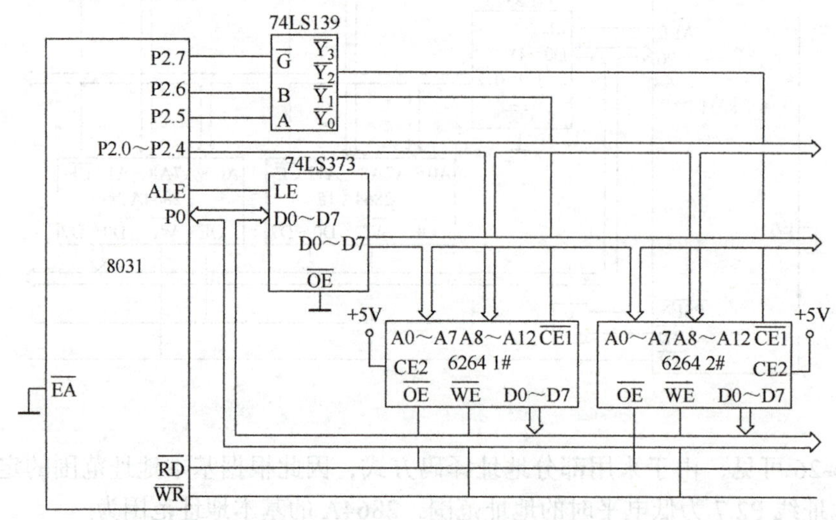

图6-27　8031和两片6264的连接电路图

如前分析，可以得到两片6264的地址范围为

6264 1#：2000H ～ 3FFFH；

6264 2#：4000H ～ 5FFFH。

3. 程序存储器和数据存储器的同时扩展

上文分别讨论了MCS-51单片机扩展外部程序存储器和数据存储器的方法，但在实际的应用系统设计中，多数情况下既需要扩展程序存储器，又需要扩展数据存储器。此时，数据总线和地址总线是共用的，要适当地把64KB的外部数据存储器空间和64KB的外部程序存储器空间分配给各个芯片，使程序存储器和数据存储器各芯片之间的地址不发生重叠。控制总线是完全不同的，必须分别进行连接，从而避免单片机在读/写外部存储器时发生数据冲突。

8031 和外部 RAM、ROM 的连接电路如图 6-28 所示。图中采用两片 6264 和一片 27128 分别扩展 16KB 数据存储器和 16KB 程序存储器。单片机对程序存储器的读操作由 $\overline{\text{PSEN}}$ 来控制，而对数据存储器的读 / 写操作则分别由 $\overline{\text{RD}}$ 和 $\overline{\text{WR}}$ 控制。

从图中地址线的连接可以得到 27128 的地址范围是 0000H ～ 3FFFH；由于两片 6264 采用部分地址译码方式（P2.5 未使用），因此可以得到两片 6264 的基本地址范围（P2.5=0）分别为

6264 1#：0000H ～ 1FFFH；

6264 2#：4000H ～ 5FFFH。

根据地址分析可知，由于 27128 与 6264 1# 使用相同的地址译码信号线，因此有 8KB 存储容量的地址是完全重叠的，但是因为单片机对程序存储器和数据存储器的访问分别采用 MOVC（$\overline{\text{PSEN}}$ 有效）和 MOVX（$\overline{\text{RD}}$ 或 $\overline{\text{WR}}$ 有效）指令，故不会造成操作混乱。另外由于 P2.5 始终为“0”，6264 1# 芯片的末地址与 6264 2# 芯片的首地址不能连续，因此要想获得连续的地址，图 6-28 的地址译码部分可由图 6-29 所示的电路替换。

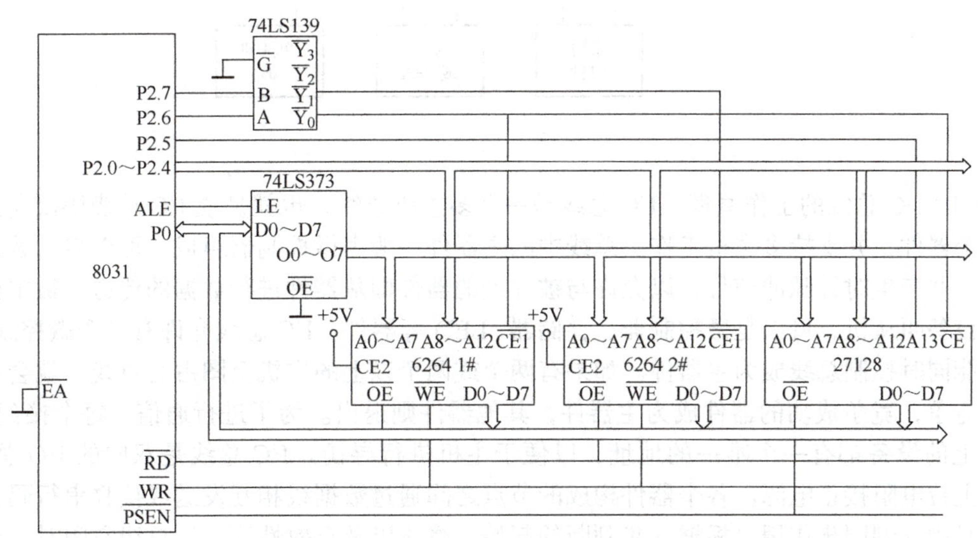

图 6-28　8031 和 RAM、ROM 的连接电路图

6.2.3　存储器的串行扩展

串行总线扩展技术是新型单片机技术发展的一个显著特点。串行总线扩展接线灵活，很容易形成用户的模块化结构，同时还将极大地简化系统结构。目前有许多串行接口器件，如串行 E²PROM、串行 ADC/DAC、串行时钟芯片等。其中串行 E²PROM 是在各种串行器件应用中使用较为频繁的器件。它具有体积小、引线少以及与 MCS-51 单片机连接线路简单的优点，因此得到广泛的应用，常用于仪器仪表中存放重要的数据。

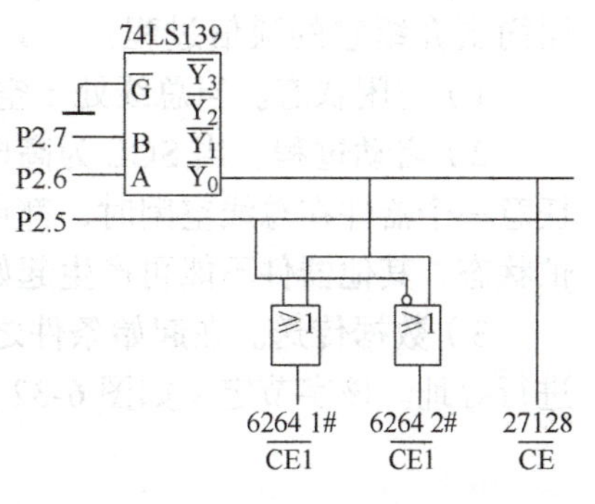

图 6-29　6264 全译码方式连接电路图

在新型单片机中，实用的串行总线扩展接口有

Motorola 公司的 SPI 总线，NS 公司的 MICROWIRE/PLUS 总线和 PHLIPS 公司的 I^2C 总线。其中 I^2C 总线具有标准的规范，以及众多带有 I^2C 接口的外围器件，形成了较为完善的串行扩展总线。这里以 ATMEL 公司的 I^2C 总线 AT24C×× 系列存储器芯片为例，介绍 MCS-51 单片机扩展串行 E^2PROM 的接口方法。

1. I^2C 总线

I^2C 串行总线具有两条总线线路，即串行数据线 SDA 和串行时钟线 SCL，可以进行数据的发送和接收。所有连接到 I^2C 总线上的设备的串行数据线都接到总线的 SDA 线上，而各设备的时钟信号均接到总线的 SCL 线上，典型的 I^2C 总线结构如图 6-30 所示。

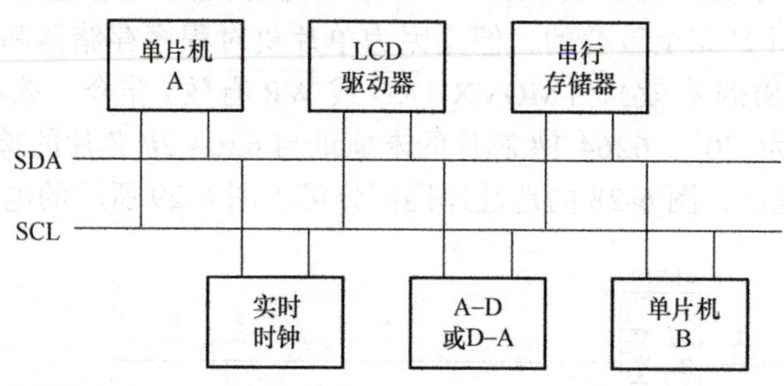

图 6-30 典型的 I^2C 总线结构

（1）I^2C 总线的工作原理 I^2C 总线是一个多主机总线，也就是说 I^2C 总线协议允许接入多个器件，并支持多主机工作。总线中的主器件一般由微控制器组成，可以启动数据的传送，并产生时钟脉冲信号，以允许与被寻址的器件即从器件进行数据的传送。被主机寻址的设备叫从机，可以是微控制器、存储器、LED 等器件。I^2C 总线允许有多个微控制器，但不能同时控制总线成为主器件。如果有两个或两个以上的主机企图占有总线，就会产生总线竞争，竞争成功的器件成为主器件，其他器件则退出。为了进行通信，每个接到 I^2C 总线上的设备都有一个唯一的地址，以便于主机进行寻访。I^2C 总线是双向的 I/O 总线，通过上拉电阻接正电源。各个器件构成的节点之间通过数据线相互发送或接收串行码，时钟信号则起到同步作用，根据它来判断的起始、终止以及有效性等。当总线空闲时，两根线都处于高电平状态。

（2）I^2C 总线的通信时序 I^2C 总线上主机和从机之间一次传送的数据称为一帧，由启动信号、若干个数据字、应答位和停止信号组成，其通信时序如图 6-31 所示。下面简要介绍它的通信过程。

1）空闲状态。当总线处于空闲状态时，数据总线 SDA 和时钟总线 SCL 都为高电平。

2）启动过程。当 SCL 为高电平，SDA 电平由高变低时，数据开始传送。I^2C 总线上任意一个器件在总线空闲时，都可以发出起始条件控制总线为成为主器件，此时总线处于忙状态，其他器件不能再产生起始条件。

3）数据传送。在起始条件之后，主器件首先会发出一个字节对要进行通信的从器件进行寻址。该字节定义如图 6-32 所示。

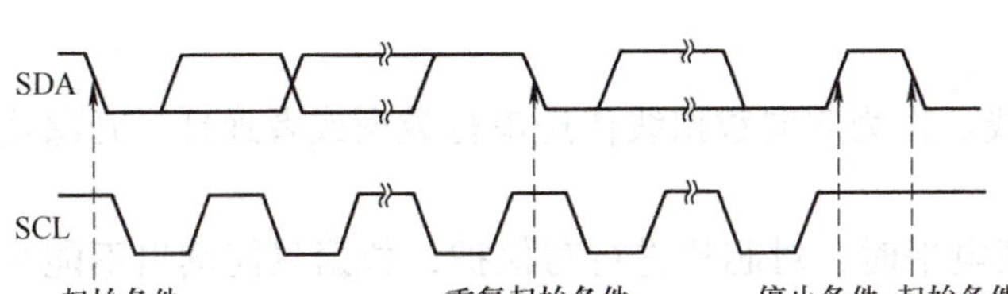

图 6-31　I²C 总线工作通信时序图

D7～D1	D0
从地址	读/写

图 6-32　字节定义

这个字节的高 7 位用于对最多可达 127 个从器件进行寻址。信号开始后，总线上的各个器件将自己的地址与主器件送到总线上的器件地址进行比较，如果发现匹配，则该器件就被认为被主器件寻址。这个字节的最低位表示数据的传送方向，当该位为高电平时，表示主器件对从器件进行读操作；当该位为低电平时，表示主器件对从器件进行写操作。

在 I²C 总线上每次发送的数据必须是一个字节，先发送高位，后发送低位，但是每次发送的字节数是不受限制的。I²C 总线协议规定，在每一个字节传送结束时，都要有一个应答位。主机发出一个应答时钟脉冲，在高电平期间使 SDA 线为高电平，接收设备在这个时钟内必须将 SDA 信号线拉为低电平，以产生有效的应答信号。主机接收到这个确认位之后，即可开始下一个数据的传送。

4）停止过程。当 SCL 为高电平，SDA 电平由低变高时，数据传送结束。在结束条件下，所有的操作都不能进行。

2. AT24C×× 系列芯片

较为典型的串行 E²PROM 芯片有 ATMEL 公司的 AT24C×× 系列芯片，在许多需要低功耗、低电压的工业和商业应用中，它是最优的选择。主要型号有 AT24C01/02/04/08/16/32/64 等，它们的存储容量分别是 128B/256B/512B/1024B/2048B/4096B/8192B。这些芯片的结构和原理类同，只是存储容量不同，主要特点如下：

1）可在低电压和标准电压下工作，具有 1.8V（V_{CC}=1.8～5.5V）和 2.7V（V_{CC}=2.7～5.5V）两种版本；

2）两线串行接口；

3）输入端带施密特触发器，可抑制杂波；

4）双向数据传输协议；

5）可通过写保护引脚进行数据保护；

6）可进行页面写操作；

7）写操作允许操作部分页；

8）具有 100 万次写操作和 100 年数据保存时间的高性能。

（1）AT24C×× 的引脚功能　AT24C×× 系列芯片的封装形式有 8 脚 DIP/SOIC 封装和 14 脚 SOIC 封装。8 脚 DIP 封装如图 6-33 所示。各引脚定义如下：

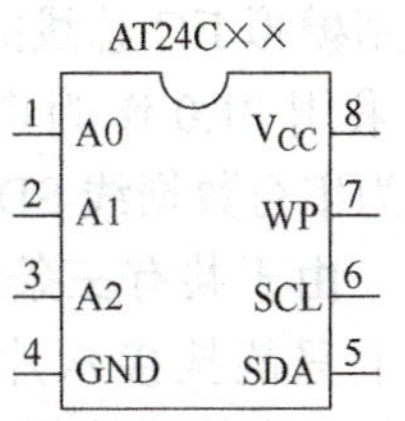

图 6-33　AT24C×× 引脚图

A2、A1、A0：芯片选择端。它们分别接高电平或接地，与写入控制字节中的 A2、A1、A0 配合实现芯片的选择。由此可见，一个系统中最多可以有 8 片 AT24C××。

SCL：串行时钟线。用于输入串行时钟信号，漏极开路，需要外接上拉电阻。

SDA：串行数据 / 地址传输线。作为双向数据线传送串行数据或者地址，开漏输出，需要外接上拉电阻。

WP：写保护端。当 WP 为高电平时，对芯片进行写保护，数据只能读出不能写入；当 WP 为低电平时，数据既能读出又能写入。

V_{CC}：电源端。

GND：信号地。

（2）AT24C×× 的控制字节　在起始位以后，I²C 总线的主器件送出 8 位控制字节。控制字节的结构见表 6-4。

表 6-4　控制字节结构

D_7	D_6	D_5	D_4	D_3	D_2	D_1	D_0
1	0	1	0	A_2	A_1	A_0	$R/\overline{W}$
类型码				片选或块选			读 / 写

控制字节的高 4 位是从器件的类型识别码位，I²C 总线协议规定若从器件为串行 E²PROM，则这 4 位码为 1010。控制字节的 A2、A1、A0 用于作为芯片选择或片内块选择位，I²C 总线协议允许选择 16KB 的存储器，见表 6-5。控制字节的 A2，A1，A0 的选择必须与外部引脚的硬件连接或内部的块选择匹配。控制字节的最低位为读写控制位，该位为 1 即是读控制字节，该位为 0 即是写控制字节。

表 6-5　AT24C×× 的 A2、A1、A0

芯片型号	容量 /KB	内部块数	页面字节	引脚			控制字（位）		
				A2	A1	A0	A2	A1	A0
24C01	1	1	8	均为片选位			与引脚匹配		
24C02	2	1	8	均为片选位			与引脚匹配		
24C04	4	2	16	片选	片选	块选	与引脚匹配		
24C08	8	4	16	片选	块选	块选	与引脚匹配		
24C16	16	8	16	均为块选位			与引脚匹配		

3. AT24C×× 的应用

（1）硬件连接电路　MCS–51 单片机和 AT24C16 的硬件连接如图 6-34 所示。因为 MCS–51 单片机片内无 I²C 总线，所以需要用模拟 I²C 总线的方法来完成通信。这里采用 P1.0 作为串行时钟线 SCL，P1.1 作为串行数据线 SDA。

由于共有三条地址线，在同一组 I/O 线上只能挂接八片这样的从器件。总线上每一个从器件都必须使其地址输入 A2、A1、A0 的硬件连接确定意义的地址。在

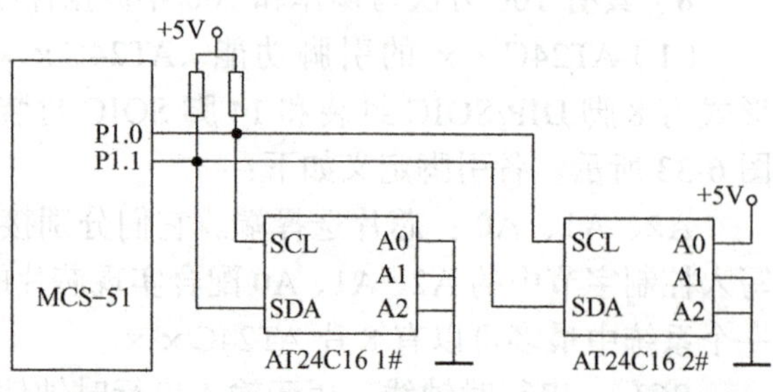

图 6-34　MCS–51 单片机与 AT24C16 硬件连接

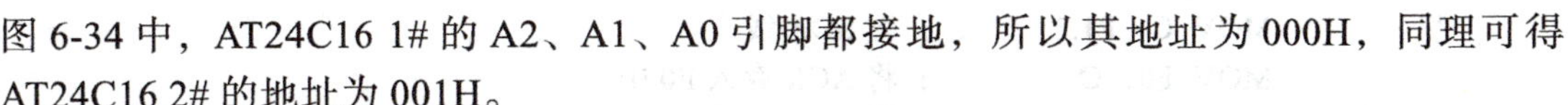

图 6-34 中，AT24C16 1# 的 A2、A1、A0 引脚都接地，所以其地址为 000H，同理可得 AT24C16 2# 的地址为 001H。

（2）模拟 I^2C 总线的软件编程　模拟 I^2C 总线编程，实际上就是用软件分别控制 SCL 和 SDA，达到模拟 I^2C 总线协议的效果。假设单片机的主频为 6MHz，可以将常用的程序段编制成子程序，主要包括发送开始条件、发送应答位、检查应答位、单字节数据发送、单字节数据接收以及发送停止条件子程序。多字节的数据传送可以通过子程序调用的方法来实现。若单片机的主频不是 6MHz，则要相应地增删各程序段中 NOP 指令的条数，以满足时序的要求。

1）发送开始条件子程序。要求 SCL=1 时，SDA 电平从高到低跳变。

```
START： SETB  P1.1            ； 置 SDA=1
        SETB  P1.0            ； 置 SCL=1，时钟脉冲开始
        NOP
        NOP
        CLR  P1.1             ； SDA 电平从高变到低
        NOP
        NOP
        CLR  P1.0             ； SCL 电平变低，时钟脉冲结束
        NOP
        RET
```

2）发送应答位子程序。要求 SCL=1 周期期间，SDA 保持低电平。

```
ACK：   CLR  P1.1             ； 置发送数据 SDA=0
        SETB  P1.0            ； 置 SCL=1，时钟脉冲开始
        NOP
        NOP
        CLR  P1.0             ； SCL 电平变低，时钟脉冲结束
        SETB  P1.1            ； 置发送数据 SDA=1
        RET
```

3）发送反向应答位子程序。要求 SCL=1 周期期间，SDA 保持高电平。

```
NOACK： SETB  P1.1            ； 置发送数据 SDA=1
        SETB  P1.0            ； 置 SCL=1，时钟脉冲开始
        NOP
        NOP
        CLR  P1.0             ； SCL 电平变低，时钟脉冲结束
        CLR  P1.1             ； 置发送数据 SDA=0
        RET
```

4）检查应答位子程序。数据发送完之后，在第 9 个时钟周期等待应答位 ACK=0，该信息被置于程序状态字寄存器 PSW 的标志位 F0 返回。

```
CHECK： SETB  P1.1            ； 置 P1.1 为输入状态
        SETB  P1.0            ； 第 9 个时钟脉冲开始
        NOP
```

```
        MOV C，P1.1          ；读 SDA 线
        MOV F0，C            ；将 ACK 存入 F0 中
        CLR P1.0             ；第 9 个时钟脉冲结束
        NOP
        RET
```

5）单字节发送子程序。将累加器 A 中待发送的数据按位送上 SDA 线。

```
  WRB：MOV R7，#08H         ；发送 8 位数据
  WLP：RLC A                ；先发送最高位，将发送位移入 C 中
        JC  WR1              ；此位为 1，转 WR1
        CLR P1.1             ；此位为 0，发送 0
        SETB P1.0            ；置 SCL=1，时钟脉冲开始
        NOP
        NOP
        CLR P1.0             ；SCL 电平变低，时钟脉冲结束
        DJNZ R7，WLP         ；未发完 8 位，转 WLP
        RET                  ；已发完 8 位，返回
  WR1：SETB P1.1            ；此位为 1，发送 1
        SETB P1.0            ；置 SCL=1，时钟脉冲开始
        NOP
        NOP
        CLR P1.0             ；SCL 电平变低，时钟脉冲结束
        CLR P1.1
        DJNZ R7，WLP         ；未发完 8 位，转 WLP
        RET                  ；已发完 8 位，返回
```

6）单字节接收子程序。从 SDA 线上按位读一个字节的数据，保存在累加器 A 中。

```
RDBYT：MOV R7，#08H         ；接收 8 位数据
        CLR A
  RLP：SETB P1.1            ；置 P1.1 为输入状态
        SETB P1.0            ；时钟脉冲开始
        MOV C，P1.1          ；读 SDA 线
        RLC A                ；高位在前，移入新接收位
        CLR P1.0             ；SCL 电平变低，时钟脉冲结束
        DJNZ R7，RLP         ；未读完 8 位，转 RLP
        RET                  ；已读完 8 位，返回
```

7）发送停止条件子程序。要求 SCL=1 时，SDA 电平从低到高跳变。

```
PAUSE：CLR P1.1             ；置 SDA=0
        SETB P1.0            ；置 SCL=1，时钟脉冲开始
        NOP
        NOP
        SETB P1.1            ；SDA 电平从低变到高
        NOP
        NOP
        CLR P1.0             ；SCL 电平变低，时钟脉冲结束
        NOP
        RET
```

6.3　系统扩展技术

MCS-51 单片机共有四个 8 位并行 I/O 口，这些 I/O 口一般不能完全供用户使用。只有当单片机带有片内程序存储器且不需要进行外部扩展时，才允许这四个 I/O 口作为用户 I/O 口使用。但是在有些情况下，即使四个 I/O 口全部使用，也无法满足要求。此时需要对单片机应用系统进行 I/O 口扩展。

6.3.1　并行 I/O 接口的扩展及应用

MCS-51 单片机的外部 RAM 和扩展的 I/O 口是统一编址的，因此外部 RAM 的 64KB 空间的地址可任意作为扩展 I/O口的地址使用。每个 I/O 口相当于一个 RAM 单元，CPU 用访问外部 RAM 相同的指令对扩展的 I/O 口进行读写操作。

1. 简单的 I/O 口扩展

通过前面的学习可知，MCS-51 单片机的 P0 ～ P3 口具有输入数据可以缓冲、输出数据可以锁存的功能，并且具有一定的负载驱动能力。在某些简单应用的场合，I/O 口可直接与外设相连接，例如非编码键盘、发光二极管等。当需要扩展 I/O 口时，为了降低成本、缩小体积，可以采用 TTL、CMOS 电路锁存器或三态缓冲器构成各种类型的简单 I/O 接口电路。扩展 I/O 接口电路的数据线一般接在数据总线上，即 P0 口。I/O 口的选通信号一般由地址译码产生。通常，I/O 口扩展的芯片有 74LS373、74LS273、74LS244 和 74LS245 等。

如图 6-35 所示为一个利用 74LS373 和 74LS244 将 P0 口扩展成简单的 I/O 口的接口电路。74LS373 是 8 位的同相锁存器，扩展输出口，输出端接 8 个 LED 发光二极管，以显示 8 个按钮开关状态，当某位按键被按下时对应二极管点亮。74LS244 是 8 位同相三态

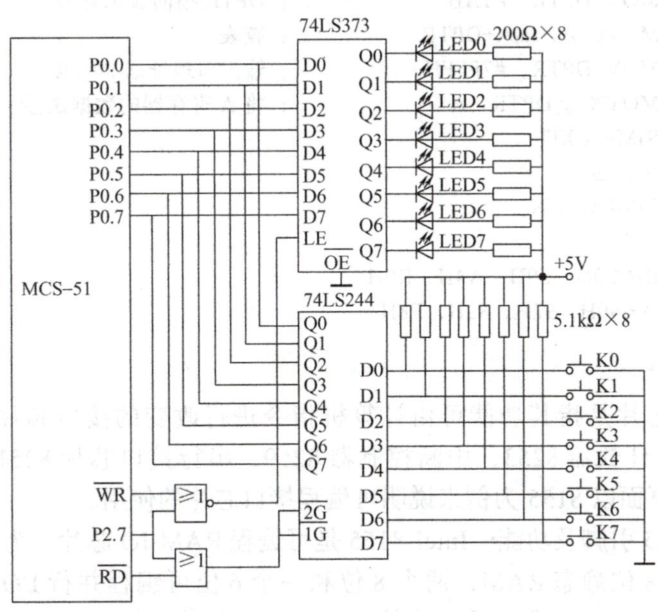

图 6-35　简单 I/O 口扩展接口电路

缓冲器，扩展输入口，它的 8 个输入端分别接 8 个按键。74LS373 和 74LS244 的工作受 MCS–51 单片机的 P2.7、$\overline{RD}$ 和 $\overline{WR}$ 3 个引脚控制。

当 P2.7=0，$\overline{WR}$=0 时，选中 74LS373，CPU 执行写操作点亮发光二极管；当 P2.7=0，$\overline{RD}$=0 时，选中 74LS244，CPU 执行读操作查询按键状态。总之，只要保证 P2.7 为“0”，其他地址线为任意值都可选中 74LS373 或 74LS244。但为了避免与外部扩展的 RAM 地址重叠，降低程序的可读性，一般将不用的其他地址线设为“1”。因此，74LS373 和 74LS244 的端口地址为 7FFFH。

例 6-7　编写子程序把按键状态通过图 6-35 中的发光二极管显示出来。

子程序清单如下：

```
DISP：MOV DPTR，#7FFFH           ；输入口地址送 DPTR
  LP：MOVX A，@DPTR               ；读入按键状态
      MOVX @DPTR，A               ；将 A 寄存器的数据送显示
      RET
```

若图 6-35 中的 74LS373 连接的是共阳极 LED 数码管，要显示闭合按键的对应序号，则首先应建立一个显示字型码表 TAB。相应子程序如下：

```
 DISP：MOV DPTR，#7FFFH           ；输入口地址送 DPTR
       MOVX A，@DPTR              ；读入按键状态
       CJNE A，#0FFH，DISP1       ；没有按键按下返回
       SJMP EXIT
DISP1：MOV B，#0                  ；设 0 号按下
 COUN：RRC A
       JC NEXT
       MOV A，B                   ；取显示编号
       MOV DPTR，#TAB             ；DPTR 指向显示码表
       MOVC A，@A+DPTR            ；查表
       MOV DPTR，#7FFFH           ；输出口地址送 DPTR
       MOVX @DPTR，A              ；将 A 寄存器的数据送显示
       SJMP EXIT
 NEXT：INC B
       SJMP COUN
 EXIT：RET
  TAB：DB C0H，F9H，A4H，B0H
       DB 99H，92H，82H，F8H
```

2. 利用可编程接口芯片进行 I/O 口扩展

可编程接口芯片是指其功能可由计算机指令进行改变的接口芯片。常用的可编程接口芯片有定时 / 计数器 8253，中断控制器 8259，串行接口芯片 8251，并行接口芯片 8255、8155 等。下面以 8155 为例来说明可编程接口芯片的使用。

（1）Intel 8155 引脚及功能　Intel 8155 是可编程 RAM/IO 芯片，为 40 脚双列直插式封装。它有 256×8 位静态 RAM，两个 8 位和一个 6 位可编程并行 I/O 接口，以及一个 14 位可编程减一定时 / 计数器。它可直接与 MCS–51 单片机相连接，图 6-36 和图 6-37 分别给出了 8155 芯片的引脚分布和内部结构。

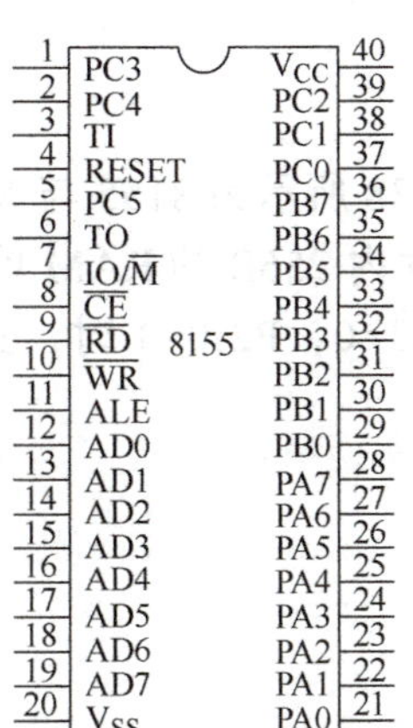

图 6-36　8155 芯片引脚图

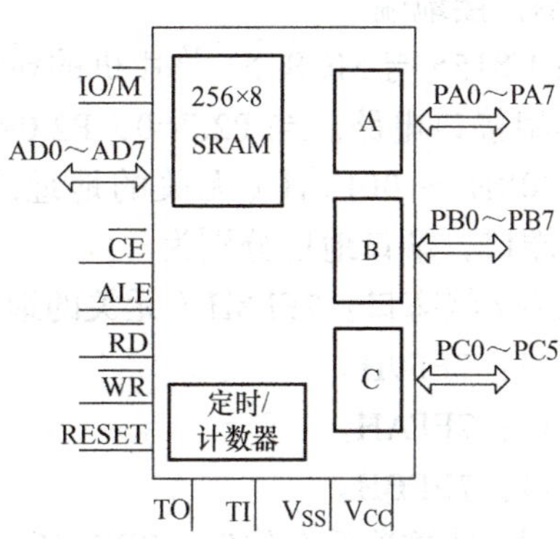

图 6-37　8155 芯片的内部结构框图

AD0 ～ AD7：三态地址 / 数据总线，连接单片机的低 8 位地址 / 数据总线。

IO/$\overline{M}$：RAM/IO 口选择信号输入端。当 IO/$\overline{M}$=0 时，选中 8155 的片内 RAM，AD0 ～ AD7 为 RAM 的地址或数据；当 IO/$\overline{M}$=1 时，选中 8155 的片内三个 I/O 端口以及命令 / 状态寄存器和定时 / 计数器，AD0 ～ AD7 为 I/O 口地址或数据，其地址分配见表 6-6。

表 6-6　8155 端口地址分布表

A7	A6	A5	A4	A3	A2	A1	A0	选中寄存器
×	×	×	×	×	0	0	0	内部命令 / 状态寄存器
×	×	×	×	×	0	0	1	PA 口寄存器
×	×	×	×	×	0	1	0	PB 口寄存器
×	×	×	×	×	0	1	1	PC 口寄存器
×	×	×	×	×	1	0	0	定时 / 计数器低 8 位（TL）
×	×	×	×	×	1	0	1	定时 / 计数器高 8 位（TH）

$\overline{CE}$：片选信号输入端，低电平有效。

ALE：地址锁存允许信号输入端，由 ALE 下降沿将 AD0 ～ AD7 上的地址、$\overline{CE}$ 及 IO/$\overline{M}$ 状态锁存到片内锁存器。

$\overline{RD}$：读选通信号输入端，低电平有效。

$\overline{WR}$：写选通信号输入端，低电平有效。

RESET：复位信号输入端，高电平有效。当 RESET 线上输入宽度大于 600ns 的正脉冲时，8155 将复位，控制字被清零，初始化三个 I/O 口为输入方式，计数 / 定时器停止工作。

PA0 ～ PA7：A 口的 I/O 线，I/O 方向由命令字编程设定。

PB0 ～ PB7：B 口的 I/O 线，I/O 方向由命令字编程设定。

PC0 ～ PC5：C 口的 I/O 线，或 A 口和 B 口的状态控制信号线，由命令字编程设定。

TI：定时 / 计数器的输入端。

TO：定时 / 计数器的输出端，选择不同的工作模式，可输出方波或脉冲。

V_{CC}：+5V 电源线。

Vss：接地端。

（2）8155 与 MCS-51 单片机的典型接口电路　图 6-38 所示为 8155 与 MCS-51 单片机的典型接口电路。当 P2.7=0，P2.0=0 时，选中 8155 片内 256B 的 RAM 单元，地址范围为 0000H ~ 00FFH（无关的地址线设为 0）；当 P2.7=0，P2.0=1 时，选中 8155 内的 I/O 端口，端口地址分别为

命令 / 状态口：7FF8H（无关的地址线设为 1）。

A 口：7FF9H。

B 口：7FFAH。

C 口：7FFBH。

定时 / 计数器低 8 位口：7FFCH。

定时 / 计数器高 8 位口：7FFDH。

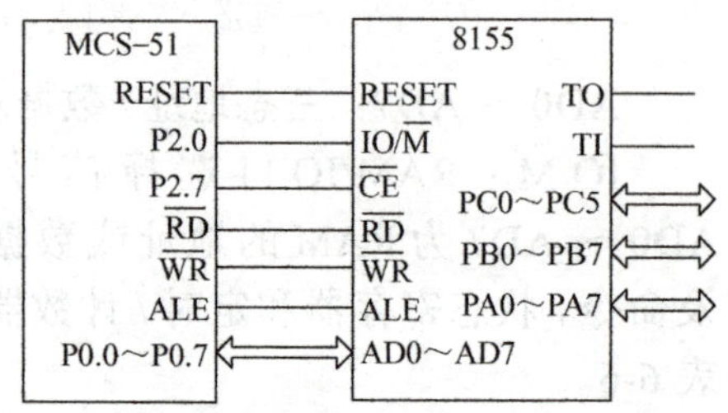

图 6-38　MCS-51 单片机与 8155 的接口电路

（3）读写 8155 片内 RAM　对 MCS-51 单片机来说，8155 片内 256B RAM 属于片外 RAM，应使用 MOVX 指令进行读写。

例 6-8　如图 6-38 所示，要求检验 8155 片内 256B RAM 能否正确写入和读出数据。具体方法是对相邻两个单元分别写入 01H 和 FFH，然后分别读出求和，看结果是否为“0”，依次检查。

解　程序如下：

```
CHK:  MOV  DPTR，#0000H          ；DPTR 指向起始单元
      MOV  R7，#80H              ；循环 128 次
LOOP: MOV  A，#01H
      MOVX @DPTR，A              ；写 01H
      MOVX A，@DPTR              ；读回
      MOV  B，A                  ；暂存至 B
      INC  DPTR                  ；DPTR 指向相邻单元
      MOV  A，#0FFH
      MOVX @DPTR，A              ；写 FFH
      MOVX A，@DPTR              ；读回
      ADD  A，B                  ；求和
      JNZ  ERR                   ；不为零转出错处理
      INC  DPTR
      DJNZ R7，LOOP
      ……
ERR:  ……
```

（4）8155 的控制字和状态字

1）8155 的 I/O 工作方式选择是通过对内部控制寄存器发送控制命令来实现的。控制寄存器只能写入不能读出，其控制字格式如图 6-39 所示，各位定义如下：

D7	D6	D5	D4	D3	D2	D1	D0
TM2	TM1	IEB	IEA	PC2	PC1	PB	PA

图 6-39　8155 控制字格式

PA：A 口数据传送方向控制位。0：输入；1：输出。

PB：B 口数据传送方向控制位。0：输入；1：输出。

PC2、PC1：C 口工作方式设置位，其具体方式见表 6-7。

表 6-7　8155 C 口工作方式

PC2 PC1	工作方式	说明
0　0	ALT1	A、B 口为基本 I/O，C 口数据传输方向为输入
0　1	ALT2	A、B 口为基本 I/O，C 口数据传输方向为输出
1　0	ALT3	A 口为选通 I/O，B 口为基本 I/O，PC2 ～ PC0 作为 A 口的选通应答，PC5 ～ PC3 的数据传输方向为输出
1　1	ALT4	A、B 口为选通 I/O，PC2 ～ PC0 作为 A 口的选通应答，PC5 ～ PC3 作为 B 口的选通应答

IEA：A 口中断允许设置位。0：禁止；1：允许。

IEB：B 口中断允许设置位。0：禁止；1：允许。

TM2、TM1：定时 / 计数器工作方式设置位，其具体方式见表 6-8。

表 6-8　定时 / 计数器工作方式

TM2 TM1	工作方式	说明
0　0	方式 1	不影响定时器工作
0　1	方式 2	若计数器未启动，则无操作；若计数器已运行，则停止计数
1　0	方式 3	计数到“0”时，停止计数器工作
1　1	方式 4	启动定时 / 计数器；若计数器已在运行，则计满后按新的方式和初值启动

2）8155 的状态寄存器与控制寄存器共用一个端口地址，但只能读出不能写入，其状态字格式如图 6-40 所示，各位定义如下：

D7	D6	D5	D4	D3	D2	D1	D0
×	TIMER	INTEB	BFB	INTRB	INTEA	BFA	INTRA

图 6-40　8155 状态字格式

INTRi：中断请求标志。此处 i 表示 A 或 B。INTRi=1，表示 A 口或 B 口有中断请求；INTRi=0，表示 A 口或 B 口无中断请求。

BFi：缓冲器满 / 空标志。此处 i 表示 A 或 B。BFi=1，表示缓冲器已装满数据；BFi=0，表示缓冲器空。

INTEi：中断允许标志。此处 i 表示 A 或 B。INTEi=1，表示 A 口或 B 口允许中断；INTEi=0，表示 A 口或 B 口禁止中断。

TIMER：定时器溢出中断标志。TIMER=1，有定时器溢出中断；TIMER=0，读状态字后或硬件复位后。

（5）8155 I/O 工作方式

1）基本 I/O 方式。在基本 I/O 方式下，A、B、C 三个端口均用作数据输入或输出口，由 8155 的工作方式控制字决定。

例 6-9　如图 6-38 所示，编写子程序实现从 8155 A 口读入数据，先从 B 口输出，然后除以 4 再从 C 口输出。

解 8155 工作方式控制字为 00000110B，即 06H。子程序清单如下：

```
INOT：MOV DPTR，#7FF8H
      MOV A，#06H
      MOVX @DPTR，A            ；初始化
      INC DPTR
      MOVX A，@DPTR            ；读 A 口
      INC DPTR
      MOVX @DPTR，A            ；写 B 口
      CLR C
      RRC A
      CLR C
      RRC A                    ；除以 4
      INC DPTR
      MOVX @DPTR，A            ；写 C 口
      RET
```

2）选通 I/O 方式。A 口、B 口均可工作在选通方式下，此时 A 口、B 口用作数据口，C 口用作 A 口和 B 口的联络控制。C 口各位联络线的定义见表 6-9。

表 6-9 C 口各位联络线在选通方式下的定义

C 口	选通 I/O 方式	
	ALT3	ALT4
PC0	INTRA（A 口中断请求）	INTRA（A 口中断请求）
PC1	BFA（A 口缓冲器满）	BFA（A 口缓冲器满）
PC2	$\overline{\text{STBA}}$（A 口选通）	$\overline{\text{STBA}}$（A 口选通）
PC3	输出	INTRB（B 口中断请求）
PC4	输出	BFB（B 口缓冲器满）
PC5	输出	$\overline{\text{STBB}}$（B 口选通）

$\overline{\text{STB}}$ 通常作为 8155 与外部设备的联络信号。数据输出时，当外部设备从 8155 中读取数据后，将通过 $\overline{\text{STB}}$ 引脚发送低电平应答信号，若允许中断，则触发 8155 的 INTR 引脚向单片机发出请求发送的中断信号。数据输入时，若外设将数据准备好，则通过 $\overline{\text{STB}}$ 向 8155 发送低电平的准备好信号，同样若允许中断，则触发 8155 的 INTR 引脚向单片机发出请求接收的中断信号。缓冲器满信号 BF 不分输入输出，高电平有效，可供单片机查询使用。

（6）8155 定时 / 计数器 8155 的可编程定时 / 计数器在功能上与 MCS-51 单片机内部的定时 / 计数器是相同的，但是在使用上却不完全相同，具体表现在以下几个方面：

1）8155 的可编程定时 / 计数器实际上是一个固定的 14 位减法计数器。

2）不论是定时还是计数工作，都由外部提供计数脉冲，由 TI 端输入。使用时需要注意芯片允许的最高计数频率，8155 允许从 TI 引脚输入脉冲的最高频率为 4MHz。

3）计数溢出时，由 TO 端输出脉冲或方波，输出波形通过软件可定义为四种形式。

定时 / 计数器由两个 8 位寄存器组成，其中的低 14 位存放计数初值，其余 2 位定义输出方式，格式如图 6-41 所示。其中 M2、M1 位输出方式定义见表 6-10。

D15	D14	D13	D12	D11	D10	D9	D8
M2	M1	T13	T12	T11	T10	T9	T8
计数器工作方式		计数初值高6位					

D7	6	D5	D4	D3	D2	D1	D0
T7	T6	T5	T4	T3	T2	T1	T0
计数初值低8位							

图 6-41　定时 / 计数寄存器格式

表 6-10　M2、M1 位输出方式定义

M2 M1	工作方式	说明
0 0	单方波输出	计数长度前半部分输出高电平，后半部分输出低电平
0 1	连续方波输出	计数长度前半部分输出高电平，后半部分输出低电平，计满回“0”时重装初值，继续计数。
1 0	单脉冲输出	计满回“0”时输出一个单负脉冲
1 1	连续脉冲输出	计满回“0”时输出一个单负脉冲，然后重装初值继续计数。

使用时，先把计数初值和输出方式装入定时 / 计数器的两个寄存器。计数初值为 2 ～ 3FFFH 之间的任意值，然后通过发送控制命令（控制寄存器最高两位）控制启动和停止。当计数初值为奇数时，若输出为方波，则高电平比低电平多一个计数值。当计数器正在计数时，允许装入新的计数方式和初值，但必须再向定时 / 计数器发一个启动命令。

例 6-10　如图 6-38 所示，编写子程序将从 TI 引脚的输入脉冲 24 分频后从 8155 输出。

```
TMER: MOV  DPTR, #7FF8H        ; 控制口
      MOV  A, #11000000B
      MOVX @DPTR, A            ; 初始化
      MOV  DPTR, #7FFCH        ; 计数器低 8 位
      MOV  A, #24
      MOVX @DPTR, A
      INC  DPTR                ; 计数器高 8 位
      MOV  A, #01000000B       ; 连续方波
      MOVX @DPTR, A
      RET
```

在实际应用中，有时会利用 8155 或 8255 实现键盘 / 显示接口电路，如图 6-42 所示。8155 与 MCS-51 单片机的接口见图 6-38。8155 的 PB 口为输出口，控制显示器字形；PA 口为输出口，控制键盘扫描作为扫描口，同时又是控制 6 位 LED 数码管的位选线；PC 口为输入口，作为键盘扫描时的输入口。

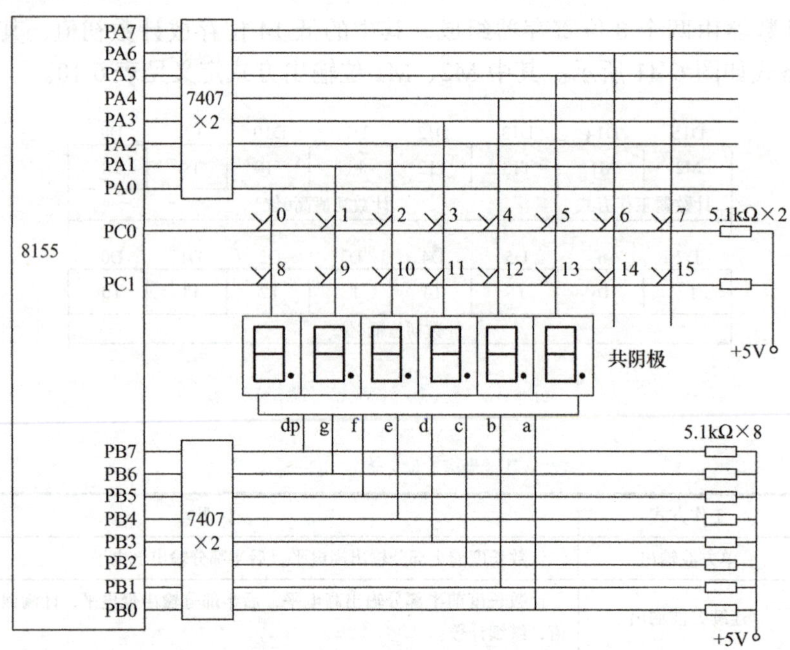

图 6-42　8155 实现的键盘 / 显示接口电路

编写程序时采用定时的方法对键盘和显示器进行扫描，扫描时间设为 15ms，即每隔 15ms 中断一次，在中断服务程序中进行键盘扫描和显示调用。显示子程序为循环显示方式，6 位数据全部显示一遍的执行时间为 6ms，可以在键盘识别中调用两次显示子程序作为消抖时间。在等待按键释放时，可以调用一次判断按键是否释放，以保证显示的连续性。定时扫描键盘 / 显示程序流程如图 6-43 所示。程序请读者自行编写。

6.3.2　可编程串行显示接口芯片 MAX7219 及扩展应用

常用的数码管显示驱动芯片有 8279 和 MAX7219，前者因近年来停产和连接电路复杂而应用较少；后者因使用方便灵活，连线简单，不占用数据存储器空间等优点，获得了较为广泛的应用。

MAX7219 是美国 MAXIM 公司生产的串行输入、共阴极显示输出的驱动控制器。它采用 CMOS 工艺，内部集成了数据保持、BCD 译码器、多路扫描器、段驱动器和位驱动器。每片 MAX7219 最多可同时驱动八个 LED 数码管、条形图显示器或 64 只发光管。MAX7219 的主要特点如下：

1）采用三线串行传送数据，仅用三个引脚与单片机的相应端连接即可，串行数据传送频率高达 10MHz，还可以级联使用。

2）内部具有 8B 显示静态 RAM（称为数字寄存器）和六个控制寄存器，可单独寻址和更新内容，具有译码和不译码两种显示模式。

3）上电时所有 LED 熄灭，正常工作时通过外接电阻或编程方式调节 LED 亮度。

4）最大功耗为 0.87W，具有 150μA 电流的低功耗关断模式。

MAX7219 和 LED 数码管直接连接时，不需要外加驱动器和限流电阻、译码器、锁

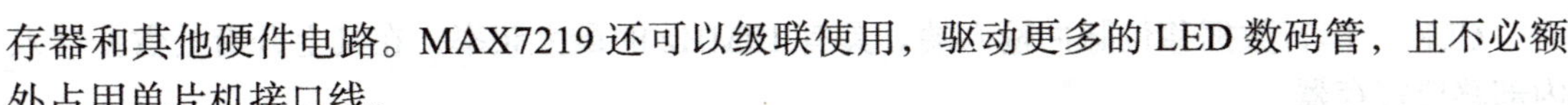

存器和其他硬件电路。MAX7219 还可以级联使用，驱动更多的 LED 数码管，且不必额外占用单片机接口线。

由于 MAX7219 集成度高，驱动能力强，亮度可调，编程容易，与单片机接口十分简单，占用单片机的端口资源少，现已成为单片机应用系统中首选的 LED 显示接口电路。

1. MAX7219 引脚功能

MAX7219 采用 24 脚双列直插式封装形式，引脚排列如图 6-44 所示，各引脚功能如下：

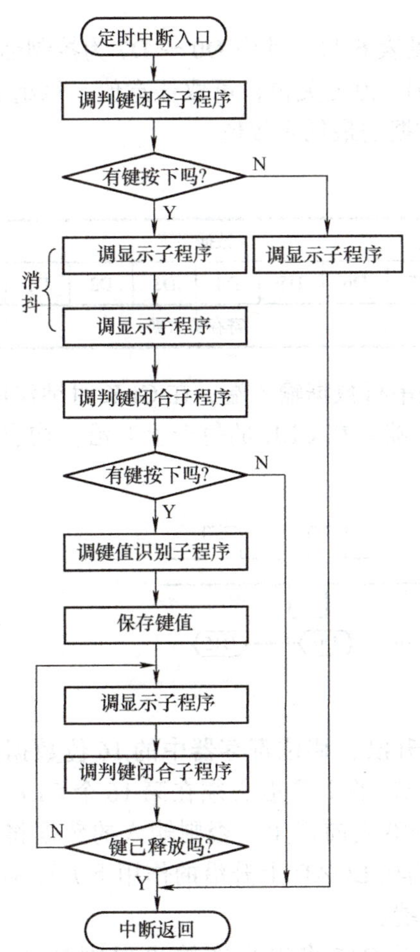

图 6-43　定时扫描键盘 / 显示程序流程图

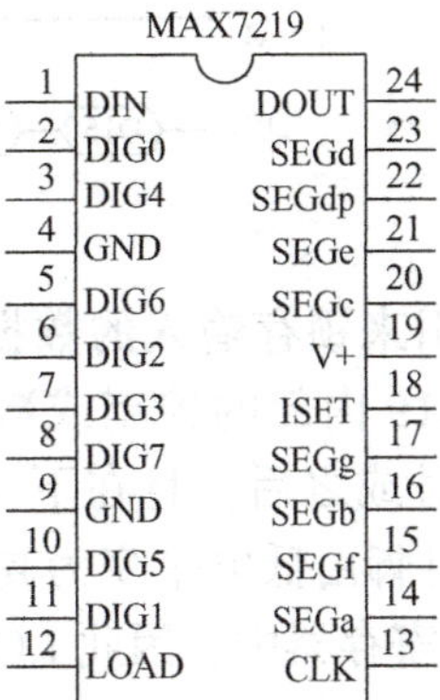

图 6-44　MAX7219 引脚排列图

DIN：串行数据输入端。在时钟周期的上升沿将数据逐位送入内部 16 位移位寄存器，在 CLK 的上升沿到来之前，DIN 必须有效。

DIG0 ～ DIG7：显示器位控制端。分别接至 8 位共阴极 LED 数码管的阴极，从显示器灌入电流。

GND：信号地。两个接地引脚都应接地。

LOAD：数据锁存脉冲输入端。在其上升沿处锁存 16 位串行输入数据。

CLK：串行数据移位脉冲输入端。具有10MHz的最大频率，在其上升沿处数据移入内部移位寄存器。

SEGa～SEGg、SEGdp：七段段码和小数点输出端。

ISET：外接电阻端。与V+之间连接有一个电阻，以设置峰值段电流。

V+：供电电压（4～5.5V）。典型值为5V。

DOUT：串行数据输出端。输入DIN的数据经16.5个时钟周期后，在DOUT正确输出，用作MAX7219的级联扩展。

2. 串行数据格式与工作时序

MAX7219内部的16位移位寄存器数据格式见表6-11。其中D0～D7为控制命令或待显示数据，D8～D11为寄存器地址，D12～D15为无关位，可取任意值。每组16位数据中，首先接收数据的最高有效位，最后接收数据的最低有效位。

表6-11　MAX7219内部的16位移位寄存器数据格式

地址字节								数据字节							
D15	D14	D13	D12	D11	D10	D9	D8	D7	D6	D5	D4	D3	D2	D1	D0
×	×	×	×	寄存器地址				寄存器数据							

MAX7219的工作时序如图6-45所示。DIN是串行数据输入端，在CLK时钟作用下，串行数据依次从DIN端输入到内部16位移位寄存器。在CLK的每个上升沿，均有一位数据由DIN移入到内部移位寄存器。

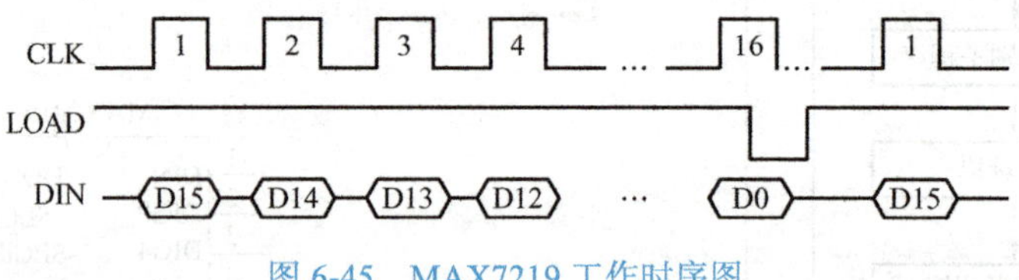

图6-45　MAX7219工作时序图

LOAD用来锁存输入的数据。在LOAD的上升沿，移位寄存器中的16位数据被锁存到MAX7219内部的控制或数据寄存器中。LOAD的上升沿必须在第16个CLK时钟上升沿的同时或之后，且在下一个CLK时钟上升沿之前产生，否则输入的数据将会丢失。LOAD引脚由低电平变为高电平时，串行数据在LOAD上升沿的作用下方可锁存到MAX7219的寄存器中，因此LOAD又可称为片选端。

在16.5个时钟周期后，先前进入DIN的数据D15将出现在输出引脚DOUT上。DOUT引脚是用来实现MAX7219级联的，当LED数码管多于8个时，可用MAX7219级联（最多8级）。前级MAX7219的DOUT输出接后级MAX7219的DIN输入，各级的LOAD连接在一起，段输出端和位输出端对应连接。在级联显示时，最好每个芯片所驱动的显示位数相同，这样所有LED数码管的亮度才一致。

3. MAX7219内部寄存器

MAX7219内部有14个8位寄存器，其中，8个显示数据寄存器，用于存放DIG0～DIG7对应的显示数据，地址为X1H～X8H；6个控制寄存器，即译码模式控制寄存器、显示亮度控制寄存器、扫描频率限制寄存器、关断（消隐）模式寄存器、显示测试寄存器及空操作寄存器，其地址依次为 X9H ～ XCH、XFH、X0H。各控制寄存器的控制功能说明如下：

（1）译码模式控制寄存器（地址 X9H）　MAX7219 具有 BCD 码译码模式和非译码模式。译码模式寄存器的字节各数据位分别对应着 8 个 LED 数码管，见表 6-12。若该位为 1，则对应位 LED 显示为译码模式；若该位为 0，则对应位 LED 显示为非译码模式。

表 6-12　译码模式寄存器数据位与显示 LED 对应关系

译码模式寄存器数据位	D7	D6	D5	D4	D3	D2	D1	D0
LED 显示位	DIG7	DIG6	DIG5	DIG4	DIG3	DIG2	DIG1	DIG0

MAX7219 在 BCD 译码显示模式中，数据寄存器中存储的数据为 00H ～ 0FH，这时的代码字符见表 6-13。

表 6-13　译码模式代码字符表

数据	00H	01H	02H	03H	04H	05H	06H	07H	08H	09H	0AH	0BH	0CH	0DH	0EH	0FH
字形	0	1	2	3	4	5	6	7	8	9	•	E	H	L	P	灭

非译码模式也称为段选码模式，其数据寄存器中的数据位 D7 ～ D0 分别对应于 LED 数码管的 dp、a ～ g 段。若某位为 1，则对应段点亮，D7 ～ D0 与 LED 各段驱动关系见表 6-14。

表 6-14　非译码模式下数据寄存器数据位和对应段

数据寄存器数据位	D7	D6	D5	D4	D3	D2	D1	D0
对应段	dp	a	b	c	d	e	f	g

（2）显示亮度控制寄存器（地址 XAH）　MAX7219 可用外接电阻调节 LED 亮度（称为亮度模拟控制），外部电阻 R_{SET} 连接在电源 V+ 和 ISET 端之间，用来控制段电流的峰值，即最大亮度。R_{SET} 既可以是固定的，也可以是可变的，由面板来进行亮度调节。R_{SET} 最小值为 9.53kΩ。

段电流也可用显示亮度控制寄存器进行调节（称为亮度数字控制），即利用寄存器的 D3 ～ D0 位控制内部脉宽调制器的占空比来控制 LED 段电流的平均值，以达到控制亮度的目的。当 D3 ～ D0 位从 0 变化到 0FH 时，占空比从 1/32 变化到 31/32，共 16 个控制等级，每级变化 2/32。

（3）扫描频率限制寄存器（地址 XBH）　该寄存器用于设置用于显示的 LED 数码管个数（1 ～ 8 个）。当 8 位 LED 显示时，以 800Hz 的扫描频率分路驱动，轮流点亮 LED 数码管。该寄存器的低 3 位值指定要扫描 LED 数码管的个数。若要驱动的 LED 数少，则可降低扫描限制，以提高扫描的速度和亮度。例如，系统中只有四个 LED，应连接 DIG0 ～ DIG3，并写入 0B03H，使扫描速度提高一倍。

（4）关断（消隐）模式寄存器（地址 XCH）　MAX7219 处于关断模式时，扫描振荡器停止工作，显示器为关断状态，显示数字与控制寄存器中的数据保持不变，但可以对其更改数据或改变控制方式。关断（消隐）模式寄存器的 D7 ～ D1 位可以任意。当 D0=0

时，MAX7219进入关断状态，关闭所有显示器；当D0=1时，所有显示器按设定显示方式回到正常显示方式。这种模式可用于节电状态，或在连续进入或离开关断模式时使屏幕闪烁。

（5）显示测试寄存器（地址XFH） 显示测试寄存器的D7～D1位可以任意。当D0=1时，MAX7219便进入显示测试方式，所有LED各段及小数点均点亮，电流占空比为31/32，即使在关断模式下也可直接进入该方式；当D0=0时，MAX7219又回到原来工作状态。通常选择的是正常工作方式。

（6）空操作寄存器（地址X0H） 空操作寄存器中的数据字节可以是任意值。该寄存器用于MAX7219的级联方式，可允许数据通过而不会对当前MAX7219产生任何影响。多片MAX7219级联时，把所有的LOAD端连接在一起，前级的DOUT连接到后级的DIN上。例如，如果两片MAX7219级联，要对第二片MAX7219传送数据，应发送32位的数据包，前16位为第二片MAX7219的有效数据包，后16位为空操作代码（X0XXH）。当第32个CLK脉冲上升沿出现的同时或之后，且在下一个CLK上升沿出现之前，LOAD变高，后级芯片锁存有效地址和内容，前级芯片收到的是空操作指令，并不影响原先存储的数据内容。同样，要对第一片MAX7219传送数据，前16位为空操作码，后16位为第一片MAX7219的有效数据包。

4. MAX7219的应用

图6-46所示为MAX7219的8位LED数字显示电路。单片机的P1.0、P1.1和P1.2分别连接MAX7219串行数据输入信号端DIN、时钟信端号CLK和数据锁存脉冲信号端LOAD。

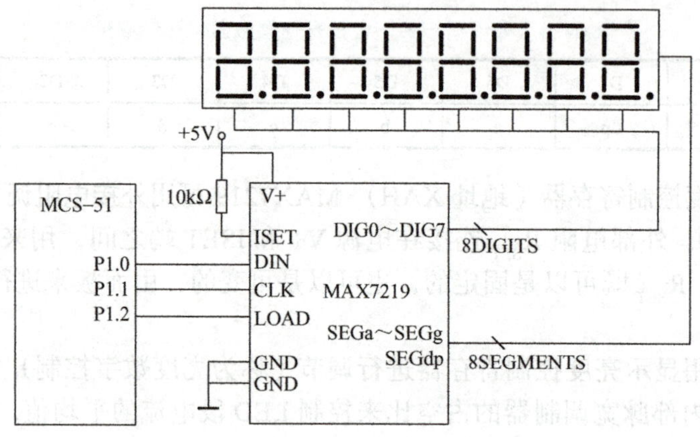

图6-46 MAX7219与MCS-51单片机的接口电路

例6-11 如图6-46所示，设计程序实现把在显示缓冲区片内RAM 40H～47H中的数据通过八个LED显示出来。

程序清单如下：

```
；主程序
ORG 0050H
LCALL MAXO
……
LCALL DISP
……
```

```
        END
        ; MAX7219 初始化子程序
MAXO:   MOV A, #0BH         ; 选择扫描频率限制寄存器
        MOV R2, #07H
        LCALL DISP16        ; 设置扫描界限为 8 位显示
        MOV A, #0AH         ; 选择显示亮度控制寄存器
        MOV R2, #0FH
        LCALL DISP16        ; 设置亮度为最高
        MOV A, #09H         ; 选择译码模式控制寄存器
        MOV R2, #0FFH
        LCALL DISP16        ; 采用 BCD 译码方式
        MOV A, #0CH         ; 选择关断模式寄存器
        MOV R2, #01H
        LCALL DISP16        ; 所有显示器处于正常工作状态
        RET
        ; 显示子程序
DISP:   MOV R0, #40H
        MOV R1, #01H
        MOV R3, #08H
LOOP1:  MOV A, @R0
        MOV R2, A           ; 显示数据送 R2
        MOV A, R1           ; 地址送 A
        LCALL DISP16
        INC R0
        INC R1
        DJNZ R3, LOOP1
        RET
        ; 16 位数据传送子程序
DISP16: LCALL SEND          ; 传送地址
        MOV A, R2
        LCALL SEND          ; 传送数据
        CLR P1.2
        NOP
        NOP
        SETB P1.2           ; 锁存数据
        RET
        ; 发送子程序
SEND:   MOV R4, #08H
LOOP2:  CLR P1.1
        RLC A
        MOV P1.0, C
        NOP
        NOP
        SETB P1.1
        DJNZ R4, LOOP2
        RET
```

习　题

1. LED 的静态显示方式与动态显示方式有何区别？各有什么优缺点？

2. 根据图 6-5 的 LED 动态显示电路设计与 MCS-51 单片机的接口电路，并编写程序完成下列各功能：

（1）将内部 RAM 从 30H 单元开始的 6 个非压缩 BCD 码送出显示。

（2）在 6 个 LED 显示器上循环显示“1、2、3、4、5、6”。

3. 如图 6-8 所示，编写程序实现在 OCMJ 中文显示模块上显示“MCS-51 单片机”。

4. 为什么要消除按键的机械抖动？消除按键的机械抖动的方法有哪几种？原理是什么？

5. 如图 6-14 所示，利用行扫描法编写识别某一按键被按下并得到其键号的中断服务程序。

6. 为什么 MCS-51 单片机存储器扩展必须使用锁存器？单片机进行系统扩展时要使用哪些总线？请说明各总线的构成。

7. 在扩展多片存储器芯片时，各芯片的片选地址译码主要有哪几种方式？哪一种方式下不存在地址重叠区？

8. 采用 EPROM 2732（4K×8 位）芯片扩展程序存储器，分配的地址范围为 4000H ～ 7FFFH。要求采用全译码方式，使用 74LS138 译码器进行地址译码。试确定所用芯片数目，画出硬件连接图并写出每个芯片的地址范围。

9. 采用 2764、2864A 为 MCS-51 单片机设计一个存储器系统，它具有 8KB 的程序存储器（地址为 0000H ～ 1FFFH）和 16KB 的程序、数据兼用的存储器（地址为 2000H ～ 5FFFH）。试画出硬件连接图，并写出每个芯片的地址范围。

10. 设计接口电路并编程实现将 MCS-51 单片机内部 RAM 的 10H ～ 1FH 共 16 个单元中的内容写到 AT24C16 的 30H ～ 3FH 的 16 个单元中。

11. 利用 MCS-51 单片机的 ALE 信号（设 f_{osc}=12MHz）作为 8155 的 TI 信号输入，设计硬件接口电路并编制程序从 8155 的 TO 引脚输出周期为 5ms 的连续方波。

12. 已知 8051 的 P2.7、P2.6 分别与 8155 的 $\overline{CE}$ 和 IO/$\overline{M}$ 端相连，要求 8155 A 口以查询方式输入外围设备发送的数据，存入 8155 片内 RAM 30H 单元，取反后从 B 口输出该数据，试画出硬件连接电路，并编制程序。

13. 设有一个采用 8155 芯片的接口电路，用它的 PB 口作输入，在其每根口线上接一个按键；PA 口作输出，在其每根口线上接一个 LED 发光二极管，按键与 LED 一一对应。现要求当某按键按下时，相应位的 LED 亮 1s，试根据上述要求画出硬件接口电路并编写程序。

第 7 章 过程通道

在计算机控制系统中，为了实现对生产设备或过程的有效控制，必须把现场生产设备的运转状态或生产过程的各种现场参数，如温度、流量、压力、液位、速度、成分等连续变化的物理量或开关量，取出并转换为计算机可接收和识别的数字量输入到计算机进行数据处理。处理结果又必须转换为电压或电流信号，推动执行机构工作，实现对现场参数的控制。因此在计算机和生产过程之间，必须设置信息传递和变换装置，这个装置称为过程输入/输出通道或前向/后向通道。

一个典型的单片机测控系统硬件组成框图如图 7-1 所示。

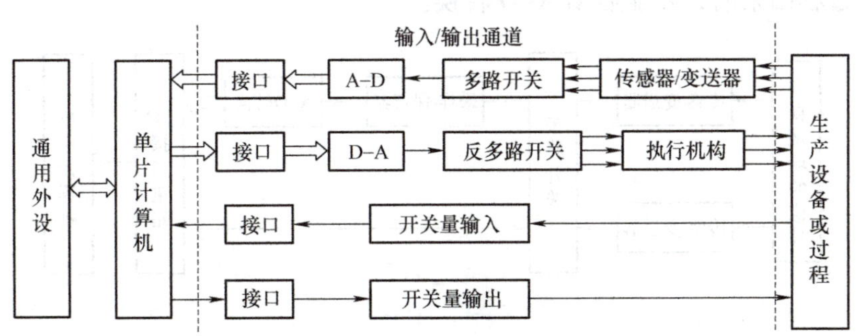

图 7-1 单片机测控系统硬件组成框图

7.1 输入/输出通道结构

输入/输出信号一般有两种类型：一种是随时间连续变化的物理量，称为模拟量；另一种是只有开和关（或 1 和 0）两种状态的量，称为开关量。因此在计算机控制系统中，输入/输出通道分为模拟量通道和开关量通道两类。

7.1.1 输入通道结构

单片机用于测控系统时，总要有对被控对象原始参量信号的采集、状态的测试以及对控制条件的监测通道，这就是输入通道。其结构形式取决于被测对象的环境、输出信号的类型、数量、大小等。

1. 模拟量输入通道

模拟量输入通道主要由 A–D 转换器组成，它的作用是把采集来的标准模拟电信号，如 0 ～ 5V 电压或 4 ～ 20mA 电流，转换成数字信号后送到计算机中进行处理。不同的单片机测控系统中，多路模拟量输入通道可以有不同的结构形式。

（1）多路模拟量并行转换结构　如图 7-2 所示，每个通道都有独立的采样保持器和 A-D 转换器，这种形式通常用于高速数据采集系统。当需要同时采集描述系统性能的各项数据时，各通道可同时进行转换，单片机分时进行读取。

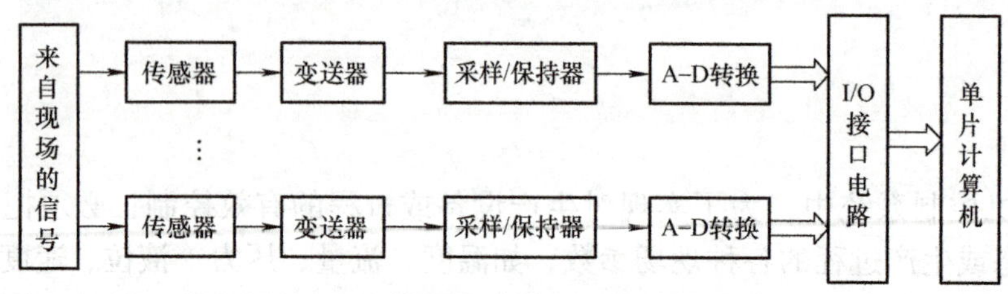

图 7-2　多路模拟量并行转换结构

（2）多路模拟量共享转换结构　如图 7-3 所示。这种电路与并行转换结构相比，具有结构简单、节省硬件的优点，但转换速度较慢。另外，由于采用了公共的采样 / 保持器，因此在启动 A-D 转换之前，必须考虑采样保持器捕捉信号的时间，即只有当保持电容的充放电过渡过程结束后，才能启动 A-D 转换。

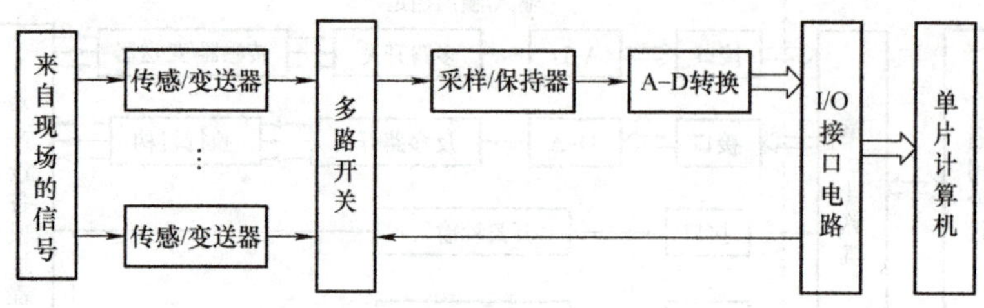

图 7-3　多路模拟量共享转换结构

事实上，对于直流或低频信号，通常可以不采用采样保持器，这时模拟输入电压的变化率与 A-D 转换器的转换速率满足以下关系：

$$\frac{\mathrm{d}v}{\mathrm{d}t}<\frac{V_{\mathrm{FS}}}{2^{n}T_{\mathrm{CON}}} \tag{7-1}$$

式中，$\frac{V_{\mathrm{FS}}}{2^{n}}$ 为 A-D 转换器的分辨率；T_{CON} 为 A-D 转换时间。

2. 开关量输入通道

在单片机控制系统中，被控对象的一些状态可以用一位二进制数码来表示，如按键、行程开关、继电器触点的接通或断开，电机的起动或停止，阀门的开启或关闭等，都可以用“0”或“1”表示。这些状态参数通过开关量输入通道输入单片机中进行处理。

开关量输入通道完成电平转换任务，同时为了保证系统的安全、可靠，还需考虑信号的消抖、滤波及隔离等问题。

有的单片机控制系统中还设置有脉冲量输入通道。现场仪表中转速计、涡轮流量计等一些机械计数装置输出的测量信号多为脉冲信号，脉冲量输入通道就是为这类输入设备而设置的。输入的脉冲信号经过处理后进入计算机，根据不同的电路连接和编程方式，可进行计数、脉冲间隔时间和脉冲频率的测量。在此将其归为开关量输入通道。

7.1.2　输出通道结构

输出通道是对控制对象实现控制操作的通道，它的结构、特点与控制对象和控制任务密切相关。

1. 模拟量输出通道

模拟量输出通道主要由 D–A 转换器组成，它的作用是把单片机的处理结果（数字量）转换成模拟量信号（电压或电流）输出到执行机构。

多路模拟量输出通道的结构有两种基本形式。

（1）多通道独立 D–A 转换结构　如图 7-4 所示，采用这种结构形式，每个通道输出的数据由独立的 I/O 接口的数据寄存器或 D–A 转换器的数据寄存器保持，可使前一时刻输出的数据一直供 D–A 转换器使用，直到下一时刻输出新的数据。这种方案的优点是速度快、精度高、工作可靠。缺点是如果输出通道数量很多，则将使用较多的 D–A 转换器，成本高。但随着大规模集成电路技术的发展和 D–A 转换器价格的下降，这种结构形式会得到更广泛的应用。

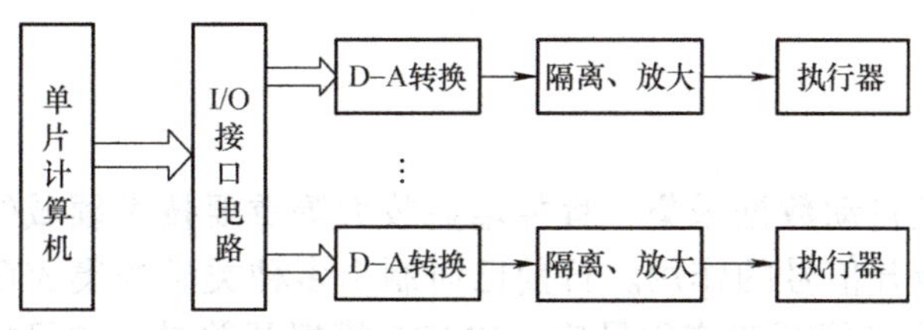

图 7-4　多通道独立 D–A 转换结构

（2）多通道共享 D–A 转换结构　图 7-5 给出了一种多个通道共用一个 D–A 转换器的典型结构，它主要由 D–A 转换器、多路开关及输出保持器组成。在单片机的控制下，将多个处理结果依次输出到 D–A 转换器，D–A 转换器输出的模拟电压信号由多路开关传送给对应通道的输出保持器。输出保持器可以使本次输出的控制信号在新的控制信号来到之前维持不变，从而将离散的模拟信号转换为连续的模拟信号，最后经隔离和放大驱动执行机构动作。

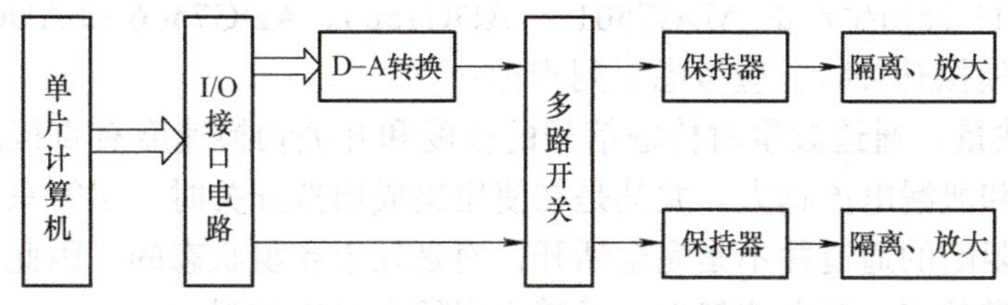

图 7-5　多通道共享 D–A 转换结构

这种方案虽然节省了 D–A 转换器，但因为分时工作，所以只适用于通路数较多且速度要求不高的场合。除此以外，它还要使用多路开关，且要求输出保持器的保持时间与采样时间之比较大，因此可靠性较差。

2. 开关量输出通道

开关量输出通道用于控制系统中的各种继电器、接触器、电磁阀门、指示灯、声光报警器等只有“开”或“关”两种状态的设备。与开关量输入情况相似，开关量输出的基本功能是开关功能。这种开关功能可能是生产现场某种开关的动作，也可能是输出一定数目的脉冲串或一定宽度的脉冲。因此，开关量输出通道是对生产过程实施控制和防止事故发生的重要装置之一，是计算机工业控制系统中一种十分重要的连接通道。

它主要由带有锁存器的接口电路及信号调理电路组成，详见 7.6.2 节。接口电路可以将输出的控制信号保持到需要改变时为止，信号调理电路主要是进行电平转换、功率放大，使控制信号具有足够的功率去驱动执行机构或其他负载。此外，为了防止现场的强磁场和强电场的电磁干扰通过通道串入控制系统，还必须采取通道隔离技术。

综上所述，过程输入 / 输出通道主要由各种硬件设备组成，起到信息变换和传递的作用。它配合传感检测设备和执行机构以及相应的输入 / 输出控制程序，实现计算机对各种被控对象的控制。

7.2 多路开关及采样量化保持

7.2.1 多路模拟开关

多路模拟开关是自动数据采集、程控增益放大等重要技术领域的常用器件，在电路中起到接通信号或断开信号的作用。目前已研制出多种类型的集成模拟开关，其中以采用 CMOS 工艺的多路模拟开关应用最广。CMOS 模拟开关是一种可控开关，不同于继电器可应用于大电流、高电压场合，它只适用于处理幅度不超过其工作电压、电流较小的模拟或数字信号。多路模拟开关主要有四选一、八选一、双四选一、双八选一和十六选一等类型。它们除了通道数和引脚排列有些不同外，其电路结构、电源组成和工作原理基本相同。实际使用时，器件性能的优劣对系统的可靠性会有重要影响。目前常用的多路模拟开关有美国无线电公司生产的 CD4051 ～ CD4053、CD4067、CD4097、CD4551；美国美信（MAXIM）公司生产的 MAX4626 ～ MAX4628、MAX4514 ～ MAX4517、MAX4614 ～ MAX4616、MAX4501 ～ MAX4504 及高性能的 MAX306 ～ MAX309；美国模拟器件（ADI）公司生产的 ADG7501 ～ ADG7503、ADG7506 和 ADG7507 等。

在选择多路模拟开关时，应考虑下列指标：

1）通道的数量：通道数量对传输信号的精度和开关切换速度有直接的影响，通道数越多，寄生电容和泄漏电流越大。尤其是在使用集成模拟开关时，尽管只有其中的一路导通，但由于其他阻断的通道并不是完全断开，而是处于高阻状态的，因此会对导通通道产生泄漏电流，通道越多，漏电流越大，通道之间的干扰也越强。

2）泄漏电流：一个理想的开关要求导通时电阻为零，断开时电阻趋于无限大，漏电流为零。而实际开关断开时为高阻状态，漏电流不为零，常规的 CMOS 泄漏电流约为 1nA。一般希望多路模拟开关的泄漏电流越小越好，泄漏电流越小，通道间的干扰越小。

3）开关电阻：理想状态的多路模拟开关的导通电阻应为零，断开电阻应为无穷大。实际的多路模拟开关无法达到这个要求，因此需考虑其开关电阻，尤其是当与开关串联的负载为低阻抗时，应选择导通电阻足够小的多路模拟开关。必须注意，导通电阻的值与电源电压有直接关系，通常电源电压越大，导通电阻越小。而且导通电阻和泄漏电流是矛盾的，若要求导通电阻小，则应扩大沟道，但结果会使泄漏电流增大。

4）切换速度：指开关接通或断开的速度。在传输快速变化的信号时，要求多路模拟开关的切换速度高，当然还应该考虑与后级采样保持电路和 A–D 转换器的速度相适应，从而以最优的性能价格比来选择器件。

除上述指标外，芯片的电源电压范围也是一个重要参数。它与开关的导通电阻和切换速度等有直接的关系，电源电压越高，切换速度越快，导通电阻越小。另外，电源电压还限制了输入信号范围，输入信号最大只能到满电源电压幅度，如果超过沟道就会夹断。

下面以 CD4051 为例，简单介绍多路模拟开关。CD4051 是单端八通道多路开关集成芯片，其引脚图及功能表如图 7-6 所示。

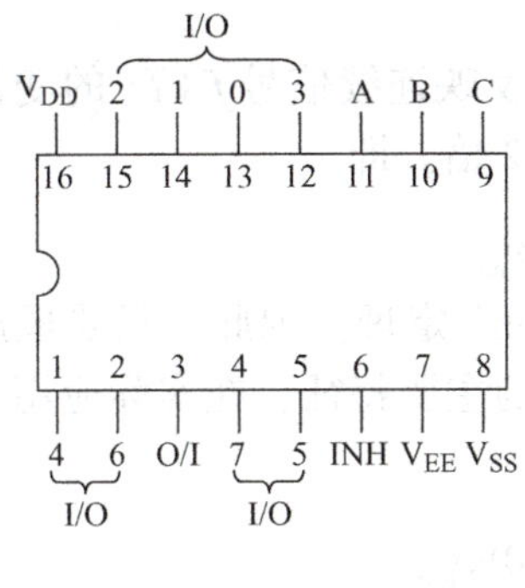

a) 引脚图

输入		被选通道
INH	C B A	I/O
0	0 0 0	0
0	0 0 1	1
0	0 1 0	2
0	0 1 1	3
0	1 0 0	4
0	1 0 1	5
0	1 1 0	6
0	1 1 1	7
1	X X X	无

b) 功能表

图 7-6 CD4051 引脚图及功能表

CD4051 具有三个二进制输入端 A、B、C，内部译码器可实现 3 ～ 8 译码，完成八通道选一。改变图中 I/O0 ～ I/O7 及 O/I 的传递方向，则可用作多路开关或反多路开关。禁止输入端 INH 决定开关是否打开，INH=1 时，通道不能接通，禁止输入信号传输到输出端；INH=0 时，通道可以接通，允许输入信号传输到输出端。直流供电电源为 V_{DD}=5 ～ 15V，输入电压 $U_{IN}=V_{EE}$ ～ V_{DD}，它所能传送的数字信号电位变化范围为 3 ～ 15V，模拟信号峰 - 峰值为 15V。当 V_{EE} 接负电源时，正、负模拟电压均可通过。CD4051 的接通电阻小，一般小于 80Ω，断开电阻高，在 $V_{DD}-V_{EE}$=10V 时，泄漏电流的典型值为 ±10nA。

7.2.2 信号采样及量化

在计算机控制系统中，要将各种模拟信号输入计算机，就必须先将其转换为数字信号。将模拟信号转换成数字信号的过程是通过信号采样和量化实现的。

1. 信号采样

1）采样过程。信号的采样过程如图 7-7 所示。把时间和幅值均匀连续的模拟信号，按照一定的时间间隔 T 转变为在瞬时 0，T，$2T$，…，nT 的一连串脉冲序列信号的过程称为采样过程或离散过程。执行采样动作的装置叫采样器或采样开关，采样开关每次通断的时间间隔称为采样周期 T，采样开关每次闭合的时间称为采样时间或采样宽度 τ。通常把采样开关的输入信号 $f(t)$ 称为原信号，采样开关的输出信号 $f^*(t)$ 则称为采样信号。在实际系统中，$\tau \ll T$，也就是说，可以近似地认为采样信号 $f^*(t)$ 是 $f(t)$ 在采样开关闭合时的瞬时值。

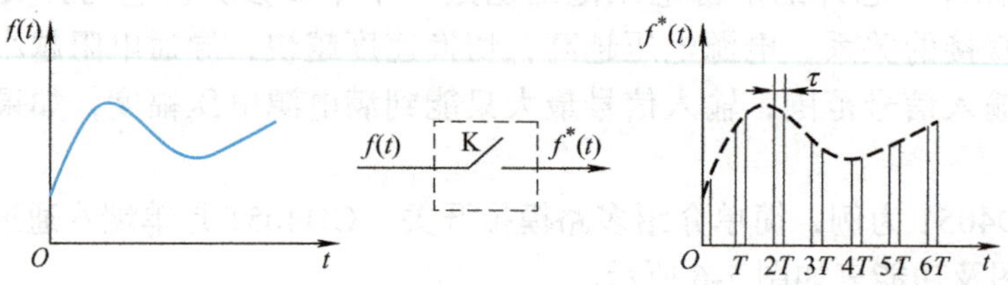

图 7-7　采样过程

2）采样定理。为了使采样信号 $f^*(t)$ 能反映连续信号 $f(t)$ 的变化规律，采样频率 ω_s 至少应该是信号 $f(t)$ 频谱最高频率 ω_{max} 的 2 倍。即

$$\omega_s \geqslant 2\omega_{max} \tag{7-2}$$

这就是著名的采样定理，即香农（Shannon）定理。因此，只要根据不同的过程参量特性选择适当的采样周期 T，就不会失去信号的主要特征。在实际应用中，一般总是选取实际采样频率为

$$\omega_s \geqslant (5:10)\omega_{max} \tag{7-3}$$

由于定理自身条件所限，用理论计算的办法求出 ω_s 是难以做到的。因此，在工程上经常采用经验数据，详见表 8-1。

2. 量化及量化误差

因为采样后得到的离散模拟信号本质上还是模拟信号，不能直接送入计算机，故还需经过量化变成数字信号后，才能被计算机接收和处理。量化就是采用一组数码（如二进制码）来逼近离散模拟信号的幅值，并将其转换为数字信号。将离散采样信号转换为数字信号的过程称为量化过程，进行量化处理的装置为模 - 数（A-D）转换器。

模拟信号的特点是具有无穷多的数值，而一组数码的值却是有限的，因此用一定位数的数码来逼近模拟信号是一种近似的表示。如果用一个有 n 位的二进制数来逼近在 $f_{min} \sim f_{max}$ 范围内变化的采样信号，那么得到的数字量在 0 ~（2^n-1）之间，其最低有效位（LSB）所对应的模拟量 q 称为量化单位，即

$$q=\frac{f_{max}-f_{min}}{2^n-1} \tag{7-4}$$

从原理上讲，量化相当于只取近似整数商的除法运算。对于模拟量小于一个 q 的部分，可以用舍掉的方法使之整量化，通常为了减小误差采用“四舍五入”的方法使之整量

化，因而会存在量化误差，量化误差的最大值为 $\pm q/2$。

例如，用天平称量重物就是量化过程。这里的天平为量化装置，重物为模拟量，最小砝码重量为量化单位，平衡时砝码读数为数字量。

由以上分析可知，在 A–D 转换器的输出位数 n 足够大时，可使量化误差足够小，从而可以认为数字信号近似于采样信号。如果在采样过程中，采样频率也足够高，就可以用采样、量化后得到的一系列离散的二进制数字量来表示某一时间上连续的模拟信号，从而可以由计算机来进行控制计算和处理。

7.2.3　保持器

1. 零阶保持器

在实际应用中，信号的恢复所采取的最简单的办法是在两个采样时刻之间保持前一个采样时刻的值不变，称为零阶保持器。它在单位脉冲输入时的响应函数如图 7-8 所示。零阶保持器在采样后进行 A–D 转换和运算结果经 D–A 输出时均会用到，其作用是把上一个采样周期的输出值无变化地保持到本采样周期输出的时刻。

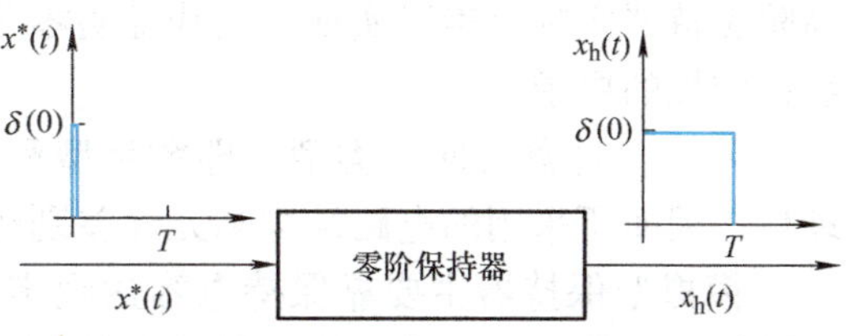

图 7-8　零阶保持器的单位脉冲响应函数

在 A–D 转换过程中，为了适应信号量化所需要的转换时间要求，在采样开关之后总是连接着零阶保持器，以保持采样后的信号，即为采样保持结构。连续信号经过采样开关和零阶保持器两个环节的作用，即变为阶梯形采样保持信号。而计算机输出的离散信号经 D–A 变换后，必须经过零阶保持器把模拟脉冲信号恢复成阶梯形的连续信号，以缓解脉冲信号对连续被控对象的冲击，从而使控制过程较为平稳。这一转换过程实现了信号的复现，称为输出保持。

2. 采样保持器

采样保持器（S/H）是过程通道中不可缺少的元件，它用来“凝固”随时间快速变化的模拟信号，以减小由于转换时间所引起的转换幅值误差。S/H 电路交替工作在“采样”和“保持”两种稳态方式。在采样方式，它能够快速跟踪输入电压的变化；在保持状态，则保持进入“保持”状态那一时刻的输入电压稳定不变。

采样保持电路在过程通道中的主要用途如下：

1）在采样时间，快速跟踪输入的模拟信号。在保持时间内保持采样值不变，为 A–D 转换器提供恒定的输入信号。

2）在多路采样系统中，跟踪采样信号。当 S/H 进入保持方式时，多路开关又不失时机地进行下一路信号的采样，从而构成高速的重叠采样方式。

3）在保证精度的条件下提高 A–D 转换器的频率。这是因为无论转换速度有多快，A–D 转换器进行转换都需要一定的时间。在此时间内，如果被转换量不能维持一个恒定值，那么将无法获得精确的转换结果。对慢速信号反映不明显，而对于快速变化的信号，在进行 A–D 转换期间，如果不对信号进行保持，就无法保证转换精度。否则只能通过牺性被转换信号的频率来达到高精度的转换要求。

随着半导体技术的飞速发展，除了通用的 S/H 电路外，还有许多应用于不同场合的专用集成电路。例如高速 S/H AD346，在 2μs 以内可达 ±0.01％的精度；SHA1144 可满足 14 位精度的数据采集需要，在 6μs 内达到 ±0.003％的精度，线性增益误差不大于 ±0.001％，孔径延时小于 50μs。通用的 S/H 电路，如 AD582、AD585、ADSHC-85、LF198/298/398 等，它们的基本原理相同，差别仅在于电路结构及工艺。

3. 输出保持器

在模拟量输出通道中，输出保持器的作用就是把 D-A 转换器输出的瞬时值变成连续的模拟信号，以便将离散值复现原函数。从实现方法上讲，保持器就是要解决各离散点之间的插值问题，显然插值的阶次越高，就越能复现原函数。理论上希望有高阶保持器，但高阶保持器实际上难以实现。实践证明零阶保持器可以满足控制系统的需求，也能满足系统稳定性的要求。

零阶保持器有两大类型，即数字型和模拟型。它们所保持的是本质上不同的两类物理量，因而所采用的电路结构和元件差别较大。

模拟型保持器主要靠保持电容达到零阶保持。实践中常采用两种方法：一种是利用采样保持器芯片的保持功能，另一种是利用运放、阻容元件及模拟开关搭建保持电路。这两种方法的“保持”功能实际上都是利用“保持电容”来达到目的的，其性能主要取决于保持电容的性能和质量。有些场合为了防止干扰，也会采取一些隔离措施，如光电隔离。在计算机控制系统中已基本上不采用这种方式。

数字型保持器是采用专用的数据锁存器将待转换的数据保存起来，然后再经 D-A 转换器输出，锁存器的位数应与 D-A 转换器的位数相等。显然，只要锁存器的内容不发生变化，D-A 转换器输出的模拟量将维持不变。这种方式信息传递快，抗干扰能力强，在计算机控制系统中应用较为广泛。

7.3　模拟量输出通道接口技术

D-A 转换器（简称 DAC）是模拟量输出通道的主要组成部分，完成数字量到模拟量的转换。在单片机控制系统中，D-A 转换接口电路设计主要是根据用户对模拟量输出通道的技术要求，合理地选择通道结构，并按照一定的技术经济准则恰当地选择 D-A 转换器芯片，配置外围电路及器件，实现数字量到模拟量的线性转换，对被控过程或被控对象进行控制。

D-A 转换器一般可分类如下：

1）根据输出信号是电流还是电压，可以分为电流输出型和电压输出型。电流输出型转换速度较快，而电压输出型由于还要加上运算放大器的延迟时间，因此转换速度要慢一些。

2）根据输出端是串口还是并口，可以分为串行输出型和并行输出型。

3）根据内部是否有锁存器，可以分为无锁存器型和带锁存器型。

4）根据能否进行乘法运算，可以分为乘算型和非乘算型。D-A 转换器中有使用恒定基准电压的，也有在基准电压上加交流信号的，后者由于可以得到数字输入和基准电压输入相乘的结果，所以称为乘算型 D–A 转换器。乘算型 D–A 转换器不仅可以进行乘法运算，还可以作为使输入信号数字化衰减的衰减器，以及对输入信号进行调制的调制器使用。

本节将从应用角度介绍几种典型的 D–A 转换器，以及它们与 MCS–51 单片机的接口及应用。

7.3.1 D–A 转换器主要性能指标

DAC 的性能指标是选用 DAC 芯片型号的依据，也是衡量芯片质量的重要参数。DAC 性能指标很多，主要有以下四个：

1. 分辨率

分辨率是 D–A 转换器对微小输入量变化的敏感程度的描述。对于线性输出的 DAC，它能分辨的最小输出模拟增量，取决于输入数字量的二进制位数。对于一个 n 位的 D–A 转换器，其分辨率为

$$分辨率=\frac{满量程}{2^n-1} \tag{7-5}$$

可见，DAC 位数越高，分辨度也越高，因此分辨率通常用数字量的位数来表示，如 8 位、10 位、12 位、16 位等。例如，满量程为 5V 的 8 位 D–A 转换器，其分辨率为 19.6mV，一个同样量程的 16 位 D–A 转换器，其分辨率高达 76.3μV。

2. 转换精度

转换精度是指满量程时 DAC 的实际模拟输出值和理论值的接近程度。它与 D–A 转换器芯片结构、外部电路配置、电源等因素有关。若误差过大，则 D–A 转换就会出现错误。转换精度又可分为绝对转换精度和相对转换精度。

绝对转换精度一般采用数字量的最低有效位作为衡量单位，应低于 1/2LSB。相对转换精度是指在满量程已校准的情况下，绝对转换精度相对于满刻度的百分比。

3. 建立时间

D–A 转换器的建立时间也称为转换时间，是对 D–A 转换器转换速度快慢的敏感性能描述指标，即当输入数据发生变化后，输出模拟量达到稳定数值所需要的时间。这个参数直接影响到系统的控制速度。在实际应用时，D–A 转换器的转换时间必须小于等于数字量的输入信号发生变化的周期。

根据转换时间的长短，可将 D–A 转换器分为：超高速 <100ns，较高速 100ns ～ 1μs，高速 1 ～ 10μs，中速 10 ～ 100μs，低速 >100μs。这样的分类经常同转换器的分辨率相联系，分辨率高的区限可以放宽，如 50μs 12 位以上的转换器有时也称为高速高精度型，而对于 8 位以下的转换器又常常把转换时间小于 1μs 的称为高速型。

4. 非线性误差

非线性误差也称为线性度，它是指实际转换特性曲线与理想转换特性曲线之间的最大偏差。一般要求非线性误差的绝对值小于等于 1/2LSB。非线性误差越小，说明线性度越好，D–A 转换器输出的模拟量与理想值的偏差就越小。

7.3.2 并行 D–A 转换器及接口技术

1. DAC0832

DAC0832 是由美国国家半导体（NS）公司研制的 8 位电流输出型 D–A 转换芯片，与单片机完全兼容。它的输出电流建立时间为 1μs，采用 CMOS 工艺，功耗为 20mW。由于 DAC0832 价格低廉、接口简单、转换控制容易，因此在单片机控制系统中得到了广泛的应用。

（1）DAC0832 结构及引脚功能　如图 7-9 所示，DAC0832 由 8 位输入寄存器、8 位 DAC 寄存器、8 位 D–A 转换电路及转换控制电路构成。输入寄存器和 DAC 寄存器构成两级数据输入锁存，使用时数据输入可以采用两级锁存（双缓冲）方式、单级锁存（单缓冲）方式或直接输入（直通）方式。D–A 转换电路由 8 位 T 型电阻网络和电子开关组成，电子开关受 DAC 寄存器输出控制。三个与门电路组成寄存器输出控制逻辑电路，该逻辑电路的功能是进行数据锁存控制。由于具有两个可以分别控制的数据锁存器，因此适用于多路模拟量需要同步输出的系统。

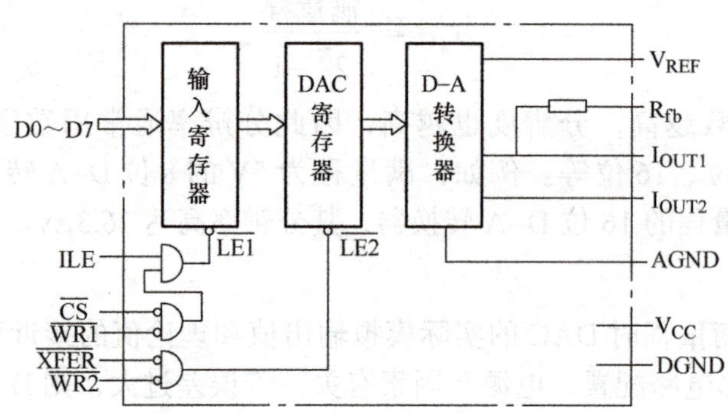

图 7-9　DAC0832 结构图

DAC0832 共有 20 个引脚，双列直插式封装，如图 7-10 所示，各引脚说明如下。

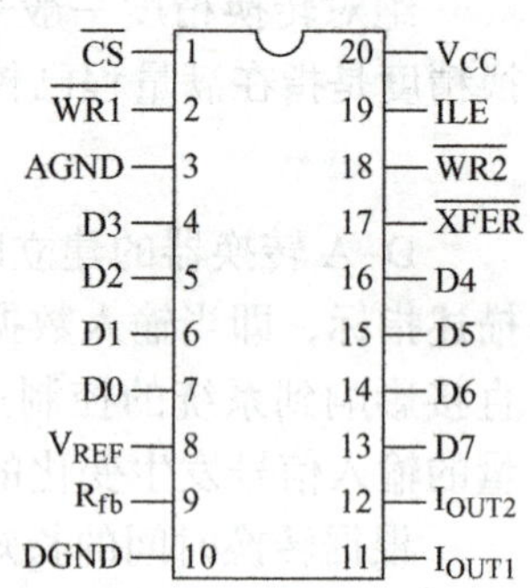

图 7-10　DAC0832 引脚图

D0 ～ D7：8 位数据输入端，通常与 CPU 数据总线相连，用于接收待转换的数字量。

ILE：输入寄存器锁存允许信号，高电平有效。

$\overline{CS}$：芯片选择信号，低电平有效。

$\overline{WR1}$：输入寄存器写控制信号，低电平有效。

$\overline{WR2}$：DAC 寄存器写控制信号，低电平有效。

$\overline{XFER}$：数据传输控制信号，低电平有效。

V_{REF}：参考电压输入，要求外部接一个精密的电源，电压范围为 –10 ～ +10V。

R_{fb}：内部反馈电阻引出端，可以直接连接外部运算放大器的输出端。

I_{OUT1}：模拟电流输出端 1，当输入数据为全 1 时，输出电流最大；当输入数据为全 0 时，输出电流为 0。

I_{OUT2}：模拟电流输出端 2，与 I_{OUT1} 之和为常数。

由于 DAC0832 是电流输出型，所以为了获得电压输出，I_{OUT1} 与 I_{OUT2} 通常接运算放大器的输入端以得到模拟输出电压。R_{fb} 即为运算放大器的反馈电阻端，当 R_{fb} 不满足输出电压满度精度时，可以外部串接电位器调节。

V_{CC}：芯片工作电源，电压范围：+5 ～ +15V。当 V_{CC}=+15V 时，工作状态最佳，逻辑开关速度最快。

AGND：模拟信号地。

DGND：数字信号地。

模拟地和数字地是两种不同的地。在同一块电路板上，如果同时有模拟元件和数字元件，那么一般把所有模拟元件的地端连在一起，所有数字元件的地端连在一起，最后再把模拟接地端和数字接地端间用一根导线连接在一起，这样可以防止模拟信号与数字信号相互干扰。

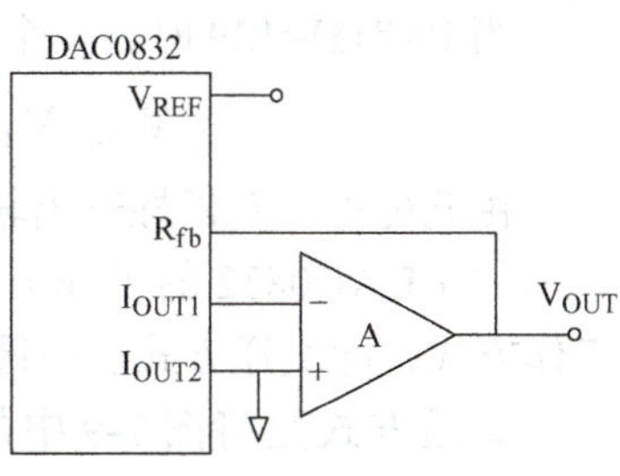

图 7-11 DAC0832 单极性输出连接图

（2）单极性和双极性输出电路　在控制过程中，有时对控制量的输出要求是单方向的，在给定值时产生的偏差不改变控制量的极性，这时可采用单极性输出电路，如图 7-11 所示。由于 DAC0832 是 8 位的 D–A 转换器，因此可得到输出电压 V_{OUT} 与输入数字量 B 的关系为

$$V_{OUT}=-B\frac{V_{REF}}{256} \tag{7-6}$$

由式（7-6）可知，V_{OUT} 和 B 成正比关系。输入数字量 B 为 0 时，V_{OUT} 也为 0；输入数字量为 255 时，V_{OUT} 为负的最大值；输入数字量 B 为 1 时，一个最低有效位电压 V_{LSB} 为 $-V_{REF}/256$。输出电压是与参考电压极性相反的单极性输出。

在被控对象需要用到双极性电压的场合，可以采用图 7-12 所示的连接方法。

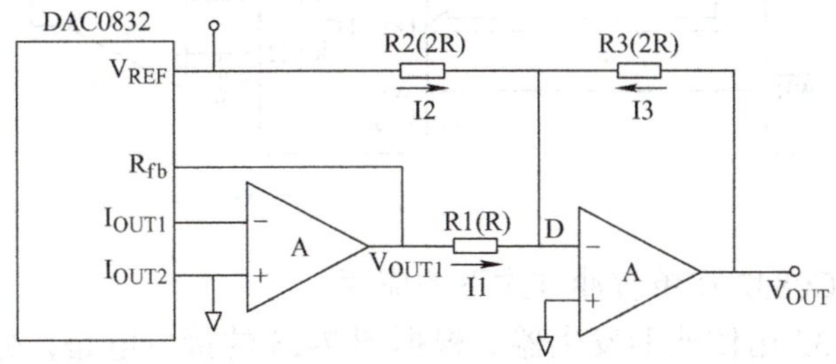

图 7-12 DAC0832 双极性输出连接图

D 为虚地点，故由克希荷夫定律可得

$$\begin{cases} I1+I2+I3=0 \\ I1=\dfrac{V_{OUT1}}{R}, I2=\dfrac{V_{REF}}{2R}, I3=\dfrac{V_{OUT}}{2R} \\ V_{OUT1}=-B\dfrac{V_{REF}}{256} \end{cases}$$

解上述方程组可得

$$V_{OUT}=(B-128)\frac{V_{REF}}{128} \tag{7-7}$$

设 V_{REF}=5V，当 B=FFH=255 时，最大输出电压为

$$V_{max}=[(255-128)/128]\times 5V=4.96V$$

当 B=00H 时，最小输出电压为

$$V_{min}=[(0-128)/128]\times 5V=-5V$$

当 B=81H=129 时，一个最低有效位电压为

$$V_{LSB}=V_{REF}/128=[(129-128)/128]\times 5V=0.04V$$

由此可见，双极性输出较单极性输出灵敏度降低了一半。

（3）DAC0832 的工作方式及应用　根据 DAC0832 的内部结构特点，它可以有三种工作方式，即直通方式、单缓冲方式和双缓冲方式。

直通方式是将图 7-9 中的 ILE、$\overline{CS}$、$\overline{WR1}$、$\overline{WR2}$、$\overline{XFER}$ 控制信号预置为有效，使两个内部寄存器开放，变成输入数据的通路，这种方式适用于比较简单的应用场合。此种方式下 DAC 的输出随时跟随输入，多用于无计算机控制的 D-A 转换系统中。

单缓冲方式是将图 7-9 中的一个寄存器处于常通状态，另一个处于选通状态，或两个寄存器同时选通（两个寄存器的控制信号连接在一起），如图 7-13 所示。单缓冲方式多用于系统中只有一路 D-A 转换，或虽有多路 D-A 转换但不要求同步输出的情况。

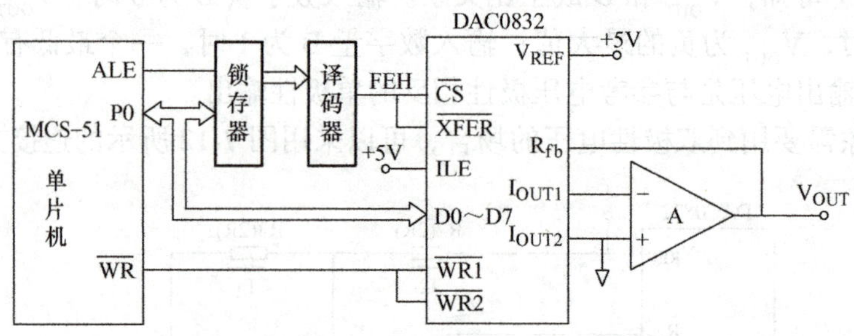

图 7-13　DAC0832 单缓冲方式接线图

现举例说明 DAC0832 在单缓冲方式下的应用。

例 7-1　DAC0832 用作波形发生器。根据图 7-13 的接口电路，分别写出产生锯齿波和三角波的程序。

解　图 7-13 中 DAC0832 采用的是单缓冲、单极性的连接方式。让 ILE 接 +5V，两级寄存器的写信号都由 MCS-51 单片机的 $\overline{WR}$ 端控制，寄存器选择信号 $\overline{CS}$ 和传输控制信号 $\overline{XFER}$ 都由译码器输出端 FEH 送来。当译码器输出选择好 DAC0832 后，只要输出 $\overline{WR}$ 控制信号，DAC0832 就能一步完成数字量的输入锁存和 D-A 转换输出。

锯齿波程序如下：

```
ORG  0100H
MOV  R0, #0FEH      ；输入寄存器地址
```

```
        CLR A              ; 转换初值
LOOP:   MOVX @R0, A        ; D-A 转换
        INC A              ; 转换值增量
        NOP                ; 延时
        NOP
        NOP
        SJMP LOOP
        END
```

三角波程序如下：

```
        ORG 0100H
        MOV R0, #0FEH
        CLR A              ; 置下降段初值
DOWN:   MOVX @R0, A        ; 线性下降段
        INC A
        JNZ DOWN
        MOV A, #0FEH       ; 置上升段初值
UP:     MOVX @R0, A        ; 线性上升段
        DEC A
        JNZ UP
        SJMP DOWN
        END
```

双缓冲方式是指单片机分两次发出控制命令，分时选通图 7-9 中的两个寄存器。首先 ILE、$\overline{CS}$、$\overline{WR1}$ 有效，将数据锁存在输入寄存器中；然后 $\overline{WR2}$、$\overline{XFER}$ 有效，再将数据送入 DAC 寄存器。此方式优点是可在 D-A 转换的同时进行下一个数据的采集，以提高转换速度，对于多路转换可同时进行，另外可以使被转换的数据稳定可靠地建立起来。图 7-14 中 DAC0832 采用双缓冲、单极性的连接方式。现举例如下：

例 7-2 根据图 7-14 的 DAC0832 接口电路，写出产生锯齿波的程序。

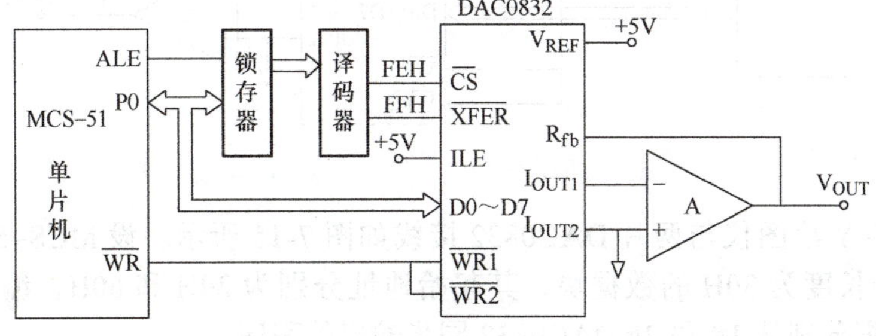

图 7-14 DAC0832 双缓冲方式接线图

解 输入寄存器的地址为 FEH，DAC 寄存器的地址为 FFH。操作时分两步进行：第一步先将数据写入 8 位输入寄存器；第二步再把数据从 8 位输入寄存器写入 8 位 DAC 寄存器中。

锯齿波程序如下：

```
        ORG 0050H
        MOV A, #00H          ; 转换初值
LOOP:   MOV R0, #0FEH        ; 输入寄存器地址
        MOVX @R0, A          ; 转换数据送输入寄存器
        INC R0               ; 产生 DAC 寄存器地址
        MOVX @R0, A          ; 数据送入 DAC 寄存器并进行 D-A 转换
        DEC A                ; 转换值减少
        NOP                  ; 延时
        NOP
        NOP
        SJMP LOOP
        END
```

利用DAC0832的双缓冲方式还可以实现两路模拟信号同步转换输出，其接口如图7-15所示。在这种连接方式下，第一步单片机分时向两个DAC0832写入待转换数据，并锁存到各自的输入寄存器中；然后单片机对两个转换器同时发出选通信号，使各转换器输入寄存器中的数据同时进入各自的DAC寄存器，以实现同步转换输出。

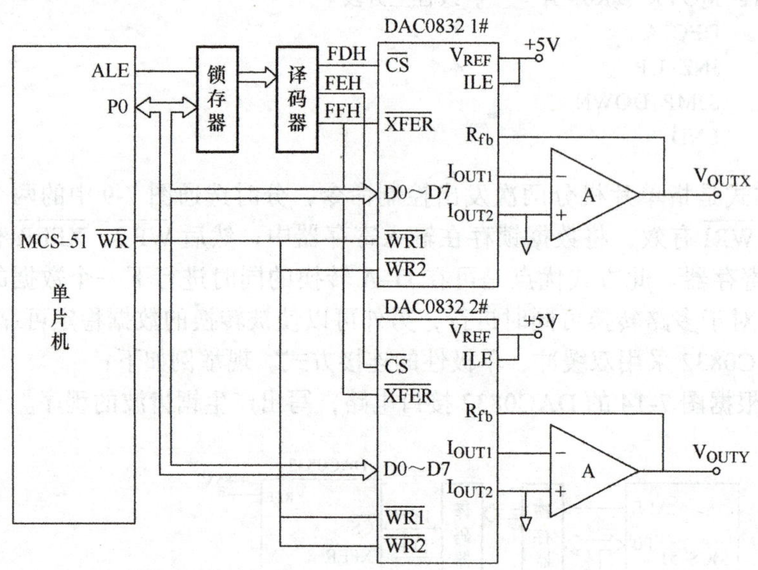

图7-15　两路模拟信号同步转换输出接口电路

例7-3　X-Y绘图仪与两片DAC0832接线如图7-15所示。设MCS-51单片机内部RAM中有两个长度为30H的数据块，其起始地址分别为20H和60H，编写出能把20H和60H中的数据分别从1#和2# DAC0832同步输出的程序。

解　根据硬件接线图，可知DAC0832各端口地址为

FDH：1# DAC0832数字量输入寄存器地址；

FEH：2# DAC0832数字量输入寄存器地址；

FFH：1#和2# DAC0832启动D-A转换地址。

设R1寄存器指向60H单元；R0寄存器指向20H单元，并同时作为两个DAC0832的端口地址指针；R7寄存器存放数据块长度。

同步输出程序如下：

```
        ORG 0300H
        MOV R7, #30H        ; 数据块长度
        MOV R1, #60H
        MOV R0, #20H
LOOP:   MOV A, R0
        PUSH ACC            ; 保存 20H 单元地址
        MOV A, @R0          ; 取 20H 单元中的数据
        MOV R0, #0FDH       ; 指向 1# DAC0832 的数字量输入寄存器
        MOVX @R0, A         ; 20H 单元中的数据送 1# DAC0832
        INC R0              ; 指向 2# DAC0832 的数字量输入寄存器
        MOV A, @R1          ; 取 60H 单元中的数据
        INC R1              ; 修改 60H 单元地址指针
        MOVX @R0, A         ; 60H 单元中的数据送 2# DAC0832
        INC R0              ; 指向 1# 和 2# DAC0832 启动 D-A 转换地址
        MOVX @R0, A         ; 启动两片 0832 同时进行转换
        POP ACC             ; 恢复 20H 单元地址
        INC A               ; 修改 20H 单元地址指针
        MOV R0, A
        DJNZ R7, LOOP       ; 数据未传送完，继续
        END
```

2. MAX527

MAX527 是美国美信（MAXIM）公司出品的四路 12 位电压输出型高精度 D-A 转换器，与微处理器和其他的 TTL/CMOS 芯片兼容。MAX527 片内包含有精密的输出缓冲放大器，用来提供模拟电压输出，其最小转换时间为 5μs。

（1）MAX527 结构及引脚功能　MAX527 具有 8 位数据总线，内部采用 12 位输入寄存器和 12 位 DAC 寄存器的双缓冲接口逻辑。通过两次写操作进行数据写入，第一次写低 8 位（LSB），第二次写高 4 位（MSB），将 12 位数据装载到输入寄存器，并通过装载 DAC 寄存器选通信号（$\overline{\text{LDAC}}$）将数据从输入寄存器传送到 DAC 寄存器。

MAX527 共有 24 个引脚，采用塑料 DIP、陶瓷 SB 以及宽 SO 封装形式。芯片引脚如图 7-16 所示，各引脚说明如下。

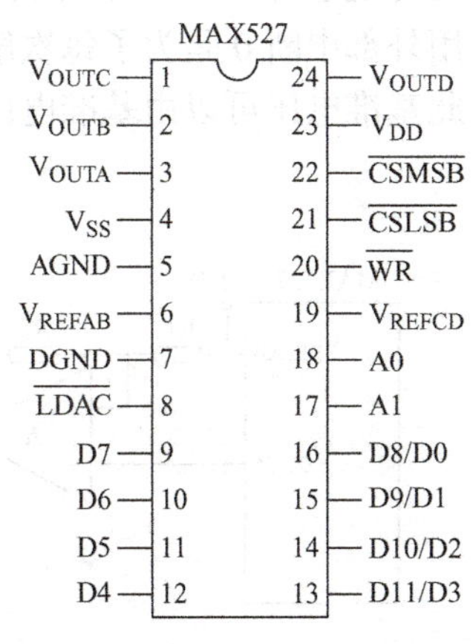

图 7-16　MAX527 引脚图

V_{OUTA} ~ V_{OUTD}：四通道模拟电压输出端。

A0、A1：DAC 通道选择端。共有四种组合，选择四个不同的 DAC 通道。

$\overline{\text{CSLSB}}$：低 8 位片选信号，低电平有效。选择指定 DAC 通道的低 8 位输入寄存器。

$\overline{\text{CSMSB}}$：高 4 位片选信号，低电平有效。选择指定 DAC 通道的高 4 位输入寄存器。

$\overline{\text{LDAC}}$：装载 DAC 寄存器选通端，低电平有效。当 $\overline{\text{LDAC}}$ 有效时，将每个输入寄存器的内容传输到它对应的 DAC 寄存器中。

$\overline{\text{WR}}$：写信号输入端，低电平有效。

D4 ~ D7：数据线 D4 ~ D7 位。

D8/D0 ~ D11/D3：当 $\overline{CSLSB}$、$\overline{CSMSB}$=01 时，为数据线 D0 ~ D3 位；当 $\overline{CSLSB}$、$\overline{CSMSB}$=10 时，为数据线 D8 ~ D11 位。

V_{SS}：负电源输入端。电压范围为 -5.5 ~ -4.5V，典型值为 -5V。

V_{DD}：正电源输入端。电压范围为 +4.75 ~ +5.5V，典型值为 +5V。

V_{REFAB}：A、B 通道基准电压输入端。电压范围为 1.2 ~（V_{DD}-2.2）V。

V_{REFCD}：C、D 通道基准电压输入端。电压范围为 1.2 ~（V_{DD}-2.2）V。

这两个输入端使每一对 DAC 都能有不同的满刻度输出电压范围。

AGND、DGND：模拟信号地和数字信号地。

（2）单极性和双极性输出电路　MAX527 工作在单极性状态时，输出电压和基准输入电压的极性相同，如式（7-8）所示。

$$V_{OUT} = B\frac{V_{REF}}{4096} \tag{7-8}$$

采用图 7-17 所示的连接电路，MAX527 可工作在双极性输出状态。每一个通道需要外接一个运算放大器和两个电阻。当 R_1=R_2 时，输出电压 V_{OUT} 与输入数字量 B 的关系如式（7-9）所示。

$$V_{OUT} = \left(\frac{2B}{4096} - 1\right)V_{REF} \tag{7-9}$$

设 V_{REFAB}=2.5V，当 B=FFFH=4095 时，最大输出电压 V_{max}=2.4988V；当 B=000H 时，最小输出电压 V_{min}=-2.5V；当 B=801H=2049 时，一个最低有效位电压 V_{LSB}=0.0012V。

（3）MAX527 应用　现通过一个实例来说明 MAX527 的应用。如图 7-18 所示，单片机的 P1.0 和 MAX527 的 $\overline{LDAC}$ 连接，单片机通过控制此引脚让 MAX527 实现由输入寄存器到 DAC 寄存器的数据传输；P1.1、P1.2 和 MAX527 的 A0、A1 相连，单片机通过设置此组引脚可以选择四个 DAC 通道中的一个，本例中只选用一路输出 V_{OUTA}，程序设计时需使 P1.1、P1.2=0 0；P2.6、P2.7 分别和 MAX527 的 $\overline{CSLSB}$、$\overline{CSMSB}$ 相连，它们的作用是进行 12 位数据的高低位选择，即输入低 8 位数据时地址为 BFFFH，输入高 4 位数据时地址为 7FFFH；单片机的 $\overline{WR}$ 与 MAX527 的 $\overline{WR}$ 连接，实现数据写入控制；在此使用外部中断 0 是为了每次触发外部中断时启动 D-A 转换。MAX527 的基准电压选用 2.5V，此基准电压可以由基准电压芯片 MAX6192 提供。

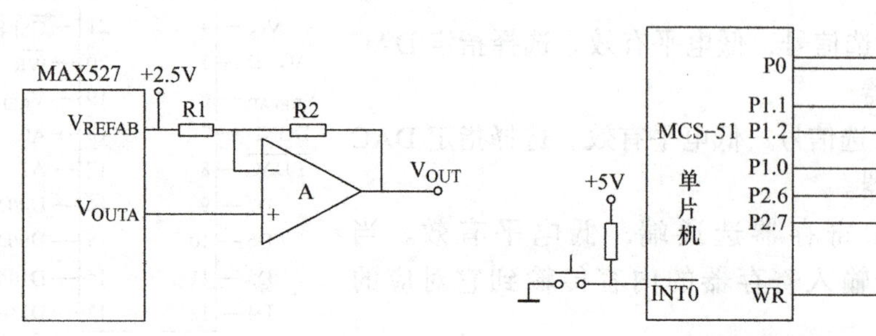

图 7-17　MAX527 单路双极性输出电路　　图 7-18　MAX527 与 MCS-51 单片机接口电路

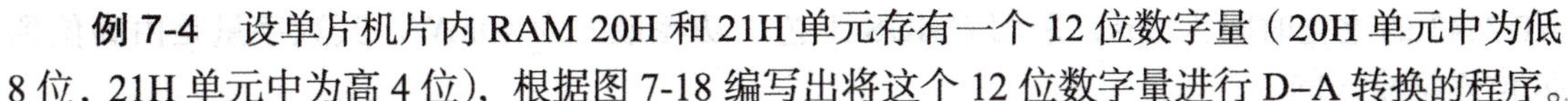

例 7-4　设单片机片内 RAM 20H 和 21H 单元存有一个 12 位数字量（20H 单元中为低 8 位，21H 单元中为高 4 位），根据图 7-18 编写出将这个 12 位数字量进行 D-A 转换的程序。

解　C51 程序清单如下：

```
#include "reg51.h"
#include "absacc.h"
#define uchar unsigned char
/* 内部 RAM 地址定义 */
#define ODAL8 DBYTE [0x0020]
#define ODAH4 DBYTE [0x0021]
/*MAX527 片外地址定义 */
#define NDAL8 XBYTE [0xbfff]
#define NDAH4 XBYTE [0x7fff]
sbit LDAC=P1^0;
sbit A0=P1^1;
sbit A1=P1^2;
void main( )
{
  EA=1;
  EX0=1;
  while (1);
}
void int0sur (void) interrupt 0
{
  uchar i;
  A0=0;
  A1=0;
  LDAC=1;
  ACC=ODAL8;
  B=ODAH4;
  NDAL8=ACC;
  for (i=0; i<200; i++)
  i=i;
  NDAH4=B;
  LDAC=0;
}
```

7.3.3　串行 D-A 转换器及接口技术

并行 D-A 转换芯片转换时间短，通常不超过 10μs，但它们的引脚较多，芯片体积大，与单片机连接时电路较为复杂。因此，在有些远距离通信且对转换速度要求不高的场合，为了节省连接导线，可以选用串行 D-A 转换芯片。虽然输出建立时间比并行 D-A 转换芯片长，但是串行 D-A 转换芯片与单片机连接时所用引线少、电路简单，而且芯片体积小、价格低。下面介绍一种常用的串行 D-A 转换芯片。

AD7543 是美国模拟器件（ADI）公司生产的 12 位电流输出型串行输入 D-A 转换器。

AD7543 的建立时间为 2μs，采用 CMOS 工艺，功耗最大为 40mW。其数字量是由高位到低位逐位输入的。

（1）AD7543 结构及引脚功能　AD7543 的片内逻辑电路由 12 位串行移位寄存器（A）和 12 位 DAC 输入寄存器（B）以及 12 位 D–A 转换单元组成，如图 7-19 所示。DAC 输入寄存器（B）和 D–A 转换单元与并行 D–A 转换器完全相同，不同的只是移位寄存器（A）。出现在 AD7543 的 SRI 引脚上的数据，在选通输入信号 STB1、STB2、STB4 的上升沿或 $\overline{\text{STB3}}$ 的下降沿（由用户选定），定时地把 SRI 引脚上的串行数据装入寄存器 A。一旦寄存器 A 装满，在加载脉冲 $\overline{\text{LD1}}$、$\overline{\text{LD2}}$ 的控制下，寄存器 A 的数据便装入寄存器 B 中，并进行 D–A 转换。

AD7543 采用 16 引脚双列直插式封装，其引脚如图 7-20 所示，各引脚说明如下：

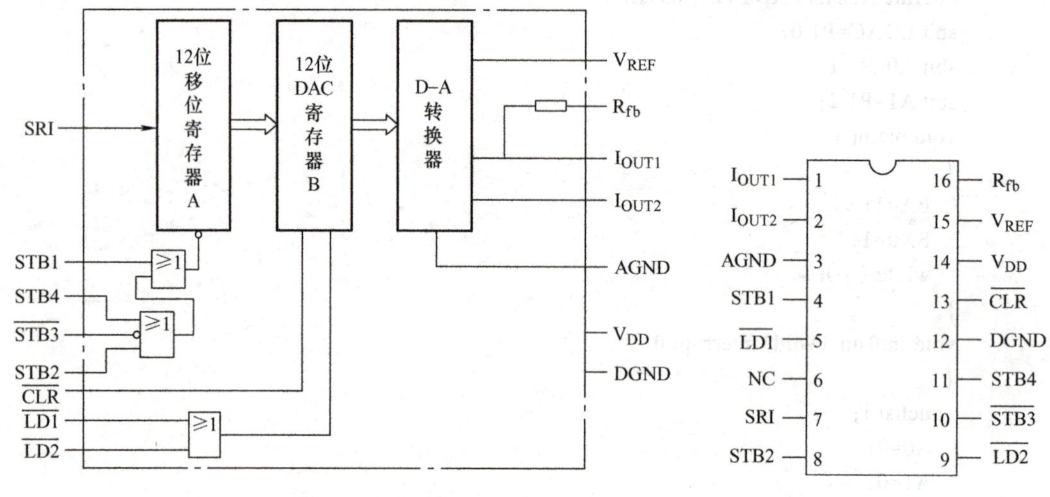

图 7-19　AD7543 内部结构图

图 7-20　AD7543 引脚图

I_{OUT1}、I_{OUT2}：D–A 转换后电流输出端。

AGND：模拟信号地。

STB1、STB2、$\overline{\text{STB3}}$、STB4：移位寄存器 A 选通输入端，其对应选通的关系见表 7-1。

表 7-1　AD7543 真值表

AD7543 逻辑输入							AD7543 的操作
寄存器 A 控制输入				寄存器 B 控制输入			
STB4	$\overline{\text{STB3}}$	STB2	STB1	$\overline{\text{CLR}}$	$\overline{\text{LD2}}$	$\overline{\text{LD1}}$	
0	1	0	上升沿	×	×	×	SRI 输入端的数据移入寄存器 A
0	1	上升沿	0	×	×	×	
0	下降沿	0	0	×	×	×	
上升沿	1	0	0	×	×	×	
1	×	×	×				寄存器 A 无操作
×	0	×	×				
×	×	1	×				
×	×	×	1				

（续）

AD7543 逻辑输入							AD7543 的操作
寄存器 A 控制输入				寄存器 B 控制输入			
STB4	$\overline{\text{STB3}}$	STB2	STB1	CLR	$\overline{\text{LD2}}$	$\overline{\text{LD1}}$	
				0	×	×	置寄存器 B 为全 0
				1	1	×	寄存器 B 不工作
				1	×	1	寄存器 B 不工作
				1	0	0	寄存器 A 内容移入寄存器 B

$\overline{\text{LD1}}$、$\overline{\text{LD2}}$：寄存器 B 加载输入选择端，其对应关系也见表 7-1。

SRI：输入到寄存器 A 的串行数据输入端。

DGND：数字信号地。

$\overline{\text{CLR}}$：寄存器 B 清除输入，低电平有效，用于将寄存器 B 复位为全 0。

V_{DD}：+5V 电源输入端。

V_{REF}：基准电压输入端。电压范围为 −10 ～ +10V。

R_{fb}：内部反馈电阻引出端，可以直接连接外部运算放大器的输出端。

（2）AD7543 应用　AD7543 与 MCS−51 单片机的接口电路如图 7-21 所示。图中单片机的串行口直接与 AD7543 相连，选用工作方式 0（同步移位寄存器方式），其 TXD 端移位脉冲的下降沿将 RXD 输出的位数据移入 AD7543 的寄存器 A 中，然后利用 P1.0 的输出信号产生 $\overline{\text{LD2}}$，从而将 AD7543 移位寄存器 A 中的内容输入寄存器 B 中，并启动 D−A 转换。

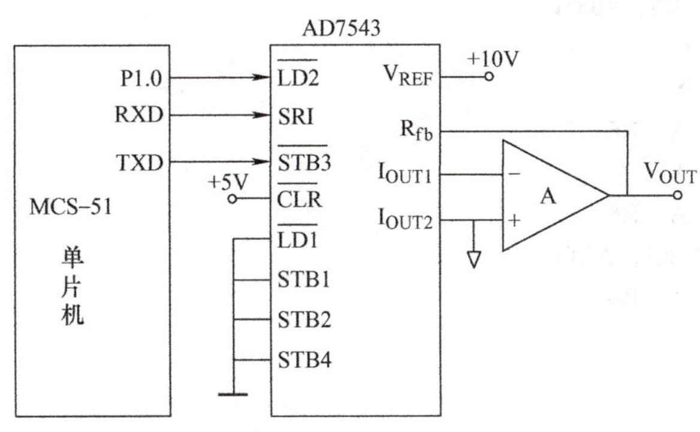

图 7-21　AD7543 与 MCS−51 单片机的接口电路

由于 AD7543 的 12 位数据是由高位至低位串行输入的，而 MCS−51 单片机串行口工作于方式 0 时，其数据是由低位至高位串行输出的。因此，在数据输出到 AD7543 之前必须对转换数据格式进行重新调整。以下为 AD7543 进行 D−A 转换的程序，设待转换的 12 位数字量存储在内部 RAM 单元，地址为 DBUFH（高 4 位）和 DBUFL（低 8 位）。

```
        ORG  0100H
OUTDA： MOV  A，DBUFH       ；取高位
        SWAP                ；高 4 位和低 4 位交换
        MOV  DBUFH，A
```

```
        MOV A, DBUFL      ; 取低位
        ANL A, #0F0H      ; 截取高 4 位
        SWAP              ; 高 4 位和低 4 位交换
        ORL A, DBUFH      ; 合成,(A) =D11 D10 D9 D8 D7 D6 D5 D4
        LCALL ASMB        ; 顺序转换
        MOV DBUFH, A      ; 存结果 (DBUFH) =D4 D5 D6 D7 D8 D9 D10 D11
        MOV A, DBUFL      ; 取低位
        ANL A, #0FH       ; 截取低 4 位
        SWAP              ; 交换,(A) =D3 D2 D1 D0 0 0 0 0
        LCALL ASMBB       ; 顺序转换
        MOV DBUFL, A      ; 存结果 (A) =0 0 0 0 D0 D1 D2 D3
        MOV SCON, #00H    ; 设置串行口工作于方式 0 输出
        MOV A, DBUFH
        MOV SBUF, A       ; 发送高 8 位
        JNB TI, $         ; 等待发送完成
        CLR TI            ; 发送完毕,清标志
        MOV A, DBUFL
        MOV SBUF, A       ; 发送低 4 位
        JNB TI, $         ; 等待
        CLR TI            ; 发送完毕
        CLR P1.0          ; A 寄存器加载到 B 寄存器
        NOP
        SETB P1.0         ; 恢复
        RET
ASMBB:  MOV R6, #00H
        MOV R7, #08H
        CLR C
  ALO:  RLC A
        XCH A, R6
        RRC A
        XCH A, R6
        DJNZ R7, ALO
        XCH A, R6
        RET
```

7.4 模拟量输入通道接口技术

在单片机实时测控和智能化仪表等应用系统中，常常需要将检测到的连续变化的模拟量（如温度、压力、流量、速度、液位和成分等）通过模拟量输入通道转换成单片机可以接收的数字量信号，输入到单片机中进行处理。A–D 转换器（简称 ADC）是模拟量输入通道的主要组成部分，用于完成模拟量到数字量的转换。A–D 转换接口设计主要是根据用户提出的数据采集精度及速度等要求，按一定的技术经济准则合理地选择通道结构和 A–D 转换器芯片，并配置多路模拟开关、前置放大器、采样保持器、接口和控制电路等，实现模拟量到数字量的线性转换，对被测信号进行采集和处理。

A–D 转换器一般分类如下：

1）按转换后输出数据的方式，可分为串行与并行两种。其中并行 ADC 又可根据数据总线宽度分为 8 位、12 位、14 位、16 位等。

2）按输出数据类型可分为 BCD 码输出型和二进制输出型。BCD 码输出型采用分时输出 BCD 码千位、百位、十位、个位的方法，由于它可以很方便地驱动 LCD 显示，故常用于诸如数字万用表等应用场合，二进制输出型一般要将转换数据送单片机处理后使用。

3）按转换原理可分为逐次逼近式、双积分式、计数器式和并行式。并行式 ADC 转换速度最快，但因结构复杂而造价较高，而计数器式 ADC 结构很简单，但转换速度最慢，所以这两种 ADC 很少使用；逐次逼近型 ADC 结构不太复杂，转换速度也很高，一般是 ns 级，在计算机应用系统中被广泛采用；双积分型 ADC 转换速度较慢，一般是 ms 级，但转换精度高，常用于数字式测量仪表中。

本节将从应用角度介绍几种典型的 A–D 转换器，以及它们与 MCS–51 单片机的接口及应用。

7.4.1 A–D 转换器主要技术指标

ADC 的性能指标是正确选用 ADC 芯片的基本依据，也是衡量 ADC 质量的关键问题。由于与 D–A 转换是互逆的过程，因此它们的性能指标定义基本上是相同的。

（1）分辨率　ADC 的分辨率是指使 ADC 输出数字量的最低位发生变化时所对应的输入模拟电压变化的值。和 DAC 一样，它表示 A–D 转换器所能分辨的最小量化单位。通常定义为满刻度电压值与（2^n–1）之比。ADC 的分辨率也用位数表示，例如，12 位 ADC 的分辨率就是 12 位。

（2）转换速度　转换速度是通过转换时间来衡量的，转换时间是指启动 A–D 转换到转换结束所需要的时间。不同型号、不同分辨率的器件转换时间相差很大，一般是几十纳秒到几百毫秒。选择 A–D 转换器时，应视现场需要及经济因素选用。

（3）转换精度　ADC 的转换精度由模拟误差和数字误差组成。模拟误差是由比较器、解码网络中电阻值以及基准电压波动等引起的误差。数字误差主要包括丢失码误差和量化误差，前者属于非固定误差，由器件质量决定；后者和 ADC 输出数字量位数有关，位数越多，误差越小。

A–D 转换器的转换精度通常有两种表示形式，绝对精度和相对精度。绝对精度指满刻度输出的实际电压与理想输出值之差。相对精度是指绝对精度相对于转换器满刻度输出模拟电压的百分比。

还有一些其他参数也与 D–A 转换器类似，这里不再一一介绍。

7.4.2 并行 A–D 转换器及接口技术

1. ADC0809

ADC0809 是美国国家半导体（NS）公司生产的 8 位八通道逐次逼近式 A–D 转换器。它采用 CMOS 工艺，功耗约 15mW。

ADC0809 的特点是：具有锁存控制的八路模拟开关分时选通 8 路模拟信号；采用脉冲形式的启动转换信号；输入、输出引脚电平与 TTL 电平兼容；输出数据寄存器设置成可控的三态门，允许与单片机直接相连；当输入电压范围为 0 ～ 5V 时，可使用单一的 +5V 电源，不需要外部的调零和满量程校准。

（1）ADC0809 结构及引脚功能　图 7-22 所示为 ADC0809 内部逻辑结构图，它由 8 路模拟开关、8 位 A–D 转换器、三态输出锁存器以及地址译码器等组成。A–D 转换器将多路模拟开关输出的模拟电压转换成 8 位数据，每比较一次确定一位，第一次确定 D7 位，最后一次确定 D0 位。每次比较需 8 个时钟周期，比较 8 次共需 64 个时钟周期。当 ADC0809 采用典型时钟频率 640kHz 时，则转换一路模拟信号所需的转换时间为 64s/640kHz=100μs。最后将转换结果送入三态输出缓冲器。

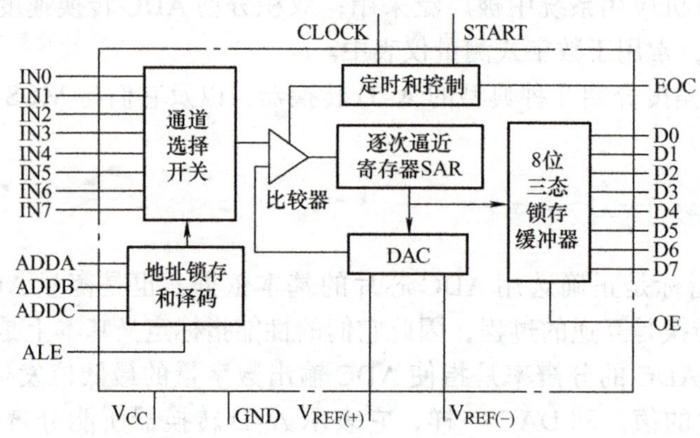

图 7-22　ADC0809 内部逻辑结构图

ADC0809 共有 28 个引脚，采用双列直插式封装，如图 7-23 所示，各引脚说明如下：

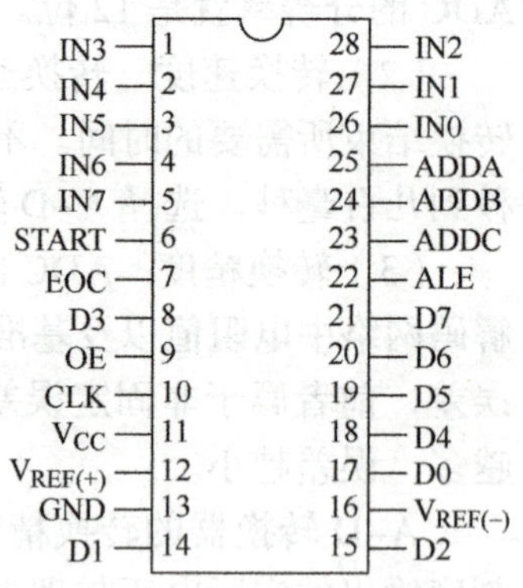

图 7-23　ADC0809 引脚图

IN0 ～ IN7：8 个通道的模拟量输入端，电压范围为 0 ～ +5V。

D0 ～ D7：数字量输出端。

ADDA ～ ADDC：8 路模拟开关的选通地址输入端，用来选择 8 个通道中的一个模拟量进行 A–D 转换，其中 ADDA 为低位，ADDC 为高位。

ALE：地址锁存使能端，ALE 的上升沿将 ADDA、ADDB、ADDC 输入的地址锁存到地址锁存器，经译码后控制多路模拟开关，将对应输入通道接至内部比较器的输入端。

START：A–D 转换启动控制端，加正脉冲后转换开始。START 上升沿对内部所有寄存器清零；START 下降沿启动 A–D 转换；在 A–D 转换期间，START 应保持低电平。

START 常与 ALE 短接，以便选择通道的同时启动 A–D 转换，要求 START 和 ALE 的信号宽度不小于 100ns。

EOC：转换结束信号输出端，当 A–D 转换开始后 EOC 变低，而转换结束时 EOC 返回高电平。该信号可以作为 A–D 转换结束的状态信号供查询用，也可作为中断请求信号，向 CPU 申请取走 A–D 转换结果。

OE：输出允许使能端，当 OE 端的电平由低变高时，三态输出缓冲器打开，将数据送到数据总线上。与单片机连接时该信号一般由片选或读信号产生。

CLK：时钟信号输入端，频率范围：10kHz ～ 1.28MHz，典型频率为 640kHz。

$V_{REF(+)}$、$V_{REF(-)}$：参考电压输入端，一般 $V_{REF(+)}$ 与电源 V_{CC} 连接，$V_{REF(-)}$ 与 GND 连接。

V_{CC}：+5V 电源电压输入端。

GND：信号地。

（2）ADC0809 的操作时序　ADC0809 的操作时序如图 7-24 所示。图中：

t_{WE}：ALE 脉宽 100 ～ 200ns；

t_{WS}：启动脉宽 100 ～ 200ns；

t_{EOC}：转换结束标志复位延迟时间（1 ～ 8 个时钟周期）；

t_C：转换时间为 64 个时钟周期。

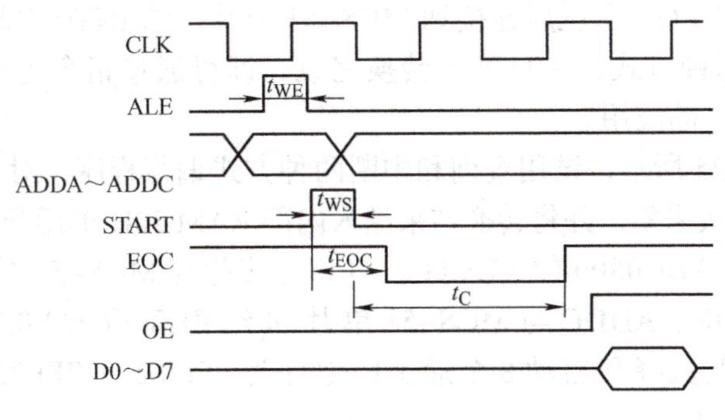

图 7-24　ADC0809 操作时序图

ADC0809 的操作时序图定量地描述了芯片操作时的时序配合关系，是正确使用芯片的依据，具有十分重要的意义。

（3）ADC0809 应用　ADC0809 内部有一个 8 位三态锁存缓冲器，可以锁存 A–D 转换后的数据，因此它既可以和单片机直接连接，也可以通过外部并行接口芯片，如 8255A 与单片机间接连接。图 7-25 中，ADC0809 与单片机是直接连接的。根据 ADC0809 的时序图可知，其工作步骤分为选择通道、启动 A–D 转换、确认转换结束和读取数据四个步骤。在这四个步骤中需要解决两个关键问题：一是 8 路模拟通道的选择信号与单片机的连接问题，图 7-25 中 8 路模拟通道的选择信号 ADDA、ADDB、ADDC 与单片机地址总线的最低 3 位连接，当然这三个通道选择信号也可以与单片机的数据总线连接，如图 7-26 所示，不同的连接编程方式不同，在具体应用时需要加以注意；二是采取什么样的方式确认 A–D 转换已完成，为此可采用以下三种方式：

1）由于 ADC0809 的转换时间作为一项技术指标是已知和固定的，因此可根据此指标设计一个延时子程序。A–D 转换启动后就调用这个延时子程序，延迟时间一到，转换便已经完成了，接着就可进行数据传送，这称为定时传送方式。

2）通过查询 ADC0809 的 EOC 端是否发生正跳变（由低变高），即可确知转换是否完成。若完成，则接着进行数据传送，这称为查询方式。如图 7-25 所示将 EOC 连接到 MCS–51 单片机的 P1.0 端（实线）。

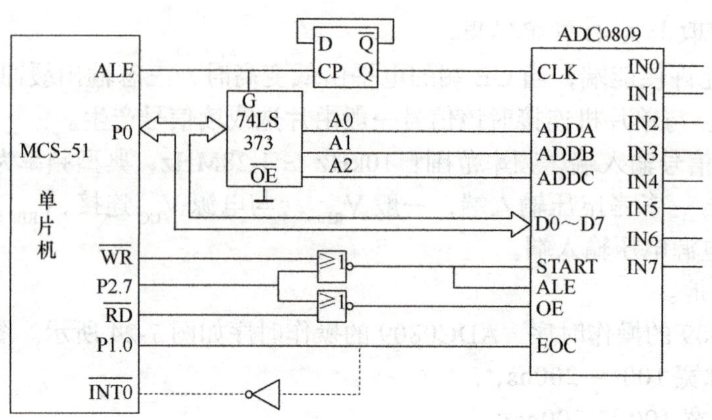

图 7-25 ADC0809 与 MCS-51 单片机接口 1

3）把表明转换完成的状态信号（EOC）作为中断请求信号，以中断方式进行数据传送，如图 7-25 所示将 EOC 取反后连接到 MCS-51 单片机的 $\overline{\text{INT0}}$ 引脚（虚线）。

不管使用上述哪种方式，一旦确认转换完成，即可通过指令进行数据传送。下面通过实例说明 ADC0809 的应用。

例 7-5 如图 7-25 所示，试用查询和中断两种方式编写程序，对 IN0 ～ IN7 通道上的模拟电压数据进行一次采集，并将转换结果送入内部 RAM 20H 单元开始的数据缓冲区中。

解 如图所示，ADC0809 的 START、ALE 短接并与 MCS-51 单片机的 P2.7（A15）连接，ADDA、ADDB、ADDC 与 MCS-51 单片机经锁存后的 P0.0、P0.1、P0.2（A0、A1、A2）连接，因此选择和启动 8 个通道的地址为 7FF0H ～ 7FF7H。按查询方式连接 EOC 后，程序清单如下：

```
        ORG  0000H
        AJMP  START
        ORG  0050H
START:  MOV DPTR，#7FF0H          ；指向通道 0
        MOV R2，#08H
        MOV R0，#20H
  ROT:  MOVX @DPTR，A             ；选择通道并启动 A-D 转换
 LOOP:  JB  P1.0，LOOP            ；等待转换开始
LOOP1:  JNB P1.0，LOOP1           ；等待转换结束
        MOVX A，@DPTR             ；读取 A-D 转换数据
        MOV @R0，A                ；存储数据
        INC DPTR                  ；指向下一个通道
        INC  R0
        DJNZ  R2，ROT
        END
```

若按中断方式连接 EOC 后，则程序清单如下：

```
        ORG  0000H
        LJMP  START
        ORG  0003H                ；外中断 0 的入口地址
```

```
          LJMP 1000H                    ；转中断服务程序的入口地址
          ORG 0050H
START：   MOV DPTR，#7FF0H
          MOV R2，#08H
          MOV R0，#20H
          SETB EA
          SETB EX0                      ；开外中断 0
          SETB IT0                      ；中断请求信号为负边沿触发
ROT：     MOVX @DPTR，A                 ；启动 A-D 转换
LOOP：    SJMP LOOP                     ；等待中断
          DJNZ R2，ROT
          END
          ORG 1000H
          MOVX A，@DPTR                 ；读取 A-D 转换数据
          MOV @R0，A                    ；存储数据
          INC DPTR                      ；指向下一个通道
          INC R0
          RETI
```

指令 MOVX　@DPTR，A 中的 A 存放的是任意数，目的是为了利用该指令产生有效的 ALE、$\overline{WR}$ 信号和 P2.7、P0 口的地址线，这样 ADC0809 才能锁存地址信号并启动转换。

当单片机用数据线选择通道时，可以不使用地址锁存器，如图 7-26 所示。此时 ADC0809 的锁存和启动通道地址为 7FFFH，通道选择信号线分别连接单片机数据线的最低 3 位，因此 8 路模拟通道号分别为 00H ～ 07H。

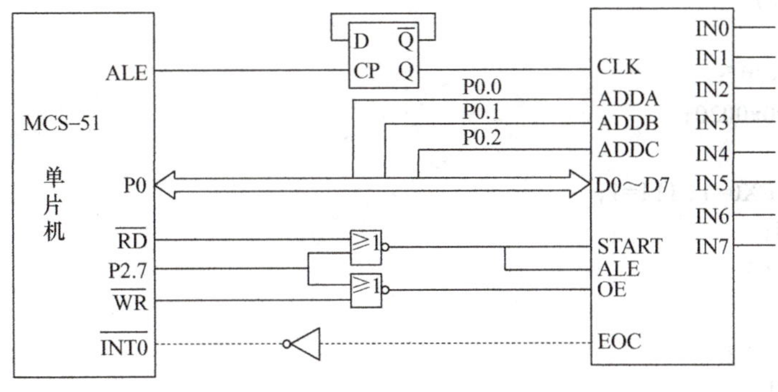

图 7-26　ADC0809 与 MCS-51 单片机接口 2

利用中断方式实现上例中所要求的功能，汇编程序清单如下：

```
          ORG 0000H
          LJMP START
          ORG 0003H           ；外中断 0 的入口地址
          LJMP 1000H          ；转中断服务程序的入口地址
          ORG 0050H
START：   MOV DPTR，#7FFFH
          MOV R2，#08H
          MOV R0，#20H
```

```
          MOV  R1, #00H       ; IN0 通道号
          SETB  EA
          SETB  EX0           ; 开外中断 0
          SETB  IT0           ; 中断请求信号为负边沿触发
     ROT: MOV  A, R1
          MOVX  @DPTR, A      ; 启动 A-D 转换
    LOOP: SJMP  LOOP          ; 等待中断
          DJNZ  R2, ROT
          END
          ORG  1000H
          MOVX  A, @DPTR      ; 读取 A-D 转换数据
          MOV  @R0, A         ; 存储数据
          INC  R1             ; 指向下一个通道
          INC  R0
          RETI                ; 中断返回
```

指令 MOVX @DPTR，A 中的 A 存放的是 8 个通道的通道号 00H ～ 07H，DPTR 中存放的只是锁存和启动地址。

采用 C 语言编程，程序清单如下：

```
#include "reg51.h"
#define uchar unsigned char
uchar xdata *adch;
uchar data *addata;
uchar i;
void main( )
{
   adch=0x7fff;
   addata=0x0020;
   i=0;
   EA=1; EX0=1; IT1=1;
   *adch=i;
   while (1);
   {
      if (i==8)
      EA=0;
   }
}
void int0sur (void) interrupt 0
{
   uchar j;
   j=*adch;
   *addata=j;
   addata++;
   i++;
   *adch=i;
}
```

2. AD1674

AD1674 是美国模拟器件（ADI）公司研制的 12 位逐次逼近型 A–D 转换器，属于 AD574 和 AD674 的更新换代产品，转换时间最短为 10μs。与 ADC0809 相比，AD1674 具有以下特点：

1）片内包含高精度的参考电压源和时钟电路，这使它在可以不需要任何外部电源和时钟信号的情况下完成 A–D 转换功能，使用非常方便。

2）输入的模拟电压既可以是单极性的，也可以是双极性的。

3）可以实现 12 位 A–D 转换，也可以实现 8 位 A–D 转换，转换结果可以一次输出 12 位，也可以先输出低 8 位后输出高 4 位。

4）片内自带采样保持器，对快速变化的输入信号无需外接采样保持器。

AD1674 芯片主要由宽频带采样 / 保持器、10V 基准电源、时钟电路、D–A 转换器、SAR 寄存器、比较器和三态输出缓冲器等组成。当控制部分发出启动转换命令时，首先使采样 / 保持器工作在保持模式，并使 SAR 寄存器复位。一旦开始就不能停止或重新启动 A–D 转换，此时输出缓冲器的数据输出无效。只要 A–D 转换结束，就返回一个转换结束标志给控制部分，控制部分立即禁止时钟输出，并使采样 / 保持器工作在采样模式。

（1）AD1674 引脚及功能　AD1674 芯片为 28 引脚双列直插式封装，其引脚如图 7-27 所示，与早期芯片 AD574 兼容。各引脚功能如下：

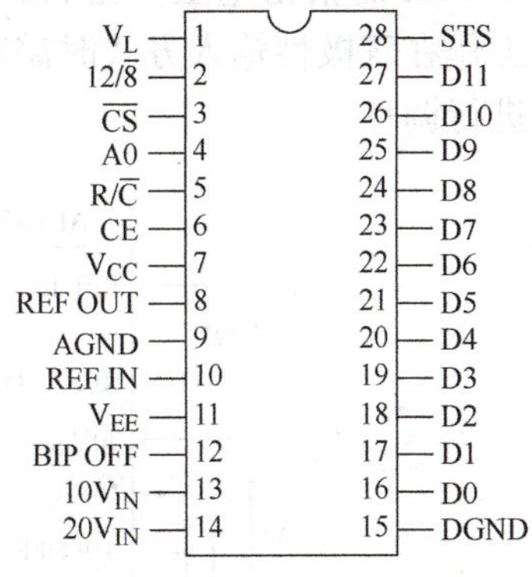

图 7-27　AD1674 引脚图

$10V_{IN}$：10V 量程模拟电压输入端，单极性时为 0 ～ +10V，双极性时为 –5 ～ +5V。

$20V_{IN}$：20V 量程模拟电压输入端，单极性时为 0 ～ +20V，双极性时为 –10 ～ +10V。

REF IN：基准电压输入端，通常在 10V 基准电源上跨接 50Ω 电阻后连接于此端。

REF OUT：+10V 基准电压输出端。

BIP OFF：补偿调整端，用于在模拟输入为零时，将 ADC 输出的数字量调整为零。

V_L：+5V 逻辑供电输入端。

V_{CC}：+12 ～ +15V模拟供电输入端。

V_{EE}：–15 ～ –12V 模拟供电输入端。

DGND：数字信号地。

AGND：模拟信号地。

STS：转换状态输出端。若 STS 为 1，则表示正处于 A–D 转换状态；若 STS 为 0，则表示 A–D 转换已完成。

D0 ～ D11：数字量输出端。

$\overline{CS}$：芯片选择信号，低电平有效。

CE：芯片使能信号，高电平有效。

$R/\overline{C}$：读出 / 转换控制输入端。该引脚为 0 时，表示允许启动 A–D 转换；为 1 时，表示允许读出 A–D 转换结果。

A0 和 $12/\overline{8}$：这两条控制端配合使用，用于控制转换数据长度是 12 位或 8 位，以及数据输出的格式。控制关系见表 7-2。

表 7-2　AD1674 操作功能表

CE	$\overline{CS}$	$R/\overline{C}$	A0	$12/\overline{8}$	完成操作
1	0	0	0	×	启动 12 位转换
1	0	0	1	×	启动 8 位转换
1	0	1	×	1	12 位数字量输出
1	0	1	0	0	高 8 位输出
1	0	1	1	0	低 4 位输出
0	×	×	×	×	无操作
×	1	×	×	×	

（2）输入方式及零点校正　AD1674 工作于单极性输入方式时，其接线方式如图 7-28 所示。这种方式可以不需要校正，BIP OFF 接 AGND，REF IN 和 REF OUT 之间跨接一个 50Ω 的精密电阻。当 AD1674 工作于双极性输入方式时，其接线方式如图 7-29 所示。工作在双极性输入方式时需对 BIP OFF 加偏置电压，同时调整 REF IN，对零点和满度值进行调整。

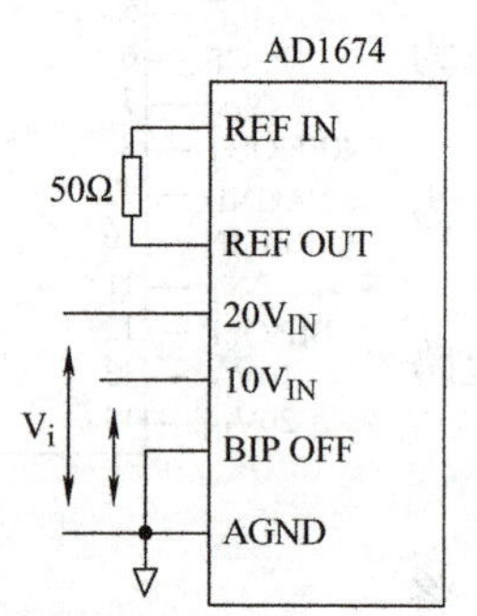

图 7-28　AD1674 单极性输入接线方式

图 7-29　AD1674 双极性输入接线方式

（3）AD1674 应用　图 7-30 给出了 AD1674 与 MCS-51 单片机的一种接口方法。利用 CE 端来启动转换和输出结果，故单片机的 $\overline{WR}$、$\overline{RD}$ 端通过与非门和 AD1674 的 CE 端相连。$\overline{CS}$、A0、$R/\overline{C}$ 接单片机的地址信号，在启动转换或读取结果时应保持相应的电平。$12/\overline{8}$ 端接地，转换结果分高 8 位、低 4 位两次输出。当对 7CFFH 执行写操作时，启动 AD1674 12 位 A–D 转换；对 7DFFH 执行写操作时，启动 AD1674 8 位 A–D 转换；当对 7EFFH 执行读操作时，读取转换结果的高 8 位，对 7FFFH 执行读操作时，读取转换结果的低 4 位。STS 可作为结果输出时的中断请求或状态查询信号，图中接单片机的外部中断输入端。

例 7-6　根据图 7-30 编写令 AD1674 工作的程序段，并将 12 位 A–D 转换结果存入内部 RAM 20H 和 21H 单元。设 20H 低 4 位存放 12 位数字量的低 4 位，21H 存放 12 位数字量的高 8 位。

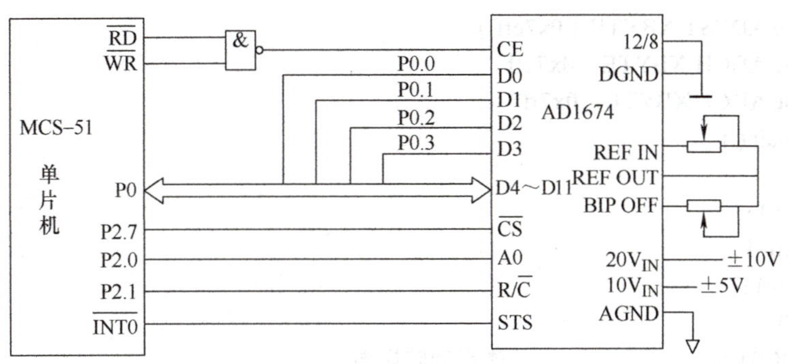

图 7-30　AD1674 与 MCS-51 单片机接口方法

程序清单如下：

```
ORG 0000H
LJMP 0050H
ORG 0003H                  ; 外部中断 0 的入口地址
LJMP 1000H                 ; 转中断服务程序的入口地址
ORG 0050H
MOV R1, #21H
MOV DPTR, #7CFFH
SETB EA
SETB EX0
SETB IT0                   ; 中断请求信号为负边沿触发
MOVX @DPTR, A              ; 启动 A-D 转换
SJMP $                     ; 等中断
ORG 1000H
MOV DPTR, #7EFFH
MOVX A, @DPTR              ; 读取高 8 位
MOV @R1, A
MOV DPTR, #7FFFH
DEC R1
MOVX A, @DPTR              ; 读取低 4 位
ANL A, #0FH
MOV @R1, A
RETI
……
END
```

C51 程序清单如下：

```
#include "reg51.h"
#include "absacc.h"
#define uchar unsigned char
uchar a;
/* 内部 RAM 地址定义 */
#define DAH8 DBYTE [ 0x0021 ]
#define DAL4 DBYTE [ 0x 0020 ]
/*AD1674 片外地址定义 */
```

```
#define ADCST XBYTE [ 0x7cff ]
#define ADCH XBYTE [ 0x7eff ]
#define ADCL XBYTE [ 0x7fff ]
void main( )
{
    EA=1;
    EX0=1;
    IT0=1;
    a=0;
    ADCST=a;                    /* 启动转换 */
    while (1);
}
void int0sur (void) interrupt 0
{
    uchar i, j;
    i=ADCH;
    DAH8=i;
    for (j=0; j<200; j++)
    j=j;
    i=ADCL;
    i&=0x0f;
    DAL4=i;
}
```

7.4.3 串行 A–D 转换器及接口技术

串行 ADC 具有输出占用的数据线少，转换后的数据逐位输出，输出速度较慢的特点。但它具有两大优势：其一，便于信号隔离，在数据输出时只需少数几路光电隔离器件，就可以很简单地实现与单片机之间的电气隔离；其二，在转换精度要求日益提高的前提下，使用串行 ADC 的性价比较高，且芯片小、引脚少，便于印制电路板制作。下面介绍两款常用的串行 A–D 转换芯片。

1. MAX187

MAX187 是由美国美信（MAXIM）公司生产的 12 位逐次逼近型串行 A–D 转换器，其主要特点如下：

1）12 位分辨率；

2）单一 +5V 电源供电；

3）具有三线串行接口，且与 SPI、QSPI 和 Microwire 兼容；

4）功耗低，正常模式下电源电流为 1.5 ～ 2.5mA，休眠模式下电源电流为 2 ～ 10μA；

5）内部自带采样 / 保持电路；

6）转换速率为 5.5 ～ 8.5μs，串行输出速率为 5MHz 以下。

（1）引脚及功能　MAX187 芯片为 8 引脚双列直插式封装，其引脚如图 7-31 所示。各引脚功能如下：

V_{DD}：电源端，接 +5V 电源。

AIN：模拟量输入端，模拟量范围为 0 ～ V_{REF}。

$\overline{SHDN}$：工作模式控制端，“1”为正常工作模式，“0”为休眠模式，此时的电流小于 10μA，浮空为选择外部基准电源。

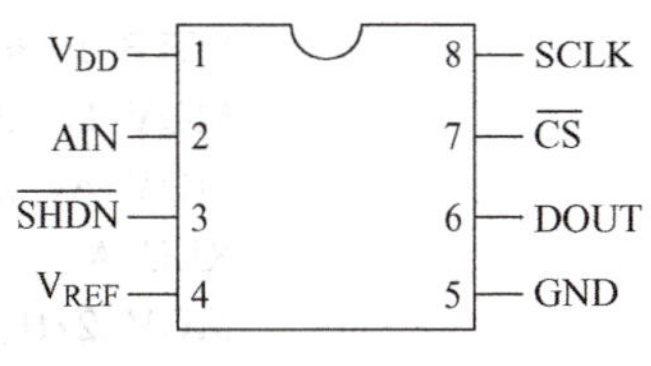

图 7-31　MAX187 引脚图

V_{REF}：基准电压端，接 4.7μF 电容时为内部基准电压 4.096V，采用外部基准电压时可接 2.5V ～ V_{DD} 的精密电压。

GND：信号地。

DOUT：数字量串行输出端。

$\overline{CS}$：使能端。

SCLK：移位脉冲输入端，要求移位脉冲最高频率为 5MHz。由下降沿触发，上升沿数据稳定，单片机可以读入数据。

MAX187 的工作过程是：当使能端 $\overline{CS}$ 置为低电平时，内部采样 / 保持器（S/H）进入保持状态并进行转换，转换完成后 DOUT 输出高电平，此时可在 SCLK 端输入移位脉冲将 12 位转换结果由最高位到最低位依次从 DOUT 端读出；也可以在 $\overline{CS}$ 端置为低电平 8.5μs 后，发送移位脉冲读出转换结果，在读出全部 12 位结果以后将 $\overline{CS}$ 置高电平。使用中需要注意的是：SCLK 保持有效至少 13 个时钟周期，在第 13 个时钟周期下降沿时刻或之后，$\overline{CS}$ 变为高电平，传送结束，DOUT 变为高阻态。若第 13 个时钟周期下降沿之后，$\overline{CS}$ 仍为低电平，并在 SCLK 作用下不断输出数据，则在输出最低位后将输出零。

（2）MAX187 应用　图 7-32 是 MAX187 与 MCS–51 单片机的接口电路。MAX187 的电源需要加去耦合电容，常见的方法是用一个 4.7μF 电容和一个 0.1μF 电容并联。为保证采样精度，最好将 MAX187 与单片机分开供电。V_{REF} 端接一个 4.7μF 的电容，使用内部 4.096V 参考电压方式，输入模拟信号的电压范围为 0 ～ 4.096V。

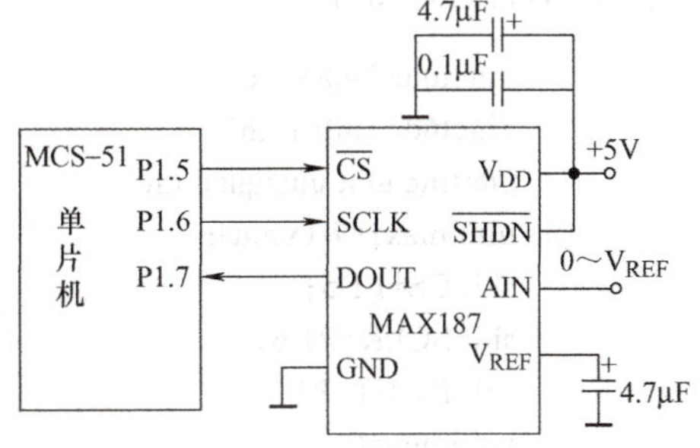

图 7-32　MAX187 与 MCS–51 单片机接口电路

例 7-7　根据图 7-32 编写令 MAX187 工作的程序段，并将 12 位 A–D 转换结果存入内部 RAM 20H 和 21H 单元。设 21H 低 4 位存放 12 位数字量的高 4 位，21H 存放 12 位数字量的低 8 位。

汇编语言程序清单如下：

```
        ORG  0050H
ADC1:   MOV  20H, #00H
        MOV  21H, #00H          ; 转换结果存放字节清零
        CLR  P1.5               ; 将 CS 置 0，启动转换
        ACALL  DELAY            ; 等待转换结束
        SETB  P1.6
        MOV  R2, #04H
REC1:   CLR  P1.6               ; 转换结果高 4 位读取
```

```
            SETB  P1.6
            MOV  C，P1.7
            MOV  A，21H
            RLC  A
            MOV  21H，A
            DJNZ  R2，REC1
            MOV  A，21H
            ANL  A，#0FH
            MOV  21H，A
            MOV  R2，#08H
    REC2：  CLR  P1.6                          ；转换结果低 8 位读取
            SETB  P1.6
            MOV  C，P1.7
            MOV  A，20H
            RLC  A
            MOV  20H，A
            DJNZ  R2，REC2
            CLR  P1.6                          ；时钟恢复为低，第 13 个时钟下降沿
            SETB  P1.5                         ；CS 置高电平
            RET
   DELAY：  MOV  R3，0AH                       ；10μs 延时子程序
            DJNZ  R3，$
            RET
```

C 语言程序如下：

```
#include "reg51.h"
#include "intrins.h"
#define uint unsigned int
uint max187（void）;                          /* 函数说明 */
sbit CS=P1^5;                                 /*MAX187 片选 */
sbit SCLK=P1^6;                               /*MAX187 时钟 */
sbit DOUT=P1^7;                               /*MAX187 数据输出 */
void main()
{
   uint c;
   c=max187( );
   ……                                         /* 主程序中的其他操作 */
   while（1）;
}
/*MAX187 12 位 AD 操作函数 */
uint max187（void）
{
   char i;
   uint result;
   uint hbyte，lbyte;
   CS=0;                                      /* 低电平有效，开始转换 */
```

```
 for (i=0; i<8; i++)
{
 _nop_();
}
SCLK=1;                       /* 初始高电平 */
hbyte=0;
for (i=0; i<4; i++)           /* 高 4 位 */
{
   SCLK=0;
   _nop_();
   SCLK=1;                    /* 开始读数据 */
   CY= DOUT;
   if (CY==1)
   hbyte|=0x01;
   if (i!=3)
   hbyte<<=1;
}
lbyte=0;
for (i=0; i<8; i++)           /* 低 8 位 */
{
   SCLK=0;
   _nop_();
   SCLK=1;                    /* 开始读数据 */
   CY= DOUT;
   if (CY==1)
   lbyte|=0x01;
   if (i!=7)
   lbyte<<=1;
}
 _nop_();
 _nop_();
 SCLK=0;
 CS=1;
 result=0;                    /* 数据处理 */
 result=hbyte;
 result<<=8;
 result|=lbyte;
 return(result);
}
```

2. AD7705

AD7705 芯片是美国模拟器件公司（ADI）公司生产的 16 位双通道串行 A–D 转换芯片，它功能强大，功耗非常低。AD7705 具有以下特点：

1）精度高，为 16 位 A–D 转换芯片；

2）有两个全差分的输入通道；

3）为了提高精度，可通过编程对输入电压放大 1 ～ 128 倍；

4）三线方式的高速串行接口；

5）自动按一定周期进行 A–D 转换，但不具有存储能力，新的转换结果会覆盖旧的结果。

（1）AD7705 引脚功能　如图 7-33 所示，AD7705 为 16 引脚 DIP、SOIC、TSSOP 封装，各引脚功能如下：

AD7705

引脚	名称	名称	引脚
1	SCLK	GND	16
2	MCLK IN	V_{DD}	15
3	MCLK OUT	DIN	14
4	$\overline{CS}$	DOUT	13
5	$\overline{RESET}$	$\overline{DRDY}$	12
6	AIN2+	AIN2−	11
7	AIN1+	REF IN−	10
8	AIN1−	REF IN+	9

图 7-33　AD7705 引脚图

SCLK：串行传输时钟信号。该时钟可以是连续时钟，以连续的脉冲串传送所有数据；也可以是非连续时钟，将信息以小批型数据进行传送。

MCLK IN、MCLK OUT：转换器所需的晶振连接引脚。时钟频率的范围为 500kHz ～ 5MHz。

$\overline{CS}$：片选信号。低电平有效。

$\overline{RESET}$：复位信号。低电平有效，可将芯片的控制逻辑、接口逻辑、校准系数、数字滤波器和模拟调制器复位至上电状态。

AIN2+、AIN2−：差分模拟量输入通道 2。

AIN1+、AIN1−：差分模拟量输入通道 1。

REF IN（+）、REF IN（−）：参考电压输入。REF IN（+）、REF IN（−）取值在 V_{DD} 和 GND 之间，且 REF IN（+）>REF IN（−）。

$\overline{DRDY}$：逻辑输出。低电平表示可从 AD7705 的数据寄存器读取新的输出字，当完成对一个输出字的读操作后，该引脚回到高电平；当 $\overline{DRDY}$ 为高电平时，不能进行读操作，以免寄存器中的数据正在被更新时进行读操作。

DIN：串行数据输入线。向片内输入移位寄存器写入的数据通道。

DOUT：串行数据输出线。从片内输出移位寄存器读出的数据通道。

V_{DD}：工作电压（2.7 ～ 5.25V）。

GND：信号地。

（2）片内寄存器

1）通信寄存器。通信寄存器是一个 8 位的寄存器，其格式如图 7-34 所示。它是整个芯片的核心，任何读写操作都必须以写通信寄存器作为开始，也就是说一次读写操作如下：先写通信寄存器，然后进行读写操作，完成之后 AD7705 会自动回到等待写通信寄存器状态，系统上电或是复位后都是处于该状态。为确保 AD7705 回到写通信寄存器状态，芯片提供了一种软件复位的方法，只要连续向它写大于 32 个“1”，它就会回到该状态。通信寄存器各位说明如下：

D7	D6	D5	D4	D3	D2	D1	D0
$\overline{DRDY}$	RS2	RS1	RS0	R/$\overline{W}$	STBY	CH1	CH0

图 7-34　通信寄存器格式

$\overline{DRDY}$：与外接引脚一样，所以可以通过该引脚来查询是否更新结束，也可以通过读通信寄存器来判断。任何写入通信寄存器的操作都必须对这一位写 0，当 AD7705 处于等待写通信寄存器的状态时，默认从第一个 0 以后的内容为写入的内容，所以当没有数据输

入时要保持数据线 DIN 为 1。

RS2、RS1、RS0：用来指明下一次操作的对象，见表 7-3。

表 7-3　寄存器选择表

RS2	RS1	RS0	寄存器	寄存器位数
0	0	0	通信寄存器	8
0	0	1	设置寄存器	8
0	1	0	时钟寄存器	8
0	1	1	数据寄存器	16
1	0	0	测试寄存器	8
1	0	1	无操作	
1	1	0	偏移寄存器	24
1	1	1	增益寄存器	24

$R/\overline{W}$：表示下一步的操作方式，1 为读，0 为写。

STBY：写 1，AD7705 会进入等待状态；写 0，AD7705 会回到正常状态。

CH1、CH0：当需要执行校验任务时，就必须指明校正的对象，见表 7-4。

表 7-4　通道选择表

CH1	CH0	AIN+	AIN−	校准寄存器对	说明
0	0	AIN1+	AIN1−	寄存器对 0	CH1、CH0 为 10 时，AIN1− 输入引脚在内部自己短路，这可以作为评估噪声性能的一种测试方法
0	1	AIN2+	AIN2−	寄存器对 1	
1	0	AIN1−	AIN1+	寄存器对 0	
1	1	AIN2−	AIN2+	寄存器对 2	

2）设置寄存器。设置寄存器是一个 8 位读 / 写寄存器，图 7-35 所示为设置寄存器格式，各位说明如下：

D7	D6	D5	D4	D3	D2	D1	D0
MD1	MD0	G2	G1	G0	B/U	BUF	FSYNC

图 7-35　设置寄存器格式

MD1、MD0：

00：正常工作方式，进行周期性转换；

01：自检方式，先进行自校验，然后自动回到 00，正常工作方式；

10：在当前增益下，进行零点校验，然后自动回到 00，正常工作方式；

11：在当前增益下，进行满量程校验，然后回到 00，正常工作方式。

G2、G1、G0：设定增益 gain，见表 7-5，要求输入电压的最大值 $V_{max}\times gain$ 小于等于参考电压。

表 7-5 增益选择

G2	G1	G0	增益设置
0	0	0	1
0	0	1	2
0	1	0	4
0	1	1	8
1	0	0	16
1	0	1	32
1	1	0	64
1	1	1	128

B/U：表示输入端 AIN- 和 AIN+ 是单极性输入还是双极性输入，1 为单极性，0 为双极性。

BUF：表示是否使用内部缓冲器。这个主要是在测量内阻较大的模拟量时使用，因为只有 AD7705 的输入电阻远远大于测量目标内阻时，测量值才会准确。1 表示使用，0 表示不使用。

FSYNC：同步标志位。为 1，则转换器不进行转换；为 0，则转换器进行周期性转换。但是即使它为 0，$\overline{DRDY}$ 还是会照常地周期性变化，因为它的变化是根据测量周期和一次转换时间确定的。

3）时钟寄存器。时钟寄存器是一个 8 位读 / 写寄存器，图 7-36 所示为时钟寄存器格式，各位说明如下：

D7	D6	D5	D4	D3	D2	D1	D0
ZERO	ZERO	ZERO	CLKDIS	CLKDIV	CLK	FS1	FS0

图 7-36 时钟寄存器格式

ZERO：必须在这些位写入“0”，以确保 AD7705 的正确操作，否则会导致器件的非指定操作。

CLKDIS：是否允许在 MCLK OUT 端输出时钟，1：禁止，0：允许。

CLKDIV：是否对输入时钟进行分频，1：分频，0：不分频，目的是使内部时钟频率在 400kHz ~ 2.5MHz 之间。

CLK：它的设定与内部时钟有关，若内部时钟为 1MHz，则为 0；若内部时钟为 2.5MHz，则为 1。

FS1、FS0：滤波器选择位。它与 CLK 一起规定了转换周期，见表 7-6。

表 7-6 输出更新频率

CLK	FS1	FS0	输出更新频率 /Hz
0	0	0	20
0	0	1	25
0	1	0	100

（续）

CLK	FS1	FS0	输出更新频率 /Hz
0	1	1	200
1	0	0	50
1	0	1	60
1	1	0	250
1	1	1	500

4）数据寄存器。数据寄存器是一个 16 位只读寄存器，它包含最新的 A–D 转换结果。

5）测试寄存器。测试寄存器用于芯片测试。建议用户不要改变该寄存器任何位的默认值（上电或复位时自动置入为全 0）。否则，当器件处于测试模式时，将不能正确运行。

6）偏移寄存器和增益寄存器。AD7705 包含几组独立的偏移寄存器和增益寄存器，主要用于零标度校准和满标度校准。每个偏移寄存器和增益寄存器负责一个输入通道，它们都是 24 位的读 / 写寄存器。偏移寄存器和增益寄存器连在一起使用，组成一个寄存器对，每个寄存器对对应一对通道，见表 7-4。用户一般不使用该寄存器。

（3）AD7705 应用　AD7705 与单片机的接口非常方便，在对它的操作过程中，涉及接口的引脚有 $\overline{CS}$、SCLK、DOUT、DIN、$\overline{DRDY}$ 及 $\overline{RESET}$。它与单片机的接口有三线、四线、五线及多线方式，这里主要介绍三线和五线两种接法。

图 7-37 是 AD7705 与 MCS–51 单片机以五线方式连接的电路原理图。如图所示，单片机的 P1 口的五条口线 P1.3、P1.4、P1.5、P1.6 和 P1.7，依次与 AD7705 的 $\overline{DRDY}$、$\overline{CS}$、DOUT、SCLK 和 DIN 连接。AD7705 的 MCLK IN 和 MCLK OUT 接晶振电路，晶振频率为 4.0MHz，$\overline{RESET}$ 接 +5V，REF IN+ 和 REF IN– 分别接 +5V 电源和地。

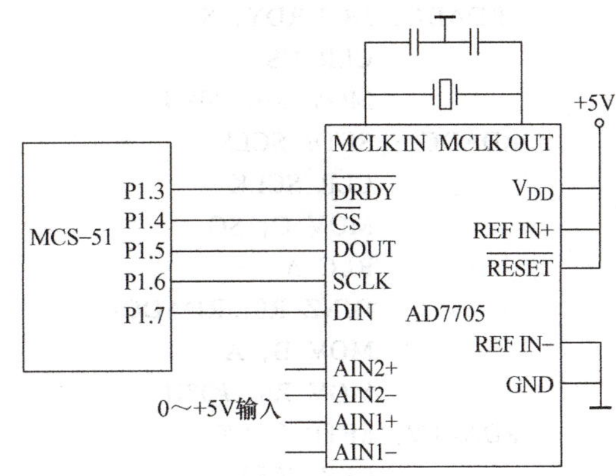

图 7-37　AD7705 与 MCS–51 单片机以五线方式连接的电路原理图

例 7-8　如图 7-37 所示，试编写程序读出 AD7705 通道 1 的 A–D 转换值并放在寄存器 A、B 中，寄存器 A 中放低位，寄存器 B 中放高位。假设模拟量采用单端 / 单极性方式输入。

```
        DRDY  BIT  P1.3
        CS  BIT  P1.4
        SO  BIT  P1.5
        SCLK BIT P1.6
        SI  BIT  P1.7
        ORG  0000H
        LJMP  START
        ORG  0050H
START：MOV  A，20H          ；写入通信寄存器，选择时钟寄存器
```

```
        LCALL  WRADC
        MOV  A, 04H          ; 写入时钟寄存器，内部时钟为 2.5MHz
        LCALL  WRADC
        MOV  A, 10H          ; 写入通信寄存器，选择设置寄存器
        LCALL  WRADC
        MOV  A, 44H          ; 写入设置寄存器，自校验，单极性输入
        LCALL  WRADC         ; 完成 AD7705 初始化
        JB  DRDY, $          ; 等待 DRDY 变低
        MOV  A, 38H          ; 写入通信寄存器，选择读数据寄存器
        LCALL  WRADC
        LCALL  RDADC
        SJMP  $
WRADC:  SETB  SCLK
        CLR  CS
        MOV  R0, #08H
WRADC1: CLR  SCLK
        RLC  A
        MOV  SI, C
        SETB  SCLK
        DJNZ  R0, WRADC1
        CLR  SI
        SETB  CS
        RET
RDADC:  JB  DRDY, $
        CLR  CS
        MOV  R0, #08H
RDADC1: SETB  SCLK
        CLR  SCLK
        MOV  C, SO
        RLC  A
        DJNZ  R0, RDADC1
        MOV  B, A
        MOV  R0, #08H
RDADC2: SETB  SCLK
        CLR  SCLK
        MOV  C, SO
        RLC  A
        DJNZ  R0, RDADC2
        SETB  CS
        RET
        END
```

图 7-38 是 MCS-51 单片机的串行口与 AD7705 以三线方式连接的电路原理图。图中，AD7705 的数据输入 / 输出引脚（DIN/DOUT）直接连接到单片机的 RXD（P3.0）端，而单片机的 TXD（P3.1）端则为 AD7705 提供时钟信号。可见在这样的连接方式下，A-D 转换器的时钟是由单片机的 TXD 引脚提供的。单片机利用串行口与 AD7705 进行通信，

将串行口设定为工作方式 0，即同步移位寄存器方式。此外，单片机还通过 P1.1 端判断 AD7705 的 $\overline{DRDY}$ 引脚状态。

工作时，首先要判断 P1.1 的引脚电平，若为低电平，则表明在 AD7705 的数据输出寄存器中已有有效的转换数据；然后，单片机置位 REN=1，开始接收数据，当接收到 8 位数据时，中断标志位 RI 置位，一次串行接收结束，单片机自动停止发送移位脉冲；随后该 8 位数据从串行口缓冲器读入内存，并使用软件清除 RI 标志，单片机又开始发送移位脉冲，直到又收到 8 位数据，则另一次串行接收结束。两次接收的 8 位数据组合成为 16 位数据，即一次 A–D 转换的结果。这种接口方法直接利用单片机本身的硬件资源，从而简化了电路的设计。AD7705 的具体应用实例详见第 9 章。

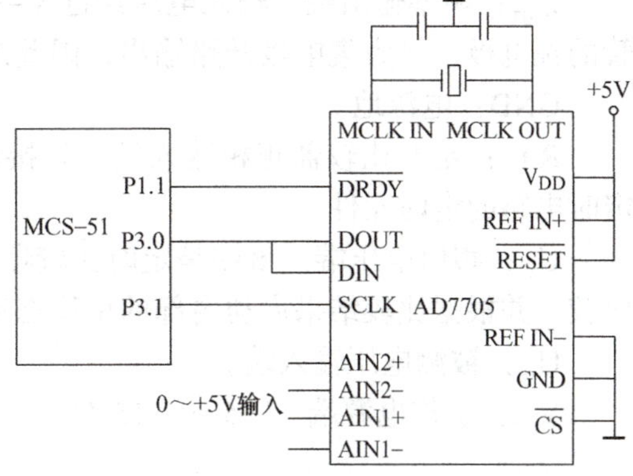

图 7-38　AD7705 与 MCS–51 单片机以三线方式连接的电路原理图

7.5　压频转换器和频压转换器

压频转换器（简称 VFC），一般用 V–F 表示，可以把模拟电压或电流转换成与逻辑电平（通常为 TTL）兼容的脉冲串或方波，其输出频率与输入模拟量成精确的比例关系。输出频率能够连续地跟踪输入信号，直接响应输入信号的变化而不需要外部同步时钟。频压转换器（简称 FVC），一般用 F–V 表示，具有与 VFC 相反的作用，可接受各种周期波形并产生与输入频率成比例的模拟量输出。通过适当调整阈值、增益等，FVC 可以为频率 – 电压转换所要求的许多应用提供一种经济的解决方法。它们的功能类似 A–D 转换器和 D–A 转换器，属于 A–D、D–A 转换的另一种形式。

由于此类转换器与单片机连接时接线简单，电压信号经 V–F 转换成频率信号后，有较好的线性度、抗干扰能力大为增强，且频率变化动态范围宽，故非常适用于高精度、远距离但速度要求不高的场合，特别是在遥控系统以及噪声环境下，更显示出它的使用必要性。

有些单片集成电路同时具有这两种功能，但具体使用时只能选择其中一种功能。美国模拟器件（ADI）公司生产的 ADVF32、AD650、AD651 及美国国家半导体（NS）公司生产的 LM131、LM231、LM331 都是可以兼做压频和频压转换的高线性电压频率转换电路。下面以 LM331 为例对 V–F 和 F–V 进行说明。

1. LM331 的引脚功能

LM331 为双列直插式 8 脚芯片，其引脚如图 7-39 所示，具体功能如下：

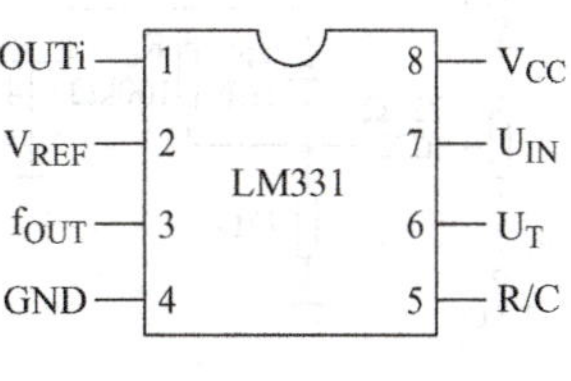

图 7-39　LM331 引脚图

OUTi：电流源输出端。它是内部一个精密电流源的输出端，该引脚输出的电流为图 7-40 基本电路中的 C_L 充电。

V_{REF}：增益调整端。通常外接一个电阻 R_S 到地，R_S 典型值取 14kΩ，实际应用时取值为 4 ～ 150kΩ 范围内可调，改变

R_S 的值可调节电路转换增益的大小。

f_{OUT}：频率输出端。输入电压经过 V–F 转换后的矩形波由此输出，其内部是一个晶体管的集电极，且为集电极开路输出，因此外部必须接有上拉电阻。

GND：电源地。

R/C：定时比较器正相输入端。外接定时电阻 R_t 和定时电容 C_t，它们是内部单稳态定时电路的定时元件。

U_T：阈值电压端。该端是定时比较器的反相输入端，该端电压与 7 脚的输入电压 U_{IN} 比较，并根据比较结果启动内部的单稳态定时电路。

U_{IN}：被测电压输入端。

V_{CC}：工作电源端，(+5 ～ +15V)。

2. LM331 的 V–F 转换电路

LM331 的 V–F 转换外部接线如图 7-40 所示，电路特性如下：

电源电压：+15V；

输入电压范围：0 ～ 10V；

输出频率范围：10Hz ～ 11kHz；

非线性失真：± 0.03%；

输出频率：$f_{OUT}=\dfrac{V_{IN}}{2.09V}\times\dfrac{R_S}{R_L}\times\dfrac{1}{R_tC_t}$。

输入阻抗 R_{IN} 为 100kΩ ± 10%，使 7 脚偏流抵消 6 脚偏流的影响，从而减小频率偏差。R_S 应为 14kΩ，这里用一只 12kΩ 的固定电阻和一只 5kΩ 的可调电阻串联组成，它的作用是调整 LM331 的增益偏差和由 R_L、R_t 和 C_t 引起的偏差。C_{IN} 为滤波电容，一般 C_{IN} 取值在 0.01 ～ 0.1μF 之间较为合适，在滤波效果较好的情况下，可使用 1μF 的电容。当 6 脚、7 脚的 RC 时间常数匹配时，输入电压的阶跃变化将引起输出频率的阶跃变化。如果 C_{IN} 比 C_L 小得多，那么输入电压的阶跃变化可能会使输出频率瞬间停止。6 脚的 47Ω 电阻和 1μF 电容器串联可产生滞后效应，以获得良好的线性度。

3. LM331 的 F–V 转换电路

LM331 的 F–V 转换外部接线如图 7-41 所示。这是一个简单电路，输出电流经 R_L 和 C_L 滤波后，波动峰值将低于 10mV。

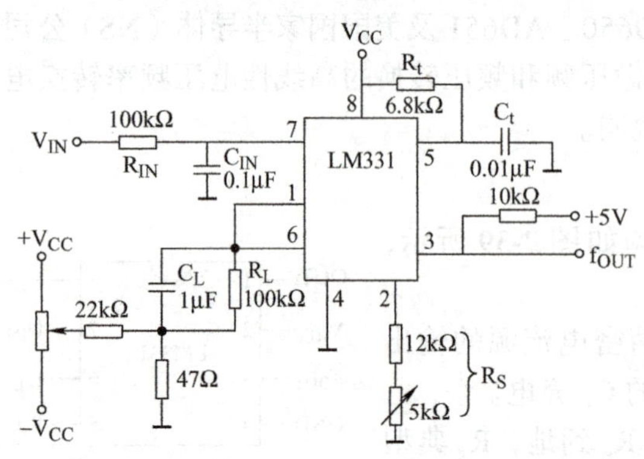

图 7-40　V–F 转换外部接线

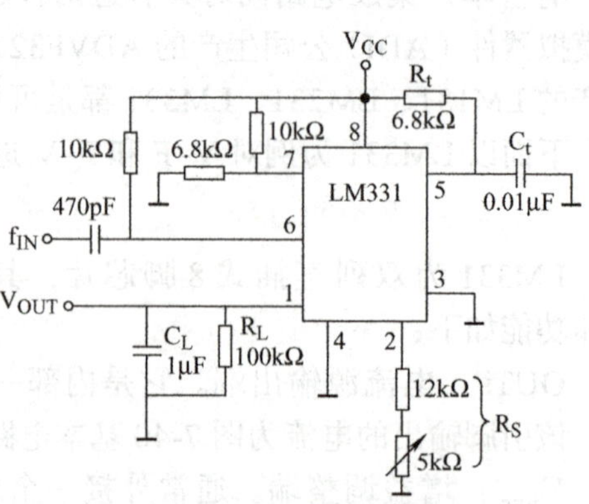

图 7-41　F–V 转换外部接线

电路特性如下：

输入最大频率：10kHz；

非线性度：±0.06%；

输出电压：$V_{OUT}=f_{IN}\times2.09V\times\frac{R_L}{R_S}\times R_tC_t$。

4. LM331 应用实例

被测量的物理量转换为与其成比例的频率信号后，需经过频率信号输入通道送入计算机。在不同的应用环境下，频率信号输入通道的结构会有所不同，一般可分为以下几种：

1）LM331 直接与 MCS-51 单片机相连。这种方式比较简单，把频率信号接入单片机的定时 / 计数器输入端即可，如图 7-42 所示。

2）在一些电源干扰大、模拟电路部分容易对单片机产生电气干扰等比较恶劣的环境中，为减少干扰可采用光电隔离的方法使 V-F 转换器与单片机连接，如图 7-43 所示。

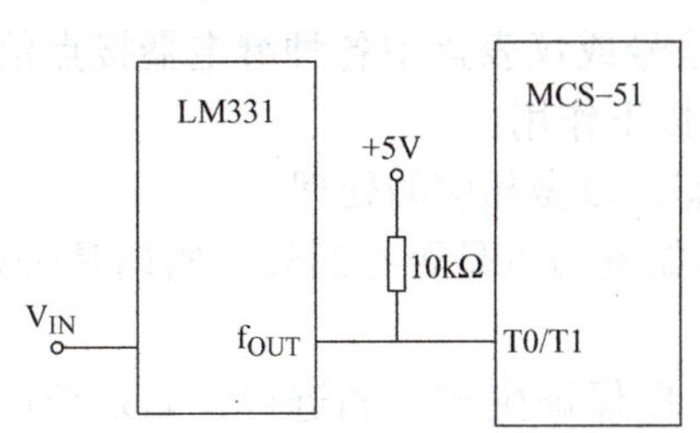

图 7-42 LM331 与 MCS-51 单片机直接接口电路

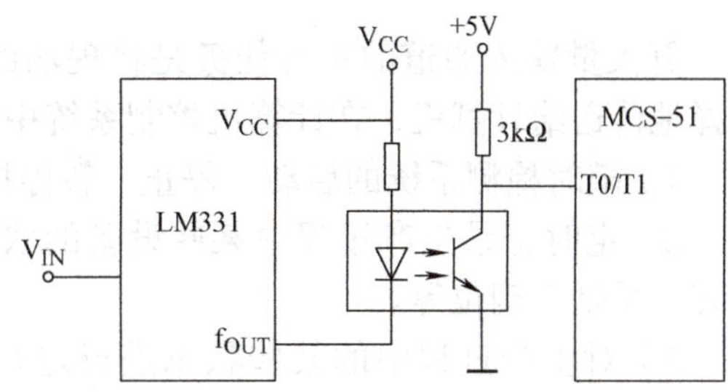

图 7-43 LM331 与 MCS-51 单片机光电隔离接口电路

3）当 V-F 转换器与单片机之间距离较远时，需要采用线路驱动以提高传输能力。一般可采用串行通信的发送器和接收器来实现。

4）还可采用隔离变压器、光纤或无线传输。

例 7-9 如图 7-42 所示，利用定时器 T0 的 50ms 中断程序读入计数器 T1 输入的压频转换脉冲个数。设单片机系统的时钟频率为 12MHz。

主程序：

```
       MOV  TMOD, #51H          ; T1 为方式 1 计数，T0 为方式 1 定时
       MOV  TH0, #3CH           ; T0 定时 50ms 时间初值
       MOV  TL0, #0B0H
       MOV  TH1, #00H
       MOV  TL1, #00H           ; T1 清零
       SETB TR1
       SETB TR0
       SETB ET1
       SETB ET0
       SETB EA
HERE:  AJMP HERE                ; 等待中断
```

中断服务程序：

```
MOV  TH0，#3CH              ；重装 T0 定时初值
MOV  TL0，#0B0H
CLR  TR1                    ；禁止 T1 计数
MOV  B，TH1                 ；高位进入 B 寄存器
MOV  A，TL1                 ；低位进入 A 寄存器
MOV  TH1，#00H
MOV  TL1，#00H              ；T1 清零
SETB TR1                    ；允许 T1 计数
RETI
```

本程序将计数结果高位放入寄存器 B，低位放入累加器 A，以便后续程序做进一步处理。

7.6 开关量输入 / 输出通道

7.6.1 开关量输入通道

开关量输入通道的主要任务是将现场的开关信号或仪表盘中各种继电器接点信号有选择地传送给计算机，在计算机控制系统中主要起以下作用：

1）随时检测系统的启动、停止、暂停按键状态，以做相应的处理。

2）定时记录生产过程中某些设备的状态，例如电动机是否在运转、阀门是否开启、行程开关是否到位等。

3）对生产过程中的某些状态进行定时检查，以保证生产顺利进行，如是否过温过压、料位是否超限、是否发生故障等。

这些开关量信号的电平状态通常无法满足单片机控制系统中 I/O 接口的工作电平要求，因此在开关量输入通道中，需要完成电平转换任务。同时为了系统的安全、可靠，还需要考虑信号的消抖、滤波和隔离等问题。下面介绍几种常用的开关量输入电路。

1. 简单输入电路

图 7-44a 所示为一个上拉式四路开关量输入通道。以拨码开关 K1 为例，当 K1 断开时，P1.0=1；当 K1 闭合时，P1.0=0，由此可以识别开关的状态。解决同样的问题也可用图 7-44b 所示下拉式电路来实现，但开关开闭得到的 P1.3 ～ P1.0 的电平，正好与 7-44a 所示电路得到的结果相反。

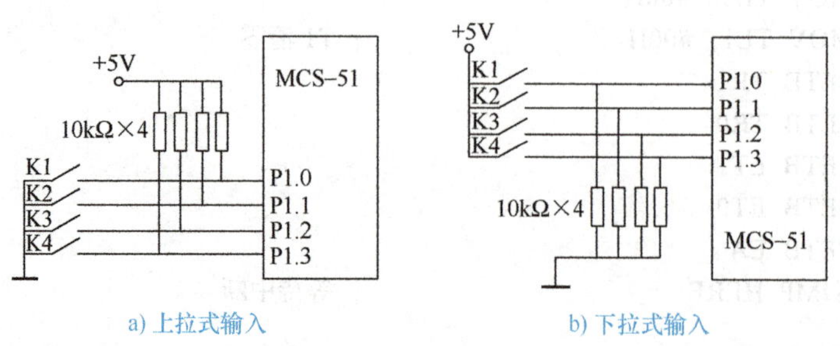

a) 上拉式输入　　b) 下拉式输入

图 7-44　简单开关量输入电路

2. 输入信号调理电路

输入信号调理电路如图 7-45 所示。由于长线传输、电路和空间等干扰的原因，输入信号常常夹杂着干扰信号，这些干扰信号有时可能会使输入信号出错。图中 R1、C1 组成低通滤波器以抗高频干扰，二极管 D1 用于防止反极性信号，稳压二极管 D2 用于将瞬态尖峰干扰钳位在安全电平，串入限流电阻 R2 的作用是在高压输入时起保护作用。

3. 防抖动输入电路

若开关量输入信号是一个机械开关或继电器触点，那么当其闭合或释放时，常常会发生抖动现象，因此输入信号的前沿和后沿常常是非稳定信号。

解决开关抖动问题有两种方法，一是采用软件方法，编写延时子程序进行消抖，延时时间因抖动时间不同而不同，一般为 10 ～ 15ms；二是采用如图 7-46 所示的 RS 触发器形式的双向消抖电路。当按键 K 未按下时，RS 触发器的输入端 A 为低、D 为高，则输出为高电平；当按键 K按下并出现第一个脉冲抖动信号使 RS 触发器翻转时，C 端处于低电平状态，只要按键 K 没有回弹使 A 端为低，则第一个脉冲消失后 RS 触发器仍保持原状态，以后的抖动所引起的几个脉冲信号对 RS 触发器的状态无影响。这样，RS 触发器就消除了抖动。

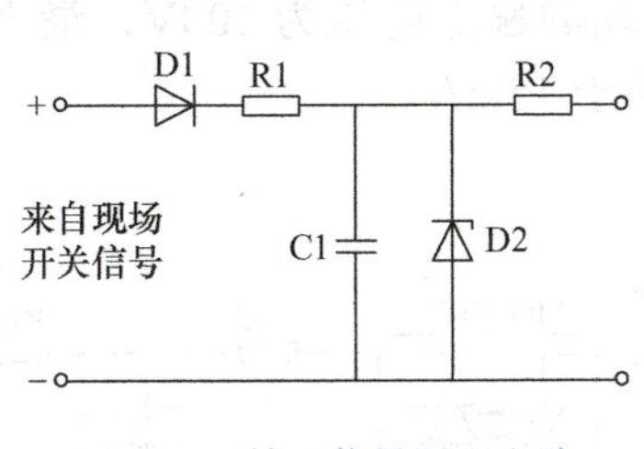

图 7-45　输入信号调理电路

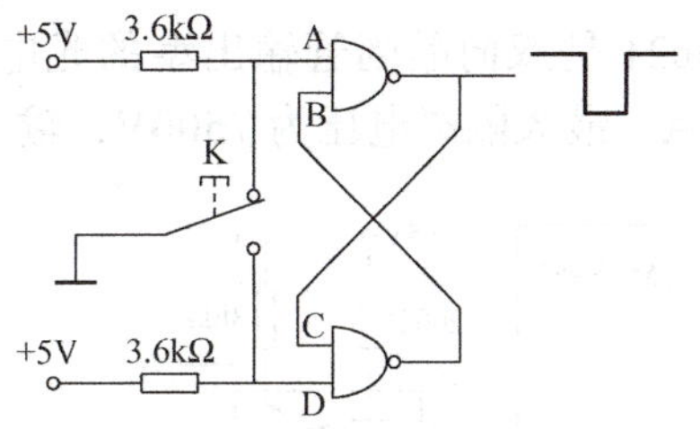

图 7-46　消抖电路

4. 隔离及电平转换

以上几种电路适用于小功率输入场合。在大功率系统中，常常需要从电磁离合等大功率器件的接点采集信号。在这种情况下为了使接点工作可靠，接点两端至少要加 24V 以上的直流电压。因为直流信号响应速度快，不易产生干扰，电路又简单，故被广泛采用。但是这种电路由于所带电压高，因此在高压电路与低压电路之间，常常采用光电耦合器进行隔离，如图 7-47 所示。

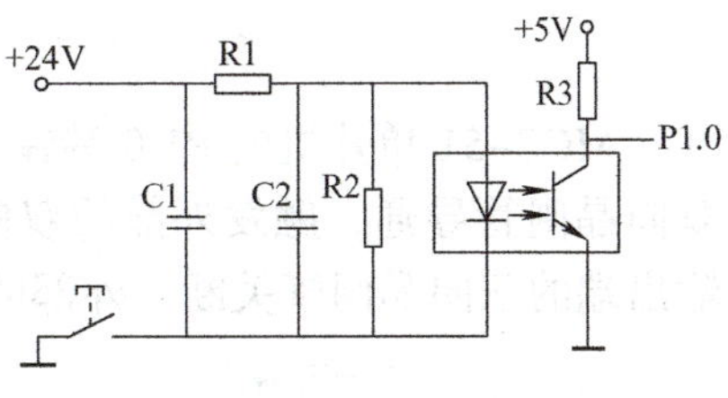

图 7-47　光电耦合器隔离及电平转换输入电路

7.6.2　开关量输出通道

在工业过程控制系统中，对被控设备的驱动常采用模拟量输出控制和开关量输出控制两种方式。其中模拟量输出控制是指其输出的信号（电压、电流）可变，根据控制算法使设备在零到满负荷之间运行，在一定的时间 T 内输出所需的能量 P；开关量输出控制则是通过控制设备处于“开”或“关”状态的时间来达到运行控制目的。若根据控制算法，

同样要在 T 时间内输出能量 P，则可控制设备满负荷工作时间 t，即采用脉宽调制的方法，也可达到相同的要求。由于采用数字电路和计算机技术，对时间控制可以达到很高的精度，因此开关量输出控制的应用已越来越广泛。在许多应用场合，开关量输出控制的控制精度比一般的模拟量输出控制要高，而且利用开关量输出控制往往无须改动硬件，只需改变程序就可适用于不同的控制场合。

1. 光电耦合输出

光电耦合器是把发光器件和光敏器件组装在一起，通过光线实现耦合，构成电－光－电的转换器件。由于输出与输入之间没有直接的电气联系，信号传输是通过光耦合实现的，因此可应用于信号隔离、开关电路、逻辑电路、长线传输、高压控制和电平变换等。

图 7-48 是使用 4N25 的光电耦合接口电路，主要用于信号隔离。当 P1.0 输出为低电平时，经 7407 驱动后，发光二极管有电流通过并发光，使得光电晶体管导通，V_O 输出为“0”；当 P1.0 输出为高电平时，光电晶体管截止，V_O 输出为“1”。

需要注意的是单片机系统的接地与光电隔离器输出部分的接地不能共地，两者的电源也必须单独供电，这样才能起到电气上隔离的作用。

图 7-49 是使用 MOC3021 光电耦合器触发双向晶闸管连接电阻性负载的接口电路。MOC3021 是双向晶闸管输出型的光电耦合器，输出端的额定电压为 400V，最大输出电流为 1A，最大隔离电压为 7500V，输入端控制电流小于 15mA。

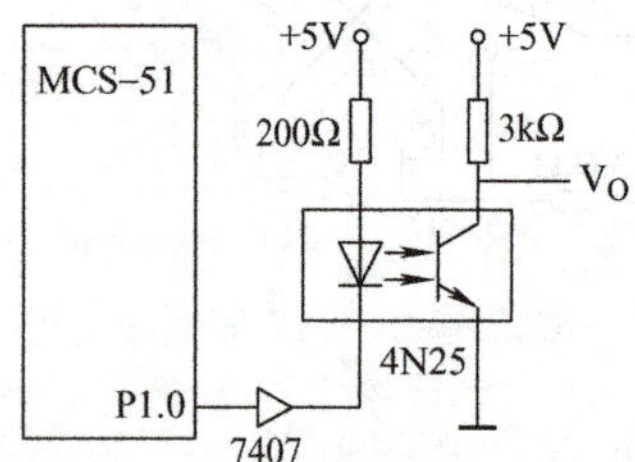

图 7-48　光电耦合接口电路

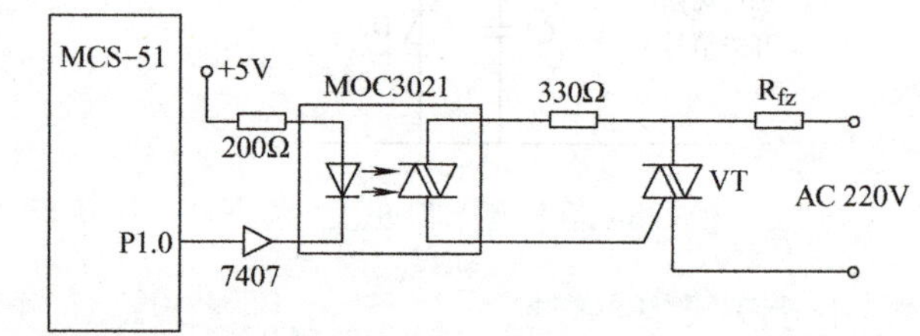

图 7-49　触发双向晶闸管连接电阻性负载的接口电路

MCS-51 单片机的 P1.0 端输出低电平时，MOC3021 的输入端有电流输入，输出端的双向晶闸管导通，触发外部的双向晶闸管 VT 导通；当 P1.0 端输出高电平时，MOC3021 输出端的双向晶闸管关断，外部的双向晶闸管 VT 也关断。

2. 电磁继电器输出

继电器是电气控制中常用的控制器件，它实际上是用较小的电流去控制较大电流的一种“自动开关”，因此在电路中起着自动调节、安全保护、转换电路等作用。电磁继电器（EMR）一般由通电线圈和触点（常开或常闭）构成。当线圈通电时，由于磁场的作用，使得常开触点闭合以及常闭触点断开，而触点输出部分可以直接与高电压连接，控制执行机构动作。

图 7-50 是电磁继电器常用的接口电路，适用于继电器线圈工作电流小于 300mA 的场合。继电器由晶体管 9013 驱动，9013 可以提供 300mA 的驱动电流，V_c 的电压范围是 6～30V。继电器的动作由 MCS-51 单片机的 P1.0 端控制，P1.0 输出低电平时，继电器

J 吸合；P1.0 输出高电平时，继电器 J 释放。采用这种控制逻辑可以使单片机在复位时，继电器不吸合。

二极管 D 的作用是保护晶体管 T。当继电器 J 吸合时，二极管 D 截止，不影响电路工作。当继电器 J 释放时，由于继电器线圈存在电感，此时晶体管 T 已经截止，所以会在线圈的两端产生较高的感应电压。这个感应电压的极性是上负下正，正端接在晶体管 T 的集电极上，当感应电压与 V_C 之和大于晶体管 T 的集电结反向耐压值时，晶体管 T 就有可能损坏。加入二极管 D 后，继电器线圈产生的感应电流由二极管 D 流过，因此不会产生很高的感应电压，晶体管 T 得到了保护。

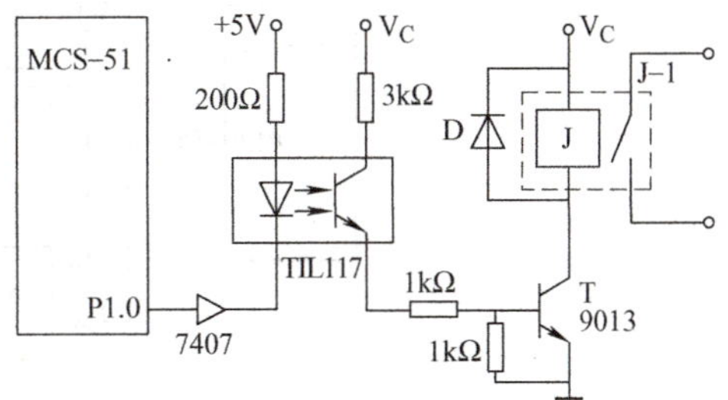

图 7-50　电磁继电器接口电路

3. 固态继电器输出

固态继电器（SSR）与电磁继电器相比，是一种没有机械运动，不含运动部件，全部由固态电子元件组成的无触点继电器，但它具有与电磁继电器本质上相同的功能。它利用电子元器件的电、磁和光特性来完成输入与输出的可靠隔离，主要由输入（控制）电路，驱动电路和输出（负载）电路三部分组成。

1）输入电路为输入控制信号提供一个回路，使之成为固态继电器的触发信号源。固态继电器的输入电路多为直流输入，个别型号为交流输入。

2）驱动电路主要包括隔离耦合电路、功能电路和触发电路三部分。隔离耦合电路目前多采用光电耦合器和高频变压器两种电路形式。常用的光电耦合器有发光二极管 - 三极管、双向可控硅、二极管阵列等。高频变压器耦合，是在一定的输入电压下，形成约 10MHz 的自激振荡，通过变压器磁心将高频信号传递到变压器二次侧。功能电路是指检波整流、过零、加速、保护、显示等各种功能电路。触发电路的作用是给输出器件提供触发信号。

3）输出电路的作用是在触发信号的控制下，实现固态继电器的通断切换。输出电路主要由输出器件（芯片）和起瞬态抑制作用的吸收回路组成，有时还包括反馈电路。目前，各种固态继电器使用的输出器件主要有晶体管、单向晶闸管、双向晶闸管、MOS 场效应管（MOSFET）、绝缘栅型双极晶体管（IGBT）等。

固态继电器通常是一种四端器件，有两个输入端、两个输出端。输入端接控制信号，输出端与负载、电源串联。根据结构形式，固态继电器可分为直流和交流两种类型。

直流型主要用于直流大功率驱动场合，如直流电机、直流步进电机和电磁阀等设备的控制。图 7-51 所示为直流固态继电器的典型接口电路，此处连接的是电感性负载，对于一般电阻性负载，可直接连接负载设备。

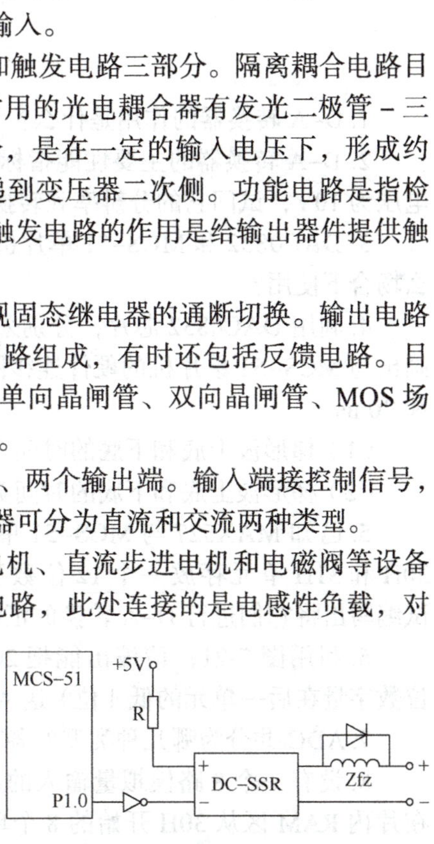

交流型有过零触发和非过零触发两种类型，主要用于交流大功率驱动场合，如交流电机、交流电磁阀控制等。图 7-52 所示为利用交流固态继电器控制单相交流电机正反转电路，由 R_P、C_P 组成浪涌电压吸收回路，R_M 为压敏电阻用于抑制瞬态过压。

图 7-51　直流固态继电器典型接口电路

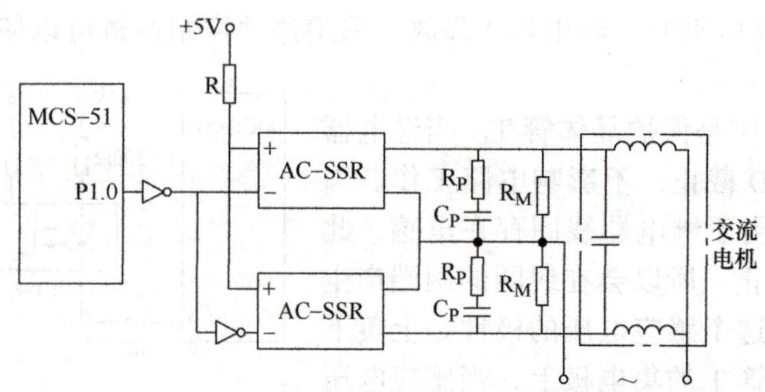

图 7-52　SSR 控制单相交流电机正反转电路

与传统的电磁继电器相比，固态继电器具有输入功率小、开关速度快、对外界干扰小、寿命长、结构简单、重量轻和性能可靠等优点。但是它也具有一些弱点，如固态“触点”导通时有一定的压降，断开时存在一定的漏电流；易受到温度和辐射的影响；体积比较大，价格昂贵，对功率负载还要加装散热片，进一步增加了空间与成本；实现多组和多组转换较为困难。这些弱点的存在，使得固态继电器的应用在一些方面受到限制。因而，固态继电器和电磁继电器一直以来长期共存，互为补充、结合发展，以各自独特的优点，在其最适合的领域内得到广泛的应用。

习　题

1. D-A 转换器的作用是什么？ A-D 转换器的作用是什么？各在什么场合下使用？

2. D-A 转换器的主要性能指标有哪些？设某 DAC 为二进制 14 位，满量程模拟输出电压为 10V，试问它的分辨率和转换精度各为多少？

3. DAC0832 和 MCS-51 单片机接口时有哪三种工作方式？各有什么特点？适合在什么场合下使用？

4. 利用 DAC0832 芯片，分别采用单缓冲和双缓冲方式，编制产生梯形波的程序，并画出与 MCS-51 单片机的硬件连接图。要求梯形波的上底和下底的时间宽度分别为 10ms 和 20ms：

（1）梯形波上底和下底的时间宽度由延时子程序产生；

（2）梯形波上底和下底的时间宽度由 MCS-51 单片机的定时器产生。

5. 已知 MAX527 与 MCS-51 单片机连接如图 7-18 所示，假设单片机片内 RAM 的 30H 和 31H 单元存放一个 12 位数字量（30H 单元中为高 4 位，31H 单元中为低 8 位），试编写出将它们进行 D-A 转换的汇编程序。

6. 利用图 7-21，请编出能把 20H 开始的 10 个数据（高 8 位数字在前一单元，低 4 位数字量在后一单元的低 4 位）送 AD7543 转换的程序。

7. ADC 共分为哪几种类型？各有什么特点？

8. 设有一个 8 路模拟量输入的巡回检测系统，使用中断方式采样数据，并依次存放在片内 RAM 区从 30H 开始的 8 个单元中。试编写采集一遍数据的主程序和中断服务程序，并画出系统硬件连接图。

9. 利用图 7-25 编出每 10s 连续采集 8 次 IN5 通道上的模拟信号，并把采集的数字量经过均值滤波后存入内部 RAM 50H 单元的程序。

10. 设计接口电路，将 MAX187 连接到 MCS-51 单片机的串行口。单片机的串行口工作于方式 0，编写程序实现将 12 位 A-D 转换结果存入内部 RAM 20H 和 21H 单元。设 21H 的低 4 位存放 12 位数字量的高 4 位。

11. 在 MCS-51 单片机系统中，开关量输入通道和开关量输出通道各有什么作用?

12. 试简述常见的开关量输入 / 输出接口电路。

第 8 章 数字控制器设计

8.1 概述

在计算机控制系统中，计算机代替了传统的模拟调节器，成为系统的数字控制器。它可以通过执行按照一定算法编写的程序，实现对被控对象的调节和控制。由于控制系统中的被控对象一般多为模拟装置，具有连续的特性，而计算机却是一类数字装置，具有离散的特性，因此计算机控制系统是一个既有连续部分、又有离散部分的混合系统。

计算机控制系统的设计，就是在已知被控对象的前提下，根据给定的性能指标设计出数字控制器，以满足系统对稳态和动态的性能要求。数字控制器通常采用两种等效的设计方法。一种方法是在一定的条件下，将计算机控制系统近似地看成是一个连续变化的模拟系统，采用模拟系统的理论和方法进行分析与设计，得到模拟控制器，然后再将模拟控制器进行离散化，得到数字控制器。这种设计方法称为模拟化设计方法，或连续化设计方法。另一种方法是假定对象本身就是离散化模型或者是用离散化模型表示的连续对象，再把计算机控制系统经过适当的变换，变成纯粹的离散系统，然后以 Z 变换为工具进行分析与设计，这种方法称为离散化设计方法，也叫直接设计法。

8.2 数字 PID 控制器

PID 控制是 Proportional（比例）、Integral（积分）、Differential（微分）三者的缩写，由于其技术成熟、算法简单、结构改变灵活，并且不要求被控对象的数学模型，故已成为工业过程控制系统应用最为广泛的一种控制算法。特别是在计算机控制系统中，由于软件系统的多样性，使 PID 控制更加灵活，更能满足生产过程的控制要求。

本节将主要介绍数字 PID 控制算法的设计、改进及其参数整定方法。

8.2.1 PID 控制器的数字化实现

PID 调节的实质是根据输入的偏差值，按照比例、积分、微分的函数关系进行运算，其运算结果用于控制输出，如图 8-1 所示。在实际应用中，根据具体情况可以灵活地改变 PID 的结构，取其一部分进行控制，如 P、PI、PD 等。

由图 8-1 可见，模拟 PID 控制器的传递函数为

$$D(s)=\frac{U(s)}{E(s)}=K_{P}\left(1+\frac{1}{T_{I}s}+T_{D}s\right) \tag{8-1}$$

由式（8-1）得

$$U(s)=K_{P}[E(s)+\frac{E(s)}{T_{I}s}+T_{D}sE(s)] \tag{8-2}$$

因此，在连续控制系统中，PID 控制算法的模拟表达式为

$$u(t)=K_{P}\left[e(t)+\frac{1}{T_{I}}\int_{0}^{t}e(\tau)\mathrm{d}\tau+T_{D}\frac{\mathrm{d}e(t)}{\mathrm{d}t}\right]+u_{0} \tag{8-3}$$

式中，$u(t)$ 为控制器的输出信号；$e(t)$ 为控制器的偏差信号，它等于给定值与测量值之差；K_P 为控制器的比例系数；T_I 为控制器的积分时间常数；T_D 为控制器的微分时间常数；u_0 为控制常量，即 t=0 时的输出值，对于绝大多数系统，u_0=0。

式（8-2）和式（8-3）所表示的控制器的输入函数和输出函数均为模拟量。由于计算机控制是一种采样控制，它只能根据采样时刻的偏差来计算控制量。因此，为了利用计算机对它进行计算，必须对式（8-3）进行离散化处理，用数字形式的差分方程代替连续系统的微分方程。

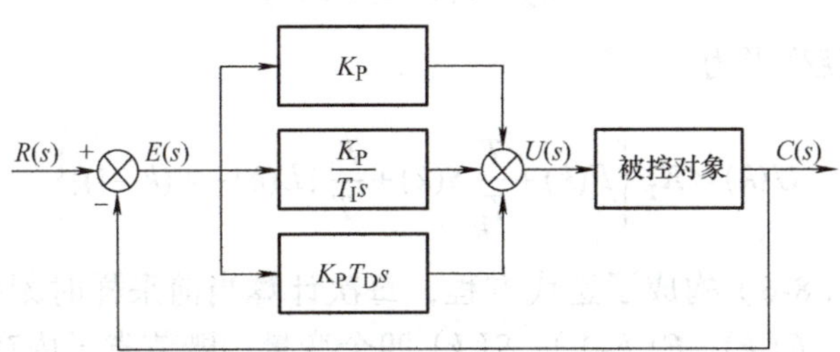

图 8-1　PID 控制系统框图

1. 位置型数字 PID 控制算式

取 T 为采样周期，k 为采样序号，k=0，1，2，…。用一系列采样时刻 kT 代替连续时间 t，以增量代替微分，并以后向差分的形式表示，对积分项也以增量代替，并以矩形积分的形式表示，即

$$u(t)=U(kT)$$

$$e(t)=E(kT)$$

$$\int_{0}^{t}e(\tau)\mathrm{d}\tau\approx\sum_{j=0}^{k}E(jT)\Delta t=T\sum_{j=0}^{k}E(jT)$$

$$\frac{\mathrm{d}e(t)}{\mathrm{d}t}\approx\frac{E(kT)-E((k-1)T)}{\Delta t}=\frac{E(kT)-E[(k-1)T]}{T}$$

为了书写简便，可省去 T，用 $U(k)$ 表示 $U(kT)$，用 $E(k)$ 表示 $E(kT)$。则式（8-3）

可以写成如下的离散 PID 表达式：

$$U(k)=K_{\mathrm{P}}\{E(k)+\frac{T}{T_{\mathrm{I}}}\sum_{j=0}^{k}E(j)+\frac{T_{\mathrm{D}}}{T}[E(k)-E(k-1)]\} \tag{8-4}$$

式（8-4）的输出量是全量输出，代表每次采样时刻被控对象的执行机构（如调节阀）应达到的位置，因此式（8-4）被称为位置型数字 PID 控制算式。

由式（8-4）可以看出，要想计算 $U(k)$，不仅需要本次与上次采样时刻的偏差信号 $E(k)$ 和 $E(k-1)$，而且还要对历次采样时刻的偏差信号 $E(j)$ 进行累加，即 $\sum_{j=0}^{k}E(j)$，这样不仅计算繁琐，而且为保存 $E(j)$ 还要占用很多内存单元，并且可能是无法实现的。因此，需对式（8-4）进行改进，通常所采用的改进方法有两种。

第一种方法是引入一个中间变量 $S(k)$

$$S(k)=\sum_{j=0}^{k}E(j)$$

在初态时，$S(0)=0$。每采样计算一次，就把上次的 $S(k)$ 加上本次偏差值，即执行

$$S(k)=S(k-1)+E(k) \tag{8-5}$$

因此式（8-4）就变形为

$$U(k)=K_{\mathrm{P}}\left\{E(k)+\frac{T}{T_{\mathrm{I}}}S(k)+\frac{T_{\mathrm{D}}}{T}[E(k)-E(k-1)]\right\} \tag{8-6}$$

式（8-5）和式（8-6）构成了迭代方程，每次计算当前采样时刻的控制量 $U(k)$ 时，只需要使用 $S(k-1)$，$E(k)$，$E(k-1)$，$S(k)$ 四个变量，既节省了内存单元，又不需要花费大量的计算时间。

第二种方法是根据递推原理，先写出 $k-1$ 时刻的输出值

$$U(k-1)=K_{\mathrm{P}}\left\{E(k-1)+\frac{T}{T_{\mathrm{I}}}\sum_{j=0}^{k-1}E(j)+\frac{T_{\mathrm{D}}}{T}[E(k-1)-E(k-2)]\right\} \tag{8-7}$$

用式（8-4）减去式（8-7），整理后可得

$$U(k)=U(k-1)+K_{\mathrm{P}}\left\{[E(k)-E(k-1)]+\frac{T}{T_{\mathrm{I}}}E(k)+\frac{T_{\mathrm{D}}}{T}[E(k)-2E(k-1)+E(k-2)]\right\} \tag{8-8}$$

式（8-8）是一类递推方程，每次计算当前采样时刻的控制量 $U(k)$ 时，只需使用 $U(k-1)$，$E(k)$，$E(k-1)$，$E(k-2)$，同样可节省内存和计算时间。

为了进一步方便计算机编程计算，可对式（8-8）进行变换，得

$$U(k)=U(k-1)+K_{\mathrm{P}}\left(1+\frac{T}{T_{\mathrm{I}}}+\frac{T_{\mathrm{D}}}{T}\right)E(k)-K_{\mathrm{P}}\left(1+2\frac{T_{\mathrm{D}}}{T}\right)E(k-1)+K_{\mathrm{P}}\frac{T_{\mathrm{D}}}{T}E(k-2) \tag{8-9}$$

由于 K_P，T_I，T_D，T 都是常数，因此设

$$\alpha_0 = K_P\left(1+\frac{T}{T_I}+\frac{T_D}{T}\right)$$

$$\alpha_1 = K_P\left(1+2\frac{T_D}{T}\right)$$

$$\alpha_2 = K_P\frac{T_D}{T}$$

可得

$$U(k) = U(k-1)+\alpha_0 E(k)-\alpha_1 E(k-1)+\alpha_2 E(k-2) \tag{8-10}$$

α_0，α_1 和 α_2 可在编程时预先计算完毕，这样按式（8-10）进行运算，可方便计算机编程，加快运算速度。

2. 增量型数字 PID 控制算式

在很多控制系统中，由于执行机构本身具有累加或记忆功能，即积分保持作用，如步进电机或多圈电位器等。所以在进行控制时，只要给一个增量信号使执行机构在原来位置上前进或后退一步即可。因此，需要控制器给出如下增量：

$$\Delta U(k) = U(k)-U(k-1)$$

由式（8-8）、式（8-9）和式（8-10）可得

$$\begin{aligned}\Delta U(k) &= U(k)-U(k-1)\\ &= K_P\left\{[E(k)-E(k-1)]+\frac{T}{T_I}E(k)+\frac{T_D}{T}[E(k)-2E(k-1)+E(k-2)]\right\}\\ &= K_P\left(1+\frac{T}{T_I}+\frac{T_D}{T}\right)E(k)-K_P\left(1+2\frac{T_D}{T}\right)E(k-1)+K_P\frac{T_D}{T}E(k-2)\\ &= \alpha_0 E(k)-\alpha_1 E(k-1)+\alpha_2 E(k-2)\end{aligned} \tag{8-11}$$

式（8-11）称为增量型数字 PID 控制算式，它适用于系统输出执行机构为积分元件的情况。

3. 位置型和增量型的比较

增量型 PID 算法只需保持当前时刻以前三个时刻的误差即可，它与位置型 PID 算法相比，具有下列优缺点：

1）位置型 PID 算法每次输出都与过去所有的状态相关，计算式中要用到历史误差的累加值。因此，容易产生较大的累积计算误差。而增量型 PID 只需计算增量，计算误差或精度不足时对控制量计算的影响较小，所以误动作的影响也比较小。

2）控制从手动切换到自动时，位置型 PID 算法必须先将计算机的输出值置为阀门原始开度，即 $U(k\text{–}1)$，才能保证无冲击切换，这将给程序设计带来困难。若采用增量算法，由于执行机构本身具有保持作用，因此与原始开度无关，只与本次的偏差值有关，易

于实现手动到自动的无冲击切换。

3）位置型 PID 算法需要不断地对积分项进行累加，由于执行机构的限制和积分项的存在，容易引起 PID 运算的饱和，即积分饱和，使超调量和调整时间增加，甚至会使系统产生积分失控。而增量型 PID 算法中无累加项，即使偏差长期存在，输出 $\Delta U(k)$ 一次次积累，最终也可使执行机构到达极限位置，但只要偏差 $E(k)$ 换向，$\Delta U(k)$ 也会立即变号，从而使输出脱离饱和状态，不会产生积分失控，所以容易获得较好的调节品质。

增量型 PID 控制算法因其特有的优点已得到了广泛的应用。但是，这种控制算法也有其不足之处，如积分截断效应大、存在静态误差、不能做到无差控制等。

在实际应用中，应根据被控对象的实际情况加以选择。一般认为，在以晶闸管或伺服电机作为执行器件，或对控制精度要求较高的系统中，应当采用位置型算法；而在以步进电机或多圈电位器作为执行器件的系统中，则应采用增量型算法。

8.2.2 数字 PID 控制算法的几种改进形式

如果单纯采用前面介绍的标准数字 PID 控制器模仿模拟控制器，那么其实际控制效果并不理想。主要原因如下：

1）数字 PID 控制器在输出保持的作用下，输出的控制量在一个采样周期内是不变的，即具有输出的不连续性。

2）计算机的运算和输入 / 输出都需要一定的时间，控制作用在时间上具有滞后性。

3）计算机的运算字长是有限的，并且 A–D 和 D–A 转换器存在分辨率及精度的影响，从而使得控制的误差不可避免。

基于以上因素，必须要发挥计算机运算速度快、逻辑判断功能强、编程灵活等优势，对标准数字 PID 控制算法进行适当的改进，才能在控制性能上超过模拟控制器，提高控制质量。

1. 抑制积分饱和的 PID 控制算法

（1）积分饱和的原因及其影响　在一个实际的控制系统中，因受电路或执行元件的物理和机械性能的约束（如放大器的饱和、电机的最大转速、阀门的最大开度等），控制量及其变化率往往被限制在一个有限的范围内。当计算机输出的控制量或其变化率在这个范围内时，控制可按预期的结果进行，一旦超出限制范围，则实际执行的控制量就不再是计算值，而是系统执行机构的饱和临界值，导致出现不希望的饱和效应。

如系统在开工、停工或给定值突变等情况下，由于负载的突变，系统输出会出现较大的偏差。这种较大的偏差不可能在短时间内消除，经过积分项积累后，可能会使控制量 $U(k)$ 很大，甚至超过执行机构由机械或物理性能所决定的极限，即 $U(k)>U_{max}$。当负偏差的绝对值较大时，也会出现 $U(k)<U_{min}$ 的另一种极端情况。显然，当 $U(k)>U_{max}$ 或 $U(k)<U_{min}$ 时，控制量并不能真正取得计算值，而只能取 U_{max}（或 U_{min}），所以控制作用必然不及应有的计算值理想，从而影响控制效果。下面以给定值突变为例说明。

当给定值从 0 突变为 R 时，首先假设执行机构不存在极限，那么当有 R 突变量时，便产生很大的偏差 e，从而使控制量很大，输出量 c 因此很快上升。然而在相当一段时间内，由于 e 保持较大，因此控制量 u 保持上升。只有当 e 减小到某个值后，u 才不再增加，然后开始下降。当 c 等于 R 时，由于控制作用 u 很大，所以输出量继续上升，使输出量出现超调，e 变负，于是使积分项减少，u 因此下降较快。当 c 下降到小于 R 时，偏差又变正，于是 u 又有所回升。之后，由于 c 趋向稳定，因此 u 趋向于 u_0。但 u 是存在极限值 U_{max} 的，因此当给定值突变时，u 只能取 U_{max}。在 U_{max} 的作用下，系统输出将上升，但上升速度不及在计算值 u 作用下迅速，从而使得 e 在较长时间内保持较大的正值，于是又使积分项有较大的积累值。当输出达到给定值后，控制作用使它继续上升。之后 e 变负，积分项的累加和不断减小，可是由于前面积累得太多，只有经过相当长的时间 τ 后，才可能使 $u<U_{max}$，从而使系统回到正常的控制状态。

可见，主要是由于积分项的存在，引起了 PID 运算的“饱和”，因此这种“饱和”称为“积分饱和”。积分饱和增加了系统的调整时间和超调量，称为“饱和效应”，对控制系统显然是不利的。

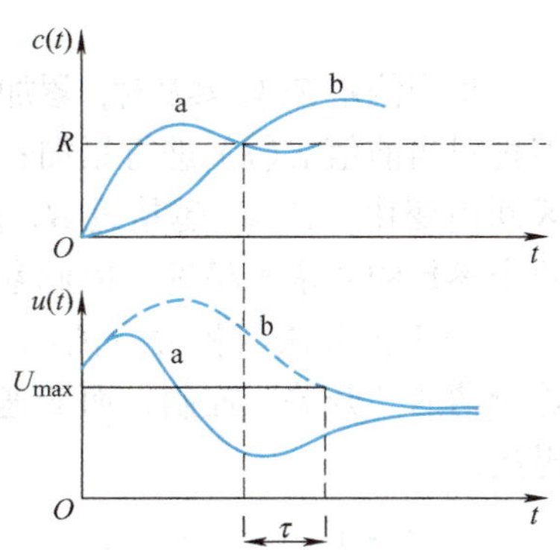

图 8-2　PID 算法的积分饱和现象

图 8-2 中，曲线 a 是执行机构不存在极限时的输出响应 $c(t)$ 和控制作用 $u(t)$；曲线 b 是存在 U_{max} 时对应的曲线，$u(t)$ 的虚线部分是 u 的计算值。

（2）积分饱和的抑制　目前，有许多克服积分饱和的方法，下面介绍常用的三种方法：

1）积分分离法。它的基本思想是当误差太大时，取消积分作用，当输出量接近给定值时，再加入积分作用，以减少静差，即

$$U(k)=K_{\mathrm{P}}\left\{E(k)+K_{\mathrm{e}}\frac{T}{T_{\mathrm{I}}}\sum_{j=0}^{k}E(j)+\frac{T_{\mathrm{D}}}{T}[E(k)-E(k-1)]\right\} \tag{8-12}$$

式中，K_e 为逻辑系数

$$K_{\mathrm{e}}=\begin{cases}0 & \text{当 } |E(k)|\geqslant\varepsilon \text{ 时，PD控制，无积分积累}\\ 1 & \text{当 } |E(k)|<\varepsilon \text{ 时，PID控制，消除静差}\end{cases}$$

ε 作为门限值，其值的选取对克服积分饱和具有重要的影响，一般通过实验整定。

引入积分分离后，控制量不易进入饱和区，即使进入了也能很快退出，使系统的输出特性与单纯的 PID 控制相比有所改善。

2）遇限削弱法。它的基本思想是当控制量进入饱和区后，只执行削弱积分项的累加，而不进行增大积分项的累加。它在计算 $U(k)$ 时，先判断 $U(k-1)$ 是否超过 U_{max} 或 U_{min} 的界限值，若已超过 U_{max} 则只累计负偏差，若小于 U_{min} 则只累计正偏差。这种方法可减小系统处于饱和区的时间。

3）变速积分法。它的基本思想是改变积分项的累加速度，使其与偏差的大小相对应，即偏差越大，积分越慢，以致减弱到全无；偏差越小，积分越快，以利于消除静差。

为此，可设置一个参数 $f[E(k)]$，它是 $E(k)$ 的函数，当 $|E(k)|$ 增大时，$f[E(k)]$ 减小，反之则增大。每次采样后，先根据 $E(k)$ 的大小求取 $f[E(k)]$，然后乘以 $E(k)$，再加到累加和中。将式（8-4）中的积分算式单独取出并设为 $U_{\mathrm{I}}(k)$，整理后可得

$$U_{\rm I}(k)=K_{\rm P}\frac{T}{T_{\rm I}}\left\{\sum_{j=0}^{k-1}E(j)+f[E(k)]E(k)\right\} \tag{8-13}$$

$f[E(k)]$ 和 $E(k)$ 的关系可以是线性或高阶的，如可设为

$$f\left[\left|E(k)\right|\right]=\begin{cases}1 & ,\left|E(k)\right|\leqslant B\\ \dfrac{A-\left|E(k)\right|+B}{A} & ,B<\left|E(k)\right|\leqslant A+B\\ 0 & ,\left|E(k)\right|>A+B\end{cases}$$

即当偏差 $E(k)\leqslant B$ 时，累加速度达到最大值 1；当 $|E(k)|>(A+B)$ 后，$f[E(k)]=0$，不再对当前值 $E(k)$ 进行累加；而当 $B<|E(k)|\leqslant(A+B)$ 时，$f[E(k)]$ 在 0～1 的区间内变化，$E(k)$ 越接近 B，$f[E(k)]$ 越接近 1，累加速度就越快。这种算法对 A、B 两个参数的要求不精确，因此参数整定时较为容易。

变速积分法与积分分离法有相似之处，但调节方式不同。积分分离对积分项采用的是所谓的“开关”控制，而变速积分则是缓慢变化，属线性控制。因此后者调节品质大大提高。

2. 抑制微分冲击的 PID 控制算法

（1）微分冲击的原因及其影响　微分作用有助于减小超调，克服振荡，使系统趋于稳定，同时加快系统的动作速度，减小调整时间，有利于改善系统的动态特性。但当给定值频繁升降时，通过微分会造成控制量 u 的频繁升降，使系统产生剧烈的超调和振荡，对系统产生较大的冲击，即所谓的微分冲击。微分冲击可以使控制输出发生饱和，当系统受到高频噪声干扰时，甚至会使执行机构被卡死。

在模拟控制系统中，微分作用如式（8-14）所示，呈现一个指数规律曲线，能够在较长时间内起作用。

$$U_{\rm D}(t)=K_{\rm P}T_{\rm D}\frac{{\rm d}e(t)}{{\rm d}t} \tag{8-14}$$

在数字控制系统中，微分作用分析如下：

将式（8-4）中标准数字 PID 控制器中的微分算式单独取出，并设为 $U_{\rm D}(k)$，可得

$$U_{\rm D}(k)=K_{\rm P}\frac{T_{\rm D}}{T}[E(k)-E(k-1)] \tag{8-15}$$

对式（8-15）微分算式进行 Z 变换，根据实数位移定理得

$$U_{\rm D}(z)=K_{\rm P}\frac{T_{\rm D}}{T}E(z)(1-z^{-1}) \tag{8-16}$$

因此当 $e(t)$ 为单位阶跃信号输入时，即

$$E(z)=\frac{1}{1-z^{-1}}$$

由式（8-16）可得

$$U_D(z)=K_P\frac{T_D}{T} \tag{8-17}$$

Z 反变换后得

$$U_D(t)=K_P\frac{T_D}{T}\delta(t) \tag{8-18}$$

即 $U_D(t)$ 仅在 t=0 时，输出等于 $K_P\frac{T_D}{T}$，在其他采样时刻输出均为 0。可见，对于单位阶跃输入，标准数字 PID 控制器的微分作用仅在第一个采样周期存在，以后再无作用。

（2）微分作用的改进　为了克服数字控制系统微分冲击的影响，不但可采用不完全微分 PID 控制算法，还可采用微分先行 PID 控制算法。现分述如下：

1）不完全微分 PID 算法。其基本思想是仿照模拟控制器的实际微分控制器，加入惯性环节，以克服完全微分的缺点。该算法的传递函数表达式为

$$\frac{U(s)}{E(s)}=K_P\left(1+\frac{1}{T_I s}+\frac{T_D s}{1+\frac{T_D}{K_D}s}\right) \tag{8-19}$$

式中，K_D 称为微分增益。

设加入一阶惯性环节的微分作用的传递函数为

$$\frac{U_D(s)}{E(s)}=K_P\frac{T_D s}{1+\frac{T_D}{K_D}s} \tag{8-20}$$

交叉相乘后得

$$U_D(s)\left(1+\frac{T_D}{K_D}s\right)=K_P T_D s E(s)$$

则有

$$U_D(s)+\frac{T_D}{K_D}sU_D(s)=K_P T_D s E(s)$$

$$U_D(k)+\frac{T_D}{K_D}\frac{U_D(k)-U_D(k-1)}{T}=K_P T_D\frac{E(k)-E(k-1)}{T}$$

$$U_D(k)\left(1+\frac{T_D}{K_D T}\right)=K_P T_D\frac{E(k)-E(k-1)}{T}+\frac{T_D U_D(k-1)}{K_D T}$$

$$U_D(k)=\frac{K_P T_D}{T\left(1+\frac{T_D}{K_D}s\right)}[E(k)-E(k-1)]+\frac{T_D}{K_D T\left(1+\frac{T_D}{K_D}s\right)}U_D(k-1)$$

$$=K_P\frac{T_D}{T_S}[E(k)-E(k-1)]+\alpha U_D(k-1) \tag{8-21}$$

式中，$T_S = \frac{T_D}{K_D} + T$，$\alpha = \frac{T_D / K_D}{T + T_D / K_D}$。

因此，不完全微分的 PID 位置算式为

$$U(k) = K_P \left\{ E(k) + \frac{T}{T_I} \sum_{j=0}^{k} E(j) + \frac{T_D}{T_S} [E(k) - E(k-1)] \right\} + \alpha U_D(k-1) \tag{8-22}$$

它与理想的 PID 算式相比，多了一项（k-1）次采样的微分输出量 $\alpha U_D(k-1)$。

在单位阶跃信号作用下，完全微分与不完全微分两者的控制作用完全不同，其输出特性的差异如图 8-3 所示。

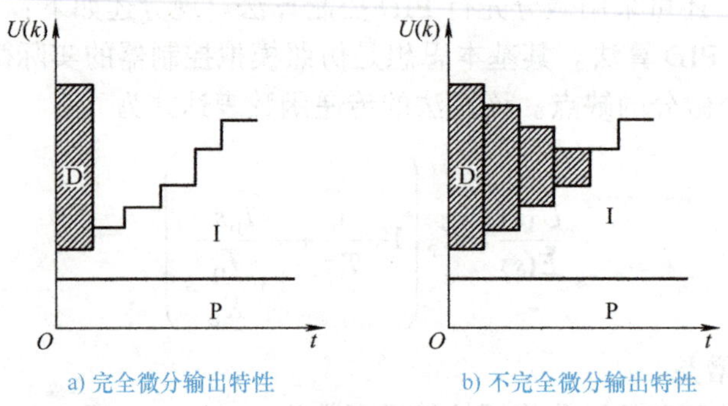

a) 完全微分输出特性　　b) 不完全微分输出特性

图 8-3　两种微分作用的比较

由于完全微分对阶跃作用会产生一个幅度很大的输出信号，并且在一个控制周期内急剧下降为零，信号变化剧烈，因而容易引起系统振荡；而在不完全微分的 PID 控制中，其微分作用按指数规律逐渐衰减到零，可以延续多个控制周期，使得系统变化比较缓慢，故不易引起振荡。其延续时间的长短与 K_D 的选取有关，K_D 越大延续时间越短，K_D 越小延续时间越长，一般 K_D 取 10 ～ 30。从改善系统动态性能的角度看，不完全微分的 PID 算式控制效果更好。

2）微分先行 PID 算法。其基本思想是在标准数字 PID 控制算法中，加入一个一阶惯性环节构成微分先行数字控制器（前置低通滤波器），对 $e(t)$ 进行修改，使进入控制算法的 $e^*(t)$ 不突变，而是有一定惯性延迟的缓变量，可以平滑微分产生的瞬时脉动，减小干扰的影响，并且能加强微分对全控制过程的影响。

一阶惯性环节的传递函数为

$$G_f(s) = \frac{1}{T_f s + 1} \tag{8-23}$$

标准 PID 控制器的传递函数如式（8-1）所示，为

$$D(s) = \frac{U(s)}{E(s)} = K_P \left(1 + \frac{1}{T_I s} + T_D s \right)$$

则微分先行的 PID 控制器的传递函数为

$$D_f(s)=G_f(s)D(s)=\frac{1}{T_f s+1}K_P\left(1+\frac{1}{T_I s}+T_D s\right)=\frac{K_P(1+T_I s+T_I T_D s^2)}{T_I s(T_f s+1)} \tag{8-24}$$

设 $T_f=\alpha T_2$，$T_I=T_1+T_2$，$K_P=\dfrac{K_1(T_1+T_2)}{T_1}$，$T_D=\dfrac{T_1T_2}{T_1+T_2}$，可将式（8-24）化简为

$$D_f(s)=\frac{K_1(T_1+T_2)}{T_1}\frac{\left[1+(T_1+T_2)s+T_1T_2s^2\right]}{(T_1+T_2)s(\alpha T_2 s+1)}=\frac{K_1}{T_1}\frac{(T_1s+1)(T_2s+1)}{s(\alpha T_2s+1)}=\frac{(T_2s+1)}{(\alpha T_2s+1)}K_1\frac{(T_1s+1)}{T_1s}$$

最后可得式（8-25），即微分先行的 PID 控制器的传递函数 $D_f(s)$ 为

$$D_f(s)=\frac{T_2s+1}{\alpha T_2s+1}K_1\left(1+\frac{1}{T_1s}\right) \tag{8-25}$$

式（8-25）中，T_1 为实际积分时间；T_2 为实际微分时间；K_1 为放大系数；α 为微分放大系数。为了保证 PID 控制作用和高频滤波效果，通常取 $0<\alpha<1$，使用中常取 $\alpha=0.1$。

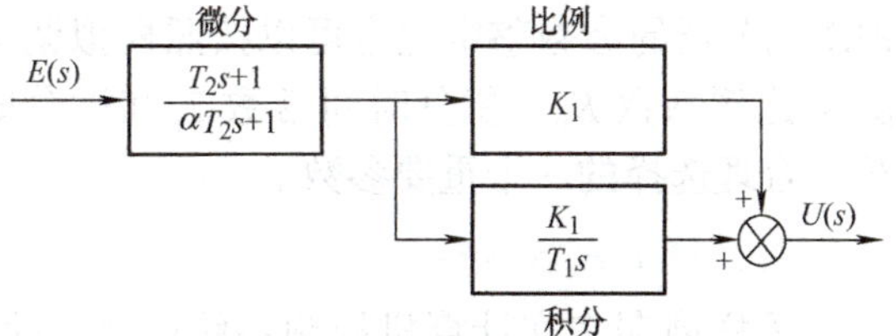

图 8-4　微分先行控制器框图

式（8-25）对应的框图如图 8-4 所示。图中的前置方块 $\dfrac{T_2s+1}{\alpha T_2s+1}$ 主要起微分作用，所以它称为微分先行 PID 控制。

按照前面介绍的不完全微分 PID 控制算法的推导方法，读者可自行推导它的差分方程。

3. 其他的 PID 改进控制算法

（1）避免控制动作过于频繁的 PID 算法——带死区的 PID 控制　在控制精度要求不高，控制过程要求尽量平稳的场合，例如化工厂中容器的液位控制，为了避免控制动作过于频繁及因此所引起的系统振荡，可采用带不灵敏区（死区）的 PID 控制算法，即

$$U(k)=\begin{cases}U(k), & |E(k)|>B\\ U_0\ , & |E(k)|\leqslant B\end{cases}$$

式中，U_0 是一个常数，也可以为 0，B 为不灵敏区的宽度，是一个可调参数，其数值根据被控对象由实验确定。B 值太小，系统调节阀动作过于频繁；B 值太大，调节阀动作过于迟缓；$B=0$，则为标准的数字 PID 算式。

（2）提高控制速度的 PID 算法——砰砰控制　砰砰（Bang–bang）控制是一种时间最优控制，又称快速控制法，它的输出只有开和关两种状态。在输出低于给定值时，控制为开状态（最大控制量），使输出量迅速增大。在输出预计将达到给定值的时刻，关闭控制输出，依靠系统惯性，使输出达到给定值。

它的优点是控制速度快，执行机构控制比较简单（只有开、关两种状态）。缺点是如果系统特性发生变化，控制将发生失误，从而产生大的误差，并使系统不稳定。因此，可

综合砰砰和 PID 两种控制方式，即根据偏差的大小，在砰砰和 PID 控制之间进行切换。

$$U(k)=\begin{cases}\text{砰砰控制}, & |E(k)|>\alpha \\ \text{PID控制}, & |E(k)|\leqslant\alpha\end{cases}$$

α 是一个可调参数，α 取得小，砰砰控制范围大，过渡过程时间短，但超调量可能变大；α 取得大，则情况相反。控制时，当 $|E(k)|>\alpha$ 时，控制量取与偏差同符号的最大值或最小值，因此当偏差较大时，该最大的控制量将使偏差迅速减小，可以使过渡过程加速。

8.2.3 PID 控制器的参数整定

在数字控制系统中，参数的整定是十分重要的，其好坏直接影响调节品质。由于一般的生产过程都具有较大的时间常数，而数字控制系统的采样周期则要小得多，因此数字 PID 调节器的参数整定完全可以按照模拟调节器的各种参数整定方法进行分析与综合。但除了比例系数 K_P、积分时间常数 T_I 和微分时间常数 T_D 外，采样周期 T 也是数字控制系统要合理选择的一个重要参数。

1. 采样周期的选择

采样周期 T 在计算机控制系统中是一个重要参量，必须根据具体情况来选择。由香农（Shannon）采样定理可知，当采样频率的上限为 $\omega_s\geqslant 2\omega_{max}$ 时，ω_{max} 是被采样信号的最高频率，系统可真实地恢复到原来的连续信号。

从理论上讲，采样频率越高，失真越小。但从控制器本身而言，大都依靠偏差信号 $E(k)$ 进行调节计算。当采样周期 T 太小时，偏差信号 $E(k)$ 也会过小，此时计算机将会失去调节作用，采样周期 T 过长又会引起误差。因此对采样周期 T 的选择必须加以综合考虑，在工程上主要采用经验法。表 8-1 列出了几种常见被测参数的采样周期 T 的经验选择数据，可供设计时参考。由于生产过程千差万别，经验数据不一定合适，故可用试探法逐步调试确定。

表 8-1　采样周期 T 的经验选择数据

被测参数	采样周期经验值 /s	备注
流量	1～5	优先选择 1～2s
液位	6～8	优先选择 7s
压力	3～10	
温度	15～20	

2. 扩充临界比例度法整定 PID 参数

扩充临界比例度法是以模拟调节器中使用的临界比例度法为基础的一种数字 PID 控制器的参数整定方法。采用这种方法整定 T、K_P、T_I 和 T_D 的步骤如下：

1）选择一个足够短的采样周期 T_{min}。例如带有纯滞后环节的系统，其采样周期 T_{min} 通常选取为被控对象纯滞后时间的 1/10 以下，去掉积分和微分作用，控制器作纯比例控制。

2）求出临界比例系数 K_r 和系统的临界振荡周期 T_r。从小到大改变比例系数 K_P 的值，直到系统的阶跃响应有持续 4 ～ 5 次振荡为止。此时可认为系统已达到临界振荡状态，记下使系统发生临界振荡的比例系数 K_r 和系统的临界振荡周期 T_r。

3）选择合适的控制度。所谓控制度，就是以模拟调节器为基准，将数字控制器的控制效果与模拟调节器的控制效果相比较，是数字控制器和模拟调节器所对应的过渡过程的误差二次方的积分比，即

$$控制度=\frac{\left[\int_0^{\infty} e^2(t)\mathrm{d}t\right]_{\mathrm{DDC}}}{\left[\int_0^{\infty} e^2(t)\mathrm{d}t\right]_{模拟}}$$

实际应用中并不需要计算出两个误差二次方的积分，控制度仅是表示控制效果的物理概念。通常当控制度为 1.05 时，表明数字控制器和模拟控制器的控制效果相当；当控制度为 2.0 时，表明数字控制器比模拟调节器的控制质量差。

4）查表。根据控制度查表 8-2，求出采样周期 T、比例系数 K_P、积分时间 T_I 和微分时间 T_D 的值。

表 8-2　扩充临界比例度法整定 PID 参数

控制度	控制规律	T	K_P	T_I	T_D
1.05	PI	$0.03T_r$	$0.53K_r$	$0.88T_r$	
	PID	$0.014T_r$	$0.63K_r$	$0.49T_r$	$0.14T_r$
1.2	PI	$0.05T_r$	$0.49K_r$	$0.91T_r$	
	PID	$0.043T_r$	$0.47K_r$	$0.47T_r$	$0.16T_r$
1.5	PI	$0.14T_r$	$0.42K_r$	$0.99T_r$	
	PID	$0.09T_r$	$0.34K_r$	$0.43T_r$	$0.20T_r$
2.0	PI	$0.22T_r$	$0.36K_r$	$1.05T_r$	
	PID	$0.16T_r$	$0.27K_r$	$0.40T_r$	$0.22T_r$

3. 扩充响应曲线法整定 PID 参数

在上述方法中，不需要预先知道被控对象的动态特性，而是直接在闭环系统中进行参数整定。如果已知系统的动态特性曲线，那么数字控制器的参数整定也可以采用类似模拟调节器的响应曲线法来进行，称为扩充响应曲线法。其步骤如下：

1）断开数字控制器，使系统在手动状态下工作，将被调量调节到给定值附近，并使之稳定下来，然后突然改变给定值，给被控对象一个阶跃输入信号。

2）用记录仪表记录被调量在阶跃输入下的整个变化过程曲线。

3）在曲线最大斜率处作切线，求得滞后时间 τ、被控对象时间常数 T_τ，以及它们的比值 T_τ/τ。

4）根据所求得的 T_τ、τ 和 T_τ/τ，选择一个控制度，查表 8-3 即可求得控制器的 K_P、T_I、T_D 和采样周期 T。表中的控制度的求法与扩充临界比例度法相同。

表 8-3 扩充响应曲线法整定 PID 参数

控制度	控制规律	T	K_P	T_I	T_D
1.05	PI	0.1τ	$0.84T_\tau/\tau$	0.34τ	
	PID	0.05τ	$1.15T_\tau/\tau$	2.0τ	0.45τ
1.2	PI	0.2τ	$0.78T_\tau/\tau$	3.6τ	
	PID	0.16τ	$1.0T_\tau/\tau$	1.9τ	0.55τ
1.5	PI	0.5τ	$0.68T_\tau/\tau$	3.9τ	
	PID	0.34τ	$0.85T_\tau/\tau$	1.62τ	0.65τ
2.0	PI	0.8τ	$0.57T_\tau/\tau$	4.2τ	
	PID	0.6τ	$0.6T_\tau/\tau$	1.5τ	0.82τ

4. PID 归一参数整定法

除了上面介绍的一般扩充临界比例度法外，还有一种简化的扩充临界比例度参数整定方法。由于该方法只需整定一个参数即可，故称其为归一参数整定法。

已知增量型 PID 控制的公式为

$$\begin{aligned}\Delta U(k) &= U(k)-U(k-1)\\ &= K_P\{[E(k)-E(k-1)]+\frac{T}{T_I}E(k)+\frac{T_D}{T}[E(k)-2E(k-1)+E(k-2)]\}\end{aligned}$$

令 T=0.1T_r；T_I=0.5T_r；T_D=0.125T_r；T_r 为纯比例作用下的临界振荡周期，则

$$\Delta U(k)=U(k)-U(k-1)=K_P\{2.45E(k)-3.5E(k-1)+1.25E(k-2)]\} \tag{8-26}$$

由式（8-26）可知，对四个参数的整定简化成了对一个参数 K_P 的整定，使问题明显地简化了。通过改变 K_P 的值，观察控制效果，直到满意为止。

5. 现场试验法整定 PID 参数

增大比例系数 K_P 一般将加快系统的响应，在有静态误差的情况下，有利于减小静态误差。但是过大的比例系数会使系统有较大的超调，并产生振荡，导致系统稳定性变差。

增大积分时间 T_I 有利于减小超调，减小振荡，使系统更加稳定，但系统静态误差的消除将随之减慢。

增大微分时间 T_D 有利于加快系统响应，使超调量减小，系统稳定性增加，但系统对扰动的抑制能力减弱，对扰动有较敏感的响应。

在凑试时，可参考以上参数对控制过程的影响趋势，对参数实行先比例、后积分、再微分的整定步骤。

1）首先只整定比例部分，即将比例系数由小变大，并观察相应的系统响应，直至得到反应快、超调小的响应曲线。如果系统没有静差或静差已小到允许范围内，并且响应曲线已属满意，则只需用比例调节器即可，最优的比例系数可由此确定。

2）如果在比例调节的基础上系统的静差不能满足设计要求，则需加入积分环节。整定时首先置积分时间 T_I 为一个较大值，并将经第一步整定得到的比例系数略微缩小（如缩小为原值的 0.8 倍），然后减小积分时间，使系统在保持良好动态性能的情况下，静态

误差得到消除。在此过程中，可根据响应曲线的好坏反复改变比例系数与积分时间，以期得到满意的控制过程与整定参数。

3）若使用 PI 调节器消除了静态误差，但动态过程经反复调整仍不能满意，则可加入微分环节，构成 PID 调节器。在整定时，可先置微分时间 T_D 为 0。在第二步整定的基础上，增大 T_D，同时相应地改变比例系数和积分时间，逐步凑试，以获得满意的调节效果和控制参数。

8.3　直接数字控制器的设计

前面所介绍的模拟化设计方法的主要缺点是采样周期的值不能取得过大，否则会使系统性能变差。而直接数字化设计方法就克服了这个缺点，它一开始就把系统看成是纯离散系统，然后按一定的设计准则，以 Z 变换为工具，并以脉冲传递函数为数学模型，直接设计满足指标要求的数字控制器 $D(z)$。

直接数字化设计比模拟化设计具有更一般的意义，它完全是根据采样系统的特点进行分析与综合，并导出相应的控制规律。利用计算机软件的灵活性，就可以实现从简单到复杂的各种控制规律。

8.3.1　直接数字控制器的脉冲传递函数

在图 8-5 所示的计算机控制系统原理框图中，$D(z)$ 为数字控制器的脉冲传递函数；$G_h(s)$ 为零阶保持器；$G_d(s)$ 为控制对象传递函数；$G(z)$ 为包括保持器在内的广义被控对象脉冲传递函数；$\Phi(z)$ 为闭环系统脉冲传递函数；$R(z)$ 为输入信号的 Z 变换；$C(z)$ 为输出信号的 Z 变换。

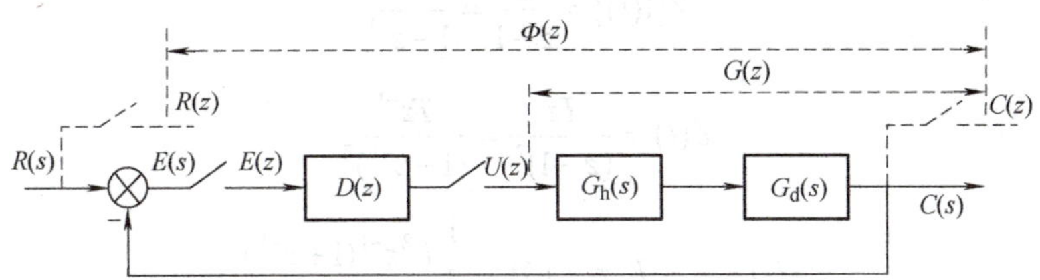

图 8-5　计算机控制系统原理框图

由离散控制理论可知，闭环系统脉冲传递函数 $\Phi(z)$ 为

$$\Phi(z)=\frac{C(z)}{R(z)}=\frac{D(z)G(z)}{1+D(z)G(z)} \tag{8-27}$$

定义 $\Phi_e(z)$ 为闭环系统误差脉冲传递函数，则

$$\Phi_e(z)=\frac{E(z)}{R(z)}=\frac{1}{1+D(z)G(z)} \tag{8-28}$$

将式（8-27）和式（8-28）相加并整理，可得

$$\Phi_e(z)=1-\Phi(z) \tag{8-29}$$

由式（8-28）和式（8-29）推导数字控制器的脉冲传递函数 $D(z)$ 为

$$E(z)[1+D(z)G(z)]=R(z)$$

$$D(z)=\frac{R(z)-E(z)}{E(z)G(z)}=\frac{R(z)-R(z)\Phi_e(z)}{R(z)\Phi_e(z)G(z)}=\frac{1-\Phi_e(z)}{\Phi_e(z)G(z)}$$

$$=\frac{\Phi(z)}{[1-\Phi(z)]G(z)}=\frac{\Phi(z)}{\Phi_e(z)G(z)} \tag{8-30}$$

在式（8-30）中，广义被控对象的脉冲传递函数 $G(z)$ 是保持器和被控对象所固有的，一旦被控对象被确定，$G(z)$ 是不能改变的。但是，误差脉冲传递函数 $\Phi_e(z)$ 是随不同的典型输入而改变的，闭环脉冲传递函数 $\Phi(z)$ 是根据系统性能的要求而确定的。因此，当 $G(z)$、$\Phi(z)$、$\Phi_e(z)$ 确定后，数字控制器 $D(z)$ 就可唯一确定。式（8-30）是分析和设计数字控制器的基础和基本模型。

8.3.2 最少拍随动系统数字控制器的设计

在数字控制过程中，通常称一个采样周期为一拍。所谓最少拍系统，是指在典型的输入信号作用下，系统在有限个采样周期（有限拍）内结束响应过程从而完全跟踪给定信号，并且在采样时刻上无稳态误差的离散控制系统。

最少拍控制系统设计也称为时间最优控制系统设计，系统达到稳定所需的调整时间最短。下面讨论最少拍控制系统的设计。

在一般的自动控制系统中，有三种典型的输入信号，分别为单位阶跃输入、单位斜坡输入和单位加速度输入。它们的 Z 变换分别为

$$Z[1(t)]=\frac{z}{z-1}=\frac{1}{1-z^{-1}}$$

$$Z(t)=\frac{Tz}{(z-1)^2}=\frac{Tz^{-1}}{(1-z^{-1})^2}$$

$$Z\left(\frac{1}{2}t^2\right)=\frac{T^2z(z+1)}{2(z-1)^3}=\frac{\frac{1}{2}T^2z^{-1}(1+z^{-1})}{(1-z^{-1})^3}$$

因此其一般形式可写为

$$R(z)=\frac{A(z)}{(1-z^{-1})^m} \tag{8-31}$$

其中，$A(z)$ 为不含（$1-z^{-1}$）因子的以 z^{-1} 为变量的多项式。所以根据式（8-28）和式（8-31），误差可表示为

$$E(z)=\Phi_e(z)\frac{A(z)}{(1-z^{-1})^m} \tag{8-32}$$

为了使式（8-32）中 $E(z)$ 有尽可能少的有限项，就要选择适当的 $\Phi_e(z)$。利用 Z 变

换的终值定理，可得系统的稳态误差为

$$\lim_{k\to\infty} e(kT)=\lim_{z\to 1}(1-z^{-1})E(z)=\lim_{z\to 1}(1-z^{-1})\Phi_e(z)R(z)=\lim_{z\to 1}(1-z^{-1})\Phi_e(z)\frac{A(z)}{(1-z^{-1})^m}$$

当要求稳态误差为零时，由于 $A(z)$ 中无（$1-z^{-1}$）的因子，所以 $\Phi_e(z)$ 必须含有（$1-z^{-1}$）^{M}，则 $\Phi_e(z)$ 有下列形式：

$$\Phi_e(z)=\left(1-z^{-1}\right)^M F(z) \quad (M\geqslant m) \tag{8-33}$$

式（8-33）中，$F(z)$ 是在 z=1 处既无极点也无零点的关于 z^{-1} 的有限多项式，即

$$F(z)=1+f_1z^{-1}+f_2z^{-2}+f_3z^{-3}+\cdots+f_nz^{-n}$$

由式（8-27）及式（8-29）可得

$$C(z)=\Phi(z)R(z)=[1-\Phi_e(z)]R(z) \tag{8-34}$$

从式（8-34）可以看出，为了使数字控制系统响应典型输入信号的响应过程在最少拍内结束，从而达到完全跟踪输入信号的要求，需要使系统的闭环脉冲传递函数 $\Phi(z)$ 及误差脉冲传递函数 $\Phi_e(z)$ 中所含 z^{-1} 项数最少。在式（8-33）中，若取 $M=m$，$F(z)=1$，就可降低数字控制器阶数，使 $E(z)$ 的项数最少，则

$$\Phi_e(z)=(1-z^{-1})^m \tag{8-35}$$

$$\Phi(z)=1-(1-z^{-1})^m \tag{8-36}$$

这便是以无稳态响应误差且在最少拍内结束响应过程，从而完全跟踪系统输入的最少拍系统的闭环脉冲传递函数 $\Phi(z)$ 及误差脉冲传递函数 $\Phi_e(z)$。其中，幂指数 m 与系统输入信号的类型有关，当输入信号为单位阶跃信号、单位斜坡信号及单位加速度信号时，m 分别取值为 1、2、3。

下面分析最少拍系统响应单位阶跃信号、单位斜坡信号及单位加速度信号时的情况。

1. 系统输入为单位阶跃信号

当输入为单位阶跃信号时，其 Z 变换为

$$R(z)=\frac{1}{1-z^{-1}}=1+z^{-1}+z^{-2}+z^{-3}+z^{-4}+\cdots$$

取误差脉冲传递函数 $\Phi_e(z)$ 为

$$\Phi_e(z)=1-z^{-1}$$

则闭环脉冲传递函数 $\Phi(z)$ 为

$$\Phi(z)=z^{-1}$$

可得误差和输出的 Z 变换分别为

$$E(z)=\Phi_e(z)R(z)=(1-z^{-1})\frac{1}{1-z^{-1}}=1$$

$$C(z)=\Phi(z)R(z)=z^{-1}\frac{1}{1-z^{-1}}=z^{-1}+z^{-2}+z^{-3}+z^{-4}+\cdots$$

因此可得时域误差为

$$e(0)=0,\ e(1)=e(2)=\cdots=0$$

即在单位阶跃输入时，系统的调节时间为 $1T$，只需一拍就可完全跟踪输入信号。

2. 系统输入为单位斜坡信号

当输入为单位斜坡信号时，其 Z 变换为

$$R(z)=\frac{Tz^{-1}}{(1-z^{-1})^2}=Tz^{-1}+2Tz^{-2}+3Tz^{-3}+4Tz^{-4}+\cdots$$

取误差脉冲传递函数 $\Phi_e(z)$ 为

$$\Phi_e(z)=(1-z^{-1})^2$$

则闭环脉冲传递函数 $\Phi(z)$ 为

$$\Phi(z)=2z^{-1}-z^{-2}$$

可得误差和输出的 Z 变换分别为

$$E(z)=\Phi_e(z)R(z)=(1-z^{-1})^2\frac{Tz^{-1}}{(1-z^{-1})^2}=Tz^{-1}$$

$$C(z)=\Phi(z)R(z)=(2z^{-1}-z^{-2})\frac{Tz^{-1}}{(1-z^{-1})^2}=2Tz^{-2}+3Tz^{-3}+4Tz^{-4}+\cdots$$

因此可得时域误差为

$$e(0)=0,\ e(1)=T,\ e(2)=e(3)=\cdots=0$$

即在单位斜坡输入时，系统的调节时间为 $2T$，只需两拍就可完全跟踪输入信号。

3. 系统输入为单位加速度信号

当输入为单位加速度信号时，其 Z 变换为

$$R(z)=\frac{T^2z^{-1}(1+z^{-1})}{2(1-z^{-1})^3}=0.5T^2z^{-1}+2T^2z^{-2}+4.5T^2z^{-3}+\cdots$$

取误差脉冲传递函数 $\Phi_e(z)$ 为

$$\Phi_e(z)=(1-z^{-1})^3$$

则闭环脉冲传递函数 $\Phi(z)$ 为

$$\Phi(z)=1-(1-z^{-1})^3=3z^{-1}-3z^{-2}+z^{-3}$$

可得误差和输出的 Z 变换分别为

$$E(z)=\Phi_e(z)R(z)=(1-z^{-1})^3\frac{T^2z^{-1}(1+z^{-1})}{2(1-z^{-1})^3}=\frac{1}{2}T^2z^{-1}(1+z^{-1})$$

$$C(z)=\Phi(z)R(z)=(3z^{-1}-3z^{-2}+z^{-3})\frac{T^2z^{-1}(1+z^{-1})}{2(1-z^{-1})^3}$$

$$=1.5T^2z^{-2}+4.5T^2z^{-3}+8T^2z^{-4}+\cdots+\frac{n^2}{2}T^2z^{-n}$$

因此可得时域误差为

$$e(0)=0,\ e(1)=e(2)=\frac{T^2}{2},\ e(3)=e(4)=\cdots=0$$

即在单位加速度输入时，系统的调节时间为 $3T$，只需三拍就可完全跟踪输入信号。

在各种典型输入下，可将最少拍控制系统的调节时间、误差脉冲传递函数、闭环脉冲传递函数汇总于表 8-4。

表 8-4　最少拍控制系统各参量表

典型输入		闭环脉冲传递函数	误差脉冲传递函数	调节时间
$r(t)$	$R(z)$	$\Phi(z)$	$\Phi_e(z)$	t_s
$r(t)=1(t)$	$R(z)=\frac{1}{1-z^{-1}}$	$\Phi(z)=z^{-1}$	$\Phi_e(z)=1-z^{-1}$	T
$r(t)=t$	$R(z)=\frac{Tz^{-1}}{(1-z^{-1})^2}$	$\Phi(z)=2z^{-1}-z^{-2}$	$\Phi_e(z)=(1-z^{-1})^2$	$2T$
$r(t)=\frac{t^2}{2}$	$R(z)=\frac{T^2z^{-1}(1+z^{-1})}{2(1-z^{-1})^3}$	$\Phi(z)=3z^{-1}-3z^{-2}-z^{-3}$	$\Phi_e(z)=(1-z^{-1})^3$	$3T$

对于表 8-4 所示的三种情况，根据式（8-30）求得数字控制器的脉冲传递函数 $D(z)$ 分别为

$$D(z)=\frac{z^{-1}}{1-z^{-1}}\cdot\frac{1}{G(z)}\ ,\quad r(t)=1(t) \tag{8-37}$$

$$D(z)=\frac{2z^{-1}-z^{-2}}{(1-z^{-1})^2}\cdot\frac{1}{G(z)}\ ,\quad r(t)=t \tag{8-38}$$

$$D(z)=\frac{3z^{-1}-3z^{-2}+z^{-3}}{(1-z^{-1})^3}\cdot\frac{1}{G(z)}\ ,\quad r(t)=\frac{t^2}{2} \tag{8-39}$$

8.3.3　最少拍无波纹随动系统数字控制器的设计

前面所讨论的最少拍随动系统设计是以采样点上误差为零或保持恒定值为基础，采用 Z 变换方法进行的，它并不能保证采样点之间误差也为零或保持恒定值。也就是说，在最少拍系统中，系统的输出响应在采样点之间有波纹存在。因此，最少拍随动系统也称

为最少拍有波纹随动系统。

最少拍有波纹随动系统输出的波纹不仅会造成误差，而且还会消耗执行机构驱动功率，增加机械磨损。事实上，有波纹的最少拍系统是不能应用于工业控制系统的，它只对理论分析有一定价值，实际应用时还需要进一步改善。要消除波纹，首先要清楚波纹产生的原因。下面通过一个实例来分析波纹产生的原因。

例 8-1 在图 8-5 中，设 $G_d(s)=\dfrac{10}{s(s+1)}$，取 T=1s，针对单位阶跃输入设计最少拍有波纹数字控制器 $D(z)$ 及控制量输出。

解 首先求解开环传递函数 $G(z)$

$$G(s)=G_h(s)\bullet G_d(s)=\frac{1-e^{-Ts}}{s}\bullet\frac{10}{s(s+1)}=10(1-e^{-Ts})\left[\frac{1}{s^2}-\frac{1}{s}+\frac{1}{s+1}\right]$$

它对应的 Z 变换为

$$G(z)=10(1-z^{-1})\left[\frac{Tz^{-1}}{(1-z^{-1})^2}-\frac{1}{1-z^{-1}}+\frac{1}{1-e^{-T}z^{-1}}\right]$$

代入 T=1s，得

$$G(z)=10(1-z^{-1})\left[\frac{z^{-1}}{(1-z^{-1})^2}-\frac{1}{1-z^{-1}}+\frac{1}{1-0.368z^{-1}}\right]$$
$$=\frac{3.68z^{-1}+2.64z^{-2}}{(1-z^{-1})(1-0.368z^{-1})}$$

由于输入为单位阶跃信号，故由式（8-37）可得数字控制器 $D(z)$ 为

$$D(z)=\frac{z^{-1}}{1-z^{-1}}\bullet\frac{1}{G(z)}=\frac{0.272-0.1z^{-1}}{1+0.717z^{-1}}$$

因此，查表 8-4 得误差输出为

$$E(z)=\Phi_e(z)R(z)=(1-z^{-1})\frac{1}{1-z^{-1}}=1$$

即一拍后系统输出跟踪输入，偏差保持为零。

最后得控制量输出 $U(z)$ 为

$$U(z)=D(z)E(z)=\frac{0.272-0.1z^{-1}}{1+0.717z^{-1}}$$
$$=2.272-0.295z^{-1}+0.212z^{-2}-0.152z^{-3}+0.109z^{-4}-\cdots$$

可见控制量实际上并不恒定，而且在不停地波动。这样一个波动的控制量作用在广义被控对象上，系统输出必然产生波纹。

由此可知产生波纹的原因是由于数字控制器的输出 $U(z)$ 没有达到稳定值，而是上下波动的，这个波动的控制量作用在零阶保持器的输入端，使零阶保持器的输出也出现波动，即使在有限拍后采样点上的偏差为零，采样点之间系统的输出仍然会出现波纹。如果

输入偏差为零，保持器的输入脉冲序列为一个恒定值，那么输出量就不会在非采样点之间产生波纹。因此，最少拍无波纹控制系统除保证输出为最少拍外，还必须使 $U(z)$ 稳定。

由图 8-5 所示可以得出

$$U(z)=D(z)E(z)=D(z)\Phi_{\mathrm{e}}(z)R(z) \tag{8-40}$$

由以上分析可以看出，只要式（8-40）中 $D(z)$ 是 z^{-1} 的有限多项式，即 $D(z)\ \Phi_{\mathrm{e}}(z)$ 是 z^{-1} 的有限多项式，那么在确定的典型输入下，经过有限拍后，$U(z)$ 就能达到相对稳定，从而保证系统输出无波纹。

下面分别针对不同的典型输入信号进行分析。

1. 系统输入为单位阶跃信号

$$R(z)=\frac{1}{1-z^{-1}}$$

如果设

$$D(z)\Phi_{\mathrm{e}}(z)=\alpha_0+\alpha_1 z^{-1}+\alpha_2 z^{-2}$$

则

$$\begin{aligned}U(z)&=\frac{\alpha_0+\alpha_1 z^{-1}+\alpha_2 z^{-2}}{1-z^{-1}}\\&=\alpha_0+(\alpha_0+\alpha_1)z^{-1}+(\alpha_0+\alpha_1+\alpha_2)z^{-2}+(\alpha_0+\alpha_1+\alpha_2)z^{-3}+\cdots\end{aligned} \tag{8-41}$$

由式（8-41）可得

$$\begin{aligned}&U(0)=\alpha_0\\&U(1)=\alpha_0+\alpha_1\\&U(2)=U(3)=U(4)=\cdots=\alpha_0+\alpha_1+\alpha_2\end{aligned}$$

即从第二拍开始 $U(k)$ 就稳定在常数 $\alpha_0+\alpha_1+\alpha_2$ 上。

2. 系统输入为单位斜坡信号

$$R(z)=\frac{Tz^{-1}}{(1-z^{-1})^2}$$

仍设

$$D(z)\Phi_{\mathrm{e}}(z)=\alpha_0+\alpha_1 z^{-1}+\alpha_2 z^{-2}$$

则

$$\begin{aligned}U(z)&=\frac{(\alpha_0+\alpha_1 z^{-1}+\alpha_2 z^{-2})Tz^{-1}}{(1-z^{-1})^2}\\&=T\alpha_0 z^{-1}+T(2\alpha_0+\alpha_1)z^{-2}+T(3\alpha_0+2\alpha_1+\alpha_2)z^{-3}+T(4\alpha_0+3\alpha_1+2\alpha_2)z^{-4}+\cdots\end{aligned} \tag{8-42}$$

由式（8-42）可知

$$U(0)=0$$
$$U(1)=T\alpha_0$$
$$U(2)=T(2\alpha_0+\alpha_1)$$
$$U(3)=T(3\alpha_0+2\alpha_1+\alpha_2)=U(2)+T(\alpha_0+\alpha_1+\alpha_2)$$
$$U(4)=T(4\alpha_0+3\alpha_1+2\alpha_2)=U(3)+T(\alpha_0+\alpha_1+\alpha_2)$$
$$\cdots$$

由此可见，当 $k\geqslant3$ 时，$U(k)=U(k-1)+T(\alpha_0+\alpha_1+\alpha_2)$。即从第三拍开始，$U(k)$ 就按等速规律以常数 $T(\alpha_0+\alpha_1+\alpha_2)$ 为增量增加。

对于单位加速度输入，也可以做同样分析，这里不再赘述。

上面的分析取 $D(z)\ \Phi_e(z)$ 为三次，是一个特例。依次类推，当取得项数较多时，用上述方法可得到类似的结果，但调节时间会相应加长。

8.4 纯滞后对象控制器的设计

在热工和化工等生产过程中，经常会遇到含有较大的纯滞后环节的被控对象，它们对系统的稳定性影响极大，会使系统产生长时间和大幅度的超调，甚至可能使系统不稳定。不过这类控制系统对快速性的要求是次要的，其主要性能指标是系统无超调或超调量很小，并且允许有较长的调整时间。

对于这种以超调量为主要设计指标的系统，工程实践发现采用单纯的最少拍控制或简单的 PID 控制都无法达到满意的控制效果。针对这种情况，一般可采用大林（Dahlin）算法或史密斯（Smith）预估补偿算法进行改善。本节将对这两种算法分别进行介绍。

8.4.1 大林算法

大多数工业生产过程的被控对象一般可用带纯滞后的一阶或二阶惯性环节近似，其传递函数分别为

$$G_d(s)=\frac{K\mathrm{e}^{-\tau s}}{(T_1s+1)} \tag{8-43}$$

$$G_d(s)=\frac{K\mathrm{e}^{-\tau s}}{(T_1s+1)(T_2s+1)} \tag{8-44}$$

式中，T_1、T_2 为被控对象的时间常数；τ 为被控对象的纯滞后时间常数，为简单起见，令 $\tau=NT$，即采样周期的整数倍；T 为采样周期。

大林算法的设计目标是设计数字控制器 $D(s)$，使得系统的闭环传递函数 $\Phi(s)$ 为具有纯滞后的一阶惯性环节，并使其滞后时间等于被控对象的滞后时间，即

$$\Phi(s)=\frac{\mathrm{e}^{-\tau s}}{T_m s+1}\ ,\quad \tau=NT\quad N=1,2,\cdots \tag{8-45}$$

式中，T_m 为要求的闭环系统时间常数；τ 为被控对象的纯滞后时间常数。将 $\Phi(s)$ 用零阶保持器离散化，则系统的闭环脉冲传递函数为

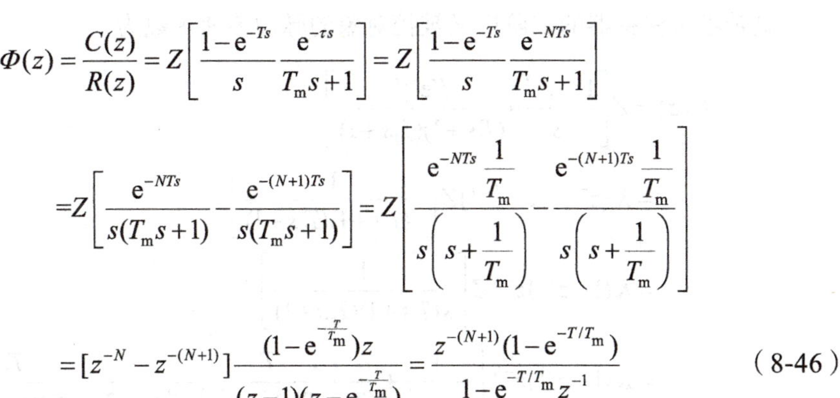

$$\Phi(z)=\frac{C(z)}{R(z)}=Z\left[\frac{1-\mathrm{e}^{-Ts}}{s}\frac{\mathrm{e}^{-\tau s}}{T_{\mathrm{m}}s+1}\right]=Z\left[\frac{1-\mathrm{e}^{-Ts}}{s}\frac{\mathrm{e}^{-NTs}}{T_{\mathrm{m}}s+1}\right]$$

$$=Z\left[\frac{\mathrm{e}^{-NTs}}{s(T_{\mathrm{m}}s+1)}-\frac{\mathrm{e}^{-(N+1)Ts}}{s(T_{\mathrm{m}}s+1)}\right]=Z\left[\frac{\mathrm{e}^{-NTs}\frac{1}{T_{\mathrm{m}}}}{s\left(s+\frac{1}{T_{\mathrm{m}}}\right)}-\frac{\mathrm{e}^{-(N+1)Ts}\frac{1}{T_{\mathrm{m}}}}{s\left(s+\frac{1}{T_{\mathrm{m}}}\right)}\right]$$

$$=[z^{-N}-z^{-(N+1)}]\frac{(1-\mathrm{e}^{-\frac{T}{T_{\mathrm{m}}}})z}{(z-1)(z-\mathrm{e}^{-\frac{T}{T_{\mathrm{m}}}})}=\frac{z^{-(N+1)}(1-\mathrm{e}^{-T/T_{\mathrm{m}}})}{1-\mathrm{e}^{-T/T_{\mathrm{m}}}z^{-1}} \tag{8-46}$$

由式（8-30）数字控制器 $D(z)$ 的脉冲传递函数

$$D(z)=\frac{U(z)}{R(z)}=\frac{\Phi(z)}{G(z)[1-\Phi(z)]}$$

可知，只要将 $G(z)$ 和 $\Phi(z)$ 代入式（8-30），就可得到大林算法的数字控制器 $D(z)$ 的脉冲传递函数，其结构与被控对象密切相关。这样设计的 $D(z)$ 保证了闭环脉冲传递函数具有一阶惯性时间常数 T_{m} 和纯滞后时间常数 τ。

1. 带纯滞后一阶惯性环节的大林算法

当被控对象是带纯滞后的一阶惯性环节时，即

$$G_{\mathrm{d}}(s)=\frac{K\mathrm{e}^{-\tau s}}{T_1 s+1}$$

则带零阶保持器的一阶广义被控对象的脉冲传递函数为

$$G(z)=Z\left[\frac{1-\mathrm{e}^{-sT}}{s}\frac{K\mathrm{e}^{-\tau s}}{T_1 s+1}\right]=K\frac{z^{-(N+1)}(1-\mathrm{e}^{-T/T_1})}{1-\mathrm{e}^{-T/T_1}z^{-1}} \tag{8-47}$$

将式（8-46）与式（8-47）代入式（8-30），可得大林算法的数字控制器 $D(z)$，即

$$\begin{aligned}D(z)&=\frac{\Phi(z)}{G(z)[1-\Phi(z)]}\\&=\frac{(1-\mathrm{e}^{-T/T_1}z^{-1})(1-\mathrm{e}^{-T/T_{\mathrm{m}}})}{K(1-\mathrm{e}^{-T/T_1})[1-\mathrm{e}^{-T/T_{\mathrm{m}}}z^{-1}-(1-\mathrm{e}^{-T/T_{\mathrm{m}}})z^{-(N+1)}]}\end{aligned} \tag{8-48}$$

式（8-48）就是要求的大林算法数字控制器 $D(z)$，可以用计算机程序来实现，而且随广义被控对象 $G(z)$ 的不同而不同。

2. 带纯滞后二阶惯性环节的大林算法

当被控对象是带纯滞后的二阶惯性环节时，即

$$G_{\mathrm{d}}(s)=\frac{K\mathrm{e}^{-\tau s}}{(T_1 s+1)(T_2 s+1)}$$

则带零阶保持器的二阶广义被控对象的脉冲传递函数为

$$
\begin{aligned}
G(z) &= Z\left[\frac{1-\mathrm{e}^{-sT}}{s}\cdot\frac{K\mathrm{e}^{-\tau s}}{(T_1 s+1)(T_2 s+1)}\right] \\
&= K(z^{-N}-z^{-(N+1)})Z\left[\frac{1}{s(T_1 s+1)(T_2 s+1)}\right] \\
&= K(1-z^{-1})z^{-N}Z\left[\frac{1}{s(T_1 s+1)(T_2 s+1)}\right] \\
&= K(1-z^{-1})z^{-N}\left[\frac{1}{1-z^{-1}}+\frac{T_1}{(T_2-T_1)(1-\mathrm{e}^{-T/T_1}z^{-1})}-\frac{T_2}{(T_2-T_1)(1-\mathrm{e}^{-T/T_2}z^{-1})}\right] \\
&= \frac{K(c_1+c_2 z^{-1})z^{-(N+1)}}{(1-\mathrm{e}^{-T/T_1}z^{-1})(1-\mathrm{e}^{-T/T_2}z^{-1})}
\end{aligned} \tag{8-49}
$$

其中

$$c_1 = 1+\frac{1}{T_2-T_1}(T_1\mathrm{e}^{-T/T_1}-T_2\mathrm{e}^{-T/T_2})$$

$$c_2 = \mathrm{e}^{-T(1/T_1+1/T_2)}+\frac{1}{T_2-T_1}(T_1\mathrm{e}^{-T/T_2}-T_2\mathrm{e}^{-T/T_1})$$

将式（8-46）与式（8-49）代入式（8-30）中，可得到大林算法的数字控制器 $D(z)$，即

$$D(z)=\frac{(1-\mathrm{e}^{-T/T_\mathrm{m}})(1-\mathrm{e}^{-T/T_1}z^{-1})(1-\mathrm{e}^{-T/T_2}z^{-1})}{K(c_1+c_2 z^{-1})\left[1-\mathrm{e}^{-T/T_\mathrm{m}}z^{-1}-(1-\mathrm{e}^{-T/T_\mathrm{m}})z^{-(N+1)}\right]} \tag{8-50}$$

式（8-50）是为带纯滞后的二阶惯性环节对象所设计的大林算法数字控制器 $D(z)$。

8.4.2 史密斯预估补偿算法

1. 史密斯预估补偿原理

在系统中引入一个与被控对象并联的补偿器 $D_\mathrm{r}(s)$，用来补偿被控对象中的纯滞后环节，使得补偿后等效对象的传递函数不再包含纯滞后，然后针对这个不包含纯滞后的等效对象，按常规方法设计控制器 $D(s)$，一般均采用 PID 控制方法设计 $D(s)$。

设带纯滞后环节的广义被控对象传递函数为

$$G(s)=G'(s)\mathrm{e}^{-\tau s} \tag{8-51}$$

式中，τ 为滞后时间；$G'(s)$ 为不含纯滞后环节的被控对象传递函数。

史密斯（Smith）预估补偿控制系统框图如图 8-6 所示，$D_\mathrm{r}(s)$ 为 Smith 预估补偿器，加入它后的等效对象不再含有纯滞后环节，即

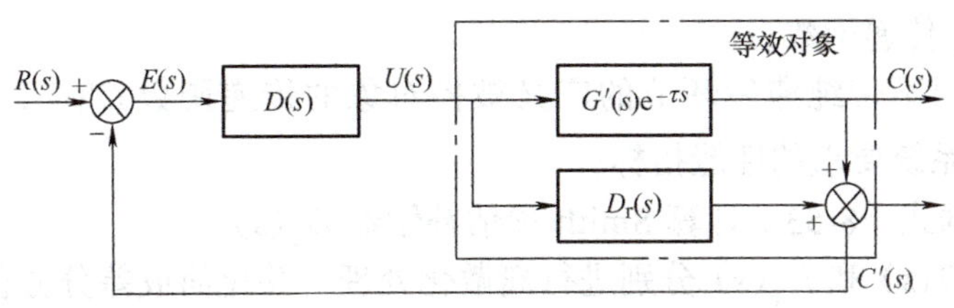

图 8-6　Smith 预估补偿控制系统框图

$$\frac{G'(s)}{U(s)} = G'(s)\mathrm{e}^{-\tau s} + D_{\mathrm{r}}(s) = G_{\mathrm{p}}(s) \tag{8-52}$$

$G_{\mathrm{p}}(s)$ 为等效对象的传递函数，若取 $G_{\mathrm{p}}(s) = G'(s)$，则补偿器的传递函数应为

$$D_{\mathrm{r}}(s) = G'(s)(1-\mathrm{e}^{-\tau s}) \tag{8-53}$$

将设计好的补偿器放入系统，并将图 8-6 化简可得图 8-7 所示的 Smith 实际预估补偿器框图。

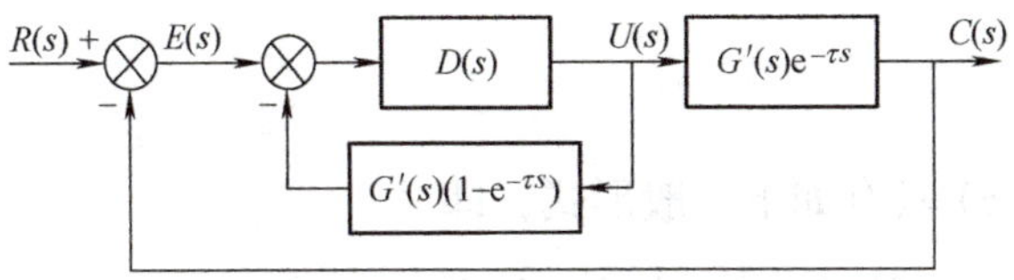

图 8-7　Smith 实际预估补偿器框图

由图 8-7 可见，Smith 预估补偿器 $D_{\mathrm{r}}(s)$ 和数字控制器 $D(s)$ 组成的补偿回路称为纯滞后补偿器 $D'(s)$，其传递函数为

$$D'(s) = \frac{D(s)}{1+D(s)G'(s)(1-\mathrm{e}^{-\tau s})} \tag{8-54}$$

因此可得补偿后系统闭环传递函数为

$$\varPhi(s) = \frac{D'(s)G'(s)\mathrm{e}^{-\tau s}}{1+D'(s)G'(s)\mathrm{e}^{-\tau s}} = \frac{D(s)G'(s)}{1+D(s)G'(s)}\mathrm{e}^{-\tau s} = \varPhi'(s)\mathrm{e}^{-\tau s} \tag{8-55}$$

由式（8-55）可知，补偿后的闭环传递函数相当于在由 $D(s)$ 和 $G'(s)$ 组成的闭环系统后面加了一个纯滞后环节，如图 8-8 所示。由于这个纯滞后环节在闭环之外，因此它不再影响系统的稳定性，只是将控制过程在时间坐标上向后推移了时间 τ。

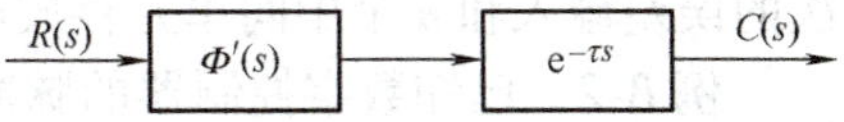

图 8-8　补偿后的闭环传递函数

2. 史密斯预估补偿实现

式（8-55）中，$D(s)$ 为 PID 控制器，$G'(s)\mathrm{e}^{-\tau s}$ 为带有零阶保持器的广义被控对象传递函数。一般采用模拟化设计方法，实现步骤如下：

第一步，计算广义被控对象的传递函数 $G(s) = \mathrm{ZOH}\,G_{\mathrm{d}}(s) = G'(s)\mathrm{e}^{-\tau s}$，$G_{\mathrm{d}}(s)$ 为带纯滞

后环节的被控对象传递函数；

第二步，按照不带纯滞后环节的广义被控对象的传递函数 $G'(s)$，设计 PID 控制器 $D(s)$，并且满足系统要求的性能指标；

第三步，根据式（8-53）计算 Smith 预估补偿器 $D_r(s)$；

第四步，将 $D(s)$ 和 $D_r(s)$ 分别进行离散化处理，并化简成差分方程后编程实现。

8.5 数字控制器的计算机实现

在前面的几节中，已经介绍了几种数字控制器 $D(z)$ 的设计方法，但是 $D(z)$ 求出后设计任务并未结束，更重要的任务是采用何种方法在计算机控制系统上实现 $D(z)$ 算法。

实现数字控制器 $D(z)$ 的方法主要有两种，即硬件实现和软件实现。硬件实现是指利用加法器、乘法器及延时元件等数字电路来实现 $D(z)$ 算法；软件实现是指通过编制计算机程序来实现 $D(z)$ 算法。然而从 $D(z)$ 算法复杂性和控制系统灵活性等方面考虑，采用计算机软件实现更为适宜，这正是本节要研究的方法。

软件实现又分为直接程序设计法、串行程序设计法及并行程序设计法三种。

8.5.1 直接程序设计法

设数字控制器 $D(z)$ 具有如下一般形式，即

$$D(z)=\frac{U(z)}{E(z)}=\frac{b_0+b_1z^{-1}+b_2z^{-2}+\cdots+b_mz^{-m}}{1+a_1z^{-1}+a_2z^{-2}+\cdots+a_nz^{-n}}\qquad (m\leqslant n)$$

将上式改写为

$$(1+a_1z^{-1}+a_2z^{-2}+\cdots+a_nz^{-n})U(z)=(b_0+b_1z^{-1}+b_2z^{-2}+\cdots+b_mz^{-m})E(z)$$

并对等号两边各取 Z 反变换，经整理得如下差分方程：

$$U(k)=\sum_{i=0}^{m}b_iE(k-i)-\sum_{j=1}^{n}a_jU(k-j)\tag{8-56}$$

根据式（8-56）可直接编写出计算 $D(k)$ 的程序，其中 k 表示当前采样时刻，$(k-i)$，$(k-j)$ 表示过去的采样时刻，它与当前采样时刻相距 i 或 j 个采样周期。要实现式（8-56）所示的程序，除了需要当前采样时刻的误差输入 $E(k)$ 外，还需要 m 个中间单元存放前 m 次的误差输入和 n 个中间单元存放前 n 次的控制输出值。

例 8-2 已知数字控制器的脉冲传递函数 $D(z)$ 为

$$D(z)=\frac{3z^2+3.6z+0.6}{z^2+0.1z-0.2}$$

试采用直接程序设计法写出实现 $D(z)$ 的差分方程。

解 由数字控制器脉冲传递函数

$$D(z)=\frac{U(z)}{E(z)}=\frac{3z^2+3.6z+0.6}{z^2+0.1z-0.2}=\frac{3+3.6z^{-1}+0.6z^{-2}}{1+0.1z^{-1}-0.2z^{-2}}$$

交叉相乘得

$$U(z)+0.1z^{-1}U(z)-0.2z^{-2}U(z)=3E(z)+3.6z^{-1}E(z)+0.6z^{-2}E(z)$$

移项后可得

$$U(z)=3E(z)+3.6z^{-1}E(z)+0.6z^{-2}E(z)-0.1z^{-1}U(z)+0.2z^{-2}U(z)$$

再进行 Z 反变换后，可得 $U(k)$ 的差分方程为

$$U(k)=3E(k)+3.6E(k-1)+0.6E(k-2)-0.1U(k-1)+0.2U(k-2)$$

根据所得到的差分方程，编制计算机程序，便可求出控制信号 $U(k)$。

8.5.2 串行程序设计法

串行程序设计法（迭代程序设计法）是将数字控制器 $D(z)$ 分解成几个一阶或二阶脉冲传递函数的串联连接，然后分别进行计算。当数字控制器 $D(z)$ 的零、极点为已知时，$D(z)$ 可以写成式（8-57）所示的形式。

$$D(z)=\frac{U(z)}{E(z)}=\frac{k(z+z_1)(z+z_2)\cdots(z+z_m)}{(z+p_1)(z+p_2)\cdots(z+p_n)}\quad (m\leqslant n)$$

$$=kD_1(z)D_2(z)\cdots D_l(z)=k\prod_{i=1}^{l}D_i(z)\quad (1<l<n) \tag{8-57}$$

显然，从式（8-57）中可看出，$D(z)$ 是由 $D_1(z)$，$D_2(z)$，…，$D_l(z)$ 等 l 个子脉冲传递函数串联组成的，其结构如图 8-9 所示。图 8-9 所示中的 $D_i(z)$ 是一阶或二阶环节，每个环节的输出作为下一个环节的输入，最终得到输出 $U(k)$，而每个环节的编程仍然采用直接程序设计法。

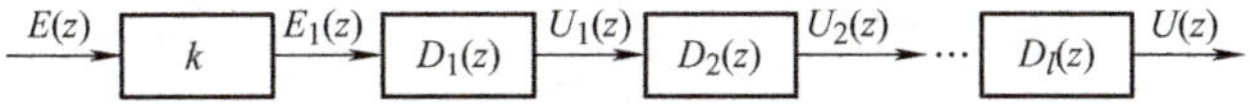

图 8-9 串行程序设计法原理图

例 8-3 如例 8-2 所示的数字控制器脉冲传递函数 $D(z)$，试采用串行程序设计法写出实现 $D(z)$ 的差分方程组（迭代方程），并画出用串行程序设计法实现 $D(z)$ 的原理框图。

解 根据串行程序设计法，对给定的数字控制器 $D(z)$ 的分子、分母进行分解，可得

$$D(z)=\frac{3z^2+3.6z+0.6}{z^2+0.1z-0.2}=\frac{(3z+0.6)(z+1)}{(z-0.4)(z+0.5)}$$

$$=3\frac{(1+0.2z^{-1})(1+z^{-1})}{(1-0.4z^{-1})(1+0.5z^{-1})}=3D_1(z)D_2(z)$$

$D_1(z)$，$D_2(z)$ 分别为

$$\begin{cases} D_1(z)=\dfrac{U_1(z)}{E_1(z)}=\dfrac{(1+0.2z^{-1})}{(1-0.4z^{-1})} \\ D_2(z)=\dfrac{U(z)}{U_1(z)}=\dfrac{(1+z^{-1})}{(1+0.5z^{-1})} \end{cases}$$

串行程序设计法实现 $D(z)$ 的原理框图如图 8-10 所示。

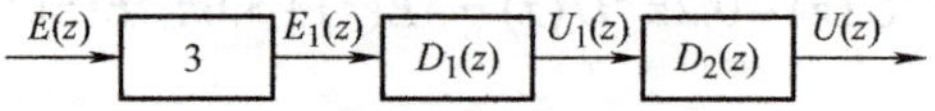

图 8-10　例 8-3 所示原理图

对 $D_1(z)$，$D_2(z)$ 分别进行换算可得

$$\begin{cases} U_1(z)=E_1(z)+0.2z^{-1}E_1(z)+0.4z^{-1}U_1(z) \\ U(z)=U_1(z)+z^{-1}U_1(z)-0.5z^{-1}U(z) \end{cases}$$

再进行 Z 反变换后，可得 $U(k)$ 的差分方程组（迭代方程）为

$$\begin{cases} E_1(k)=3E(k) \\ U_1(k)=E_1(k)+0.2E_1(k-1)+0.4U_1(k-1) \\ U(k)=U_1(k)+U_1(k-1)-0.5U(k-1) \end{cases}$$

根据所得到的差分方程组，编制计算机程序，便可求出控制信号 $U(k)$。

8.5.3　并行程序设计法

对于高阶的 $D(z)$，可以用部分分式法将其化为多个一阶或二阶环节的并联连接，其中每个环节可用直接程序设计法编程，这种方法也称为部分分式法。

将式（8-56）所给的数字控制器 $D(z)$ 采用部分分式法进行分解，可得

$$D(z)=\frac{U(z)}{E(z)}=\frac{k_1z^{-1}}{1+p_1z^{-1}}+\frac{k_2z^{-1}}{1+p_2z^{-1}}+\cdots+\frac{k_nz^{-1}}{1+p_nz^{-1}}$$

令

$$D_1(z)=\frac{U_1(z)}{E(z)}=\frac{k_1z^{-1}}{1+p_1z^{-1}}$$

$$D_2(z)=\frac{U_2(z)}{E(z)}=\frac{k_2z^{-1}}{1+p_2z^{-1}}$$

$$\vdots$$

$$D_n(z)=\frac{U_n(z)}{E(z)}=\frac{k_nz^{-1}}{1+p_nz^{-1}}$$

由此可得

$$D(z)=D_1(z)+D_2(z)+\cdots+D_n(z) \tag{8-58}$$

式（8-58）表明，$D(z)$ 是由各子脉冲传递函数 $D_1(z)$，$D_2(z)$，…，$D_n(z)$ 并联组成的，其原理框图如图 8-11 所示，其中 $D_i(z)$ 是一阶或二阶环节。

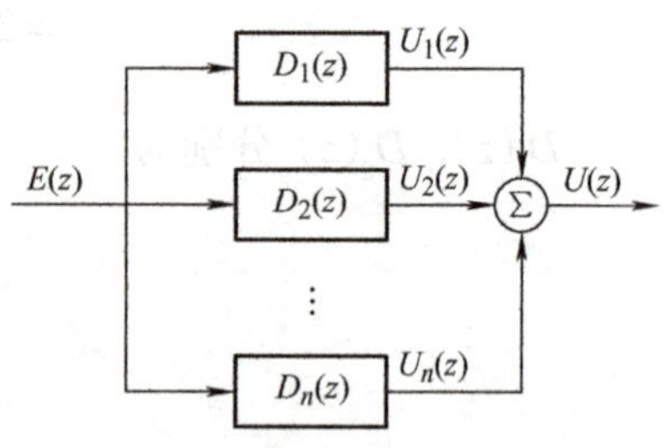

图 8-11　并行程序设计法原理图

例 8-4　如例 8-2 所示的数字控制器脉冲传递函数 $D(z)$，试采用并行程序设计法写出实现 $D(z)$ 的差分方

程组，并画出用并行程序设计法实现 $D(z)$ 的原理框图。

解 根据并行程序设计法原理，对给定的数字控制器 $D(z)$ 进行部分分式分解，可得

$$\begin{aligned}D(z)&=\frac{3z^2+3.6z+0.6}{z^2+0.1z-0.2}=\frac{3(z^2+1.2z+0.2)}{z^2+0.1z-0.2}\\&=3+\frac{3.3z+1.2}{(z-0.4)(z+0.5)}\\&=3+\frac{2.8}{(z-0.4)}+\frac{0.5}{(z+0.5)}\\&=3+\frac{2.8z^{-1}}{(1-0.4z^{-1})}+\frac{0.5z^{-1}}{(1+0.5z^{-1})}\\&=3+D_1(z)+D_2(z)\end{aligned}$$

$D_1(z)$，$D_2(z)$ 分别为

$$\begin{cases}D_1(z)=\dfrac{U_2(z)}{E(z)}=\dfrac{2.8z^{-1}}{(1-0.4z^{-1})}\\ D_2(z)=\dfrac{U_3(z)}{E(z)}=\dfrac{0.5z^{-1}}{(1+0.5z^{-1})}\end{cases}$$

采用并行程序设计法实现 $D(z)$ 的原理框图如图 8-12 所示。

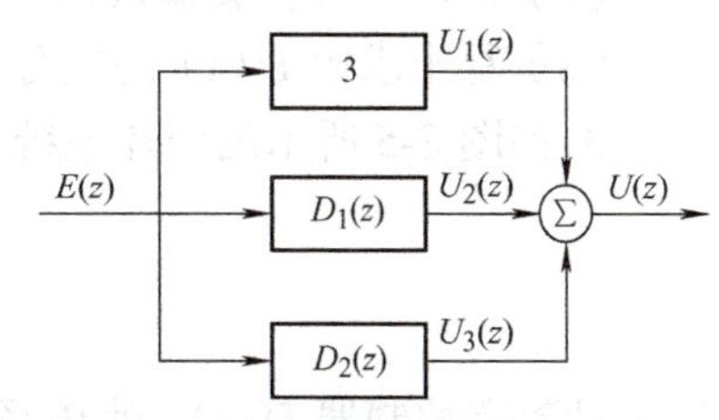

图 8-12 例 8-4 所示原理图

对 $D_1(z)$，$D_2(z)$ 分别进行换算，可得

$$\begin{cases}U_2(z)=2.8z^{-1}E(z)+0.4z^{-1}U_2(z)\\ U_3(z)=0.5z^{-1}E(z)-0.5z^{-1}U_3(z)\end{cases}$$

再进行 Z 反变换后，可得 $U(k)$ 的差分方程组（迭代方程）为

$$\begin{cases}U_1(k)=3E(k)\\ U_2(k)=2.8E(k-1)+0.4U_2(k-1)\\ U_3(k)=0.5E(k-1)-0.5U_3(k-1)\end{cases}$$

则有

$$\begin{aligned}U(k)&=U_1(k)+U_2(k)+U_3(k)\\&=3E(k)+2.8E(k-1)+0.4U_2(k-1)+0.5E(k-1)-0.5U_3(k-1)\\&=3E(k)+3.3E(k-1)+0.4U_2(k-1)-0.5U_3(k-1)\end{aligned}$$

根据所得到的差分方程组，编制计算机程序，便可求出控制信号 $U(k)$。

以上三种数字控制器 $D(z)$ 的软件实现方法各有所长，直接程序设计法是最容易实现的方法。在使用时，除了 $b_0E(k)$ 项要用到 $E(k)$ 以外，其余各项都可以在本次采样周期以前计算好，从而可以减小计算延时。但是由于计算机的字长有限，所以在运算时会产生

较大的数值误差。串行和并行程序设计法在高阶数字控制器设计时，可以简化程序设计，并且可以降低系统对参数 α_j、b_i 及量化误差的灵敏度。但是这两种方法实现起来较为困难，因为要将高阶脉冲传递函数进行分解是相当麻烦的。

1. 已知连续时间控制器的传递函数为

$$D(s)=\frac{1+0.57s}{0.25s}$$

若要进行数字化处理，试分别写出相应的位置型和增量型控制算式。设采样周期 T=0.5s。

2. 如图 8-5 所示的闭环系统，已知

$$G_{\mathrm{d}}(s)=\frac{1}{s+1}\qquad G_{\mathrm{h}}(s)=\frac{1-\mathrm{e}^{-\tau s}}{s}$$

现要求完成如下任务：

（1）求该系统的广义被控对象脉冲传递函数 $G(z)$；

（2）针对单位斜坡输入信号设计最少拍有波纹系统的数字控制器 $D(z)$；

（3）写出求解 $U(k)$ 的差分方程。

3. 如图 8-5 所示的闭环系统，若被控对象的传递函数为

$$G(s)=\frac{1}{s(s+1)}$$

试设计数字控制器 $D(z)$，使该系统成为最少拍无波纹系统，设采样周期 T=1s。

4. 已知被控对象的传递函数为

$$G_0(s)=\frac{\mathrm{e}^{-2s}}{(s+1)}$$

试用大林算法设计数字控制器 $D(z)$，设采样周期 T=0.5s。

5. 试叙述 Smith 预估补偿方法的工作原理。

6. 已知数字控制器 $D(z)$ 为

（1）$D(z)=\dfrac{z^{-4}}{\left(1+z^{-1}+z^{-2}\right)^2}$

（2）$D(z)=\dfrac{z^{-2}-4z^{-1}+2}{z^{-2}-z^{-1}-6}$

（3）$D(z)=\dfrac{0.2+0.1z^{-1}-z^{-2}}{1-2z^{-1}-3z^{-2}}$

选择三种设计方法之一，求出差分方程组，并画出程序流程图。

第 9 章 MCS-51 单片机应用系统开发与设计

9.1 单片机应用系统开发与设计

根据工业测控系统或智能仪器仪表的设计要求，采用单片机为核心，配备一定的存储器及电子元器件和相应的软件可构成单片机应用系统。系统设计既是一个理论问题，又是一个实际工程问题。它包括自动控制理论、计算机技术、自动检测技术和电子技术等，是多学科知识的综合运用。单片机应用系统的设计一般由硬件设计和软件设计两部分组成。硬件设计不仅包括单片机、存储器及I/O 接口，而且还包括键盘及开关、检测各种输入量的传感器、控制用的执行装置、通信接口、打印和显示设备等。软件设计要根据系统的要求，灵活地设计所需要的管理、监控以及应用程序。应用程序主要有数据采集程序、A–D 转换程序、D–A 转换程序、数字滤波程序，以及各种控制算法及非线性补偿程序等。

整个系统的硬件配置和软件设计是紧密地联系在一起的，而且在某些场合，硬件和软件具有一定的互换性。有些硬件电路的功能可用软件来实现，反之亦然。通常情况下，硬件实时性强，但会使系统增加投资，且结构复杂，容易受外界干扰；软件可避免上述缺点，但实时性较差。为保证系统能可靠工作，在软、硬件的设计过程中还应该包括系统的抗干扰设计。

单片机应用系统的开发步骤主要可分为明确任务、确定技术指标、硬件电路设计、软件程序编制、软 / 硬件仿真调试、可靠性试验和产品化等几个阶段，但是各阶段不是绝对分开的，有时还需要交叉进行，如图 9-1 所示。

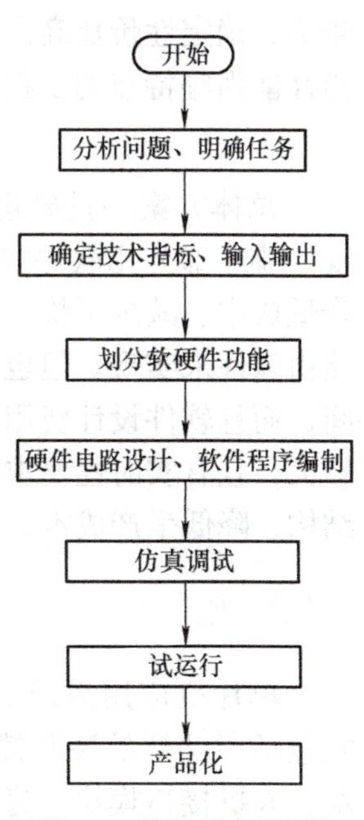

图 9-1 单片机应用系统设计步骤

9.1.1 系统总体方案设计

确定单片机应用系统总体方案是进行系统设计最重要、最关键的一步。总体方案的好坏直接影响整个应用系统的投资、调节品质及研发周期。在实际应用中，被控对象多种多样，工艺要求差别很大，系统完成的任务也千差万别，所以应用系统的总体方案必须根据工艺要求，结合被控对象来制定。但总体方案的设计过程大相径庭，主要从以下几个方面考虑。

1. 系统分析，明确任务

如同任何新产品的设计一样，单片机应用系统的设计是从确定目标任务开始的。不管是老产品的改造还是新产品的设计，都应对产品的可靠性、通用性、可维护性、先进性及成本等因素进行综合的考虑。在着手进行系统设计之前，需对市场进行调研，了解国内外市场的发展情况、进展程度，是否有人进行过类似的工作。若有，则可分析他人的结果，了解有什么优缺点，找出值得借鉴的部分；若没有，则需要进一步调研，此时的重点应放在能否实现这个环节，首先从理论上进行分析，探讨实现的可能性，所要求的指标是否能满足；其次对系统的工作环境进行准确评估，了解存在哪些干扰因素，能否实现信号的采集、调节和控制等。

2. 系统总体方案设计

在明确设计任务后，如果可以实施，则必须确定系统是采用开环系统还是闭环系统，或者是数据处理系统。如果是闭环控制系统，还必须确定出整个系统是选用直接数字控制（DDC）、计算机监督控制（SCC），或者是选用分布式控制（DCS）等。工作的重点是在该项目的技术难度上，可参考这一方面更详细、更具体的资料，根据系统的不同要求和要实现的不同功能，参考国内外同类产品的性能，提出合理、详尽的技术指标，编写出设计任务书，确定性价比高，并具有系统可靠、人机界面友好、适合非计算机专业人员操作和容错性能强等特点的工程技术方案。

3. 硬件和软件的功能划分

总体方案一旦确定，下一步的工作就是将该项目明确化，即明确哪些部分用硬件实现，哪些部分用软件实现。由于硬件结构与软件设计会相互影响，因此从简化电路结构、降低成本、减少干扰、提高系统的灵活性与通用性方面考虑，提倡软件能实现的功能尽可能由软件来实现。但也应考虑以软件替代硬件后会降低系统的实时性，增加系统的处理时间，而且软件设计费用、研制周期也将增加。在一般情况下，如果所研制的产品生产批量较大，且有实时性要求，那么主张能够用软件实现的功能都由软件来实现，以便简化硬件结构、降低生产成本。但在总体设计时，必须权衡利弊，仔细划分好硬件和软件的功能。

9.1.2 硬件设计

单片机应用系统的硬件设计主要包括两部分内容：一是单片机系统扩展部分设计，它包括存储器扩展和接口扩展；二是各功能模块的设计，如信号检测模块、信号控制模块、人机接口模块、通信接口模块等。并且根据系统功能要求还需配置相应的 A-D 转换器、D-A 转换器、键盘、显示器、打印机等外围设备。

所谓硬件电路的总体设计，是为实现该项目全部功能需要的所有硬件的电气接线原理图。因为电路的各部分都是紧密相关、互相协调的，任何一部分电路的考虑不充分，都会给其他部分带来难以预料的影响，所以设计时不能急于求成，过于仓促制板和调试。

在进行硬件的总体方案设计时，所涉及的具体电路可借鉴他人在这方面进行的工作。因为经过别人调试和试验过的电路往往具有一定的合理性。如果在此基础上，结合自己的设计目的进行一些修改，则是一种简便、快捷的做法。当然，大部分电路需要自己设计，完全照搬是不太可能的。

在参考别人的电路时，需对其工作原理有较为透彻的分析和理解，根据其工作机理了解其适用范围，从而确定其移植的可能性和需要修改的部分。对于有些关键和尚不完全理解的电路，需要仔细分析，在设计之前先进行试验，以确定这部分电路的正确性，并检验电路的可靠性和测量是否满足精度要求。

硬件设计的任务是根据总体设计要求，在所选机型的基础上，首先确定系统扩展所要用的存储器、I/O 电路以及相关外围电路等，然后再设计系统的电路原理图。为使硬件设计尽可能合理，根据经验，系统的电路设计应从以下几个方面考虑：

1）应根据系统的要求和各种单片机的性能，选择最容易实现产品技术指标的单片机机型，而且要求能够达到较高的性价比。单片机的性能包括片内的资源、扩展能力、运算速度、可靠性等几个方面，应尽可能地选择标准化、模块化的典型电路，以提高设计的成功率和结构的灵活性。

2）在条件允许的情况下，应尽可能地选用最新的、功能强和集成度高的电路或芯片。因为采用集成电路可以减少元器件、接插件和相互连接线的数量，体积也会相应减小，使系统可靠性增加，而且成本往往比用多个元器件实现的电路要低。

3）在设计硬件系统总体结构时，要注意选择通用性强、市场货源充足的元器件。尽可能地对一个较复杂的系统采用模块化设计方法，即将中央控制单元、输入 / 输出接口、人机接口等功能电路分成独立模块进行设计，然后采用一定的连接方式将其组合成一个完整的系统。通常情况下，系统选用已有的模块有时成本会偏高，但可大幅度缩短研制周期，提高工作效率。

4）系统的扩展及各功能模块的设计在满足系统功能要求的基础上，应适当留有余地，以备将来修改、扩展之需。在进行 ROM 和 RAM 扩展时，应尽量选用较大容量的芯片，这样不仅将来升级方便，成本也会降低；在进行 I/O 接口扩展时，也应给出一定的裕量，这样在临时增加一些测量通道或被控对象时就比较容易实现了。

5）在电路设计时，要充分考虑应用系统各部分的驱动能力。MCS-51 单片机的外部扩展功能很强，但四个 8 位并行口的负载能力是有限的。P0 口能够驱动八个 TTL 电路，P1 ～ P3 口只能驱动四个 TTL 电路。在实际应用中，所有端口的负载不应超过总负载能力的 70%，以保证留有一定的裕量。在外接负载较多的情况下，如果负载是 MOS 芯片，那么因负载消耗电流很小，影响不是很大；如果负载是 TTL 电路，那么应采用总线驱动电路，以提高端口的驱动能力和系统的抗干扰能力。

6）单片机应用系统的可靠性是最重要、最基本的一项技术指标，也是在硬件设计时必须考虑的一个方面。

可靠性通常是指系统在一定的工作条件下以及时间内完成系统功能的能力。工作条件主要包括环境温度、湿度、振动和供电条件等；时间一般指平均故障时间、平均无故障时间和连续正常运转时间等。

系统在实际工作中，可能会受到来自内部和外部的各种干扰，特别是测控系统常常工作在环境恶劣的工业现场，容易受到电网电压、电磁辐射、高频干扰等因素的影响，使系统工作产生错误或故障。为减少这种情况的发生，必须要采取各种措施提高硬件的可靠性。

7）工艺设计是一个系统设计人员容易疏忽但又十分重要的问题，主要包括机箱、面板、配线、接插件等部分的设计。在设计时要充分考虑到安装、调试和维修的方便。

9.1.3 软件设计

在进行系统的总体设计时，软件设计和硬件设计应统一考虑。当系统的电路设计定型后，软件设计的任务也就明确了。

系统中的应用软件是根据系统功能要求设计的。一般来说，单片机中的软件功能可分为两大类：一类是监控软件，是用来协调各模块和操作者之间的关系，充当组织调度角色，也称为 Debug 程序，是最基本的调试工具；另一类是执行软件，它用来完成各种具体的功能，如测量、计算、显示、打印和输出控制等。监控程序功能不足会给应用程序的开发带来麻烦，反之，用大量精力设计监控程序会延长软件开发周期，所以把监控程序控制在适当的规模。由于应用系统种类繁多，程序编写者风格不一，因此应用软件因系统而异、因人而异。尽管如此，作为优秀的应用软件还是有其共同特点和规律的，设计人员在进行软件设计时应从以下几个方面加以考虑。

1. 初始化定义

初始化定义是指在软件设计前，首先要明确软件所要完成的任务，确定输入/输出的形式，对输入/输出的数据和中间变量以及可能发生的错误如何处理。主要有以下几点：

1）定义并说明各输入/输出口的功能，是模拟信号还是数字信号以及电平范围，与系统的接口方式，占用端口地址，读取和输入方式等。

2）要合理分配系统资源，包括 ROM、RAM、定时/计数器、中断源等。其中最关键的是片内 RAM 的分配。例如，对 8031 来讲，片内 RAM 是指 00H ～ 7FH 单元，这 128 个字节的功能不完全相同，分配时应充分发挥其特长。在工作寄存器的 8 个单元中，R0 和 R1 具有指针功能；20H ～ 2FH 这 16 个字节具有位寻址功能，可用来存放各种标志位、状态变量、逻辑变量等；设置堆栈区时应事先估算子程序的数量和中断嵌套的级数以及程序中堆栈操作指令的使用情况，并留有一定的裕量。若系统中扩展了 RAM 存储器，则应把使用频率最高的数据安排在片内 RAM 中，以提高处理速度。当 RAM 资源规划好后，应列出一张 RAM 资源详细分配表，以备编程人员查用。

3）键盘等控制输入量的定义与软件编制密切相关，系统运行过程和运算结果的显示、正常运行和出错显示等也都应该由软件编制，所以必须事先定义，作为编程的依据。

2. 软件结构设计

合理的软件结构是设计出一个性能优良的应用系统软件的基础。整个系统可分解为几个相对独立的操作，根据这些操作的相互联系的时间关系，设计出一个合理的软件结构。对于简单的单片机应用系统，通常采用顺序程序设计方法，这种方法的软件是由主程序和若干个中断服务子程序构成的。主程序和中断服务子程序之间的信息交换一般采用数据缓冲器和软件标志（置位或清零位寻址区的某一位）方法。根据系统各个操作的性质，指定哪些操作由中断服务程序完成、哪些操作由主程序完成，并指定各个中断的优先级。

因为顺序程序设计方法容易被理解和掌握，也能满足大多数简单的应用系统，所以是一种很常用的方法。顺序程序设计的缺点是软件的结构不够清晰、软件的修改扩充比较困难、实时性较差。这是因为功能复杂时，执行中断服务程序要花费较多的时间，CPU

执行中断程序时不响应低级或同级的中断，这可能导致某些实时中断请求得不到及时的响应，甚至会丢失中断信息。这时只有在主程序里多设置一些缓冲器和标志位，中断服务程序只完成一些特定功能的操作，从而缩短中断服务程序的执行时间，这在一定程度上能够提高系统的实时性。但是众多的标志会使软件结构变乱，很容易发生错误，给调试带来困难。针对以上情况，对于复杂的应用系统，可采用实时多任务操作系统。

3. 模块化程序设计

通常人们设计程序时习惯于自顶向下设计，即先从主程序开始设计，子程序用符号代替。主程序编好后再编制各个子程序，最后完成整个系统软件的设计。程序调试也按这个顺序进行。这种程序设计方法的优点是比较符合人们的日常思维，可以较早地发现程序错误；缺点是上一级的程序错误将对整个程序产生影响，前面程序的修改可能会引起整个程序的修改。所以对于较为复杂的系统，一般不主张这样设计，而提倡模块化的程序设计方法。

模块化的程序设计思想是根据软件的功能要求，将系统软件分成若干个相对独立的部分。根据它们之间的联系和时间上的关系，把一个功能完整的较长的程序分解为若干个功能相对独立的较小的程序模块，各个程序模块分别进行设计、编制和调试，最后把各个调试好的程序模块组合成一个大的程序。

模块化程序设计的优点是单个功能明确的程序模块的设计和调试比较方便、容易完成，一个模块可以为多个程序所共享，还可以利用已有的程序模块（如各种已有的子程序）。既便于调试、链接，又便于移植、修改；缺点是各个模块的连接有时具有一定的困难。程序模块的划分没有一定的标准，但每个模块不宜太大，各模块之间界限明确，在逻辑上相对独立，尽量利用已有的程序模块。

4. 程序设计

在选择好软件结构和所采用的程序设计技术后，便可着手进行程序设计，把问题的定义转化为具体的程序。

1）建立数学模型。即根据系统功能要求，描述出各个输入和输出变量之间的数学关系，它是关系到系统性能好坏的重要因素。例如，在直接数字控制系统中，采用数字 PID 控制算法或其改进形式，参数的整定是至关重要的。在测量应用系统中，从模拟量输入通道得到的温度、流量、速度、加速度等现场信息与该信息对应的物理量之间常常存在非线性关系，采用什么样的公式来描述和修正这种关系，以达到线性化处理的目的，这对仪器的测量精度是起决定性的作用。另外，为了削弱或消除干扰信号的影响，选用何种数字滤波方法等。

2）绘制程序流程图。为提高软件设计的总体效率，以简明、直观的方法对任务进行描述，在编写应用软件之前，应绘制出程序流程图。这不仅是程序设计的一个重要组成部分，也是决定成败的关键部分，故对初学者来说尤为重要。

在设计过程中，先画出简单的功能性流程图（框图），然后对功能流程图进行扩充和具体化。对存储器、寄存器、标志位等工作单元作具体的分配和说明，把功能流程图中每一个具体的操作转变为对具体的存储单元、工作寄存器或 I/O 口的操作，从而绘出详细的程序流程图。

3）编写程序。在完成了程序流程图设计以后，接着便可编写程序。单片机应用程序大多用汇编语言编写，如果有条件可以用高级语言编写，如 MBASIC51、PL/M51、C51 等。编写程序时，应采用标准的符号和格式书写，必要时给出若干功能性注释，提高程序的可读性。

9.1.4 系统调试

在完成了硬件设计和软件设计以后，便进入了系统的调试阶段。其主要任务是排除系统的硬件故障，并完善其硬件结构，运行所设计的程序，排除程序错误，优化程序结构，使系统实现期望的功能，进而固化软件，使其产品化。控制系统的调试步骤和方法基本上是相同的，但具体细节与所采用的开发系统以及用户所选用的单片机型号有关。

1. 硬件调试

单片机应用系统的硬件调试和软件调试是密不可分的，许多硬件故障是在软件调试时才发现的，但通常情况是先排除系统中明显的硬件故障后才与软件结合起来调试。

（1）常见的硬件故障

1）逻辑错误。逻辑错误是由于设计错误和加工过程中的工艺性错误所造成的。这类错误包括错线、相位错、开路、短路等几种。其中开路常常是由于印制电路板的金属孔质量不好或接插件接触不良引起的。短路是最常见也是较难排除的故障。单片机应用系统通常要求体积小，从而使印制电路板的布线密度高，往往会造成引线之间的短路。

2）电源故障。若系统中存在电源故障，则加电后将造成器件损坏，因此电源必须单独调试好以后才能加到系统的各个部件中。电源的故障主要包括电压、电流值不符合设计要求，纹波系数过大，不同电源之间的短路，变压器功率不足，内阻大，负载能力差等。

3）元器件失效。主要原因有两个方面：一是由于组装错误造成的元器件失效，如电容、二极管、晶体管的极性错误和集成块安装的方向错误等；二是元器件本身已损坏或性能差，诸如电阻电容的型号、参数不正确，集成电路已损坏，元器件的速度、功耗等技术指标不符合要求等。

4）可靠性差。系统不可靠的因素很多，如金属孔、接插件接触不良会造成系统时好时坏；内部和外部的干扰、器件负载过大等会造成逻辑电平不稳定。此外，走线和布局的不合理等也会导致系统的可靠性变差。

（2）硬件调试方法　硬件调试是指利用硬件开发系统、基本测试仪器，通过执行开发系统相关命令或运行适当的测试程序（也可以是与硬件有关的部分用户程序段）来检查系统硬件中存在的故障。硬件调试可分为静态调试与动态调试。

1）静态调试。首先，在上电之前，用万用表等工具，根据硬件电气原理图和装配图仔细检查系统线路是否正确，并核对元器件的型号、规格。应特别注意电源的走线，防止电源之间的短路和极性错误，并重点检查扩展系统总线（数据总线、地址总线和控制总线）是否存在相互间的短路或与其他信号线之间的短路。

其次，上电后检查各插件上引脚的电压，仔细测量各点电压是否正常，尤其应注意单片机插座上的各点电压。若有高压，则在联机时将会损坏仿真器。

最后，在断电情况下，除单片机以外，插上所有的元器件，用仿真插头将单片机插座和开发工具的仿真接口相连。

2）动态调试。在静态调试中，只能对硬件进行初步测试，排除一些明显的硬件故障，其余故障只能靠联机调试来排除。静态调试完成后分别闭合整个系统和仿真器电源，就可以进行动态调试了。动态调试是在系统工作的情况下发现和排除系统硬件中存在的器件内部故障、器件之间连接逻辑错误等的一种硬件检查。由于单片机系统的硬件动态调试是在开放系统的支持下完成的，故又称为联机仿真或联机调试。

动态调试的一般方法是由近及远、由分到合，进行分步、分层调试。

在有些情况下，由于功能要求较高或设备较复杂，使某些逻辑功能块电路较为复杂庞大，给检查排除故障带来一定的难度。这时可按照每块电路信号的流向为线索，将信号流经的各器件按照距离单片机的逻辑距离进行由远及近的分层，然后分层进行调试。调试时采用去掉无关元器件的方法，逐层依次调试，从而将故障定位在具体元器件或位置上。

由分到合指的是首先按照逻辑功能将系统硬件电路分为若干块，如程序存储器电路、A-D 转换电路、输入 / 输出控制电路，再分块进行调试。当调试某电路时，仍将与该电路无关的器件全部从系统中去掉，这样可将故障范围限定在某个局部的电路上。当分块电路调试无故障后，将各电路逐块加入系统中，再对各块电路及电路间可能存在的相互联系进行检验。若此时出现故障，则最大的可能是电路协调关系上出了问题，如相互间信息联络不正确、时序未达到要求等。应不断调试直到所有电路加入系统后各部分电路仍能正确工作为止。

动态调试借助开发系统资源（单片机、存储器等）来调试用户系统中单片机的外围电路。利用开发系统友好的人机界面，可以有效地对系统的各部分电路进行访问、控制，使系统在运行中暴露问题，从而发现并排除故障。

2. 软件调试

（1）常见的软件错误

1）程序失控。这种错误的现象是当运行程序时，系统没有按规定的功能进行操作或什么结果也没有，这是由于程序出现死循环或转移到没有预料到的地方所造成的。产生这类错误的原因有程序中转移地址计算错误、堆栈溢出、工作寄存器冲突等。在采用实时多任务操作系统时，错误可能是操作系统没有完成正确的任务调度操作；也可能是在高优先级任务程序结束时没有释放处理器，使 CPU 在该任务中处于死循环状态。

2）中断错误。主要有两种情况，一种是不响应中断，这种错误的现象是连续运行时不执行中断服务程序的规定操作。产生这类错误的原因主要有中断控制寄存器（IE、IP）的初值设置不正确，使 CPU 没有开放中断或不允许某个中断源的请求；外部中断源的硬件故障使外部设备无法申请中断；对特殊功能寄存器和扩展的 I/O 接口编程有错误，造成中断不能被激活；中断服务子程序没有正确地返回到主程序，或者是 CPU 虽返回到主程序，但内部中断状态寄存器没有被清除，从而不响应中断。第二种是循环响应中断，这种错误是 CPU 循环地响应同一个中断，使 CPU 不能正常地执行主程序或其他中断服务子程序，这种错误大多发生在外部中断中。若外部中断（如 INT0 或 INT1）以电平触发方式请求中断，那么当中断服务程序没有有效清除外部中断或硬件故障使中断源一直有效时，将会导致 CPU 一直响应该中断。

3）输入 / 输出错误。这类错误包括输入 / 输出结果不正确或根本不动作，产生错误的原因主要有输入/输出程序没有和I/O硬件协调好（如地址错误、写入的控制字和规定的I/O操作不一致等），时间上不同步，硬件中还存在故障等。

（2）软件调试方法　软件调试是通过对用户程序的汇编、连接、执行来发现程序中存在的语法错误和逻辑错误并加以排除纠正的过程。软件调试与所选用的软件结构和程序设计技术有关。如果选用实时多任务操作系统，则一般是逐个任务进行调试。在调试某一个具体任务时，同时也调试相关的子程序、中断服务子程序和一些操作系统的程序。若采用模块化程序设计技术，则逐个模块（子程序、中断服务子程序、I/O程序等）进行调试，再联成一个完整的程序，然后进行系统调试。软件调试的一般方法是先独立后联机、先分块后组合、先单步后连续。

1）计算程序的调试方法。计算程序的错误是一种静态和固定的错误，因此主要采用单步或断点运行方式来调试。根据计算程序的功能，事先准备好测试数据，然后从计算程序开始运行到结束，将运行的结果和准备好的测试数据进行比较。如果对所有的测试数据进行测试都没有发现错误，则说明该计算程序是正确的；如果发现结果不正确，则改用单步运行方式，即可检查出错误所在的位置。

2）I/O处理程序的调试。对于A-D转换一类的I/O处理程序，要求实时性比较高，因此要采用全速断点方式或连续运行方式进行调试。

3）综合调试。在完成了各个模块程序（或各个任务程序）的调试工作以后，便可以进行系统的综合调试。综合调试一般采用全速断点运行方式，这个阶段的主要工作是排除系统中遗留的错误，以提高系统的动态性能和精度。在综合调试的最后阶段，应使系统的晶振电路工作，系统全速运行。若都能实现预定的技术指标，便可将软件固化，然后再运行固化程序后的系统，成功后意味着系统可脱机运行，即一个应用系统研制成功。如果脱机后出现了异常情况，则大多是由于系统的复位电路中有故障，或上电复位电路中元器件参数有误等引起的。

3. 运行与维护

在进行综合调试后，还需进行一段时间的试运行。只有经过试运行，所设计的系统才可能会暴露出它的问题和不足之处。在系统试运行阶段，设计者应当对系统进行检测和试验，以验证系统功能是否满足设计要求，能否达到预期效果。

系统经过一段时间的烤机和试运行后，就可投入正式运行。在正式运行中还需建立一套健全的维护制度，以确保系统的正常工作。

9.1.5　印制电路板设计

单片机应用系统的硬件单元电路设计完成后，需要通过电路设计软件在计算机上完成印制电路板图的制作。可以采用的电路板图设计软件有很多种，如Altium、CAD等，但现在大部分电子设计者都采用Altium软件辅助设计。首先，绘制电路原理图的图样要整洁美观大方；其次，根据原理图绘制印制电路板图。印制电路板一般分为2层板、4层板，8层板。层数越多，电路板的造价越高。

1. 电路板布局的基本原则

1）遵循先难后易、先大后小的原则；

2）布局可以参考硬件设计原理图大致的布局，根据信号流向规律放置主要元器件；

3）连线尽可能短，关键信号线最短；

4）模拟信号、数字信号分开；

5）强信号、弱信号、高电压信号和弱电压信号要完全分开；

6）相同结构的电路部分应尽可能采取对称布局；

7）按照均匀分布、重心平衡、版面美观的标准来优化布局；

8）双列直插式元器件相互的距离要大于 2mm；

9）元器件的放置要便于调试和维修，大元器件边上不能放置小元件；需要调试的元器件周围应有足够的空间；发热元器件应有足够的空间以利于散热；热敏元器件应远离发热元器件；

10）旁路电容应均匀地分布在集成电路周围；

11）集成电路的去耦电容应尽量靠近芯片的电源脚，使之与电源和地之间形成的回路最短；

12）用于阻抗匹配目的的阻容元器件的放置，应根据其属性合理布局；

13）匹配电阻在布局时要靠近该信号的驱动端，距离一般不超过 500mil；

14）匹配电容、电阻的布局要分清楚其用法，对于多负载的终端匹配一定要放在信号的最远端进行匹配。

2. 板层的设置规则

1）在印制电路板内分配电源层与地层，且尽量相互邻近，这样可以很好地抑制印制电路板上固有的共模 RF 干扰，并且能减少高频电源的分布阻抗。一般接地平面应在电源平面之上，这样可以利用两金属平板间的电容作为电源的平滑电容，同时接地平面还可以对电源平面上分布的辐射电流起到屏蔽作用。

2）在多层印制电路板中，电源平面和接地平面上的分布电阻为最小。这是由于电源平面与接地平面中充满了电磁辐射频段的浪涌，可能会引起逻辑混乱、瞬间短路、总线上信号过载等现象。而且由于不同逻辑部件的导通和截止电流比是不同的，因此小的分布电阻就能使信号线平面与接地平面间的电磁干扰通量比信号线平面与电源平面的通量小得多。信号平面邻近电源平面时将会引起信号相移、产生大的电感和变化的噪声。

3）把模拟电路单元与数字电路单元分开，模拟电源与数字电源要绝对分开、不能混用。

4）当多层印制电路板中有多个接地平面时，高速信号的布线平面应该靠近接地平面，这是由于当高频信号的布线平面接近接地平面时就能迅速将高频干扰信号泄放到结构大地，而如果布线平面接近电源平面则会干扰电源而影响其他电路工作。

5）电子系统设备中的时钟电路和高频电路是主要的干扰和辐射源，所以必须进行分区，单独安排。一般采用空间分离技术，使此类电路远离其他敏感电路，以避免对其形成干扰。

3. 走线的基本规则

1）信号走线尽量粗细一致，有利于阻抗的匹配，一般为 0.2 ~ 0.3mm，对于电源线和地线应尽可能加大，地线排在印制板的四周对电路防护有利。尽量减小信号电流环路的面积，尤其是减小高频信号的电流环路面积。

2）作为高速数字电路的输入端和输出端，应避免相邻平行布线。必要时，在这些导线之间要加接地线。

3）仔细选择接地点以使环路电流、接地电阻及电路的公共阻抗最小。

4）时钟芯片的上拉或下拉电阻应尽量靠近时钟芯片。对于时钟频率大于等于66MHz的时钟线，每条线的过孔数不要超过2个，平均不得超过1.5个；时钟频率小于66MHz的时钟线，每条线的过孔数不要超过3个，平均不得超过2.5个；长度超过12inch的时钟线，如果频率大于20MHz，过孔数不得超过2个。时钟线要远离I/O一侧板边500mil以上，并且不要和I/O线并行布线。

整板设计完成后，要及时检查信号走线和连接是否符合设计标准，器件标注是否正确完整，同时还要注意整体外观形象。

9.2 抗干扰技术

计算机控制系统大多用于工业现场，而工业现场情况复杂，环境恶劣，且有很多种干扰，严重影响着控制系统的稳定性和可靠性。在工业现场特殊的环境中，要求计算机控制系统要有足够高的抗干扰能力。干扰的产生是由多种因素引起的，所以要根据现场的情况，分析干扰的来源，常采用硬件和软件相结合的有效措施来抑制或消除干扰。

9.2.1 干扰源及其分类

1. 干扰的来源

干扰又称为噪声，是指有用信号以外的信号或在信号输入、传输和输出过程中出现的一些有害的电气变化现象。这些噪声或变化迫使信号的传输值、指示值或输出值出现误差，导致出现假象。干扰对电路的影响，轻则会降低信号的质量，影响系统的稳定性；重则会破坏电路的正常功能，造成逻辑关系混乱、控制失灵。常见的干扰主要表现在以下几个方面。

（1）电源噪声　工业现场动力设备多、功率大、类型复杂、操作频繁。大功率设备的起停，特别是大感性负载的起停会造成电网电压大幅度涨落。这些都会严重影响计算机控制系统的正常工作。

（2）接地不良引起的干扰　地线与所有的设备都有联系，良好的接地可以消除部分干扰。如果接地不良，则会产生接地电位差，从而进入地线并传递到所有设备，导致设备无法正常工作。

（3）其他干扰　工业环境的温度、湿度、震动、灰尘、腐蚀性气体，以及电路感应产生的干扰等都会影响计算机控制系统的正常工作。

2. 干扰源的分类

（1）从干扰的来源划分

1）内部干扰。内部干扰是应用系统本身引起的干扰，包括固定干扰和过渡干扰两种。固定干扰是指信号间的相互串扰、长线传输阻抗不匹配时的反射噪声、负载突变噪声以及馈电系统的浪涌噪声等。过渡干扰是指电路在工作时引起的干扰。

2）外部干扰。外部干扰是由系统外部窜入到系统内部的各种干扰，包括某些自然现象（如闪电、雷击、地球或宇宙辐射等）引起的自然干扰和人为干扰（如电台、车辆、家用电器、电器设备等发出的电磁干扰，以及电源的干扰）。一般来说，自然干扰对系统影

响不大，而人为干扰则是外部干扰的关键。

（2）从干扰与输入信号的关系划分

1）串模干扰。串模干扰就是串联在被测信号回路上的干扰，如图 9-2a 所示。图中，Us 为信号电压，Un 为串模干扰电压，Un 既可以来自干扰源，也可以由信号源本身产生。产生串模干扰的原因主要有分布电容的静电耦合、长线传输的互感、空间电磁场引起的磁场耦合和工频电压干扰等。

2）共模干扰。共模干扰就是指模拟量输入通道的 A-D 转换器的两个输入端上共有的干扰电压。在计算机控制系统中，由于控制器和被控被测的参量相距较远，这样被测信号 Ui 的参考地（模拟地）和控制器输入信号的参考地（模拟地）之间往往存在一定的电位差 Uc，如图 9-2b 所示。图中 Uc 就是共模干扰电压。它可能是交流电压，也可能是直流电压，其数值可达几 V 甚至几百 V，主要取决于控制器和其他设备的接地情况以及现场产生干扰的因素。

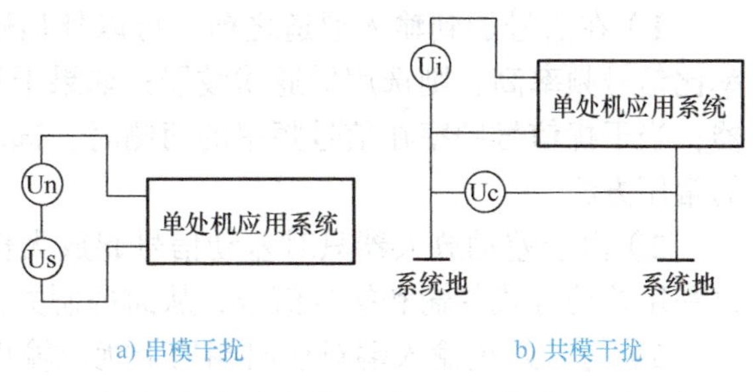

图 9-2　干扰示意图

9.2.2　硬件抗干扰技术

抗干扰是指把对计算机控制系统的干扰（噪声）消除或者减小到最小，以保证系统能够正常工作。抗干扰主要从以下几个方面进行考虑：

（1）消除干扰源　有些干扰可以采取一些合理的方法予以消除。比如通过合理布线，可以消除或减少分布电容和线间感应；在集成电路的电源和地线之间连接去耦电容，可以抑制传输线的反射，消除信号波形的毛刺和台阶；集成电路的闲置端不要悬空；改进制造工艺和焊接技术，也可以消除部分干扰；采用屏蔽措施，把干扰源或控制系统屏蔽起来，也是一种消除干扰源的有效措施。

（2）远离干扰源　离干扰源越远，干扰就会衰减得越小。计算机控制系统、计算机房，包括有终端设备的操作室都应该尽可能地远离干扰源，比如远离具有强磁场、强电场的地方。

（3）防止干扰的窜入　干扰都是通过一定的途径进入计算机控制系统中的。如果能在干扰进入途径上采取有效的措施，就可以避免干扰对计算机控制系统的入侵。

1. 电源系统的抗干扰措施

实践表明，电源系统的干扰是计算机控制系统的主要干扰，必须给予足够的重视。电源系统可分为交流电源和直流电源系统。

（1）交流电源系统的抗干扰措施

1）选用供电比较稳定的进线电源；

2）对电源变压器设置合理的屏蔽；

3）为了克服电网电压波动对控制系统的影响，在电源输入端接一个交流稳压器；

4）为了消除频率高于 50Hz 的高次谐波干扰信号，在电源输入端接一个低通滤波器；

5）对于要求很高的控制系统可利用不间断电源（UPS）供电，从而消除恶性干扰。

（2）直流电源系统的抗干扰措施

1）采用直流开关电源；

2）如果系统供电网络电压波动较大，或者对直流电源的精度要求较高，则可采用 DC–DC 变换器；

3）对系统的各个模块采用分散独立的电源供电。

2. 过程通道干扰的抑制

过程通道是 I/O 接口与主机之间进行信息传输的途径，在过程通道中干扰信号通过输入线窜入计算机控制系统。过程通道干扰抑制主要从 I/O 接口和传输线两个方面考虑。

（1）I/O 接口的抗干扰措施

1）在信号加到输入通道之前，可以外加硬件滤波器滤除交流干扰。如果干扰信号频率比信号频率高，则选用低通滤波器；如果干扰信号频率比信号频率低，则选用高通滤波器；当干扰信号频率在信号频率的两侧时，选用带通滤波器。使用滤波器是抑制串模干扰的常用方法。

2）由于差动放大器只对差动信号起放大作用，而对共模电压不起放大作用，因此可以利用差动方式传输和接收信号，从而抑制共模干扰。

3）为了避免输入端对输出端的干扰或输出端对输入端的反馈干扰，可以采用光电耦合器进行光电隔离，光电耦合器采用了电—光—电的信号传递方式，具有很高的绝缘性。

4）利用变压器将模拟电路和数字电路隔离开来，使共模干扰电压不能形成回路，从而抑制共模干扰。

（2）I/O 传输线的抗干扰措施

1）由于双绞线是一对导线按照设定行波的长度对绞，每一个小环路上的感应电动势会互相抵消，所以传输线采用双绞线。

2）在干扰严重、精度要求很高的场合，应当采用屏蔽信号线，屏蔽信号线可以防止外部干扰窜入。

3）光纤是利用光传输信号，可以不受任何形式的电磁干扰影响，传输损耗很小。因此在周围环境电磁干扰大，传输距离较远的场合，可以使用光纤传输。

4）长线传输除了会受到外部干扰，还可能产生波的反射。如果传输线的终端阻抗和传输线的波阻抗不匹配，那么入射波到达终端时会引起反射，反射波到达始端后，如果始端阻抗不匹配，则又会引起新的反射。如此反复，会在信号中引起很多干扰。因此对长线可采用阻抗匹配的方法抑制干扰。

3. 接地技术

单片机应用系统中存在的地线有数字地、模拟地、功率地、信号地和屏蔽地。数字地与模拟地应分开，最后单点相连。一般高频电路应就近多点接地，在高频电路中，地线上具有电感，从而增加了地线阻抗，而且地线变成了天线，向外辐射噪声信号，因此要多点就近接地。低频电路应一点接地，在低频电路中，接地电路若形成环路，则对系统影响很大，因此应一点接地。交流地、功率地与信号地不能共用。流过交流地和功率地的电流较大，会产生几毫伏，甚至几伏电压，这会严重地干扰低电平信号的电路，因此交流地、功率地与信号地要绝对分开。信号地与屏蔽地的连接不能形成死循环回路，否则会感生出电压，形成干扰信号。

用金属外壳将部分元器件或整机包围起来，再将金属外壳接地，就能起到屏蔽的作用，可以抑制各种通过电磁感应引起的干扰。屏蔽外壳的接地点要与系统的信号参考点相接，而且只能单点接地。若要有引出线，则应采用屏蔽线，其屏蔽层应和外壳的接地点接同一系统参考点。参考点不同的系统应分别屏蔽，不可共处一个屏蔽盒内。

9.2.3　软件抗干扰技术

为了有效地抑制干扰，仅仅采取硬件措施是不够的，还必须采取软件措施。适当采用软、硬件相结合的方法，可以获得较理想的抗干扰效果。软件抗干扰措施主要有以下三种。

1. 指令冗余

在实际应用中，根据系统要求，规定了程序运行的唯一途径。但当干扰严重时，会使程序偏离正常的运行途径，出现改变操作数数值以及将操作数误认为操作码等问题，即通常所说的程序“跑飞”或“死机”。

发生程序“跑飞”是因为程序中有多字节指令。此时的首要工作就是尽快将程序纳入正常路径。所谓“指令冗余”就是在一些关键的地方将有效单字节指令重复书写或插入一些单字节的空操作指令（NOP）。当程序“跑飞”到某条 NOP 指令之上时，不会发生把操作数作为指令码执行的错误。但在程序中加入太多的冗余指令会降低程序正常运行的效率。因此，通常仅仅在一些对程序流向起决定作用的指令前面插入两条 NOP 指令，以保证“跑飞”的程序迅速恢复正常运行。

2. 软件陷阱

指令冗余使“跑飞”的程序恢复正常运行有两个条件，一是“跑飞”的程序必须落到程序区，二是必须执行所设置的冗余指令。如果“跑飞”的程序落到非程序区（如 EPROM 中未使用的空间或某些数据表格等）时，或者当“跑飞”的程序在没有碰到冗余指令之前，已经不能正常运行，则可采用设置软件陷阱的方法，引导“跑飞”的程序进入指定的指令操作。

所谓“软件陷阱”就是利用一条引导指令，强行将掉到陷阱中的程序引向一个指定的地址，在那里有程序运行出错处理程序，会将程序纳入正轨。根据“跑飞”的程序落入陷阱区的位置不同，可将软件陷阱设置在以下区域：

1）未使用的中断区。当未使用的中断因干扰而开放时，在对应的中断服务程序中设置软件陷阱，以及时捕捉错误的中断，从而返回到正常路径。

2）未使用的 EPROM 空间。EPROM 的存储空间很少全部用完，可在空白处插入软件陷阱指令。软件陷阱指令为 LJMP　0000H，机器码为 020000H。当程序“跑飞”时，PC 指针指向 02H 操作码，失控程序将转向复位入口地址 0000H。

3）运行程序区。将陷阱指令组分散放置在用户程序各模块之间的空余单元里。在正常程序中不执行这些指令，不会影响程序执行的效率。在当前 EPROM 容量不成问题的条件下，“软件陷阱”应多设置一些为好，“跑飞”的程序一旦落入此区，便迅速拉到正常路径。

4）中断服务程序区。设用户主程序运行区间为 CODE1 ～ CODEx，并设定时器 T0 产生 10ms 定时中断。可在中断服务程序中判断中断断点地址 CODEx，若 CODEx<CODE1 或 CODEx>CODE2，则说明发生了程序“跑飞”，应使程序返回到复位地址 0000H，将“跑飞”程序拉到正常路径。

5）外部 RAM 写保护。单片机外部 RAM 中保存了大量数据，其写入指令为 MOVX @DPTR，A。当 CPU 受到干扰而非法执行该指令时，会改写 RAM 中的数据。为减小 RAM 中数据丢失或被改写的可能性，可在对 RAM 写操作之前加入条件陷阱指令，不满足条件时不允许写，并进入陷阱，形成死循环。

3. 程序运行监控

在计算机控制系统中，即使采用了上述的抗干扰措施，但当程序“跑飞”到一个冗余指令和“软件陷阱”都无能为力的死循环中时，系统就会瘫痪。此时只能依靠本身不依赖于 CPU 而独立工作的程序运行监视器 Watchdog（看门狗）来解决程序“跑飞”问题。Watchdog 可以做成硬件电路，也可以由软件设计，但软件的可靠性不如硬件电路，故可由两者结合起来实现。

Watchdog 是利用 CPU 在一定的时间间隔（根据程序运行要求而定）内发出正常信号的条件工作的，当 CPU 进入死循环后，可以及时发现并使系统复位。

软件看门狗基本思路是在主程序中对 T0 中断服务程序进行监视；在 T1 中断服务程序中对主程序进行监视；T0 中断又监视 T1 中断。这种相互依存、相互制约的抗干扰措施将使系统的可靠性大大提高。

Watchdog 的硬件电路可以由单稳态电路构成，也可以使用集成电路 uP 监控电路。uP 监控电路有多种规格和种类，有的除了具有看门狗功能，还具有上电复位、监控电压变化、片使能 WDO 和备份电源切换开关等功能。

9.3 8 路温度巡检仪控制系统设计

9.3.1 设计任务及硬件电路设计

1. 设计任务

设计一个 8 路温度巡检仪控制系统，测量范围为 0 ～ 300℃，要求 8 路输入温度值，能在 4 位 LED 数码管上轮流显示，其中最高位显示通道数。

2. 系统硬件电路设计

要对 8 路温度进行采集并显示，电路主要由 A–D 转换模块，多路数据选择模块，数据处理及显示控制模块组成。A–D 转换模块由集成电路 AD7705 组成，数据选择开关由多路选择开关 CD4051 组成，地址线决定对哪一路进行数据转换。外围扩展的芯片采用串行接口芯片，使整个系统体积小、功耗低，具有良好的可维护性和较强的抗干扰性能。单片机选用 AT89C51，晶振为 12MHz，AD7705 的时钟线接单片机的 ALE 端，它将产生 2MHz 的时钟信号。单片机的 P0 口接数码管的段码，P2 口接位选。P3.0 为 A–D 数据输入端，采用串行通信方式 0 进行数据的读入。

（1）A–D 采样模块　在这一部分电路中，AD7705 是用于低频测量系统的前端器件，它分辨率高，且有节电模式，能够满足高精度和低功耗的要求。此外，AD7705 片内还有数字滤波电路、校准电路和补偿电路，因而能更好地保证高精度温度测量的实现。

AD7705 有两个模拟差分输入通道，电源电压为 +5V，参考电压为 +3.3V。AD7705 可直接接收传感器产生的信号以进行 A–D 转换并输出串行数字信号。它采用 Σ–Δ 技术来实现 16 位 A–D 转换。采样速度由 MCLK IN 端的主时钟和放大器的可变增益来决定。实际上，AD7705 同时可以对输入信号进行片内放大、调制转换和数字滤波处理。其数字

滤波器的阻带可通过编程控制，以便调节滤波器的截止频率和输出数据的更新速度。

关于 AD7705 基准电压的选择，为了保证测量精度，没有直接将电源电压作为基准电压，而是选用专门的稳压集成芯片 ASM1117，并且进行了去耦处理，该模块的电路如图 9-3 所示。

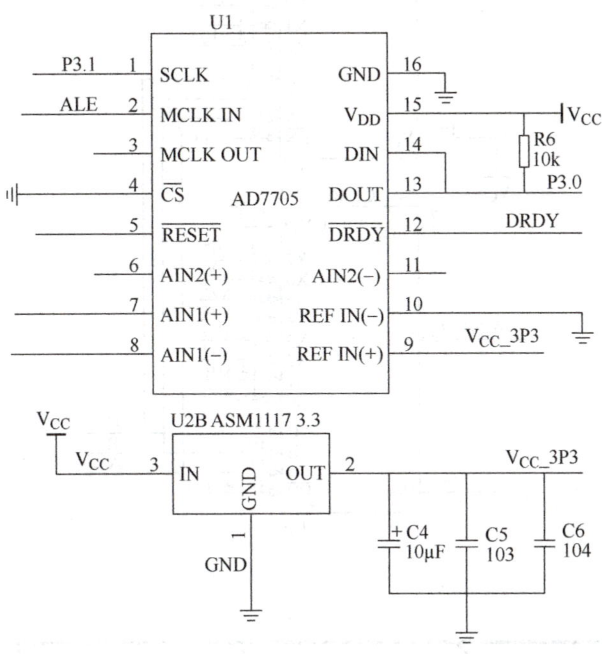

图 9-3　A-D 采样电路图

（2）多路数据选择模块　CD4051 相当于一个单刀八掷开关，开关接通哪一通道，由输入的 3 位地址码 ABC 来决定。"$\overline{\text{EN}}$"是禁止端，当 $\overline{\text{EN}}$=1 时，各通道均不接通。此外，CD4051 还设有另外一个电源端 V_{EE}，以作为电平位移时使用，从而使在单组电源供电情况下工作的 CMOS 电路所提供的数字信号能直接控制多路开关，并使多路开关可传输峰 - 峰值达 15V 的交流信号。例如，若模拟开关的供电电源 V_{DD}=+5V，V_{SS}=0V，那么当 V_{EE}=–5V 时，只要对此模拟开关施加 0 ～ 5V 的数字控制信号，就可以控制幅度范围为 –5 ～ +5V 的模拟信号。

由于 AD7705 的模拟输入是以差分信号的方式输入的，所以系统选用两片 CD4051 作为 8 通道的选择控制，将两片 CD4051 的地址线（A、B、C）分别连到一起，使输入的差分信号同时选通。如图 9-4 所示 U3 与 U4 的第 3 引脚分别接 AD7705 的模拟输入端。在实际应用中，为了使得它们的导通特性相同，应尽量选择同一型号的 CD4051。

（3）数码管显示模块　该系统采用动态扫描的方式进行显示。在硬件设计中将所有位数码管的段选线并联在一起，由位选线控制是哪一位数码管有效。动态扫描显示的原理是轮流向各位数码管送出字形码和相应的位选信号，利用发光管的余辉和人眼视觉暂留作用，使人的感觉好像各位数码管同时都在显示。动态显示的亮度比静态显示要差一些，所以在选择限流电阻时应略小于静态显示电路中的限流电阻。该方案与静态显示相比，硬件电路比较简单，成本较低。动态 LED 显示电路如图 9-5 所示。

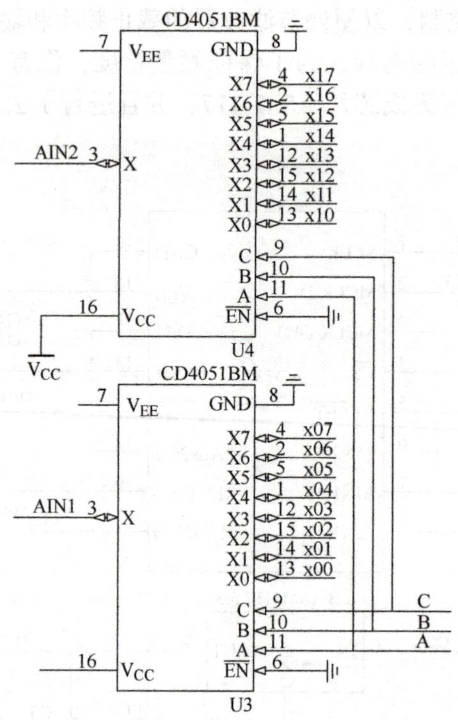

图 9-4　差分信号多路选择开关

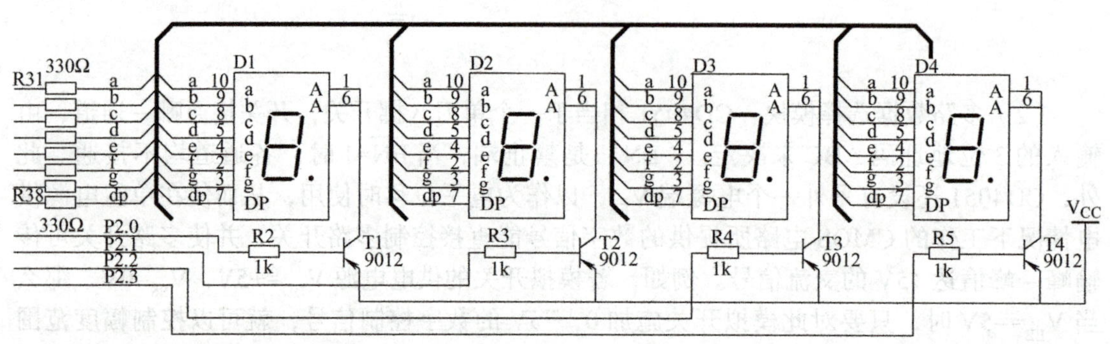

图 9-5　动态 LED 显示电路

在该电路中选用限流电阻为 330Ω，因为每一个段码的发光二极管所能承受的最大电流为 10 ～ 20mA。在电源电压为 +5V 时，如果不加限流电阻，则流过发光二极管的电流将达到几百毫安，这样会烧坏发光二极管。

需要说明的一点是，该系统选用共阳极数码管，这样在段码控制端口（P0 口）为低电平时数码管导通点亮。在 MCS-51 单片机或者是其他的一些集成电路中，灌电流要大于其输出电流，所以选用共阳极数码管，让 P0 口以灌电流的方式提供驱动电流，以提高驱动能力。还需要特别说明的一点是，所用端口不能直接驱动每个数码管的位选端口，因为 MCS-51 单片机的每个端口只能提供 20mA 的电流，如果直接驱动，则可能会烧坏单片机的端口。

8 路温度巡检仪控制系统的硬件连接如图 9-6 所示。

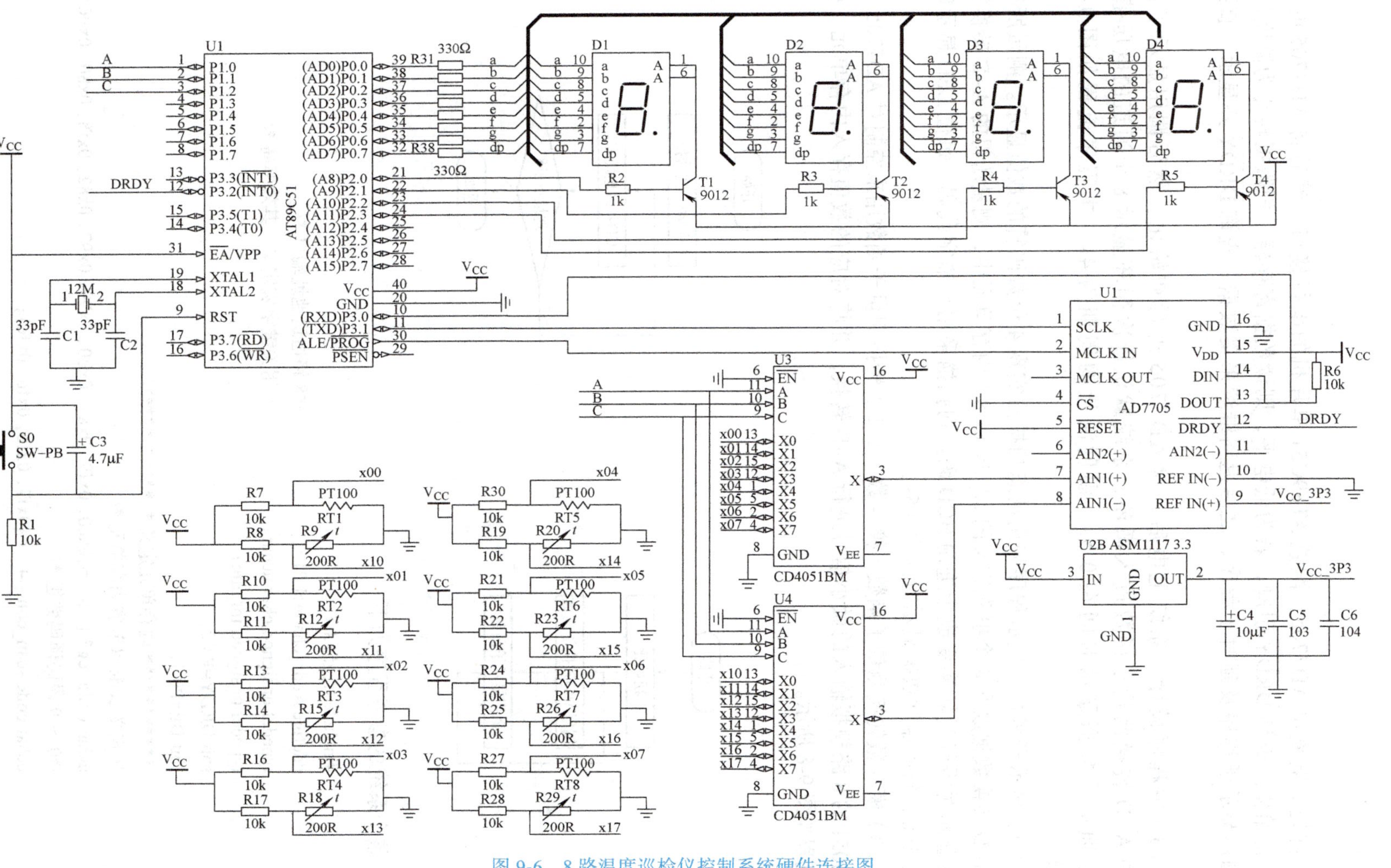

图 9-6 8 路温度巡检仪控制系统硬件连接图

9.3.2 系统软件设计

首先上电复位AD7705，配置AT89C51单片机的串行接口，然后将AD7705的通道1初始化。查询$\overline{DRDY}$引脚，若为低电平，则读数据寄存器，把数据转化为温度值，再调用显示子程序及延时子程序，之后返回继续采集数据，查询$\overline{DRDY}$并显示，直到结束。

（1）主程序设计　系统上电后，对AD7705进行初始化。然后调用显示子函数和A-D转换测量子函数进入循环，系统默认依次循环显示8个通道的电压值，每个通道的数据显示时间在0.5s，温度测量的周期为4s。主程序流程如图9-7所示。

（2）显示子函数　显示程序采用动态扫描法实现4位数码管的数值显示。测量所得的A-D转换数据放在8个事先定义的ad_data［8］内存单元中，测量所得的A-D转换数据在显示时需经过转换变成十进制BCD码。列扫描采用扫描字代码，每位LED显示时间为1ms，每路温度数据显示时间为0.5s。

（3）模-数转换测量子函数　模-数（A-D）转换测量子函数用来控制对AD7705和CD4051的8路模拟输入的微小信号进行A-D转换，并将对应的数值存入内存单元。程序流程如图9-8所示。

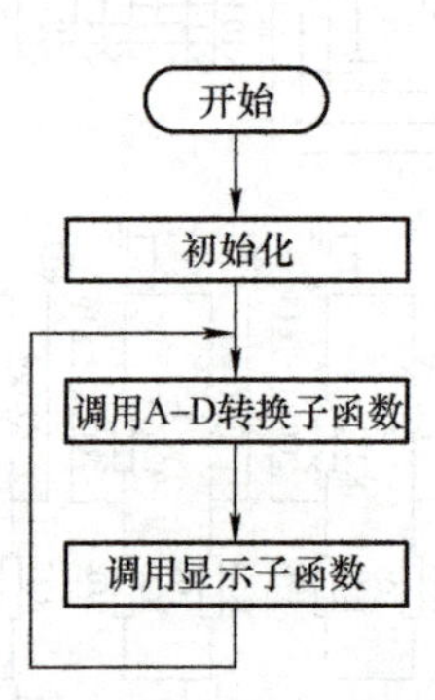

图9-7　主程序流程图

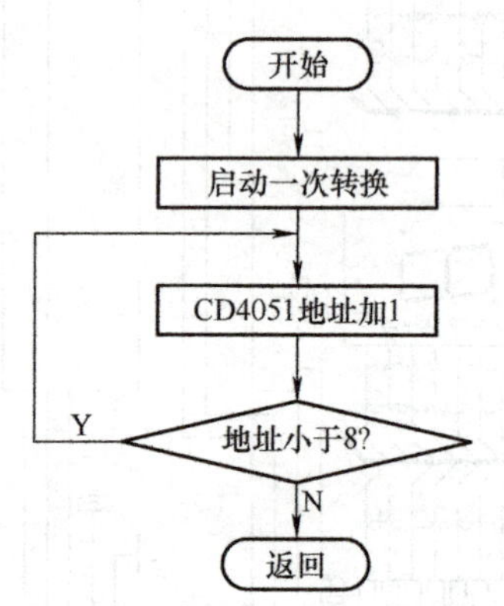

图9-8　A-D转换测量子程序流程图

整个系统的参考程序如下：

```
#include<reg51.h>
#define Addr_channel P1                    /*8 路通道地址端口 */
typedef unsigned char uchar;               /* 用关键字宏定义，其效率高 */
typedef unsigned int uint;
sbit DRDY=P3^2;
sbit DP=P0^7;
/*********** 内存单元定义 *************/
/* 定义 code 以节省内存单元 */
uchar code seg7［10］={0xc0，0xf9，0xa4，0xb0，0x99，0x92，0x82，0xf8，0x80，0x90}；
/*0 ～ 9 段码译码数组 */
uchar code scan_con［4］={0xf7，0xfb，0xfd，0xfe}；
```

```
/*4 位列扫描控制字 0xf7，0xfb，0xfd，0xfe*/
uint data ad_data［8］={0x0000，0x0000，0x0000，0x0000，0x0000，0x0000，0x0000，0x0000}；
/*8 个通道 AD 数据内存单元 */
uint_data ad_data_buff［3］={0x0000，0x0000，0x0000}；
uchar data dis［4］={0x00，0x00，0x00，0x00}；    /*3 个显示单元和 1 个数据存储单元 */
/************ 延时 1ms 函数 ******************/
/* 减运算以节省代码存储空间 */
void delay1ms（uint t）
{
   uint i，j；
   for（i=t；i>0；i--）
      for（j=120；j>0 ；j--）；
}
/******* 对 8 位数据进行倒序处理函数 *******/
uchar reverse_order（uchar old_dat）
{
   uchar i，new_dat；
   new_dat=old_dat&0x01；                    /* 取要转换数据最低位 */
   for（i=0；i<7；i++）
{
   new_dat<<=1；                             /* 将最低位左移 1 次 */
   old_dat>>=1；                             /* 数据的第 2 位移到最低位 */
   new_dat|=（old_dat&0x01）；
 }
 return new_dat；
}
/*********** 向 AD7705 写一个字节的数据 *****************/
void Write_AD_reg（uchar dat）
{
  SBUF=dat；
  while（!TI）；                              /* 等待发送完成 */
  TI=0；
}
/******** 从 AD7705 读出两个字节的数据，A-D 转换值 *******/
/* 返回值为 unsigned int 类型 */
uint Read_AD_reg( )
{
   uchar low8，high8；
   uint AD_out；
   SCON=0x00；
   Write_AD_reg（0x1c）；                  /* 读数据通道 0x38*/
   while（DRDY）；                         /* 为低电平时读取数据 */
   REN =1；                                /* 接收使能 */
   while（!RI）；                          /* 等待接收完 */
   RI =0；
```

```
    high8=SBUF;
    while (!RI);
    RI =0;
    low8=SBUF;
    REN =0;
    high8=reverse_order (high8);             /* 对读回的高 8 位倒序 */
    low8 =reverse_order (low8);
    AD_out=high8;
    AD_out<<=8;
    AD_out|=low8;
    return AD_out;
}
/************ 对 AD7705 初始化 ****************/
void AD_Init (void)                          /* 用串行数据输入时一定要将数据进行倒序处理 */
{
    Write_AD_reg (0x04);                     /* 写 0x20 到通信寄存器，选择通道 ANI (+) 和
                                                ANI (-)，下一个寄存器指向时钟寄存器。倒
                                                序：0x04*/
    Write_AD_reg (0x30);                     /* 写 0x0c 到时钟寄存器，接 2MHz 时钟，时
                                                钟二分频，输出更新率为 50Hz。倒序：
                                                0x30*/
    Write_AD_reg (0x08);                     /* 写 0x10 到通信寄存器，到通信寄存器，下一
                                                个寄存器指向设置寄存器。倒序：0x08*/
    Write_AD_reg (0x62);                     /* 写 0x46 到设置寄存器，自动校准，单极
                                                性，gain=1；缓冲模式，FASYNC=0。倒序：
                                                0x62*/
    Write_AD_reg (0x6e);                     /* 写 0x76 到设置寄存器，自动校准，单极
                                                性，gain=64；缓冲模式，FASYNC=0。倒序：
                                                0x6e*/
    Write_AD_reg (0x76);                     /* 写 0x6e 到设置寄存器，自动校准，单极
                                                性，gain=32；缓冲模式，FASYNC=0。倒序：
                                                0x76*/
}
/************ 温度采样函数 ****************/
void AD_samp (void)
{
   uchar i, m, n;
   uchar j=0;
   int k;
   Addr_channel=j;
   for (i=0; i<8; i++)
   {
     ad_data_buff [ 0 ] =Read_AD_reg();          /* 在此也可以做中值滤波处理 */
     ad_data_buff [ 1 ] =Read_AD_reg();
     ad_data_buff [ 2 ] =Read_AD_reg();
```

```
        for（m=0；m<3；m++）
        {
          for（n=0；n<3-m；n++）
          if（ad_data_buff［ n ］>value_buf［ n+1 ］）
          {
              k= ad_data_buff［ n ］;
              ad_data_buff［ n ］=ad_data_buff［ n+1 ］;
              value_buf［ n+1 ］=k;
          }
        }
       ad_data［ i ］= ad_data_buff［ 1 ］;           /* 使模拟开关选通可靠，起延时的作用 */
        j++;
       Addr_channel=j;
       }
      Addr_channel=0x00;
    }
/************ 显示处理函数 *****************/
void display（void）
{
    uchar m，n;
    float h;
    uint a，k，d;
    dis［ 3 ］=0x01;                              /* 通道初值为 1*/
    for（m=0；m<8；m++）
    {
       h=ad_data［ m ］/65535.0;
       k=h*300;
       dis［ 2 ］=k/100;                           /* 对温度值取百位数 */
       dis［ 1 ］=k/10%10;                         /* 对温度值取十位数 */
       dis［ 0 ］=k%10;                            /* 对温度值取个位数 */
       for（a=0；a<50；a++）
       {
          for（n=0；n<4；n++）
          {
             P0=seg7［ dis［ n ］］;                 /*P0 为数码管段选端口 */
             P2=scan_con［ n ］;
             delay1ms（5）;                        /* 稳定显示 */
             P2=0xff;                              /* 确保下次写数据正确 */
          }
       }                                           /* 通道加 1*/
        dis［ 3 ］++;
    }
}
void main（void）
{
```

```
        Addr_channel=0x00;                    /* 通道地址初始为 0*/
        AD_Init( );
        SCON=0x00;                            /* 串口初始化 */
        while ( 1 )
        {
          AD_samp( );
          display( );
        }
    }
```

9.4 步进电动机控制系统设计

9.4.1 设计任务及硬件电路设计

1. 设计任务

利用单片机控制步进电动机实现两种工作方式。方式 1：通过 T2 自动送出控制脉冲，使步进电动机以某一速度恒定转动，同时利用数码管显示脉冲频率；方式 2：通过向外部中断 0（P3.2）送入脉冲控制步进电动机，每输入一个脉冲，步进电动机步进一次。

2. 硬件电路设计

步进电动机是一种将电脉冲信号转换成角位移或线位移的机电元件。步进电动机的输入量是脉冲序列，输出量则为相应的增量位移或步进运动。正常运动情况下，它每转一周具有固定的步数；做连续步进运动时，其旋转转速与输入脉冲的频率保持严格的对应关系，不受电压波动和负载变化的影响。由于步进电动机能直接接受数字量的控制，所以特别适宜采用单片机进行控制。

所采用步进电动机为四相六线制，当通电时序为 AB–BC–CD–DA 时，步进角为 1.8°，通电时序为 A–AB–B–BC–C–CD–D–DA 时，步进角为 0.9°。

基本操作：方式 1 下 K1、K2 键控制 T2 的定时长度，进而控制送给步进电动机的脉冲频率，同时数码管显示频率，K3 键控制方式 1、2 间的转换。注意：方式 2 下数码管不再显示。

要实现将单片机送出的控制脉冲经功率放大以后驱动步进电动机，选用集成功放芯片 L298 作为驱动电路。L298 芯片是一种双 H 桥式驱动器，每一路输出由标准的 TTL 逻辑电平信号控制，可用来驱动电感性负载。H 桥可承受 46V 电压，相电流高达 2.5A。

为了减小设计成本，选用数码管动态扫描方式显示。系统硬件连接如图 9-9 所示。

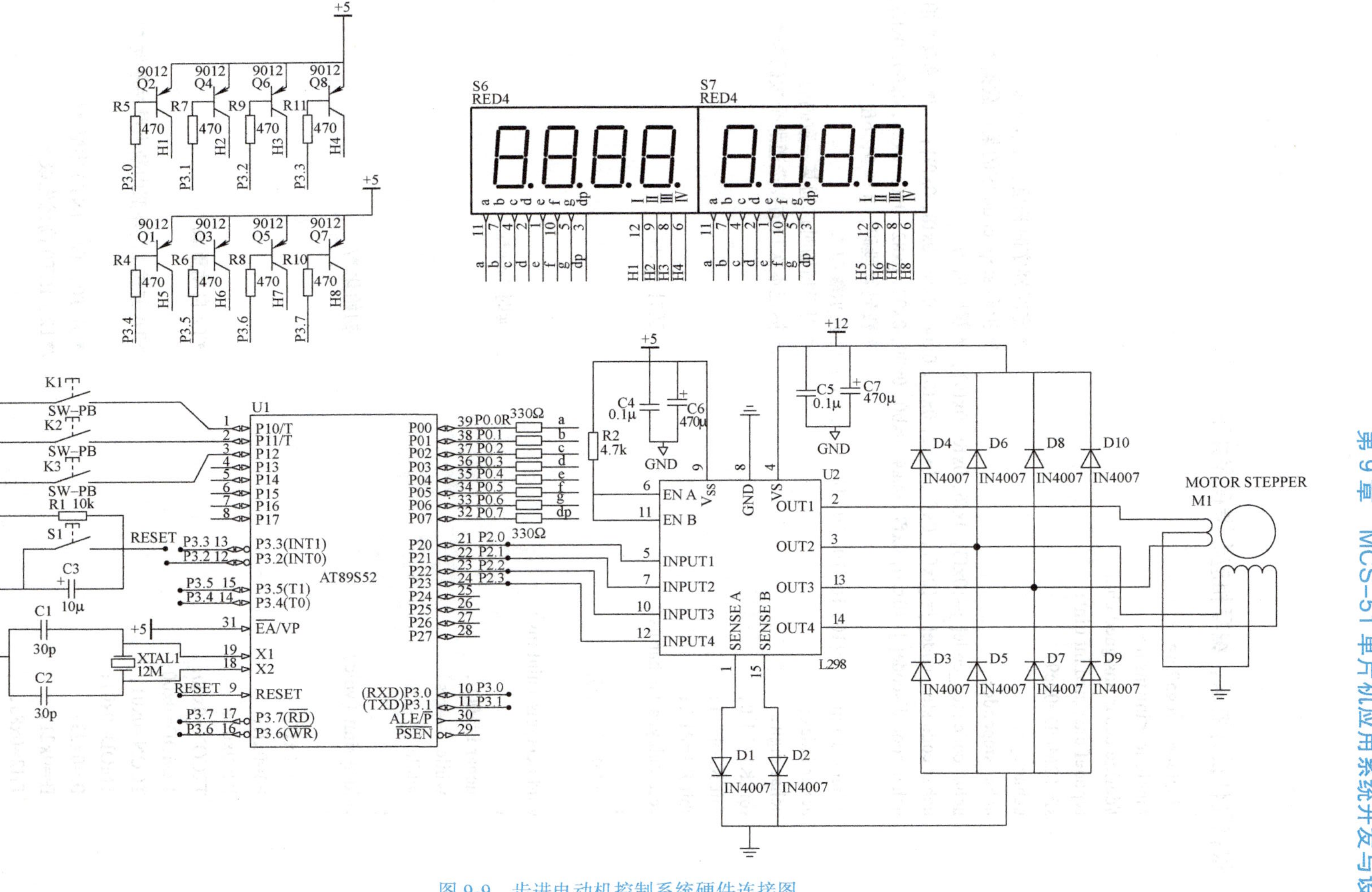

图 9-9　步进电动机控制系统硬件连接图

9.4.2 系统软件设计

根据硬件设计要求，编写相应参考程序如下：

```
#include <reg52.h>
#include <intrins.h>
#define uchar unsigned char
typedef unsigned int uint;
sfr T2MOD=0xc9;
uchar cyc;                                          /* 定时器定时长度，单位 ms*/
uchar stepcode;                                     /* 指向 step_code 中的某一数据 */
uchar code step_code[ ]={0xf3, 0xf6, 0xfc, 0xf9}; /* 双四拍 */
uchar code step_code[ ]={0xf1, 0xf3, 0xf2, 0xf6, 0xf4, 0xfc, 0xf8, 0xf9};   /* 单双八拍 */
uchar code discode[ ]={0xc0, 0xf9, 0xa4, 0xb0, 0x99, 0x92, 0x82, 0xf8, 0x80, 0x90, 0xff};
                                                    /* 数码管段码，0 ~ 9，off  */
uchar dis_buf [ ] ={10, 10, 10, 10, 10, 10, 3, 3}; /* 显示缓冲 */
uchar index;                                        /* 用于扫描时选通某一数码管 */
uchar digit;                                        /* 标记本次扫描要选通那个数码管 */
sbit K1=P1^0;
sbit K2=P1^1;
sbit K3=P1^2;
void delayus (uchar us)                             /* 延时 1μs*/
{
  while (--us);
}
void delayms (uint ms)
{                                                   /* 延时 1ms*/
  uchar i=1000;
  while (--ms)
  while (--i);
}
void sysinit (void)                                 /* 初始化 */
{
  P0=0xff;
  P3=0xff;
  P2=0x00;
  T2CON=0x00;                                       /*T2 自动重载 */
  T2MOD=0x00;
  TCON=0x01;                                        /*T0 方式 1，外部中断由脉冲触发 */
  TMOD=0x01;
  IE=0x23;                                          /* 开 T0、T2、INT0 中断 */
  IP=0x21;                                          /*T2、INT0 高优先级 */
  TH2=0x8a;
  TL2=0xd0;                                         /*T2 初始定时 30ms*/
  RCAP2H=0x8a;
  RCAP2L=0xd0;
```

```
    TH0=0xf7;                          /*T0 定时 2.3ms*/
    TL0=0x04;
    index=0xfe;
    digit=0;
    cyc=30;
    stepcode=0;                        /* 初始化各变量 */
}

void INT0_ISR (void) interrupt 0       /* 外部中断 0，用于外部脉冲控制步进电动机 */
{
    P2=step_code [ stepcode ];         /* 送出步进电动机控制脉冲 */
    stepcode++;                        /* 每中断一次，送出一个脉冲 */
    stepcode&=0x07;                    /* 使 stepcode 在 0 ~ 7 循环 */
}
/*P3 口用于扫描中选通某一个数码管，P0 口送出段码数据 */
void Timer0_ISR (void) interrupt 1     /* 定时器 0，用于扫描数码管 */
{
    TH0=0xf7;
    TL0=0x04;
    P3=0xff;                           /* 关数码管显示 */
    P0=discode [ dis_buf [ digit ]];   /* 送显示数据 */
    P3=index;                          /* 开数码管显示
    digit++;                           /* 指向 dis_buf 中下次要扫描的数码管数据 */
    index=_crol_ (index, 1);           /* 选通下次要扫描的数码管 */
    digit&=0x07;                       /*digit 在 0 ~ 7 间循环 */
}
void timer2_ISR (void) interrupt 5     /* 定时器 2，用于内部控制步进电动机连续转动 */
{
    TF2=0;
    P2=step_code [ stepcode ];
    stepcode++;
    stepcode&=0x07;
}

void T2_adjust (void)                  /* 根据定时长度 cyc 调整重载寄存器 */
{
    uint load_data;
    uint freq;
    uchar i;
    load_data=0xffff- (uint) cyc*0x3e8+1;  /* 得到 T2 应装入数据 */
    RCAP2H= (load_data&0xff00 ) >>8;
    RCAP2L=load_data&0x00ff;           /* 写数据到 T2 重载寄存器 */
    freq=0x3e8/cyc;
    TR0=0;                             /* 得出当前频率 */
    for (i=8; i>4; i--)                /* 刷新数码管显示缓冲 */
    {
```

```
            if (freq==0)
            {
              dis_buf[i-1]=10;                        /* 高位为零不显示 */
              continue;
            }
            dis_buf[i-1]=freq%10;
            freq/=10;
          }
          TR0=1;
      }

      void main(void)
      {
          sysinit();                                  /* 系统初始化 */
          EA=1;
          TR2=1;
          TR0=1;                                      /* 开中断、开定时器 */
          while(1)
          {
            if(!(K1&K2&K3))
            {
               delayms(200);
               if(!K1)
                {                                     /* 由于 T2 定时最长 65.536ms*/
                 if(cyc==65)                          /*cyc 等于 65 后，不再自加 */
                 continue;
                 cyc++;
                 T2_adjust();                         /* 根据 cyc 值，调整定时器及显示 */
               }
              if(!K2)
              {
                 if(cyc==0)
                 continue;                            /*cyc 等于 0 后，不再自减 */
                 cyc--;
                 T2_adjust();                         /* 根据 cyc 值，调整定时器及显示 */
              }
              if(!K3)
              {
                 TR2=~TR2;          /* 关定时器，T2 不再送出脉冲，数码管不再显示 */
                 TR0=~TR0;          /* 此后可通过向外部中断 0（P3.2）送入脉冲控制步进电动机 */
              }
              while(!(K1&K2&K3)); /* 等待按键放开 */
            }
          }
      }
```

9.5　出租车计费器控制系统设计

设计一个出租车计费器控制系统，以小电动机的转动来模拟出租车的行驶，电动机每秒的转数模拟出租车速度，即用电动机的转速 n r/s 来模拟出租车的速度 n km/h。

9.5.1　设计任务及硬件电路设计

1. 设计任务

利用 AT89C51 单片机设计一个出租车计费器控制系统，要求出租车起步价 7 元，含 3km，超出 3km 的部分按每 1km 1.4 元计；出租车时速低于 10km/h 时视为等待状态，等待时间按每 2min 0.7 元计，起步的 3km 内可免费等待 5min，超出时间按正常方式计费，3km 过后免费等待自动取消（不论等待时间是否超过 5min）。利用 8 位数码管显示，4 位显示里程，4 位显示费用，可循环查询前两次及当前的费用记录。

2. 硬件电路设计

（1）电动机测速　选用光电传感器来实现电动机测速，光电传感器由红外发射管和光电晶体管组成，光电晶体管相当于基极由红外光控制的晶体管。电动机带动圆片转动，圆片上刻有窄缝，窄缝处红外光可射入光电晶体管使其导通，否则截止，这样就可得到与转速成正比的脉冲信号，通过对脉冲信号计数即可得到转速。

由于窄缝处有毛边，会使电平跳变过程中有脉动，另外由于光电晶体管的速度问题，新的电平建立需要一定的时间。为了得到较好的脉冲信号，可对光电晶体管输出的信号进行放大、整形（可用触发器或电压比较器）和滤波。为了利用单片机控制电动机的转动，选用光耦器件对单片机和电动机进行电气隔离。

（2）计费显示　显示部分利用数码管专用驱动芯片 MAX7219 实现，MAX7219 可驱动 8 个共阴极数码管，4 位显示里程，4 位显示费用。MAX7219 的使用非常方便，只需对其写入控制字及显示数据即可。电动机可由 S1 键控制起停，模拟出租车的行驶与等待，按动 S2 键可结束当前计费。此时，按动 S3 键可循环查询前两次及当前计费记录，再次按动 S2 键可开始下一轮计费。

系统的硬件电路连接如图 9-10 所示。

9.5.2　系统软件设计

该系统的软件主要包括脉冲计数、7219 显示驱动、E^2PROM 操作和数据处理四个部分。

脉冲计数可由单片机内部的定时器 T1 工作在计数方式下进行，以便对外部输入的脉冲信号进行计数。E^2PROM 和 7219 可按照其操作时序及内部指令编写驱动程序。

程序的流程概述如下：光电晶体管送出的脉冲由 T1 定时器来计数，T0 定时器控制程序的流程，T0 定时 50ms，每中断 20 次（以得到 1s 定时）进行一次中断处理，中断处理包括取出 T1 计数数据，传递信号（变量 finish）使主程序处理数据并刷新显示，然后重写定时器 T1 初值，进入下一轮的计数。主程序中除等待 T0 传递的信号，还要同时处理按键事件，按键控制电动机的起停以及计费的起停，新一轮计费开始前，程序将需要保存的数据写入 E^2PROM。

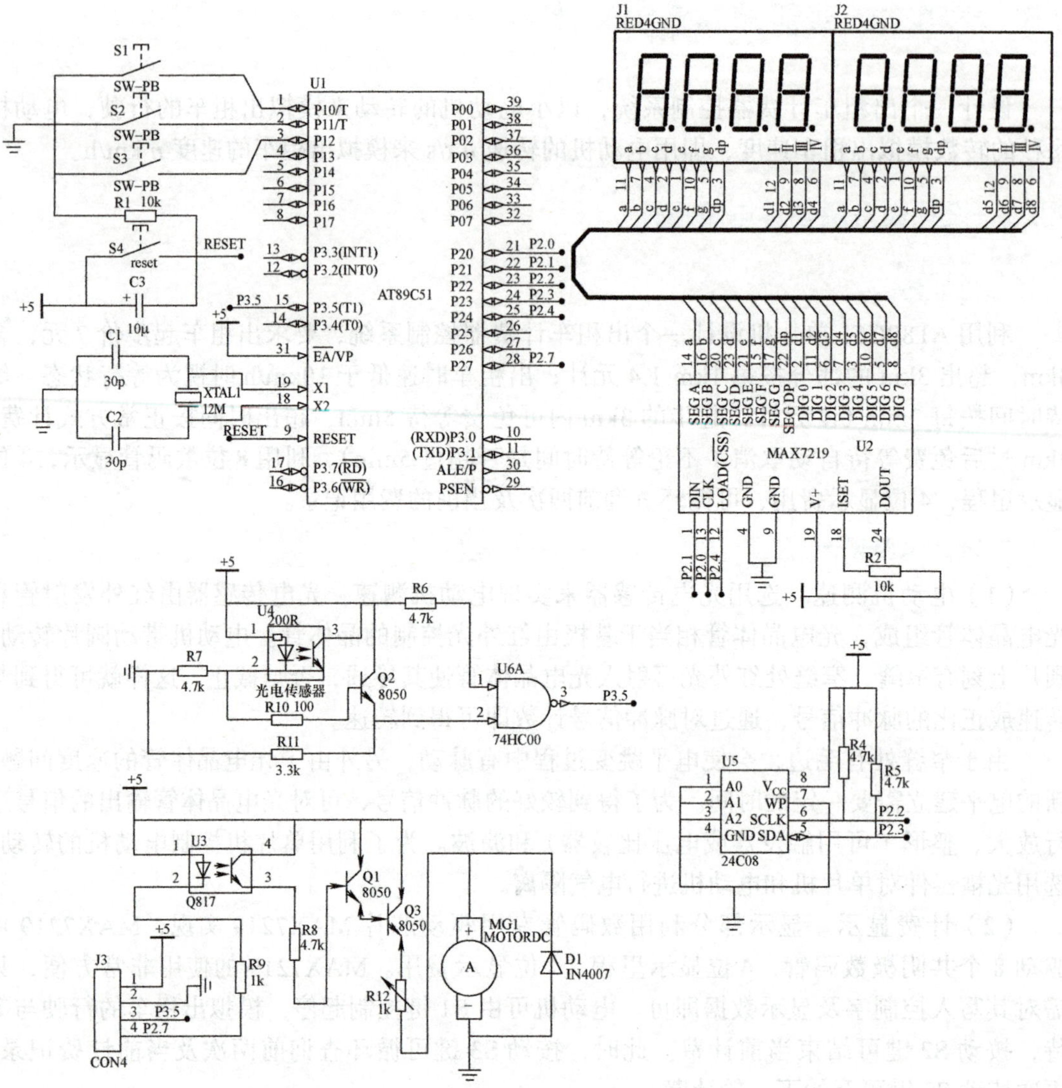

图 9-10　出租车计费器系统硬件电路连接图

相应参考程序如下：

```
#include <reg51.h>
#include <intrins.h>
typedef unsigned char uchar;
typedef unsigned int uint;
#include <max7219.h>
#include <eeprom.h>
sbit S1=P1^0;                       /* 计费期间控制电动机起停 */
sbit S2=P1^1;                       /* 控制起停计费 */
sbit S3=P1^2;                       /* 控制计费记录查询 */
sbit moto=P2^7;                     /* 控制电动机 */
uchar tim20;                        /* 记录定时器 0 中断次数，每 20 次为 1s*/
```

```
uint pulse, revolution;          /*pulse 保存计数器记录的脉冲数，revollution 记录电动机 1s
                                   的转数 */
bit finish, waitst;              /*finish 控制显示刷新（1s 刷新一次），waitst 标记里程是否超
                                   过 3km 或 3km 内等待是否超过 5min*/
float fee, mileage;              /*fee 记录费用，mileage 记录里程 */
uchar waittime, waitmin;         /*waittime 记录等待时间，每等待 1s 计数加 1（低于 10km/h
                                   可视为等待时间），waitmin 记录总的等待分钟数 */
uchar data dis_buf[ ]={0, 0, 0, 0, 0, 0, 0x87, 0};     /* 当前显示缓冲 */
uchar data last_frist[8];        /* 上次计费显示缓冲 */
uchar data last_second[8];       /* 上上次计费缓冲 */

void mile_disp(void);            /* 里程计算显示函数 */
void fee_disp(void);             /* 费用计算显示函数 */
void wait_time(void);            /* 等待时间累加函数 */
void pause_func(void);           /* 停止计费后功能函数 */

void delayus(uchar us)           /* 延时 1μs*/
{
   while(--us);
}

void delayms(uint ms)            /* 延时 1ms*/
{
   uchar i=1000;
   while(--ms)
   while(--i);
}

   void sysinit(void)            /* 系统初始化 */
{
   P1=0xff;
   TCON=0x00;
   TMOD=0x51;                    /* 定时器 0：定时、方式 1，定时器 1：计数、方式 1*/
   IE=0x02;                      /* 开定时器 0 中断 */
   TH0=0x3c;
   TL0=0xb0;                     /* 定时器 0 初值，定时 50ms*/
   TH1=0x00;
   TL1=0x00;
   tim20=0x00;
   fee=7;
   mileage=0;
   waittime=0;
   waitmin=0;
   pulse=0;
   revolution=0;
   finish=0;
```

```
  waitst=0;
  SCL=0;
  SDA=1;                                /* 初始化各变量 */
 }

void timer0_ISR (void) interrupt 1      /* 定时器 0 中断处理函数 */
 {
  TH0=0x3c;
  TL0=0xb0;                             /* 重装定时初值 */
  if (++tim20==20)                      /*tim20 等于 20 即中断 20 次为 1s*/
  {
   TR0=0;
   TR1=0;                               /* 停定时器 */
   tim20=0x00;                          /*tim20 归零，为下次计时 */
   pulse=TH1;
   pulse<<=8;
   pulse+=TL1;                          /*pulse 等于定时器 1 记录的脉冲数值（TH1*
                                          256+TL1）*/
   revolution=pulse/4;                  /* 电动机转数等于 pulse/4*/
   finish=1;                            /* 标记 finish，刷新显示 */
   TH1=0x00;
   TL1=0x00;                            /* 重装定时器初值 */
   TR0=1;
   TR1=1;                               /* 开定时器 */
  }
 }

void mile_disp (void)                   /* 处理里程数据，并写入显示缓冲 */
 {
  uchar i;                              /* 里程显示 4 位有效数字，最大显示 99.99km*/
  uint zmile;
  mileage+= (float) revolution*0.00028;
  zmile=mileage*100;                    /*0.00028km 每 s 等于 1km/h*/
  if (zmile>300)
  waitst=1;                             /* 大于 3km 后，实时刷新费用 */
  for (i=4; i>0; i--)
  {
   dis_buf [ i-1 ] =zmile%10;
   zmile/=10;
   if (i==2||i==4)
   dis_buf [ i-1 ] |=0x80;              /* 判断添加小数点 */
  }
 }

void wait_time (void)                   /* 记录等待时间 */
 {
```

```
    if (revolution<=10)          /* 低于 10 转每 s 视为等待时间 */
    {
     if (++waittime==60)         /*waittime 等于 60s 归零 */
     {
       waittime=0;
       waitmin++;                /* 等待计数加 1*/
     }
    }
    if (waitmin==5&&!waitst)
    {
     waitmin=0;                  /*3km 内，等待时间超出 5min*/
     waitst=1;                   /* 取消免费等待，waitst=1 后 */
    }                            /* 计费函数将实时刷新费用 */
}

void fee_disp (void)             /* 计算费用，并写入显示缓冲 */
{
    uchar i;                     /* 费用显示 4 位有效数字，小数点后一位，最大显示 999.9 元 */
    uint zfee;
    if (waitst)                  /*3km 后或等待时间超过 5min，开始计费 */
    fee=7+waitmin*0.35+ ((mileage>3) ? (mileage-3): 0) *1.4;
    zfee=fee*10;                 /* 费用等于起步价 + 等待分钟数 *0.35+ 超出 3km 的里程 *1.4*/
    for (i=8; i>4; i--)
    {
     dis_buf [ i-1 ] =zfee%10;
     zfee/=10;
     if (i==7)
     dis_buf [ i-1 ] |=0x80;     /* 判断添加小数点 */
    }
}

void pause_func (void)           /* 当计费停止时的处理函数 */
{
    uchar mark=0;                /* 标记查询记录，为 0 查询本次，为 1 查询上次记录，为 2 查
                                    询上上次记录 */
    bit pause=1;                 /* 暂停标记，为 0 是退出暂停，进入下次计费 */
    while (pause)                /* 等待 k2 再次按下以进入下次计费 */
    {
     if (! (S3&S2))              /*S2、S3 是否按下查询记录 */
     {
       delayms (100);            /* 延时消抖 */
       if (!S3)                  /*S3 按下查询记录 */
       {
        if (++mark==3)
        mark=0;
        if (mark==0)
```

```
        send_screen (dis_buf);                /* 根据 mark 值显示历史计费记录 */
        else if (mark==1 )
        send_screen (last_frist);
        else
        send_screen (last_second);
       }
       if (!S2 )                              /*S2 按下退出暂停 */
       pause=0;
       while (! (S3&S2 ));                    /* 等待释放按键 */
      }
     }
     write_data ( 0x00, dis_buf, 8 );
     delayms ( 20 );
     write_data ( 0x08, last_frist, 8 );     /* 写记录到 eeprom*/
}

void main (void)
{
   init_7219( );                             /* 初始化 7219*/
   START: clr_7219( );                       /* 清除 7219 显示 */
   sysinit( );                               /* 系统初始化 */
   read_data ( 0x00, last_frist, 8 );        /* 读上次记录，写入 last_frist*/
   delayms ( 10 );
   read_data ( 0x08, last_second, 8 );       /* 读上上次记录，写入 last_second*/
   EA=1;
   TR0=1;
   TR1=1;
   moto=0;                                   /* 开中断、定时器，使电动机转动 */
   while ( 1 )
   {                                         /* 检测到标记 finish 为 1，刷新显示 */
    if (finish)
    {
     finish=0;                               /*finish 归零 */
     mile_disp( );                           /* 处理里程 */
     wait_time( );                           /* 处理等待时间 */
     fee_disp( );                            /* 处理费用 */
     send_screen (dis_buf);                  /* 刷新显示 */
    }
    if (! (S1&S2 ))                          /* 按键功能处理 */
    {
     delayms ( 100 );                        /* 消抖 */
     if (!S1 )                               /*S1 起停电动机 */
     {
      moto= ~ moto;                          /* 位取反，moto 为 1 停，为 0 转 */
      while (!S1 );                          /* 等待释放按键 */
     }
```

```
        if (!S2)                        /* 在计费过程中按下 S2，停止计费 */
        {
         moto=1;                        /* 停电动机 */
         TR0=0;
         TR1=0;
         EA=0;                          /* 关定时器，关中断 */
         while (!S2);                   /* 等待 S2 按键放开 */
         pause_func();                  /* 停止计费后等待查询函数 */
         goto START;                    /* 跳转指令，进入下次计费 */
        }
       }
      }
    }
```

附　录

附录 A　MCS-51 系列单片机指令表

序号	助记符	指令功能	字节数	机器周期数
		数据传送类指令		
1	MOV A, Rn	寄存器内容送入累加器	1	1
2	MOV A, direct	直接地址单元内容送入累加器	2	1
3	MOV A, @Ri	间接 RAM 内容送入累加器	1	1
4	MOV A, #data	立即数送入累加器	2	1
5	MOV Rn, A	累加器内容送入寄存器	1	1
6	MOV Rn, direct	直接地址单元内容送入寄存器	2	2
7	MOV Rn, #data	立即数送入寄存器	2	1
8	MOV direct, A	累加器内容送入直接地址单元	2	1
9	MOV direct, Rn	寄存器内容送入直接地址单元	2	2
10	MOV direct, direct	直接地址单元内容送入另一个直接地址单元	3	2
11	MOV direct, @Ri	间接 RAM 内容送入直接地址单元	2	2
12	MOV direct, #data	立即数送入直接地址单元	3	2
13	MOV @Ri, A	累加器内容送间接 RAM 单元	1	1
14	MOV @Ri, direct	直接地址单元内容送入间接 RAM 单元	2	2
15	MOV @Ri, #data	立即数送入间接 RAM 单元	2	1
16	MOV DRTR, #data16	16 位立即数送入地址寄存器	3	2
17	MOVX A, @Ri	外部 RAM（8 位地址）内容送入累加器	1	2
18	MOVX A, @DPTR	外部 RAM（16 位地址）内容送入累加器	1	2
19	MOVX @Ri, A	累加器内容送外部 RAM（8 位地址）	1	2
20	MOVX @DPTR, A	累加器内容送外部 RAM（16 位地址）	1	2
21	MOVC A, @A+DPTR	以 DPTR 为基址变址寻址单元中的内容送入累加器	1	2
22	MOVC A, @A+PC	以 PC 为基址变址寻址单元中的内容送入累加器	1	2
23	PUSH direct	直接地址单元内容压入堆栈	2	2
24	POP direct	数据出栈送直接地址单元	2	2
25	XCH A, Rn	寄存器内容与累加器内容交换	1	1

（续）

序号	助记符	指令功能	字节数	机器周期数
26	XCH A, direct	直接地址单元内容与累加器内容交换	2	1
27	XCH A, @Ri	间接 RAM 内容与累加器内容交换	1	1
28	XCHD A, @Ri	间接 RAM 内容的低半字节与累加器内容的低半字节交换	1	1
		算术运算类指令		
1	ADD A, Rn	寄存器内容加到累加器	1	1
2	ADD A, direct	直接地址单元内容加到累加器	2	1
3	ADD A, @Ri	间接 RAM 内容加到累加器	1	1
4	ADD A, #data	立即数加到累加器	2	1
5	ADDC A, Rn	寄存器内容带进位加到累加器	1	1
6	ADDC A, direct	直接地址单元内容带进位加到累加器	2	1
7	ADDC A, @Ri	间接 RAM 内容带进位加到累加器	1	1
8	ADDC A, #data	立即数带进位加到累加器	2	1
9	SUBB A, Rn	累加器带借位减寄存器内容	1	1
10	SUBB A, direct	累加器带借位减直接地址单元内容	2	1
11	SUBB A, @Ri	累加器带借位减间接 RAM 内容	1	1
12	SUBB A, #data	累加器带借位减立即数	2	1
13	INC A	累加器加 1	1	1
14	INC Rn	寄存器加 1	1	1
15	INC direct	直接地址单元内容加 1	2	1
16	INC @Ri	间接 RAM 单元内容加 1	1	1
17	INC DPTR	地址寄存器 DPTR 加 1	1	2
18	DEC A	累加器减 1	1	1
19	DEC Rn	寄存器减 1	1	1
20	DEC direct	直接地址单元内容减 1	2	1
21	DEC @Ri	间接 RAM 单元内容减 1	1	1
22	DA A	累加器十进制调整	1	1
23	MUL AB	A 乘以 B	1	4
24	DIV AB	A 除以 B	1	4
		逻辑和移位运算类指令		
1	ANL A, Rn	累加器与寄存器内容相与	1	1
2	ANL A, direct	累加器与直接地址单元内容相与	2	1
3	ANL A, @Ri	累加器与间接 RAM 内容相与	1	1
4	ANL A, #data	累加器内容与立即数相与	2	1
5	ANL direct, A	直接地址单元内容与累加器相与	2	1
6	ANL direct, #data	直接地址单元内容与立即数相与	3	2

（续）

序号	助记符	指令功能	字节数	机器周期数
7	ORL A, Rn	累加器与寄存器内容相或	1	1
8	ORL A, direct	累加器与直接地址单元内容相或	2	1
9	ORL A, @Ri	累加器与间接 RAM 内容相或	1	1
10	ORL A, #data	累加器内容与立即数相或	2	1
11	ORL direct, A	直接地址单元内容与累加器相或	2	1
12	ORL direct, #data	直接地址单元内容与立即数相或	3	2
13	XRL A, Rn	累加器与寄存器内容相异或	1	1
14	XRL A, direct	累加器与直接地址单元内容相异或	2	1
15	XRL A, @Ri	累加器与间接 RAM 内容相异或	1	1
16	XRL A, #data	累加器内容与立即数相异或	2	1
17	XRL direct, A	直接地址单元内容与累加器相异或	2	1
18	XRL direct, #data	直接地址单元内容与立即数相异或	3	2
19	CLR A	累加器清 0	1	1
20	CPL A	累加器求反	1	1
21	RL A	累加器循环左移	1	1
22	RLC A	累加器带进位位循环左移	1	1
23	RR A	累加器循环右移	1	1
24	RRC A	累加器带进位位循环右移	1	1
25	SWAP A	累加器半字节交换	1	1
		位（布尔变量）操作类指令		
1	CLR C	清进位位	1	1
2	CLR bit	清直接地址位	2	1
3	SETB C	置进位位	1	1
4	SETB bit	置直接地址位	2	1
5	CPL C	进位位求反	1	1
6	CPL bit	直接地址位求反	2	1
7	ANL C, bit	进位位和直接地址位相与	2	2
8	ANL C, /bit	进位位和直接地址位的反码相与	2	2
9	ORL C, bit	进位位和直接地址位相或	2	2
10	ORL C, /bit	进位位和直接地址位的反码相或	2	2
11	MOV C, bit	直接地址位内容送入进位位	2	2
12	MOV bit, C	进位位内容送入直接地址位	2	2
		控制转移类指令		
1	LJMP addr16	长转移	3	2
2	AJMP addr11	绝对（短）转移	2	2

（续）

序号	助记符	指令功能	字节数	机器周期数
3	SJMP rel	相对转移	2	2
4	JMP @A+DPTR	相对于 DPTR 的间接转移	1	2
5	JZ rel	累加器为零转移	2	2
6	JNZ rel	累加器非零转移	2	2
7	JC rel	进位位为 1 则转移	2	2
8	JNC rel	进位位为 0 则转移	2	2
9	JB bit，rel	直接地址位为 1 则转移	3	2
10	JNB bit，rel	直接地址位为 0 则转移	3	2
11	JBC bit，rel	直接地址位为 1 则转移，该位清 0	3	2
12	CJNE A，direct，rel	累加器与直接地址单元内容比较，不相等则转移	3	2
13	CJNE A，#data，rel	累加器内容与立即数比较，不相等则转移	3	2
14	CJNE Rn，#data，rel	寄存器内容与立即数比较，不相等则转移	3	2
15	CJNE @Ri，data，rel	间接 RAM 单元内容与立即数比较，不相等则转移	3	2
16	DJNZ Rn，rel	寄存器内容减 1，非零转移	2	2
17	DJNZ direct，rel	直接地址单元内容减 1，非零转移	3	2
18	ACALL addr11	绝对（短）调用子程序	2	2
19	LCALL addr16	长调用子程序	3	2
20	RET	子程序返回	1	2
21	RETI	中断返回	1	2
22	NOP	空操作	1	1

附录 B KEIL C51 库函数

文件名	包含函数	再入属性	功能
数学函数 math.h	extern int abs (int val) extern char cabs (char val) extern float fabs (float val) extern long labs (long val)	Yes	计算并返回变量 val 的绝对值
	extern float exp (float x) extern float log (float x) extern float log10 (float x)	No	exp 返回以 e 为底 x 的幂；log 返回自然对数；log10 返回以 10 为底的对数
	extern float sprt (float x)	No	sqrt 返回 x 的正二次方根
	extern int rand ( ) extern void srand (int n) _	No	rand 返回一个 0 ～ 32767 之间的伪随机数；srand 用来将随机数发生器初始化成为已知的值。rand 的后继调用产生相同序列的伪随机数
	extern float cos (float x) extern float sin (float x) extern float tan (float x)	No	返回变量 x 的相应三角函数值，变量 x 的单位为弧度，值域为 (−π/2 ～ +π/2)

（续）

文件名	包含函数	再入属性	功能
数学函数 math.h	extern float acos(float x) extern float asin(float x) extern float atan(float x) extern float atan2(float y, float x)	No	对于 acos 和 asin，返回相应反三角函数值，变量值域为 -1 ～ +1；对于 atan，返回反正切值，变量值域为（-π/2 ～ +π/2）；对于 atan2，返回 x/y 的反正切值，变量值域为（-π ～ +π）
	extern float cosh(float x) extern float sinh(float x) extern float fanh(float x)	No	返回 x 的相应双曲函数值
	etern void fpsave(struct FPBUF *p) etern void fprestore(struct FPBUF *p)	Yes	fpsave 保持浮点子程序的状态；fprestore 恢复浮点子程序的原始状态，当用中断程序执行浮点运算时，这两个函数是用来保持浮点数据不被中断破坏
	extern float ceil(float x)	No	返回不小于 x 的最小整数（仍然是浮点类数据返回）
	extern float floor(float x)	No	返回不大于 x 的最小整数（仍然是浮点类数据返回）
	extern float modf(float y, float *ip)	No	将 x 分为整数和小数部分，两者都有 x 的相同符号，整数部分放入 *ip，小数部分作为返回值
	extern float pow(float y, float y)	No	求 x^y 值并返回
标准化 I/O 函数 stdio.h	extern char _getkey()	Yes	从 8051 串行口读入 1 个字符，然后等待下个字符输入
	extern char getchar()	Yes	使用 _getkey 从串行口读入字符，并将读入的字符马上传给 putchar 函数输出，然后等待下个字符输入
	extern char *gets(char *s, int n)	No	通过 getchar 从串口读入一个长度为 n 的字符串并存入由 s 指向的数组
	extern char ungetchar(char)	Yes	将输入字符回送输入缓冲区，供下次 gets 或 getchar 使用。成功时返回 char，失败时返回 EOF
	extern char ungetchar(char)	Yes	将输入字符回送输入缓冲区，并将其值返回给调用者
	extern putchar(char)	Yes	通过 8051 串口输出一个字符
	extern int printf(const char *…)	No	通过 8051 串口输出字符串和变量，输出的格式由括号内的第一个参数确定
	extern int sprintf(char *s, const char *, …)	No	sprintf 与 printf 相似，但输出不显示在控制台上，而是输出到指针 s 指向的缓冲区中
	extern int puts(const char *)	Yes	将字符串 s 和回车换行符写入串行口
	extern int scanf(const char *, …)	No	利用 getchar 函数由控制台读入字符序列并将之转换成指定的数据类型，按顺序赋予对应的指针变量
	sscanf int sscanf(char *, const char *, …)	No	sscanf 与 scanf 方式相似，但输入不是通过串口，而是从数据缓冲区获取

（续）

文件名	包含函数	再入属性	功能
标准函数 stdlib.h	extern double atof(char *str) extern float atof(char *str)	No	将 str 串转换为浮点数并返回，要求输入串必须有符合浮点数规格的字节数，C51 编译器对数据类型 double 和 float 相同对待
	extern long atof(char *str)	No	将 str 串转换为长整型数并返回
	extern int atof(char *str)	No	将 str 串转换为整型数并返回
	void *calloc (unsigned int n，unsigned int size)	No	分配 n 个 size 大小的内存块，并将该块的首地址返回
	void free(void xdata *p)	No	释放指针 p 所指向的内存块，指针清为 NULL
	void init_mempool (void xdata *p，unsigned int size)	No	对被 calloc、malloc 或 realloc 函数分配的存储区域进行初始化，指针 p 指向存储器区域的首地址，size 为存储区域的大小
	void *malloc(unsigned in size)	No	从堆栈中动态分配 size 大小的内存块，并返回该块的首址指针
	void *realloc (unsigned xdata *p，unsigned in size)	No	重新申请一块大小为 size 的内存
字符函数 ctype.h	extern bit isalpha(unsigned char)	Yes	检查参数字符是否在 a ~ z 中，是返回 1，否返回 0
	extern bit isalnum(unsigned char)	Yes	检查参数字符是否为数字或者字母，是返回 1，否返回 0
	extern bit iscntrl(unsigned char)	Yes	检查参数值是否在 0x00 ~ 0x1f 中或者等于 0x7f，是返回 1，否返回 0
	extern bit isdigit(unsigned char)	Yes	检查变量是否为数字，是返回 1，否返回 0
	extern bit isgraph(unsigned char)	Yes	检查参数是否为可打印字符，其值域为 0x21 ~ 0x77，能打印返回 1，否返回 0
	extern bit isprint(unsigned char)	Yes	同于 isgraph，但还接受空格符 0x20
	extern bit ispunct(unsigned char)	Yes	检查参数字符是否是 ASCII 标点符号字符、格式字符或空格字符，是返回 1，否返回 0
	extern bit islower(unsigned char)	Yes	检查参数字符是否在 a ~ z 中，是返回 1，否返回 0
	extern bit isupper(unsigned char)	Yes	检查参数字符是否在 A ~ Z 中，是返回 1，否返回 0
	extern bit isspace(unsigned char)	Yes	检查参数字符是否为空格、制表符、回车、换行、垂直制表符或送纸字符，是返回 1，否返回 0
	extern bit isxdigit(unsigned char)	Yes	检查参数字符是否为十六进制数字字符，是返回 1，否返回 0
	#define toascii(c)((c) &0x7f)	Yes	用参数宏将任何整形的低 7 位取出构成有效 ASCII 码字符 .

（续）

文件名	包含函数	再入属性	功能
字符函数 ctype.h	extern char toint(unsigned char)	Yes	将十六进制数对应的 ASCII 码字符转换为整形数 0～15，并返回该整型数
	#define tolower(c); ((c) – ‘A’ + ‘a’)	Yes	该宏将字符 c 与常数 0x20 逐位相“或”
	extern char toupper(unsigned char)	Yes	将小写字符转换为大写字符
	#define toupper(c); ((c) – ‘a’ + ‘A’)	Yes	该宏将 c 与 0xdf 逐位相“与”
	extern char tolower(unsigned char)	Yes	将参数字符转换为小写字符
字符串函数 string.h	extern void *memchr(void *buf, char val, int len)	Yes	从串 buf 开始的 len 个字符中找出字符 val，找到时返回值为指向 val 的指针，失败时返回 NULL
	extern char memcmp(void *buf1, void *buf2, int len)	Yes	逐个比较串 buf 1 和串 buf 2 的前 len 个字符，大于返回正数，相等时返回 0，小于返回负数
	extern void *memccpy(void *dest, void *src, char val, int len)	Yes	从 src 开始的字节复制到 dest 中，直到 val 字符被复制，或者复制了 len 个为止，返回值为复制到 dest 的字节之后的那个字节的指针
	extern void *memcpy(void *des, void *src, int len)	Yes	将 src 前 len 个字符复制到 des 中，返回 dest 值为 des
	extern void *memmove(void *des, void *src, int len)	Yes	与 memcpy 相同，但允许重叠
	extern void * memset(void *buf, char val, int len)	Yes	用 val 填充地址 buf 开始的前 len 个单元
	extern char *strcat(char *des, char *src)	Yes	将串 src 复制到串 des 的后面，返回值为 des
	extern char *strncat(char *des, char *src, int len)	No	将串 src 中 len 个字符复制到串 des 的后面，返回值为 des
	extern char *strcmp(char *str1, char *str2)	Yes	比较串 str1 与串 str2。若大于则返回正数，相等返回 0，小于返回负数
	extern char *strncmp(char *str1, char *str2, int len)	Yes	比较串 str1 与串 str2 的前 len 个字符，若大于则返回正数，相等返回 0，小于返回负数
	extern char *strcpy(char *str1, char *str2)	Yes	将 str2（含结束符）复制到 str1，返回到 str1 的第一个字符指针
	extern char *strncpy(char *str1, char *str2, int len)	Yes	将 str2（含结束符）前 len 个字符复制到 str1，返回到 str1 的第一个字符指针
	extern int strlen(char *str)	Yes	返回字符串 str 的长度（含结束符）
	extern char *strchr(char *str, char c)	Yes	搜索 str 中第一个 c 字符，返回该字符指针，若没有则返回 NULL
	extern char *strrchr(char *str, char c)	Yes	搜索 str 中最后一个 c 字符，返回该字符指针，若没有则返回 NULL

（续）

文件名	包含函数	再入属性	功能
字符串函数 string.h	extern int strops(char *str, char c)	Yes	搜索 str 中第一个 c 字符，返回该字符在串中的位置，若没有则返回 -1
	extern int strrpos(char *str, char c)	Yes	搜索 str 中最后一个 c 字符，返回该字符在串中的位置，若没有则返回 -1
	extern int strspn(char *str, char *set)	No	搜索 str 中包含在串 set 的字符，返回该字符的个数，若 set 为空串则返回 0
	extern int strcspn(char *str, char *set)	No	搜索 str 中第一个包含在串 set 的字符，返回该字符的序号，若没有则返回 src 的长度
	extern int strpbrk(char *str, char *set)	No	搜索 str 中第一次出现串 set 的任一字符，返回该字符的序号，若没有则返回 NULL
	extern chr strrpbrk(char *str, char *set)	No	搜索 str 中最后一次出现串 set 的任一字符，返回该字符的序号，若没有则返回 NULL
变参数函数 stdarg.h	typedef char *va_list	Yes	va_list 被定义成指向参数表的指针
	type va_arg(argptr, type)	Yes	va_arg 从 argptr 指向的参数表中返回类型为 type 的当前参数
	void va_start(argptr, prevparm)	Yes	初始化指向参数的指针
	void va_end(argptr)	Yes	关闭参数表，结束对参数表的访问
全程跳转函数 setjmp.h	extern int setjmp(jmp_buf jpbuf)	Yes	将当前状态信息存于 jpbuf 中，供函数 longjmp 使用
	extern void longjmp(jmp_buf jpbuf, int val)	Yes	将调用 setjmp( ) 时保存在 jpbuf 中的状态恢复，并以参数 val 的值取代 setjmp( ) 的返回值返回给原调用 setjmp 的函数
绝对地址访问函数 absacc.h	#define CBYTE ((unsigned char volatile code*) 0) #define DBYTE ((unsigned char volatile idata*) 0) #define PBYTE ((unsigned char volatile pdata*) 0) #define XBYTE ((unsigned char volatile xdata*) 0) #define CWORD ((unsigned int volatile code*) 0) #define DWORD ((unsigned int volatile idata*) 0) #define PWORD ((unsigned int volatile pdata*) 0) #define XWORD ((unsigned int volatile xdata*) 0)	No	这些宏定义用于对存储进行绝对地址访问。前四个按 char 数据类型访问，后四个按 int 数据类型访问 其中，CBYTE 访问 CODE 空间；DBYTE 访问 DATA 空间；PBYTE 访问 XDATA 空间第一页；XBYTE 访问 XDATA 空间

参考文献

[1] 赵全利，杜海龙，陈军，等 . 单片机原理及应用教程［M］.4 版 . 北京：机械工业出版社，2021.

[2] 胡汉才 . 单片机原理其接口技术［M］.3 版 . 北京：清华大学出版社，2010.

[3] 张欣，张金君 . 单片机原理与 C51 程序设计教程［M］. 北京：清华大学出版社，2014.

[4] 赵德安，盛占石，周重益，等 . 单片机原理与应用［M］. 北京：机械工业出版社，2009.

[5] 张先庭，向瑛，王忠，等 . 单片机原理、接口与 C51 应用程序设计［M］. 北京：国防工业出版社，2011.

[6] 刘波文，刘向宇，黎胜容 . 51 单片机 C 语言应用开发三位一体实战精讲［M］. 北京：北京航空航天大学出版社，2011.

[7] 周广兴，张子红，付喜辉，等 . 单片机原理及应用教程［M］. 北京：北京大学出版社，2010.

[8] 李建忠，余新栓，蒋璞，等 . 单片机原理及应用［M］. 西安：西安电子科技大学出版社，2008.

[9] 宗成阁 . 单片机原理及其应用［M］. 哈尔滨：哈尔滨工业大学出版社，2009.

[10] 肖金球 . 单片机原理与接口技术［M］. 北京：清华大学出版社，2004.

[11] 戴胜华，蒋大明，杨世武，等 . 单片机原理与应用［M］. 北京：清华大学出版社 / 北京交通大学出版社，2005.

[12] 王新颖 . 单片机原理及应用［M］. 北京：北京大学出版社，2008.

[13] 余永权 . ATMEL89 系列单片机应用技术［M］. 北京：北京航空航天大学出版社，2002.

[14] 李朝青 . 单片机原理及串行外设接口技术［M］. 北京：北京航空航天大学出版社，2008.

[15] 戴佳，戴卫恒 . 51 单片机 C 语言应用程序设计实例精讲［M］. 北京：电子工业出版社，2006.

[16] 林志琦 . 单片机原理接口及应用（C 语言版）［M］. 北京：中国水利水电出版社，2007.

[17] 薛钧义，武自芳 . 微机控制系统及其应用［M］. 西安：西安交通大学出版社，2003.

[18] 涂时亮，张有德 . 单片微机控制技术［M］. 上海：复旦大学出版社，1994.

[19] 潘新民，王燕芳 . 微型计算机控制技术［M］. 北京：电子工业出版社，2004.

[20] 武自芳，虞鹤松，王秋才 . 微机控制系统及其应用［M］.4 版 . 北京：电子工业出版社，2007.

[21] 求是科技 . 8051 系列单片机 C 程序设计完全手册［M］. 北京：人民邮电出版社，2006.